高速行星齿轮传动动力学

李慎龙 张 强 王 成 佘文念 著

国防工业出版社

·北京·

内 容 简 介

本书主要以履带车辆高速行星齿轮传动系统为应用背景,首先,介绍了行星齿轮传动动力学研究的基本思路和研究现状,讨论了行星齿轮动力学参数及典型内部激励的计算方法。然后,介绍了单排单级、复合、复杂行星齿轮传动系统结构特点及应用场合,详细讨论了各类行星齿轮传动系统纯扭转和弯扭动力学的建模方法,分析了传动系统的固有特性、动态特性以及相关参数对动态特性的影响规律。接着,讨论了行星齿轮传动动力学的优化设计方法,主要包含基于相位调谐理论的系统振动抑制以及基于多目标遗传优化算法的系统优化设计方法。最后介绍了行星齿轮传动动态特性测试与动力学模型修正方法。

本书读者主要是机械工程、机械系统动力学、工程振动与控制等专业高年级本科生和研究生,还可以为特种车辆、风力发电、航空/航天类研究所的相关技术人员提供参考。

图书在版编目(CIP)数据

高速行星齿轮传动动力学/李慎龙等著. —北京:
国防工业出版社,2024.8. —ISBN 978 – 7 – 118 – 13373 – 8

I. TH132.425

中国国家版本馆 CIP 数据核字第 2024R71A59 号

※

国防工业出版社出版发行
(北京市海淀区紫竹院南路23号 邮政编码100048)
雅迪云印(天津)科技有限公司印刷
新华书店经售

开本 710 × 1000 1/16 插页 2 印张 21 字数 393 千字
2024 年 8 月第 1 版第 1 次印刷 印数 1—1500 册 定价 168.00 元

(本书如有印装错误,我社负责调换)

国防书店:(010)88540777 书店传真:(010)88540776
发行业务:(010)88540717 发行传真:(010)88540762

前　　言

行星齿轮传动是一种常见且重要的机械传动装置，广泛应用于特种车辆、风力发电、航空航天等领域大型复杂机械装备中。高性能、长寿命、高可靠性行星齿轮传动是国家重点科技攻关项目。行星齿轮传动系统结构复杂、自由度多、非线性且内部激励丰富，国内外学者已对其动力学特性进行较为广泛与深入的研究，然而其振动噪声以及均载特性一直没有得到很好的解决。我国自主研发的行星齿轮传动系统在承载能力、制造成本、噪声控制等方面与德国、日本、美国等国家先进企业具有一定的差距。因此，研究行星齿轮传动动力学，厘清系统内部动载特性，对降低系统振动与噪声、改善行星轮系统均载特性、提高系统运行可靠性具有重要的理论价值和工程意义。

本书根据我们从事多项国家自然科学基金、国家重点研发计划以及国防科工局项目研究的成果，又参考国内外已有的技术资料，全面总结了有关高速行星齿轮传动动力学的基本建模理论、分析方法、试验技术及其在实际工程中的应用，以期为从事相关领域研究和开发的读者提供参考和指导。

本书共分为七章，涵盖了行星齿轮传动内部激励、动力学模型、固有特性、动态特性、优化设计、试验技术和应用实例。在内容安排上，力求从基本概念入手，逐步深入，使读者能够系统地掌握行星齿轮传动动力学的相关知识。在阐述基本理论和方法的同时，注重结合实际工程案例，以增强本书的实用性和针对性。

本书在撰写过程中，力求严谨、实用，注重理论与实践相结合。然而，由于行星齿轮传动动力学涉及的领域广泛，内容繁多，加之作者水平有限，书中难免存在疏漏和不足之处，敬请广大读者批评指正。

最后，感谢我国在行星齿轮传动动力学领域做出贡献的专家学者，正是他们的辛勤努力和不懈探索，为本书的撰写提供了丰富的素材和理论基础。感谢中国兵器工业第二〇一研究所坦克传动国防重点实验室的李洪武、程燕、许晋、张玉东、李亮、邢庆坤、张静、李新毅、周如意、唐沛、张鹤、贾爽、尹华兵给本书提供的素材。感谢重庆大学高端装备机械传动全国重点实验室的黄文彬教授、王利明、丁晓喜老师，他们给本书提出了很多有益的建议。同时，也感谢国防工业出版社为本书的出版付出的辛勤努力。希望本书能为推动我国行星齿轮传动动力学研究和发展做出一定的贡献。

李慎龙
2024 年于北京

目 录

第1章 绪论 ·········· 1
1.1 引言 ·········· 1
1.2 背景及意义 ·········· 1
1.3 行星齿轮传动动力学概述 ·········· 3
1.4 行星齿轮传动动力学研究基本思路 ·········· 6
1.5 行星齿轮传动动力学研究现状 ·········· 14
1.6 本书主要内容 ·········· 29
参考文献 ·········· 29

第2章 动力学参数及内部激励 ·········· 30
2.1 引言 ·········· 30
2.2 行星齿轮传动系统齿轮副啮合刚度计算模型 ·········· 30
2.3 含轮齿局部故障的齿轮副啮合刚度计算模型 ·········· 42
2.4 齿廓修形 ·········· 50
2.5 行星齿轮传动系统啮合间隙 ·········· 64
2.6 行星齿轮传动系统轮齿齿距误差与齿形误差 ·········· 66
2.7 行星轮定位误差 ·········· 71
2.8 轴承支撑刚度 ·········· 76
2.9 行星齿轮传动系统阻尼 ·········· 82
参考文献 ·········· 83

第3章 单排单级行星齿轮传动动力学 ·········· 86
3.1 引言 ·········· 86
3.2 单排单级行星齿轮传动工作特点 ·········· 86
3.3 单排单级行星传动齿轮副的内激励计算 ·········· 88
3.4 单排单级行星传动动力学建模及求解 ·········· 91
3.5 单排单级行星齿轮传动动态响应分析算例 ·········· 105
参考文献 ·········· 151

v

第 4 章 复合行星齿轮传动动力学 ········· 153

4.1 引言 ········· 153
4.2 复合行星齿轮传动工作特点 ········· 153
4.3 复合行星齿轮传动系统运动分析 ········· 154
4.4 复合行星齿轮传动系统动力学模型 ········· 161
4.5 复合行星传动系统动态响应分析算例 ········· 170
参考文献 ········· 194

第 5 章 复杂行星变速传动动力学 ········· 195

5.1 引言 ········· 195
5.2 复杂行星排传动结构特点与应用场合 ········· 195
5.3 复杂行星变速传动纯扭转动力学模型 ········· 196
5.4 复杂行星变速传动弯扭耦合动力学模型 ········· 199
5.5 复杂行星变速传动算例 ········· 203
参考文献 ········· 247

第 6 章 行星传动动力学优化设计 ········· 248

6.1 引言 ········· 248
6.2 基于相位调谐理论的行星齿轮传动分析 ········· 248
6.3 行星齿轮传动系统均载特性及灵敏度分析 ········· 270
6.4 行星齿轮传动系统传动动力学优化模型 ········· 274
6.5 基于正交试验设计的多目标遗传优化算法 ········· 276
参考文献 ········· 282

第 7 章 行星齿轮传动动态特性测试与模型修正 ········· 283

7.1 引言 ········· 283
7.2 行星齿轮传动振动测试 ········· 283
7.3 行星齿轮箱传动均载测试方法 ········· 306
7.4 行星齿轮传动动力学模型修正 ········· 320
参考文献 ········· 327

第1章 绪 论

1.1 引 言

行星齿轮传动系统是一个由多对齿轮传动副、轴、轴承、箱体等组成的机械传动系统,具有承载能力强、结构紧凑、传动比广等优势,已被大量应用于特种车辆、轨道交通、国防科技和能源开发等领域。它是我国在高效传动方面取得技术突破的关键所在。

行星齿轮传动动力学主要研究行星齿轮传动系统在传递动力和运动过程中的动力学行为。相较于平行轴齿轮传动系统,行星齿轮传动结构复杂,同时存在内、外啮合,自由度多,存在复杂内、外激励和丰富非线性因素。行星齿轮传动动力学研究对降低系统振动和噪声、改善行星轮均载特性、提高运行可靠性具有重要的理论意义和工程价值。

本书所探讨的高速行星齿轮传动系统主要应用于特种车辆综合传动装置中,其动力学性能直接决定了高速特种车辆的越野机动性和可靠性。相比于一般的行星齿轮传动系统,特种车辆高速齿轮传动系统具有转速高、承载重、传动比范围宽、换挡频繁等特点,尤其是高速重载工况导致系统内部旋转部件受到明显的离心力和陀螺力矩效应,使得行星齿轮传动动力学行为更加复杂。

本章主要介绍了行星齿轮传动动力学常见的建模方法及求解方式,并针对行星传动过程中容易出现振动及噪声的现象,提出了行星齿轮传动动力学优化设计准则和设计方法。最后阐述了行星齿轮传动系统动态特性测试与模型修正方法,对行星传动系统的出厂性能评估和动力学模型参数修正提供依据。

1.2 背景及意义

中国工程机械工业协会发布的《工程机械行业"十四五发展规划"》中,明确将传动部件作为基础零部件的重点发展领域,同时强调了需要在高效传动方面取得关键技术突破。同样,在"中国制造2025"战略规划中也明确指出要加快发展高精度传动和驱动装置、精密减速器等智能模块和关键零部件领域的创新能力。因此,开展行星齿轮传动系统啮合激励与动力学建模研究,阐明行星齿轮传动系统动力学特性,不仅可以减少或降低由传动系统故障带来的经济损失与安全事故,而且也能为高性能、高品质传动系统设计提供理论参考,满足国家发展战略需求。

行星齿轮传动系统属于复合齿轮传动系统,主要由中心轮、多个行星轮、内齿圈、行星架等组成。在工作时,若内齿圈固定不动,中心轮绕自身中心轴转动,行星轮不仅绕各自中心轴自转,还绕中心轮、中心轴公转,同时还与中心轮和内齿圈保持啮合状态。可以看出行星齿轮传动机构是一个极为复杂的弹性机械系统结构,按照结构的复杂程度,可以分为单排单级行星齿轮传动系统、复合行星排齿轮传动系统,以及多排多挡位星齿轮传动系统。

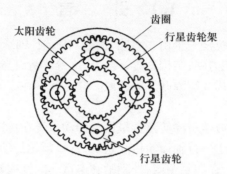

图1.1　行星齿轮传动系统结构图

行星齿轮传动与传统的平行轴齿轮传动相比,具有结构紧凑、传动比大、效率高、承载能力强等优点,可以作为许多重要设备的关键传动环节,被广泛应用于轨道交通、船舶、风电、航天、机器人、化工等领域,如图1.2所示。尽管和普通的齿轮相比,行星齿轮传动有着很多独特的优越性,但是由于行星齿轮传动是过约束传动,并且结构复杂,对其进行动力学研究时采用刚体动力学的方法不能得到理想的结果,因此一般都会考虑构件和运动副的弹性,即采用弹性动力学的方法,与其他的传动机构相比,动力学研究的难度更大。

图1.2　行星齿轮传动系统应用的领域

1.3 行星齿轮传动动力学概述

1.3.1 行星齿轮传动的特点

行星齿轮系统在19世纪末首次出现在德国。然而,行星齿轮动力学的系统研究直到20世纪60年代才开始。动力学研究的主要动机来自减少和控制振动和噪声的要求,当前对其进行的研究已经取得了较好的进展,形成了较为完整的动力学理论体系。行星齿轮系统是由多个齿轮、轴承和支撑等组成的复杂动力学系统,其动力学特性与齿轮的几何形状、材料特性、工况条件等有关。研究行星齿轮系统的动力学特性,对于提高齿轮系统的可靠性和稳定性具有重要意义。行星齿轮有以下几个特点。

(1) 高传动比:行星齿轮的传动比通常比其他类型的齿轮传动要高,可以达到10∶1以上的传动比。这是由于行星齿轮的组合方式,使得输出轴的转速比输入轴的转速更低,从而实现更大范围的传动比。

(2) 高承载能力:行星齿轮的结构设计使其具有更高的承载能力,相对于其他类型的齿轮传动来说更加可靠。这是由于行星齿轮由多个齿轮共同承受负载,因此能够承受更高的负载和扭矩。

(3) 低摩擦损失:由于行星齿轮的齿轮之间采用滚动摩擦,摩擦损失较小,从而使行星齿轮传动更加高效,能够提高变速机构的传动效率。

(4) 高精度:行星齿轮的组合方式使其具有更高的运动精度,能够减少机构的振动和噪声,并且能够提高变速机构的稳定性和可靠性。

(5) 高制造难度:由于行星齿轮的复杂结构和精细的加工要求,制造难度较大,从而使得其制造成本相对较高。同时,行星齿轮的安装和调整也需要较高的技术水平和经验。

1.3.2 行星齿轮传动动力学的研究目的

行星齿轮动力学研究的目的是研究行星齿轮传动系统的动力学行为,并对其进行有效的控制和优化。主要研究内容包括行星齿轮传动系统的稳定性分析、效率优化、寿命预测等。

(1) 在稳定性分析方面,研究的重点是分析行星齿轮传动系统的动力学特性,并对其稳定性进行评价。常用的分析方法包括数值分析、仿真分析和试验分析等。稳定性分析的结果为行星齿轮传动系统的设计和优化提供了重要的理论支持。

(2) 在效率优化方面,研究的重点是提高行星齿轮传动系统的工作效率,降低能耗。常用的优化方法包括齿形设计优化、传动比优化、轴承系统优化等。优化方案的选择必须考虑到系统的稳定性、效率和寿命等多个因素,以保证系统的安全和可靠性。

(3)在寿命预测方面,研究的重点是预测行星齿轮传动系统的使用寿命,并为系统的维护和更新提供参考。常用的预测方法包括数值模拟、试验验证和实际应用经验等。寿命预测的结果可以帮助企业规划生产和维护,提高生产效率和经济效益。

行星齿轮动力学是一个复杂且重要的科学领域,它涉及多门学科,包括力学、机械工程、控制科学等。随着技术的不断发展,行星齿轮动力学的研究将继续取得新的进展,为行星齿轮传动系统的设计、优化、控制和应用提供更加丰富的理论支持。

行星齿轮动力学的研究结果对于行星齿轮传动系统的设计、优化、控制、诊断和维护具有重要的实际意义。行星齿轮动力学应用于各个领域,包括航空航天、船舶、机械制造等。行星齿轮动力学的研究将有助于提高行星齿轮传动系统的效率、稳定性、寿命和安全性,为社会经济的发展做出重要贡献。

未来,行星齿轮动力学领域将会有更多的研究和发展,它将成为机械工程和机械设计领域的重要组成部分。行星齿轮动力学研究主要包含以下几个方面。

(1)行星齿轮传动系统的效率提高:行星齿轮动力学研究将继续努力提高行星齿轮传动系统的效率,使其在更环保的情况下获得更高的输出功率。

(2)行星齿轮传动系统的可靠性提高:行星齿轮动力学研究将继续努力提高行星齿轮传动系统的可靠性,使其在长时间的使用过程中不易出现故障。

(3)行星齿轮传动系统的设计优化:行星齿轮动力学研究将继续努力优化行星齿轮传动系统的设计,使其在保证传动效率和可靠性的情况下更加紧凑和简单。

(4)行星齿轮传动系统的智能化:行星齿轮动力学研究将继续努力实现行星齿轮传动系统的智能化,使其能够根据使用情况自动调整工作参数,从而获得更高的效率和可靠性。

1.3.3　行星齿轮传动的应用

车辆变速机构高速行星齿轮传动动力学是机械工程中的一个重要分支,包含多种类型的行星齿轮传动,如单行星排传动、多行星排耦合传动等。多级行星变速机构的变速比更为广泛,可实现更大范围的变速比,同时具有更高的传动效率。行星变速机构体积和重量占传动装置的 $1/4 \sim 1/3$,能够实现车辆直驶性能和加速性能,同时与转向装置一起完成车辆转向性能,是车辆机动性能的综合体现。要求在复杂多变的载荷中,具有灵活的机动性能,行星变速机构是实现履带

第1章 绪 论

车辆机动性的核心部件。车辆行星变速机构具有结构简单、变速范围广、输入转速高传动效率高、可靠性强等优点,主要采用行星齿轮传动原理,将输入轴的转矩和转速通过行星齿轮的组合变换为输出轴的转矩和转速,从而实现变速的功能。

某车辆行星变速机构由输入1、输出2及三个行星排组成(图1.3),5个离合器不同的开闭组合(表1.1)实现了变速机构的5个前进挡、2个倒挡和空挡。挡位不同,各行星排的输入、输出零件不同,能量流动方向不同,传动比也不同。在复杂环境下实施快速机动、快速部署,行星变速机构的转速和集成度需要很大提高,性能的提高使得结构微变形加剧、传递误差增大、滑移温度增加,导致行星变速机构振动强度增加,制约其可靠性的提高,行星变速机构的失效会使得高速履带车辆丧失机动性,生存能力急剧下降。而且,行星变速机构还具有多对齿轮啮合振动相互耦合引起振动明显的非线性、低频特征频率成分噪声污染严重和动态响应信号频谱结构复杂与独特等特点。如何模拟行星变速机构内部啮合非线性激励性质及其振动机理是高功率密度行星变速机构动态设计的难点。

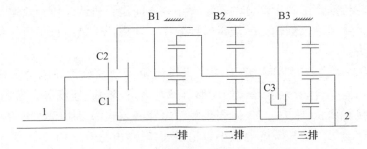

图1.3 某车辆行星变速机构传动简图

表1.1 某车辆行星变速机构各挡位操纵元件及传动比

挡位	操纵元件	传动比
1	B2,B3,C1	8.073
2	B2,B3,C2	4.278
3	B3,C1,C2	2.667
4	B2,C2,C3	1.604
5	C1,C2,C3	1.0
R1	B1,B3,C1	-6.281
R2	B1,C1,C3	-2.355
空挡	B3	—

1.4 行星齿轮传动动力学研究基本思路

1.4.1 行星齿轮传动动力学的研究内容

行星齿轮动力学研究的内容包括行星齿轮传动系统的结构设计、转矩分配、齿轮啮合、齿轮振动等方面。

（1）结构设计：行星齿轮动力学在行星齿轮传动系统结构设计方面的研究主要是针对行星齿轮传动系统的结构优化、动力学特性分析和试验的研究。主要包括齿轮参数的优化设计、行星齿轮传动系统的稳定性分析、动力学特性的试验研究等。

（2）转矩分配：行星齿轮动力学在行星齿轮传动系统转矩分配方面的研究主要关注行星齿轮传动系统的转矩平衡、传动效率和功率损失等。转矩平衡是指行星齿轮传动系统各个部分的转矩大小和方向是否协调。传动效率是指行星齿轮传动系统从输入到输出的能量转换效率。功率损失是指行星齿轮传动系统的能量流失。

（3）齿轮啮合：行星齿轮动力学在行星齿轮传动系统齿轮啮合方面的研究主要关注齿轮啮合的影响因素，如齿形、齿数、齿宽、载荷、速度等。齿轮啮合中，齿面间的接触面积、压力分布、齿面接触的位置和方式都会影响齿轮的性能。正确的齿轮啮合可以最大限度地减小齿轮损失，提高齿轮效率和寿命。

（4）齿轮振动：行星齿轮动力学在齿轮振动方面的研究主要关注齿轮的振动对齿轮系统的影响及消除齿轮振动的方法。齿轮振动会导致齿轮磨损增加，降低齿轮效率，甚至造成齿轮系统的故障。因此，减小齿轮振动是行星齿轮动力学研究的重要内容。

1.4.2 行星齿轮传动系统的动态激励

行星变速机构在加工制造与安装过程中，亦存在着制造误差、装配误差、齿侧间隙，以及未修形等非线性因素的影响。在低转速时，这些因素对振动的影响不明显，但在高转速或高档位工况时，这些因素直接影响行星变速齿轮的振动特性，导致行星变速机构振动剧烈，可靠性降低。行星变速机构振动加剧会降低车辆的使用寿命，且有可能与发动机等外部激励发生共振，对车辆上其他设备的使用造成影响，也会使得车辆驾驶人员出现不良反应，进而影响其使用功能的发挥。

1.4.2.1 研究动态激励的目的

行星齿轮动态激励的研究还有助于提高齿轮系统的可靠性和寿命。由于动态激励对齿轮系统的疲劳寿命有着显著的影响，因此，对动态激励进行有效控制和抑制是提高齿轮系统可靠性和寿命的重要措施。除此之外,研究行星齿轮动态激励还有助于提高齿轮系统的效率和精度。行星齿轮系统的动态激励会导致齿轮系统的误差增大,从而降低齿轮系统的效率和精度。因此,对动态激励进行有效控制和抑制,有助于提高齿轮系统的效率和精度。

1.4.2.2　动态激励类型

行星齿轮传动系统动力学的基本问题是激励、系统和响应三者间的关系问题。激励作为行星齿轮传动系统的输入,是获得行星齿轮传动系统动力学响应输出的先决条件,也是行星齿轮传动系统动力学的首要问题。

行星齿轮传动系统的动态激励分为内部激励和外部激励两大类。其中外部激励主要是指行星齿轮传动系统由于原动机转速、转矩波动、负载波动等产生的动态激励。内部激励是指在行星齿轮传动系统各齿轮副啮合过程中由于轮齿变形、啮合间隙、齿距误差与齿形误差、偏心误差等因素的影响,行星齿轮传动系统产生时变啮合刚度、静态传递误差,以及啮入啮出冲击等激励。

因此,对行星齿轮传动系统动态激励的研究需要从多方面入手,包括对不同类型的动态激励进行详细分析,以及对系统的静态性质和动态性质进行研究。为了提高行星齿轮传动系统的动态性能,需要对动态激励进行有效抑制和控制。

1.4.2.3　动态激励研究常用方法

在进行行星齿轮传动系统动态激励研究时,常用的方法有数值模拟法和实验法。数值模拟法是通过计算机软件对行星齿轮系统进行数学模拟,对行星齿轮动态激励进行分析和预测。实验法是在实际的行星齿轮系统中对行星齿轮动态激励进行测试和分析。

数值模拟法的优点在于能够快速、方便地对行星齿轮动态激励进行分析,并且可以对不同的参数进行模拟,以比较不同情况下的动态激励情况。在数值模拟和实验验证中,选择合适的模型和仿真方法是非常重要的。例如,使用静力学模型可以快速预测齿轮的接触状态,而使用动力学模型则可以更全面地考虑齿轮系统的动态特性。实验法的优点在于其实际性强,能够对实际情况进行测试和验证,并且可以得到更加准确的数据。在实验验证中,需要采用合适的测试装置和测试方法,以确保测试数据的准确性。例如,通过采用高精度的测力仪器和测试程序,可以提高测试数据的准确性。

通常情况下,在进行行星齿轮传动系统动态激励研究时,需要结合数值模拟法和实验法进行研究。通过数值模拟预测行星齿轮传动系统动态激励情况,再通过实验验证模拟结果的准确性,从而得到更加准确、可靠的研究结果。在行星齿轮传动系统动态激励的研究中,还需要关注一些关键技术和问题,如行星齿轮系统的摩擦特性、振动特性、噪声特性、寿命特性及安全性能等。

1.4.2.4 动态激励类型常见的抑制和控制方法

（1）设计优化：采用优化的齿轮几何形状和布局，使几何激励尽可能小，并提高齿轮的传动精度，减小传动误差载荷。通过优化齿轮系统的设计，减小动态激励的影响。

（2）材料选择：选择具有较好动态特性的材料，以提高齿轮系统的动态性能。

（3）制造工艺：采用高精度的加工和检测技术，提高齿轮的制造精度，减小传动误差和载荷不平衡，改进制造工艺，以减小制造误差的影响。

（4）安装调整：通过调整安装误差，提高齿轮系统的动态性能。

（5）轴承支撑：优化齿轮传动系统的轴承支撑结构和参数，提高轴承支撑刚度均匀性，减小支撑激励。

（6）润滑和降噪：采用优质的润滑油和降噪材料，减小齿轮传动系统的振动和噪声。

综上所述，通过采用先进的技术和方法，可以进一步减小行星齿轮传动系统的动态激励影响，提高其性能和寿命，为工程实践提供支持。总体而言，行星齿轮传动系统动态激励的研究对于提高齿轮系统的动态性能具有重要的意义，也是行星齿轮传动系统领域内的重要研究方向。

1.4.3 行星齿轮传动系统动力学的建模方法

行星齿轮传动系统动力学分析实质上是研究行星齿轮传动系统的动态响应，包括固有特性、动力响应和动力稳定性，建立在已知行星齿轮传动系统的动力学模型、外部激励和系统工作条件的基础上。针对行星齿轮传动系统，建立正确的动力学模型是整个动力学分析的关键和基本内容。只有正确建立行星齿轮传动系统动力学模型，才能够对行星传动系统进行有效的动态特性分析和设计。

行星齿轮系统动力学建模方法是研究行星齿轮系统动力学性质的重要工具，是工程和科学领域中常用的研究方法，可以帮助我们更好地了解齿轮系统的动力学特性，并为齿轮系统的设计和性能评估提供重要参考。

行星齿轮动力学建模方法是一种复杂的研究方法，它需要涵盖许多不同的学科领域，如动力学、机械工程、数学和计算机科学。在进行行星齿轮传动系统动力学建模时，需要考虑许多因素，如力学特性、结构特征、摩擦效应等。正确的建模方法可以帮助我们更好地理解系统的工作原理，并为设计和优化系统提供有力的支持。

1.4.3.1 动力学建模方法的作用

行星齿轮传动系统动力学建模方法可以帮助我们研究齿轮系统的可靠性。通过对齿轮系统的动力学特性进行评估，可以预测齿轮系统在使用过程中的损坏情况,如齿断裂、齿面磨损等。这样,我们就可以采取相应的措施来降低齿轮系统在使用过程中的故障率,提高齿轮系统的可靠性。

行星齿轮传动系统动力学建模方法还可以用于齿轮系统的优化。例如,通过对齿轮系统的动力学特性进行分析,可以提出改进齿轮系统设计的建议,从而降低齿轮系统的故障率,提高齿轮系统的可靠性和使用寿命。

行星齿轮传动系统动力学建模方法是齿轮系统研究和设计的重要工具,它可以帮助我们更好地了解齿轮系统的动力学特性,提高齿轮系统的可靠性和使用寿命。在未来,行星齿轮动力学建模方法将继续发挥重要作用,并在齿轮系统研究和设计中发挥更加重要的作用。随着技术的不断发展,行星齿轮动力学建模方法将得到进一步改进和完善,使得齿轮系统研究和设计更加科学、精确和高效。

1.4.3.2 动力学建模方法的内容

行星齿轮传动系统动力学建模方法包括理论分析和数值仿真两个主要方面。

(1)理论分析方法主要包括动力学方程建模、小扰动理论和运动学分析等。动力学方程建模是行星齿轮动力学建模的基础,通过分析齿轮间的力矩平衡和齿轮轴的角速度平衡,可以得到行星齿轮系统的动力学方程。小扰动理论是研究行星齿轮系统稳定性的方法,通过分析齿轮系统对于扰动的响应情况,可以推出齿轮系统的稳定性。运动学分析是研究行星齿轮系统位置和速度的变化情况的方法,通过分析齿轮的位置关系和角速度关系,可以得到齿轮的运动轨迹和角度变化情况。

(2)数值仿真方法主要包括有限元法、计算流体动力学(CFD)和计算机辅助工程(CAE)等。有限元法是利用有限元方法对行星齿轮系统进行数值模拟,可以得到齿轮系统的应力分布和变形情况。CFD 是利用计算流体动力学方法对行星齿轮系统的冷却和润滑环境进行数值模拟,可以得到冷却液流场和润滑油膜厚度的分布情况。CAE 是利用计算机辅助工程方法对行星齿轮系统的动力学特性进行数值模拟,可以得到齿轮系统的动态特性和稳定性。

1.4.3.3 动力学建模方法的分类

行星齿轮传动系统动力学模型可以根据不同的分类标准进行分类,以下是一些常见的分类标准。

(1)建模方式:行星齿轮传动系统动力学模型可以基于不同的建模方式,如基于等效刚度和等效阻尼的建模方式、基于弹性形变和接触力的建模方式、基于接触滑动的建模方式等。

(2)计算方法:行星齿轮传动系统动力学模型可以基于不同的计算方法,如基于刚体动力学的计算方法、基于弹性动力学的计算方法、基于混合动力学的计算方法等。

(3)轴数:行星齿轮传动系统动力学模型可以基于不同的轴数进行分类,如单轴行星齿轮动力学模型、双轴行星齿轮传动系统动力学模型等。

(4)齿轮结构:行星齿轮动力学模型可以基于不同的齿轮结构进行分类,如行星齿轮传动、内啮合行星齿轮传动、外啮合行星齿轮传动等。

以上分类方法并不是完全独立的,它们之间可能会存在重叠。因此,在实际研究中,需要根据具体问题的需要选择合适的分类方法。行星齿轮传动系统的纯扭转模型通常可以归类为行星齿轮传动系统动力学模型中的单向耦合模型,也可以视为整个行星齿轮传动系统的动力学模型。

1.4.3.4 动力学建模方法的应用

在实际工程中,行星齿轮传动系统动力学建模方法的应用十分广泛。例如,在航空、航天、汽车等领域,行星齿轮传动系统动力学建模方法都被广泛应用。在航空领域,行星齿轮传动系统动力学建模方法可以帮助我们研究飞机传动箱的齿轮系统,提高飞机传动箱的可靠性和使用寿命。在航天领域,行星齿轮传动系统动力学建模方法可以帮助我们研究卫星马达的齿轮系统,提高卫星马达的可靠性和使用寿命。在汽车领域,行星齿轮传动系统动力学建模方法可以帮助我们研究汽车发动机的齿轮系统,提高汽车发动机的可靠性和使用寿命。

1.4.4 行星齿轮传动系统的动力学响应

行星齿轮动力学响应是指行星齿轮在传动系统中受到激励力作用时所产生的振动响应。该领域的研究主要集中在行星齿轮的设计、制造和使用过程中,以提高其性能和可靠性。行星齿轮传动的动力学响应主要包括传动误差、齿面接触和弹性变形等方面。这些因素会导致传动系统的振动和噪声,并可能影响传动系统的寿命和可靠性。

(1)传动误差是行星齿轮传动中的一个重要问题,它是由于制造和安装误差,以及载荷变化等因素引起的。传动误差会导致齿面接触变形和振动,进而导致噪声和振动的产生。为了降低传动误差,可以采用精密加工和调整技术、优化齿形设计,以及改善润滑条件等方法。

(2)齿面接触是行星齿轮传动中的另一个关键问题。当两个齿轮接触时,会产生应力和应变,可能导致齿面的损伤和磨损。为了降低齿面接触的影响,可以采用优化齿形设计、改善润滑条件,以及使用耐磨材料等方法。

(3)弹性变形是行星齿轮传动中的另一个影响因素。在传动过程中,齿轮和轴承等零部件会发生变形和弯曲,从而影响传动系统的精度和寿命。为了降低弹性变形的影响,可以采用柔性动力学模型、优化结构设计及采用高刚度的材料等方法。

行星齿轮传动系统的动力学响应研究还涉及传动系统的动态特性分析和振动控制。行星齿轮传动系统的动态特性包括传递函数、模态分析、阻尼特性等，这些特性可以用于预测传动系统的振动响应和稳定性。

传动系统的振动控制是行星齿轮传动中的一个重要问题。传动系统的振动不仅会产生噪声，还可能影响传动系统的寿命和可靠性。为了控制传动系统的振动，可以采用主动控制和被动控制等方法。主动控制通常采用伺服电机、电磁阀等执行器，以实时控制传动系统的力、扭矩和位置等参数。被动控制通常采用阻尼器、振动吸收器等装置，以减少传动系统的振动和噪声。

行星齿轮传动的响应分析需要考虑多个因素，如行星齿轮的几何参数、齿轮的材料特性、润滑情况、载荷分布，以及运动学和动力学因素等。其中，行星齿轮的几何参数对传动的精度和承载能力有重要影响。最近的研究表明，采用新的材料和制造技术可以显著提高行星齿轮传动的性能和可靠性。此外，混合动力学模型可以更准确地预测传动系统的动态响应，有助于优化行星齿轮传动的设计和控制。

行星齿轮传动的动力学响应是一个复杂的问题，需要综合考虑多个因素。未来的研究方向包括优化设计和控制策略、开发新的材料和制造技术，以及开展更深入的数值模拟和实验研究等。

在行星齿轮传动的动力学响应研究中，数值模拟和实验测试是两个重要的手段。数值模拟可以用于预测传动系统的动态特性、优化设计和控制策略，常用的方法包括有限元分析、多体动力学模拟、振动信号分析等。实验测试可以用于验证数值模拟的结果、评估传动系统的性能和寿命，常用的测试方法包括动态试验、噪声测试、振动测试等。

除了数值模拟和实验测试，行星齿轮传动的动力学响应研究还需要考虑到实际工况和应用环境的影响。例如，在航空航天领域，行星齿轮传动系统需要经受极端的高温、低温和高压等环境，这对传动系统的材料和润滑条件等方面提出了更高的要求。

1.4.5 行星齿轮传动系统动力学优化设计

行星齿轮传动的设计和优化对传动系统的性能和寿命具有重要影响。通过动力学优化设计，可以降低传动系统振动和噪声，改善行星轮均载特性，从而提高传动系统的性能和寿命。此外，行星齿轮传动的优化设计还可以减少传动系统的能耗和维修成本，提高传动系统的可靠性和经济性。因此，行星齿轮传动动力学优化设计的研究具有重要的实际意义。

行星齿轮传动系统的设计与优化可以从以下几个方面入手。

（1）行星轮和太阳轮的几何参数，如齿数、模数、分度圆直径等。这些参数直接影响系统的传动比、扭矩传递能力和刚度等,因此需要根据实际需求进行合理的设计和优化。

(2)行星轮和太阳轮的材料和热处理工艺。材料的选择和热处理工艺会影响行星齿轮传动系统的强度、硬度和耐磨性等性能,因此需要根据实际应用情况进行选择和优化。

(3)行星轮和太阳轮的组合方式。行星齿轮传动系统有多种不同的组合方式,如单级、多级、内啮合和外啮合等,不同的组合方式会影响系统的传动比、传递效率和动态响应特性等,因此需要根据实际需求进行选择和优化。

(4)行星轮和太阳轮的间隙和啮合精度。行星齿轮传动系统的间隙和啮合精度会影响系统的传递精度和动态响应特性,因此需要在设计和制造过程中进行精确控制和优化。

(5)行星齿轮传动系统的润滑和散热系统。良好的润滑和散热系统可以提高行星齿轮传动系统的使用寿命和传递效率,因此需要进行合理的设计和优化。

总之,行星齿轮传动系统的设计与优化是一个综合性的问题,需要考虑多个因素的综合影响。

1.4.6 行星齿轮传动系统动态特性测试与验证

行星齿轮传动系统的动态特性是影响传动系统性能和寿命的重要因素。通过测试和验证,可以了解传动系统的实际性能和工作状况,为优化设计和调整提供依据。此外,行星齿轮传动系统的动态特性测试和验证还可以帮助提高传动系统的可靠性和经济性,减少能耗和维修成本。因此,行星齿轮传动系统动态特性测试与验证研究具有重要的理论意义与工程价值。

行星齿轮传动系统动态特性测试与验证研究的大致思路如下。

(1)确定测试的目标和要求,包括传动比、扭矩传递能力、振动和噪声等方面的要求。

(2)设计测试方案,包括测试设备的选择和搭建、测试参数的选择和测量方法的确定等方面。

(3)进行行星齿轮传动系统的动态特性测试,记录测试数据。

(4)对测试数据进行分析和处理,得到传动系统的动态特性参数,包括传动效率、扭矩传递能力、振动和噪声等方面的参数。

(5)与理论计算结果进行比较和验证,确定行星齿轮传动系统的动态特性参数是否符合设计要求。

(6)根据测试结果,对传动系统进行优化设计或调整,提高传动系统的性能和寿命。

行星齿轮动力学试验测试方法包括静态试验、动态试验和疲劳试验。

(1) 静态试验通过对行星齿轮组件的受力状态进行测量和分析,确定其承载能力和刚度等参数。

(2) 动态试验通过对行星齿轮组件在运动过程中的振动、噪声、温度、均载等方面的测试,评估其运动特性和可靠性。

(3) 疲劳试验通过模拟实际使用条件下的反复载荷作用,评估行星齿轮组件的寿命和耐久性。

这些试验方法可以结合使用,以全面评估行星齿轮的性能和可靠性,确保其能够在实际使用中达到预期的效果。

行星齿轮传动系统动力学试验测试方法的选择和应用需要根据具体的应用场景和测试目的进行综合考虑。例如,对于汽车行星齿轮传动系统的测试,需要重点考虑其传动效率和噪声水平等参数;对于航空航天行星齿轮传动系统的测试,则需要重点考虑其结构的稳定性和可靠性等参数。行星齿轮传动系统的测试还需要与理论分析相结合,以确保测试结果的准确性和可靠性。理论分析可以帮助确定测试的关键参数和方法,解释测试结果的意义和原因,指导行星齿轮传动系统的设计和优化。

综上所述,行星齿轮传动系统动力学试验测试方法是评估行星齿轮传动系统性能和可靠性的重要手段,需要综合考虑多方面的因素,以确保测试结果的准确性、可靠性和可重复性。

针对行星齿轮传动动力学试验测试方法的研究,还有一些热点和挑战值得关注。

(1) 精度和可靠性提升:随着行星齿轮传动系统应用领域的不断扩大和要求的不断提高,测试方法的精度和可靠性也需要不断提升。例如,需要进一步提高测试设备的精度,降低噪声和干扰等方面的影响,提高测试数据的准确性和可靠性。

(2) 多尺度测试方法:行星齿轮传动系统具有多尺度的特点,需要在不同尺度上进行测试。例如,在微观层面上需要对材料的疲劳寿命和损伤过程进行测试,而在宏观层面上需要测试传动效率和噪声水平等参数。因此,需要发展多尺度测试方法,以全面评估行星齿轮传动系统的性能和可靠性。

(3) 非线性动力学特性测试:行星齿轮传动系统具有非线性特性,需要进行非线性动力学特性测试。例如,需要研究行星齿轮传动系统的共振特性、振动响应和失稳过程等,以指导行星齿轮传动系统的设计和优化。

(4) 多学科交叉研究:行星齿轮传动系统的研究需要涉及多个学科,如机械工程、材料科学、动力学、信号处理等。因此,需要进行多学科交叉研究,以探究行星齿轮传动系统的多个方面和问题,提高测试和分析的综合效益。

随着行星齿轮传动系统的应用范围不断扩大和工作条件不断变化,行星齿轮动力学试验测试方法也需要不断完善和创新，以满足不同应用领域和需求的要求。行星齿轮传动系统动力学试验测试方法的发展离不开科技的不断进步和创新，需要不断引入新的技术和方法，以提高测试的效率、准确性和可靠性。

行星齿轮传动动力学振动测试是一项重要的实验方法，可以有效评估行星齿轮传动系统的性能和健康状况，对于制造业和工业应用有着重要的意义。行星齿轮传动动力学振动测试是一项复杂的实验技术，需要有专业的技术和经验才能进行有效的测试和分析。同时，还需要结合实际应用情况，进行科学、合理的测试计划和实验方案设计，以充分发挥行星齿轮传动动力学振动测试的优势，提高行星齿轮传动系统的性能和可靠性。

1.5 行星齿轮传动动力学研究现状

1.5.1 动力学模型

系统模型是系统的力学和数学描述，是进行行星齿轮传动动力学分析的基础，良好的模型能够较为精确地模拟实际系统，并能在一定程度上简化问题并减少运算量。行星齿轮传动的过程中需要考虑的因素有很多，如时变啮合刚度、传递误差、齿侧间隙等，故在建模过程中，除了需要选择建模方法、模型类别外，还需要根据关注的问题选择主要的影响因素。

1.5.1.1 建模方法

动力学是运动与物体之间相互作用的内在联系，通过能量守恒定律、牛顿第二定律、达朗贝尔原理等各种数学和物理原理建立的数学模型，从而预测系统固有属性的一门学科。研究行星齿轮传动系统动力学特性首先要建立系统的动力学模型，常见的行星齿轮传动系统动力学模型的建模方法有集中参数法、传递矩阵法、有限元法、模态综合法、接触有限元法和多体动力学法等。

1）集中参数法

集中参数法也称为集中质量法或者集中弹簧法，该方法是通过运用离散化思想将行星齿轮传动系统中的各个运动构件的质量，如太阳轮、行星轮，以及保持架等部件，集中在特定的位置，将其简化为若干个集中质量的质点，并假设各质点之间及质点与基础之间的连接为类似弹簧连接的弹性阻尼连接，将之前的无限自由度的系统体系转化为有限自由度体系。

对于行星齿轮系传动系统，齿轮（内齿圈、行星轮、太阳轮）及行星架的转动惯量一般远大于传动轴的转动惯量，整个传动系统的质量主要集中在各齿轮及行星架上，具有很明显的质量集中的特点，因此，对于行星齿轮传动系统，非常适合通过集中参数法构建行星齿轮传动动力学模型。在简化过程中，通常将传动轴的质量和转动惯量等效到齿轮节点,仅建立齿轮和行星架的质量点模型,因此,整个行星齿轮传动系统的运动就简化为叠加了刚性运动和弹性形变的过程,由此建立齿轮传动系统的运动微分方程组,分析系统动力学特性。

2) 传递矩阵法

传递矩阵属于一种半解析半数值方法,是属于分析多体系统动力学的方法,其优点是力学概念清晰、逻辑性强、建模方便灵活、计算精度和效率高,其应用领域涵盖了结构的静力分析、动力特性分析(模态分析、稳定性分析)。其基本思想是把整体结构离散成若干子单元的对接与传递的力学问题,建立单元两端之间的传递矩阵,利用矩阵相乘对结构进行静力及动力分析。

其计算过程首先将行星齿轮传动系统离散为无质量的弹性轴端和有质量的无弹性圆盘的集中质量模型,选取位移、转角、力矩和剪力作为端面状态变量;依次建立各截面上状态变量之间的传递矩阵关系,得到各截面上的状态变量的关系方程;根据边界条件对行星齿轮传动系统的固有频率、振型或振动响应等求解。

3) 有限元法

有限元法(又称为广义有限元法)作为另外一种行星齿轮传动系统动力学分析常用的方法,比传递矩阵法具有更高的计算精度。有限元法的基本思想是沿轴线将行星齿轮传动系统划分为齿轮副、行星架、轴段、轴承、联轴器和箱体等单元,基于对各单元的受力分析建立各单元节点力与节点位移之间的关系,然后再综合系统中各单元的运动方程,构建系统运动微分方程。

由于大多数行星齿轮传动系统动力学问题难以得到精确解,而有限元不仅计算精度高,且能应付各种复杂情况和结构,因而成为行之有效的工程分析手段。在行星齿轮传动系统动力学分析中,有限元可为集中参数模型提供较为精确的动力学参数,并且在缺乏精确试验数据的情况下,通常作为验证集中参数模型的可行性工具。

4) 模态综合法

模态综合法又称为分支结构模态综合法,该方法的基本过程是把一个复杂行星齿轮传动系统结构,按照其结构特点分为若干个子结构,如行星齿轮、轴、轴承和齿轮箱等,然后再采用集中参数法或者有限元法对各子结构进行模态分析,提取各子结构的低阶模态作为 Ritz 基函数描述其特征,根据各子结构连接处的位移协调条件或者力平衡条件进行系统综合,从而得到齿轮传动系统的运动方程。

由于在进行结构的模态坐标变换时,一般只选用各子结构的少数低阶分支模态,因此组集后的整个结构的独立广义坐标数目远小于结构离散化以后的有限元模型的整体自由度数。这种处理可将复杂行星齿轮传动系统的建模问题转化为几个简单的子结构模型及其综合的问题,求解的复杂程度会大大降低。

5)接触有限元法

接触有限元法是采用包含行星齿轮轮体和行星齿轮轮齿的齿轮完整有限元模型来模拟啮合过程的动态接触,在行星轮齿接触面建立接触单元,通过瞬态动力学分析求解行星齿轮传动系统的响应。由于将动力学分析与行星齿轮接触分析结合,在动力学计算前不需设定时变啮合刚度和传递误差等激励因素,而是在计算过程中直接求解得到时变啮合刚度和动态传递误差等结果。相比其他方法,该模型能更好地考虑行星齿轮传动系统的非线性因素,如时变啮合刚度、齿侧间隙、齿面摩擦,以及啮合冲击等,可以同时得到齿面接触应力、齿根弯曲应力、动态传递误差和轮齿动态接触力等。

6)多体动力学法

多体动力学方法的核心问题是建模和求解,其系统研究开始于20世纪60年代,起始于20世纪70年代的基于多体系统动力学的机械系统动力学分析与仿真技术。随着计算机技术及计算方法的不断进步,到了20世纪90年代,在国内外已经成熟并且成功应用于工业界,成为当代进行机械系统设计不可或缺的有力工具之一。其计算过程是将行星齿轮本体视为刚体,利用弹簧—阻尼单元来模拟齿轮副动态啮合作用,通过多体系统动力学仿真求解齿轮传动系统的振动响应。该方法从某种程度上来说可以克服全弹性体接触有限元法计算耗时的缺点。与求解复杂且耗时的接触有限元法比较,多体动力学方法的计算结果与接触有限元法相当,但是具有更高的求解效率。

1.5.1.2 模型类型

行星齿轮传动系统动力学模型的分类方式有很多,本节从分析目的方面介绍行星齿轮传动系统动力学模型的类型。根据齿轮传动系统分析目的的不同,系统动力学模型可分为以下几类。

1)纯扭转模型

只考虑轮纯扭转的模型。该模型用于传动轴扭转刚度、轴承支承刚度和箱体支承刚度较大的情况。若传动系统的传动轴扭转刚度较小,可以将齿轮和原动机、负载隔离出去,单独建立齿轮的扭转振动模型。

2)耦合模型

耦合模型按照自由度类型数可分为以下三类模型。

(1)弯扭耦合模型:同时考虑齿轮啮合扭转自由度、传动轴轴端的扭转与弯曲自由度所建立的模型,该模型适用于轴承支撑刚度较小、系统弯曲振动不可忽略的情况。

(2)弯—扭—轴耦合模型:由于斜齿轮和人字齿轮啮合副存在轴向力,轴向振动通常不能忽略,故建立耦合模型时需要考虑轴向自由度的振动。考虑齿轮传动系统中的扭转、弯曲和轴向三种自由度建立的耦合振动模型是弯—扭—轴耦合模型。

（3）弯—扭—轴—摆耦合模型：在弯—扭—轴耦合模型基础上，增加水平方向上和垂直方向上两个扭摆振动的自由度，这样建立的模型是弯—扭—轴—摆耦合模型。

1.5.2　求解方法

一般情况下，行星齿轮传动系统动力学模型会考虑齿轮时变啮合刚度和齿侧间隙等因素的影响，行星齿轮传动动力学微分方程组通常为非线性变系数微分方程组，因此，定常微分方程组的很多解法无法直接使用。对目前各类行星齿轮传动动力学方程组的求解方法进行总结归纳，主要有解析法和数值法两大类。

1.5.2.1　解析法

解析法是应用解析式求解行星齿轮传动系统动力学模型的方法。动力学模型中的时变参数（如啮合刚度、轴承刚度等）和非线性参数（如齿侧间隙、轴承游隙等）的简化及描述是解析法的关键问题。解析法主要包括模态叠加法、傅里叶级数法、谐波平衡法、多尺度法等。

1）模态叠加法

模态叠加法的基本原理以系统无阻尼的振型模态为空间基底，通过坐标变换，使原动力方程解耦，求解 n 个相互独立的方程，获得模态位移，进而通过叠加各阶模态的贡献求得系统的响应。其基本步骤是首先对原始行星齿轮传动系统运动微分方程组进行坐标变换，将质量矩阵、刚度矩阵和阻尼矩阵进行对角化处理，得到一组独立的、互不耦合的模态方程；然后利用单自由度系统的求解方法，基于各主自由度求解结果由叠加原理得到原始物理坐标下多自由度的系统响应。

2）傅里叶级数法

傅里叶级数法的基本思想是参变方程定常化。将时变激励项移至方程右端，并将方程左、右两端的激励项和响应项按照傅里叶级数法分别展开为谐波函数的组合，令方程左、右两端各谐波函数系数对应相等，直接求得方程的稳态解。这种方法求解速度快，因此在求解模型自由度较多的系统动力学响应问题中应用尤为广泛。

3）谐波平衡法

谐波平衡法的基本思想是将行星齿轮传动动力学模型中的激励项和方程的解都展开成傅里叶级数，基于激振与响应的各阶谐波分量自相平衡的条件，令动力学方程两端同阶谐波的系数相等，从而得到包含一系列未知系数的代数方程组，以确定待定的傅里叶级数的系数。谐波平衡法能够考虑齿侧间隙等强非线性因素的影响，而且能够获取系统响应跃迁现象、次谐波共振及混沌现象，是行星齿轮传动系统非线性动力学分析中应用较多的算法之一。

4）多尺度法

多尺度法是由 Sturrock 和 Nayfeh 等提出并发展起来的，其基本思想是利用不同的时间尺度，将行星齿轮传动系统的振动分解为不同节奏的变化过程，计算精度较高。多尺度法不仅能够计算周期运动，而且能够计算耗散系统的衰减振动；不仅能计算稳态响应，而且能计算非稳态过程；可以分析稳态响应的稳定性，描绘非自治系统的全局运动性态。多尺度法也可以考虑齿侧间隙、轴承游隙等因素引起的系统非线性。

1.5.2.2 数值法

数值法主要应用各种数值积分方法求解行星齿轮传动系统动力学微分方程，常用的包括 Newmark 法、龙格—库塔法和打靶法等。

1）Newmark 法

Newmark 法的核心思想是将结构的加速度、速度和位移分别用时间的二次、一次和零次多项式来近似表示。具体而言，Newmark 方法将结构的振动方程离散化为一系列的求解步骤，其中包括预测步骤和校正步骤。在预测步骤中，根据上一时刻的状态预测当前时刻的状态；在校正步骤中，根据预测的状态进行校正，得到更加准确的状态。通过不断迭代这些步骤，可以得到结构在时间上的响应。其广泛应用于结构和固体的动态响应进行数值评估。该方法直接从物理方程出发，无须事先求解系统固有特性，不必对方程进行解耦，无论何种激励均可直接求解。它在线性加速度方法的基础上，修正了位移增量和速度增量公式。当选取的控制参数满足一定关系时，该方法是无条件稳定的，同时时间步长的大小不影响解的稳定性。这两个显著优点使得 Newmark 法在行星齿轮传动系统动力学求解中得到应用。Newmark 法也存在一些限制。首先，它只适用于求解线性和弱非线性动力学问题，不适合处理含齿侧间隙等强非线性因素的行星齿轮传动系统动力学问题。其次，Newmark 法的精度受到时间步长的限制，如果时间步长选择不当，可能会导致结果的不准确。此外，Newmark 法还需要结构的初始条件和边界条件，这对于一些实际问题可能很难确定。

2）龙格—库塔法

龙格—库塔法是由数学家卡尔·龙格和马丁·威尔海姆·库塔在 1900 年左右提出的，是间接利用泰勒展开的思想构造的一种数值方法，常用于非线性微分方程的求解。当采用隐式方法计算时，还可以处理刚性方程组。龙格—库塔法的计算精度较高，但计算时间比 Newmark 法长，收敛条件也更严苛。目前应用最广泛的龙格—库塔法为变步长四阶龙格—库塔法。Newmark 法适宜于求解自由度较多的行星齿轮传动系统的响应，而龙格—库塔法更适合求解自由度较少的单对齿轮副响应问题。

1.5.3 优化设计

行星齿轮传动系统由于存在内部构造复杂、部件较多、内外部动态激励形式多样,以及工作环境复杂多变等问题,在运行过程中容易产生振动冲击噪声及齿轮偏载现象,这不仅影响着行星传动系统的传动精度和传动效率,而且还会诱发行星传动系统机械产生故障,减少其使用寿命,严重者还会引发安全事故。因此,对行星传动系统的优化设计则显得尤为重要。本章节初步介绍了行星传动系统动力学优化设计准则和设计方法,并在第6章给出了详细的优化方法介绍和案例演示。

1.5.3.1 优化准则

为优化行星传动系统动力学特性,降低系统的振动噪声,除满足设计时的结构强度要求外,还需要满足低振动噪声的设计准则,这也是行星传动齿轮设计的重要工作。

目前,在行星传动系统减振降噪设计中,主要围绕减小齿轮的动载及结构的动态响应两方面内容。目前,行星齿轮传动系统减振降噪设计准则主要有:

(1)选择合理的零部件参数和加工精度,将传动系统的动载荷降低或维持在较低水平范围内;

(2)合理设计行星齿轮传动的构型、结构,以及装配关系,避免系统外界的激励频率和系统结构某阶次固有频率相近而发生共振现象,减小结构的动态响应和动载波动;

(3)合理设计行星传动系统的阻尼布置,包括系统整体结构的支撑阻尼和各接触界面的接触阻尼,将系统结构的振动噪声控制在较低水平。

1.5.3.2 优化设计方法

本书所指的行星齿轮传动系统主要包括齿轮、轴承、传动轴、行星架等零部件,以上部件通过齿轮的旋转向外界传递运动或者动力。行星传动系统各齿轮零部件内部激励复杂,激励界面多,是影响行星传动系统的动力学响应的主要零部件。其中,齿轮的基本结构参数、齿形及安装误差,以及传递负载对传动系统的动力学有着主要的影响。其次,行星齿轮传动系统各部件的质量、惯量、质量布局、支撑和界面接触刚度等也是影响传动系统动力学特性的主要因素。因此,选择适当的优化设计方法,依据行星齿轮传动系统的优化设计准则,可实现行星齿轮传动系统振动噪声控制和结构优化。

目前常用的优化设计方法有:齿轮参数匹配方法、齿轮修形方法、行星齿轮传递系统刚度匹配方法,以及加工精度与工况匹配方法。

1)齿轮参数匹配方法

齿轮内部激励复杂,主要包括刚度的交替激励、误差激励,以及啮入啮出冲击激励。齿轮基本参数对以上激励的频率和幅值有着重要的影响。作为行星齿轮传动系统的主要构成部件,齿轮的基本结构参数匹配已成为行星传动振动噪声控制的首选设计方法之一。

齿轮的基本结构参数有:齿数、模数、压力角、螺旋角、齿宽、齿顶高系数,以及顶隙系数等。已有研究表明,齿数、螺旋角、齿宽对齿轮传动系统的振动影响较大。以上参数主要改变了齿轮副的啮合重合度和啮合刚度,进而对齿轮传动的传动平稳性产生影响。

因此,在设计行星传动齿轮副时,通常匹配齿数越多,螺旋角和齿宽越大,齿轮副的重合度越大,齿轮传动越趋于平稳。然而,以上参数并不是越大越好,如螺旋角较大时会导致齿轮副的轴向力增大,产生轴向激振的问题,齿宽较大时导致齿轮副的转动惯量较大问题等。为克服螺旋角产生较大轴向力的问题,通常可采用人字齿轮设计来消除轴向力。

增大齿轮副的啮合重合度可在较大程度上增强齿轮传动的平稳性,然而,并不是重合度越大,齿轮的传动越趋于平稳。研究表明,选择重合度某一分量,即端面重合度或轴向重合度越接近整数时,系统的传动平稳性越好。其中,调节轴向重合度相比于端面重合度更容易实现。

综上,匹配合适的齿轮参数可以有效降低或者控制行星传动系统振动噪声在较低范围。例如,选择较大的齿数和螺旋角、采用人字齿轮、选择合适的齿宽和轴向重合度等,可有效提升齿轮传动的平稳性,降低齿轮动载荷。

2)齿轮修形方法

齿轮修形方法是齿轮设计和制造中消除边缘冲击和边缘应力集中的常用方法,可显著提高齿轮的使用寿命。常用的修形方式有:齿廓修形、齿向修形、对角修形,以及以上修形方式的多种组合修形方法,如图 1.4 所示。

图 1.4 常用的修形方式示意图

由于齿轮轮齿受载时容易产生角接触现象,进而改变齿轮副齿间齿对的啮合相位和啮合位置,会对齿轮传动产生冲击作用,因此,在设计齿轮时通常对齿轮进行齿廓修形和对角修形。其中,对角修形多用于斜齿轮。由于齿轮啮合时齿向边缘容易发生应力集中,齿向载荷分布不均,影响齿轮的使用寿命,齿轮设计时常用齿向修形来消除这一影响。此外，由不对中等误差导致的齿向非均布载荷的消除也常采用齿向修形进行消除。

常用修形方式的修形参数主要包括三个方面：修形曲线、修形量和修形长度。修行曲线一般需要进行预设定，而修形量和修行长度可通过估算齿轮的载荷情况而设定。由于齿轮的变形直接由齿轮的负载所决定，所以齿轮的修形参数和齿轮实际承受的负载息息相关，不同的负载扭矩下，齿轮的最佳修形参数不同。然而，实际作业中，齿轮的负载工况并不是单一值。因此，在对齿轮进行修形时，需要提前确定齿轮常用的负载工况，进而确定齿轮的最佳修形参数。

一般情况下，如果修形参数选择适当，单一的修形方式就可达到较好的减振消噪效果。对于复杂的工况环境，如齿轮不对中的出现无法消除时，需要同时采用齿廓修形和齿向修行方式才能起到较好的减振消噪效果。对于斜齿轮，可能需要同时采用三种修形方式才能达到较好的减振消噪效果。因此，选择合适的修形参数和方式需要结合齿轮的作业环境和工况进行预估和评判。

为兼顾负载工况对修形参数的影响，齿面修形稳健设计方法常被用于齿轮的减振消噪优化设计中。该方法可在一定负载范围内达到较佳的减振消噪效果，尤其在负载较大且变化范围不大时具有较好的减振效果。而在小负载或者负载变化范围较大时，效果不太理想。采用齿面修形稳健设计方法还可适当兼顾齿轮齿面随机加工误差，避免传动系统激振力波动范围较大，起到减振效果。

综上，齿轮修形方法是行星齿轮传动系统常用的减振消噪方法，其最佳修形方式、参数的选择和外界负载工况，以及齿轮制造和安装误差息息相关，应针对实际情况选择相应的修形参数和方式。

3）行星齿轮传动系统刚度匹配方法

行星齿轮传动系统内部构成复杂，其主要构成部件，如齿轮、轴承、行星架、传动轴等的布置，形状和质量（惯量）等构型因素对传动系统振动噪声有着重要影响。对以上因素进行合理的配置可以有效地控制系统的振动噪声。

如图 1.5 所示，齿轮的动载系数历程常被用于评价齿轮的载荷波动水平，其由传动系统的固有特性所决定。而齿轮的固有特性又取决于行星齿轮传动系统的构型。图 1.5 中的峰值点对应系统的固有频率，当齿轮的啮合频率或其倍频接近系统的固有频率时，会导致系统发生共振，对系统的动力学特性产生较大影响，在设计时必须要考虑这一因素的影响。

在掌握传动系统的动载系数历程时，可以通过优化行星齿轮传动系统的构型，使系统各内激励频率偏离系统固有频率，避免共振现象发生。通常利用动载系数历程进行构型优化和减振降噪的措施主要有三个方面：①系统固有频率不变,通过调整内激励频率,使得齿轮内激励频率处于动载系数较低的位置;②内激励频率不变,调整系统的整体构型,改变系统的固有频率,使得动载系数峰值偏离激振频率及其倍频,使得工作频率处的动载系数减小;③同时调整系统的激励频率和固有频率,达到较好的减振降噪效果。

图 1.5 给出了齿轮传动系统的动载系数随啮合频率的变化示意图,已知齿轮的啮合频率由齿轮的转速和齿数共同决定,一般齿轮的转动速度是根据工况决定,设计时可根据齿轮传动系统常用的转速工况对齿轮的齿数进行适当调整,使得齿轮传动系统的激振频率远离传动系统的固有频率。

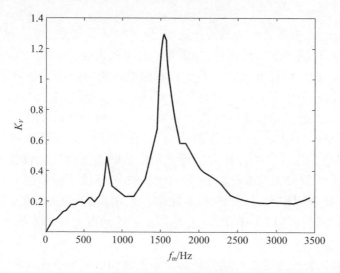

图 1.5 齿轮传动系统的动载系数随啮合频率的变化示意图

由于行星齿轮传动系统内部构成复杂,零部件较多,系统固有特性涉及的构型影响因素较多,对其构型进行优化进而达到减振降噪效果的工作较为复杂烦琐。在优化构型前,需要利用时频域等分析方法对当前系统构型下的固有特性和振动响应进行分析,探明各影响因素对当前构型下行星齿轮传动系统动载系数的影响规律。其中,影响因素主要包括各齿轮副的啮合刚度、各零部件的结构刚度、轴承支撑刚度和各零部件的质量与惯量,还包括传动轴上各齿轮和轴承等部件的安装节点位置。在实际构型优化设计中,对系统刚度和惯量等因素进行优化调整时还需要结合行星齿轮传动系统当前的结构空间和强度等约束条件进行对应的决策,以达到相对较好的优化效果。

4)加工精度与工况匹配方法

行星齿轮传动系统的振动噪声水平与齿轮、传动轴等零部件加工精度息息相关。一般而言,各零部件加工精度越高,行星齿轮传动系统的振动噪声水平越低。然而,在齿轮传动系统低噪声优化设计中,需要兼顾齿轮等零部件加工精度带来的昂贵制造成本,因此,需要对齿轮各零部件的加工精度进行合理的设计和选择,以满足特定工作环境的要求。

齿轮加工精度与系统振动噪声之间关系还受到其负载工况的影响。研究表明,在轻载工况下,齿轮精度的提升对传动系统的振动响应影响显著;然而,在重载工况下,齿轮加工精度对齿轮传动系统振动响应的影响却微乎其微。究其原因,重载工况下齿轮进入完全接触状态,齿轮刚度及传递误差的波动量在不同加工精度水平下接近,对系统内激励的影响差异非常小。

图1.6给出了不同加工精度下齿轮刚度激励波动量随负载的变化规律。可以看出,在载荷小于10000N·m时,加工精度对刚度激励波动量的影响较为显著;当载荷大于16000N·m时,提升加工精度对刚度激励波动量的影响很微弱。可见,对于重载齿轮,提升加工精度等级来减振消噪是不可行和不经济的。图1.6中,随着负载增加,提高加工精度对刚度激励波动量不再明显的首个负载点被称为"第二临界点";而对于同一精度等级下,在轻载区存在一个使啮合刚度波动量处于较低水平的谷值点被称为"第一临界点"。

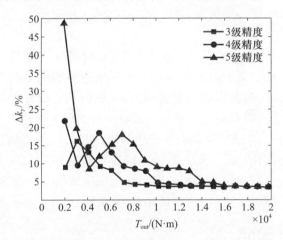

图1.6 不同加工精度下齿轮刚度激励波动量随负载的变化规律

目前,上述所谓的"第一临界点"和"第二临界点"已得到学术界的关注。"第二临界点"发生原因是重载使得齿轮处于完全啮合状态,齿轮的弹性变形受到齿面误差的影响微乎其微,齿轮的弹性变形是影响齿轮平稳的重要原因,精度等级的影响已不再明显。而对于"第一临界点"产生机理,目前尚未完全解明,需要进一步深入研究。

5)多目标优化设计方法

行星传动系统优化设计通常包含多个优化设计目标,或者说有多个评判设计方案优劣的标准。为了使行星传动系统的设计更加符合实际要求,需要同时考虑多个评价标准,建立多个优化目标函数,这就是多目标优化问题。

在一般的行星传动系统最优化设计中,多目标函数的情况越多,目标函数越多,设计的综合效果就越好,但问题的求解也越复杂。行星传动系统设计要求各分量目标都达到最优,如较高的可靠性、较轻的结构等目标。但是,实际设计中往往较为困难,尤其各分目标优化互相矛盾时。例如,行星传动系统优化设计中,其技术性能要求和经济性要求互相矛盾。因此,行星传动系统的多目标优化设计是一个较为复杂的问题。近年来,国内外学者针对行星传动系统的优化设计做了大量研究工作,多目标优化算法归结起来主要有传统优化算法和智能优化算法两大类。

传统优化算法包括加权法、约束法和线性规划法等,实质上就是将多目标函数转化为单目标函数,通过采用单目标优化的方法达到对多目标函数的求解。

智能优化算法主要包括进化遗传算法(Evolutionary Algorithm,EA)和粒子群算法(Particle Swarm Optimization,PSO)等。其中,进化遗传算法是基于进化论和遗传学机理,通过模拟生物进化过程搜索最优解的仿生学算法,其又可分为多目标遗传算法(MOGA)、非劣层遗传算法(NSGA),以及小组决胜遗传算法(NPGA)等优化方法。

为采用多目标优化方法对行星传动系统动态特性(均载特性、振动特性等)进行优化设计,首先需要通过行星传动系统灵敏度分析明确行星传动系统动态特性受各结构及工况参数影响的敏感程度,获取影响行星传动系统动态特性的敏感设计变量。进而以行星传动系统均载特性和关键零部件振动水平等动态特性为优化设计目标,以行星传动系统结构强度、质量,以及传动性能要求为约束条件,采用多目标优化遗传算法获取最优设计参数集,实现行星传动系统动态特性优化设计。可见,行星传动系统的多目标优化模型是一个数学寻优模型,其主要包括三个要素,即设计变量、约束条件、目标函数。

1.5.4 动态特性测试

为研究行星传动系统振动特性和均载特性,通常需要对其进行振动特性测试试验和均载特性测试试验,以掌握其动态特性,对行星传动系统的出厂性能评估、动力学模型参数修正及验证提供试验依据。

1.5.4.1 振动特性测试试验

测量行星齿轮传动系统的振动响应,对评估其传动特性和动力学特性具有重要意义。根据振动测点布置方式,可将行星齿轮传动系统的振动特性测试方法分为以下三类。

1)测点布置于传动轴轴承座

行星齿轮传动系统内部激励(如齿形误差、齿面点蚀、齿根裂纹等)引起的振动主要通过传动轴、支撑轴承传递至轴承座及箱体,因此,通过在传动轴轴承座上布置加速度传感器获取轴承座振动响应,可间接反映行星齿轮传动系统内部激励和振动情况,进而评价传动系统的整体能量传递和动态特性。如图1.7所示的试验,通过在行星齿轮传动系统传动轴两端轴承座布置振动测点(测点B、D),测量行星传动系统两端轴承座的振动响应。该方法能较准确地测量和评估振动传递路径较短的零部件(如传动轴和太阳轮等)振动特性。然而,对于振动传递路径较长且复杂的零部件,如行星齿轮、齿圈等,受多界面振动传递、能量耗散,以及噪声干扰等因素的影响,该方法很难捕捉这些零部件真实的运行状态和激励特征。

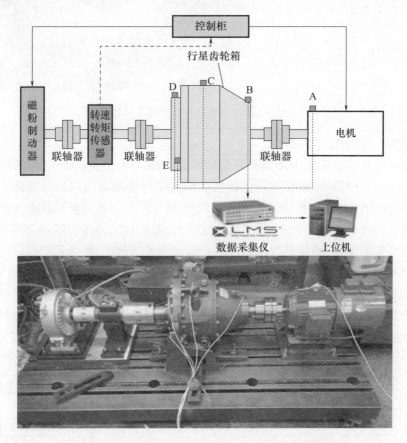

图1.7 传动轴轴承座振动测点布置示意及实物图

2)测点布置于齿圈外侧

为减少齿圈振动信号传递过程中存在的能量衰减,尽可能获取齿圈及与之啮合的行星齿轮真实的振动特征,通常会将加速度计直接布置在齿圈外侧,如图1.7中测点C所示。该布置方法简单,对于采集齿圈的振动信号非常有效,也可简单评价行星齿轮的振动特性和啮合状态。如图1.8所示,Inalpolat和Kahraman通过将加速度传感器均布在齿圈外侧,实现了行星齿轮传动系统齿圈振动特性的实时监测,进而评估行星齿轮传动系统内部运行状态。

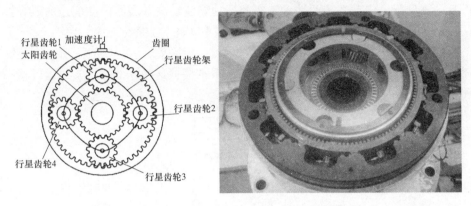

图1.8　齿圈振动测点布置示意及实物图

3)测点布置于齿轮端面

行星齿轮传动系统内部各部件激励引起的振动经过多界面传递后,能量衰减较大,传递至外部轴承座和箱体的振动响应信号中蕴含的内激励特征明显减弱,甚至消失,因此,在行星齿轮传动系统外部布置传感器很难捕获系统内部激励信息。因此,一些研究中采用了局域强信号测试方法,即将传感器直接布置在系统内部齿轮端面,借助有线电刷传输或者无线发射技术,将齿轮原位振动特征信号直接输送至电脑进行分析处理,实现齿轮原位振动特性的有效提取,如图1.9所示。受到行星齿轮传动系统内部结构及运转工况的限制,该测试方法要求传感器结构微小、转动惯量低、不易脱落等,如比较流行的MEMS传感器、SAW传感器等。

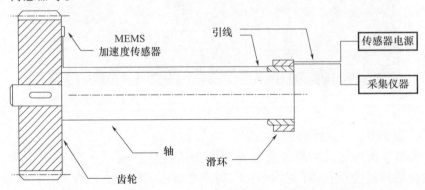

图1.9　参考文献[11]中齿轮端面振动测点布置MEMS传感器

1.5.4.2 均载特征测试试验

行星齿轮传动系统受到作业环境和结构布局的影响,各行星轮的承载可能出现分配不均及齿向偏载的情况,这会加剧行星齿轮的磨损和结构破坏,影响行星齿轮传动系统的动力学特性和使用寿命。因此,有必要对行星齿轮传动系统进行出厂前的均载特性测试试验,确保其均载性能良好、运动和动力传动平稳。

行星齿轮传动系统均载特性测试试验主要测量参数为:动态均载系数和齿向载荷分配系数。根据行星齿轮传动系统均载测点布置的不同,主要分为以下两类测试方法。

1)测点布置于齿圈沟槽位置

以三行星齿轮传动系统的均载特性测试试验测点布置为例,如图 1.10 和图 1.11 所示。该测试中,在齿圈周向和齿向共布置 18 个测点,其中,在三行星轮齿圈周向各均匀布置 3 组应变测点。为防止试验中单组应变片失效导致漏测,每组测点又分别在齿圈相邻齿沟槽布置 2 组测点,每个测点组在齿向上布置 3 个应变片,编号分别为 A、B、C。通过测得每个测点组的平均应力及每组测点齿向的应力分布,即可计算得到行星齿轮传动系统的动态均载系数和齿向载荷分配系数。

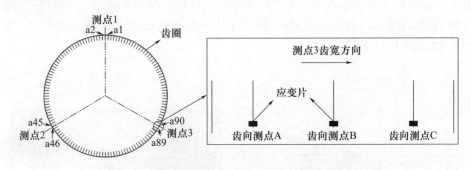

图 1.10 三行星齿轮传动系统应变片周向布置图示意图

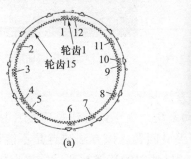
(a)

(b)

齿根应变片
(c)

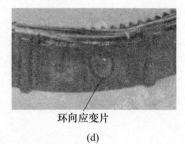
环向应变片
(d)

图1.11　齿槽应变测试均载试验

该方法需要将多个应变片均布在齿圈齿槽上,粘贴应变片较为困难,因此适合齿圈沟槽较大的行星齿轮传动系统,以方便粘贴应变片。由于该方法对应变片粘贴要求较高,容易导致应变片破损,进而导致测点数据丢失问题的发生。该方法的优点是测试获取的数据相对准确,可以同时获取行星齿轮传动系统均载系数和齿向载荷分配系数。例如,参考文献[12-14]都采用该方法测试行星齿轮传动系统的均载系数。

2) 测点布置于齿轮齿根端面位置

对于结构较小的行星齿轮传动系统,不要求测试齿向载荷分配系数的情形,由于很难将应变片粘贴在其齿圈沟槽内部,通常将应变片粘贴于齿圈齿根端面位置,获取该测点位置的应变来计算和评估行星齿轮传动系统的均载特性,如图1.12和图1.13所示。

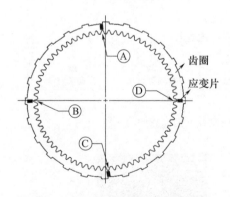

图1.12　应变片贴于齿根端面位置示意

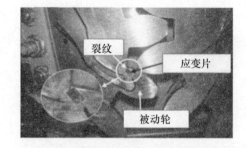

图1.13　齿根端面应变测试试验

相比于齿槽应变测试方法,该方法只需少量应变片,粘贴应变片较为方便,且适合于各种大小的行星齿轮传动系统。由于该方法是应变片粘贴,因此测试可靠性较高,不容易引起测点数据丢失问题。该方法缺点是不能评估行星齿轮传动系统的齿向载荷分配系数,且测试位置的选择对测试结果有较大影响。

1.6　本书主要内容

全书总共7章,第1章为绪论;第2章主要介绍了行星齿轮传动系统常见的动力学参数和内部激励形式;第3章介绍了单排单级行星齿轮传动动力学建模及分析方法;第4章介绍了复合行星齿轮传动动力学建模及分析方法;第5章阐述了复杂行星齿轮传动动力学建模及分析方法;第6章介绍了行星齿轮传动动力学的优化设计方法;第7章阐述了行星齿轮传动动态特性测试与模型修正方面的内容。

参考文献

[1] 徐志良. 偏心误差下的行星轮系瞬时啮合激励建模与动力学响应研究[D]. 重庆:重庆大学,2022.

[2] 柳晓鹏,徐涛. 大型行星齿轮减速器疲劳损坏原因分析及解决方案[J]. 内燃机与配件,2022,(2):167-169.

[3] 杨建明,张策,林忠钦,等. 行星齿轮传动动力学特性研究进展[J]. 航空动力学报,2003,(2):299-304.

[4] 曹正. 旋转轴线误差的齿轮动力学建模与行星轮系动态特性分析研究[D]. 重庆:重庆大学,2017.

[5] Inalpolat M,Kahraman A. A theoretical and experimental investigation of modulation sidebands of planetary gear sets[J]. Journal of Sound and Vibration,2009,323(3-5):677-696.

[6] 刘晓明,吴德松,王潇瀛. 基于Cortex-M3的齿轮传动轴损伤动态监测系统的设计与实现[J]. 电子技术应用,2011,37(6):95-98.

[7] 曾强. 相位差分编码器原理及其行星轮系故障诊断应用研究[D]. 重庆:重庆大学,2022.

[8] 王利明. 齿轮箱齿轮故障振动信号变尺度解调与振动特征提取算法研究[D]. 重庆:重庆大学,2019.

[9] Ligata H,Kahraman A,Singh A. An Experimental Study of the Influence of Manufacturing Errors on the Planetary Gear Stresses and Planet Load Sharing[J]. Journal of Mechanical Design,2008,130(4):041701.

[10] Singh A,Kahraman A,Ligata H. Internal Gear Strains and Load Sharing in Planetary Transmissions:Model and Experiments[J]. Journal of Mechanical Design,2008,130(7):072602.

第 2 章　动力学参数及内部激励

2.1　引　　言

行星齿轮传动系统运行过程中,不仅有驱动力矩、转速波动、负载变化等引起的外部激励,而且存在齿轮时变啮合刚度激励、轮齿随机误差激励、啮入啮出冲击、轴承时变支撑刚度激励、轴承径向游隙等内部激励的影响,研究行星齿轮传动系统动力学参数与内部激励对解明行星齿轮传动系统振动特征、预估和控制齿轮系统振动噪声水平具有重要意义。

2.2　行星齿轮传动系统齿轮副啮合刚度计算模型

通常情况下,齿轮啮合时重合度不为整数,啮合过程中同时参与啮合的齿对数会随时间发生周期性变化,因此齿轮副的啮合刚度也会随时间发生周期性变化,由此产生了刚度激励,致使齿轮传动系统运动微分方程中含有时变参数。啮合刚度变化示意如图 2.1 所示。由于时变齿轮啮合刚度是引起齿轮传动系统不良振动和噪声的主要激励之一,因此其一直是齿轮系统动力学建模研究的热点。随着计算机科学及机械研究的飞速发展,近年来专家学者提出大量计算齿轮啮合刚度的方法,对此,本节主要以常用的有限元法、ISO 法、势能法三种方法为例,介绍行星齿轮传动系统齿轮啮合刚度计算模型的建模方法。

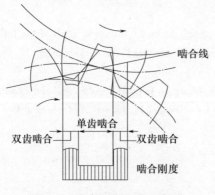

图 2.1　啮合刚度变化示意图

2.2.1 有限元法

有限元法由于其在轮齿接触行为方面具有显著优势而被作为求解齿轮啮合刚度的主要工具。有限元法的核心思想是将齿轮看作连续的求解域,然后将其离散为有限个联系在一起的单元组合来逼近原齿轮,通过对有限个单元进行分析,推出整个齿轮的分析结果。在利用有限元法求解齿轮啮合刚度时,通常将齿轮啮合处节点处理为集中力(啮合力)作用节点,据此分析齿轮啮合刚度。

虽然不同专家学者建立的齿轮副有限元模型略有不同,但整体建模策略相近。将从动轮内轮毂处节点的自由度完全约束,主动轮内轮毂处节点只允许绕轴心运动,在主动轮上施加扭矩 T_1,通过调整齿轮扭转角度即可获得主动轮的时变扭转变形 $\theta_1(t)$。齿轮啮合刚度计算公式为

$$K(T) = \frac{(T_1/R_{b1})}{R_{b1}\theta_1(t)} = \frac{T_1}{R_{b1}^2 \theta_1(t)} \tag{2.1}$$

式中:R_{b1} 为主动齿轮的基圆半径。在分析过程中,共轭齿轮副间的接触非常重要。因此,构建有限元模型时,需要对啮合齿间的接触区域进行网格细化,以提高扭转变形和啮合刚度的求解精度。

2.2.2 ISO 法

ISO 6336 标准中,将齿轮刚度定义为"使一对或几对同时啮合的精确轮齿在 1mm 齿宽上产生 1μm 扰度所需的啮合线上的载荷"。假设接触线上单位长度的啮合刚度 k_0 为常数,齿轮副啮合刚度可表示为

$$K(t) = k_0 L(t) \tag{2.2}$$

式中:$L(t)$ 为时变啮合线长度。圆柱齿轮副时变接触长度 $L(t)$ 的解析表达式见式(2.3)。他们将周期时变啮合线长度 $Z(t)$ 分解为傅里叶级数

$$L(t) = W_n \cdot \left[1 + \sum_{k=1}^{\infty} A_k \cdot \cos\left(\frac{2\pi k t}{T_n}\right) + B_k \cdot \sin\left(\frac{2\pi k t}{T_n}\right) \right] \tag{2.3}$$

式中:$W_n = W \cdot \varepsilon_\alpha / \cos\beta$;$W$ 为齿面宽度;ε_α 为齿轮副的横向重合度;β 为齿轮副的螺旋角;T_n 为啮合周期;A_k 对于不同齿轮表达式有所差别,对于直齿轮

$$\begin{cases} A_k = \dfrac{1}{\pi k \varepsilon_\alpha} \sin(2\pi k \varepsilon_\alpha) \\ B_k = \dfrac{1}{\pi k \varepsilon_\alpha} [1 - \cos(2\pi k \varepsilon_\alpha)] \end{cases} \tag{2.4}$$

对于斜齿轮

$$\begin{cases} A_k = \dfrac{1}{2\pi^2 k^2 \varepsilon_\alpha \varepsilon_\beta}[\cos(2\pi k\varepsilon_\beta) + \cos(2\pi k\varepsilon_\alpha) - \cos(2\pi k(\varepsilon_\alpha + \varepsilon_\beta)) - 1] \\ B_k = \dfrac{1}{2\pi^2 k^2 \varepsilon_\alpha \varepsilon_\beta}[\sin(2\pi k\varepsilon_\beta) + \sin(2\pi k\varepsilon_\alpha) - \sin(2\pi k(\varepsilon_\alpha + \varepsilon_\beta))] \end{cases}$$

(2.5)

式中:ε_β 为圆柱齿轮副的纵向重合度(直齿齿轮副为 0)。

ISO 6336 标准提供了单位长度的啮合刚度 k_0 的表达式

$$k_0 \approx \dfrac{C_M C_R C_B \cos\beta}{q} \quad (2.6)$$

式中:C_M 为测量值与理论计算值之间的修正系数;C_R 为齿轮毛坯因子;C_B 为考虑齿条实际轮廓与标准轮廓偏差的因子。对于标准轮廓,如图 2.2 所示,$f_r = 1$,$c_r = 0.25$,$a_r = 20°$。

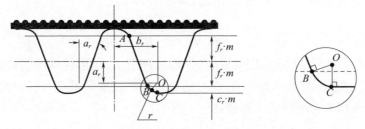

图 2.2 基本齿条轮廓图

此外,式(2.6)中参数 q 表达式如下

$$q = c_1 + \dfrac{c_2}{zn_1} + \dfrac{c_3}{zn_2} + c_4 x_1 + c_5 \dfrac{x_1}{zn_1} + c_6 x_2 + c_7 \dfrac{x_2}{zn_2} + c_8 x_1^2 + c_9 x_2^2 \quad (2.7)$$

式中:$zn_i = z_i/(\cos^3\beta)$,z_i 为主动轮($i=1$)和从动轮($i=2$)的齿数;x_i 为主动齿轮和从动齿轮的变位系数。系数 $C_i, C_2, \cdots, C_9$ 已制成表格,列于表 2.1。

表 2.1 式(2.7)中的系数

C_1	C_2	C_3	C_4	C_5	C_6	C_7	C_8	C_9
0.047	0.156	0.258	−0.006	−0.117	−0.002	−0.242	0.005	0.002

需要注意的是,ISO 6336 标准中啮合刚度公式(如式(2.2))是通过对 Weber 的解析公式修改得到的,目的是为了让解析结果接近实验结果。

2.2.3 势能法

有限元法能相对准确地模拟包含很多次要影响的齿轮啮合过程,可实现对齿轮啮合过程精准有效的分析与计算。但有限元法也存在计算规模大、成本高、时间长、效率低等缺陷。基于 ISO 标准的近似方法会高估齿轮啮合刚度的波动,因此适合在行星齿轮传动系统设计阶段对啮合刚度量级进行评估时使用。而势能法作为一种计算效率高、成本低且分析结果相对精准的方法,已广泛应用于行星齿轮啮合刚度的计算。本节分别对基于势能法的外啮合齿轮副和内啮合齿轮副啮合刚度计算模型进行详细介绍。

2.2.3.1　外啮合齿轮副啮合刚度计算模型

行星齿轮传动系统按照啮合方式分类:内啮合和外啮合。对于外啮合齿轮副,运用材料力学理论,将直齿轮轮齿假设为变截面悬臂梁模型,如图 2.3 所示。图中,F 是垂直于齿面的啮合作用力;h 代表啮合力作用位置处齿厚的一半;α_1 表示啮合力与齿厚方向的夹角;d 表示有效作用长度,即啮合力作用位置至齿根圆固定部分的距离;dx 与 $2h_x$ 分别表示距啮合力作用点位置为 x 的微截面宽度与长度。将轮齿变形等效为沿啮合力 F 作用方向的弹簧变形,在啮合力 F 作用下,弹簧由于轮齿发生弯曲、剪切与沿齿高方向的轴向压缩变形而存储的弹性势能分别表示为

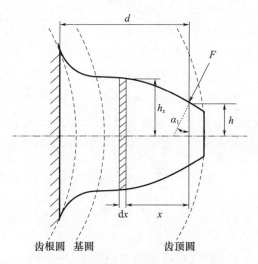

图 2.3　直齿轮轮齿变截面悬臂梁模型

$$\begin{cases} U_b = \dfrac{F^2}{2k_b} \\ U_s = \dfrac{F^2}{2k_s} \\ U_a = \dfrac{F^2}{2k_a} \end{cases} \quad (2.8)$$

式中:k_b、k_s、k_a 分别是沿啮合线方向与轮齿弯曲、剪切、轴向压缩变形相对应的等

效弹簧刚度;U_b、U_s、U_a 分别等效为对应的等效弹簧弹性势能。

$$\begin{cases} U_b = \dfrac{F^2}{2k_b} \\[4pt] U_s = \dfrac{F^2}{2k_s} \\[4pt] U_a = \dfrac{F^2}{2k_a} \end{cases} \tag{2.9}$$

根据材料力学中的梁变形理论,啮合力 F 作用下轮齿发生的弯曲、剪切与轴向压缩变形所存储的势能分别为

$$\begin{cases} U_b = \dfrac{F_p^2}{2k_b} = \displaystyle\int_0^d \dfrac{[F_b(d-x) - F_a h]^2}{2EI_x}\mathrm{d}x \\[6pt] U_s = \dfrac{F_p^2}{2k_s} = \displaystyle\int_0^d \dfrac{1.2 F_b^2}{2GA_x}\mathrm{d}x \\[6pt] U_a = \dfrac{F_p^2}{2k_a} = \displaystyle\int_0^d \dfrac{F_a^2}{2EA_x}\mathrm{d}x \end{cases} \tag{2.10}$$

式中:啮合力 F 沿轮齿齿厚方向的分力 F_b、垂直于齿厚方向的分力 F_a 和相对于宽度为 d_x 的微截面力矩 M 的计算式分别表示为

$$\begin{cases} F_a = F\cos\alpha_1 \\ F_b = F\sin\alpha_1 \end{cases} \tag{2.11}$$

符号 E 和 G 分别为材料弹性模量和剪切模量,I_x 和 A_x 分别代表啮合力作用点 x 处截面惯性矩与截面面积。它们的计算表达式分别为

$$\begin{cases} G = \dfrac{E}{2(1+v)} \\[4pt] I_x = \dfrac{2}{3}h_x^3 W \\[4pt] A_x = h_x W \end{cases} \tag{2.12}$$

结合式(2.10)~式(2.12),可获得弯曲刚度 k_b 的计算表达式为

$$\dfrac{1}{k_b} = \int_0^d \dfrac{[x\cos\alpha_1 - h\sin\alpha_1]^2}{EI_x}\mathrm{d}x \tag{2.13}$$

剪切刚度 k_s 的计算表达式为

$$\dfrac{1}{k_s} = \int_0^d \dfrac{1.2\cos^2\alpha_1}{GA_x}\mathrm{d}x \tag{2.14}$$

轴向压缩刚度 k_a 的计算表达式为

$$\dfrac{1}{k_a} = \int_0^d \dfrac{\sin\alpha_1}{EA_x}\mathrm{d}x \tag{2.15}$$

式(2.12)~式(2.15)中:I_x 和 A_x 分别为距啮合力作用点 x 处的截面惯性矩与截面面积。v 为泊松比;W 为齿宽。

接触齿面发生弹性接触变形,根据 Yang 和 Sun 的研究结果,齿轮啮合时,理想直齿轮啮合齿对的赫兹接触刚度在整个啮合线上可近似为常数,即独立于接触位置,以及齿对接触渗透深度。赫兹接触刚度的表达式为

$$\frac{1}{k_h} = \frac{4(1-v^2)}{\pi E W} \qquad (2.16)$$

Wu 等在其研究工作中基于势能原理建立了直齿啮合刚度解析计算模型,目前的模型中,忽略了基圆与齿根圆不重合的情况,轮齿等效悬臂梁有效长度为齿顶圆至基圆部分,与实际情况有较大差异,且该模型没有考虑齿根圆角及基础变形的影响。除轮齿变形对啮合刚度的影响外,齿轮轮体变形也会极大地影响齿轮啮合刚度的大小。Sainsot 等假设齿根圆上应力是线性的且按某一常量变化,将 Muskhelishvili 方法应用到弹性圆环上推导了齿轮轮体变形对轮齿刚度的影响。齿轮轮体变形的计算表达式为

$$\delta_{sf} = \frac{F_p \cos^2 \alpha_1}{\Delta b E} \left\{ L^* \left(\frac{u_f}{S_f} \right)^2 + M^* \left(\frac{u_f}{S_f} \right) + P^* (1 + Q^* \tan^2 \alpha_1) \right\} \qquad (2.17)$$

式中:u_f 和 S_f 如图 2.4 所示;系数 L^*、M^*、P^*、Q^* 由多项式近似为

$$X_i^*(h_{fi}, \theta_f) = A_i/\theta_f^2 + B_i h_{fi}^2 + C_i h_{fi}/\theta_f + D_i/\theta_f + E_i h_{fi} + F_i \qquad (2.18)$$

式中:X_i^* 代表系数 L^*、M^*、P^* 和 Q^*;$h_{fi} = r_f/r_{int}$,r_f、r_{int} 与 θ_f 如图 2.4 所示;A_i、B_i、C_i、D_i、E_i 和 F_i 的值列于表 2.2 中。

由此可得,由轮体变形引起的啮合线上等效刚度为

$$\frac{1}{k_f} = \frac{\delta_f}{F_p} \qquad (2.19)$$

因此,综合上述轮齿弯曲变形、剪切变形、轴向压缩变形、赫兹接触变形,以及轮体变形对应的啮合线上等效刚度,外啮合齿轮副单齿啮合刚度可表示为

$$k_1 = 1 \bigg/ \left(\sum_{i=1}^{2} \left(\frac{1}{k_{bi}} + \frac{1}{k_{si}} + \frac{1}{k_{ai}} + \frac{1}{k_{fi}} \right) + \frac{1}{k_h} \right) \qquad (2.20)$$

式中:下标 1 和 2 分别代表齿轮啮合副中的小齿轮与大齿轮。

表2.2 式(2.18)中的系数值

	A_i	B_i	C_i	D_i	E_i	F_i
$L^*(h_{fi},\theta_f)$	-5.574×10^{-5}	-1.9986×10^{-3}	-2.3015×10^{-4}	4.7702×10^{-3}	0.0271	6.8045
$M^*(h_{fi},\theta_f)$	60.111×10^{-5}	28.100×10^{-3}	-83.431×10^{-4}	-9.9256×10^{-3}	0.1624	0.9086
$P^*(h_{fi},\theta_f)$	-50.952×10^{-5}	185.50×10^{-3}	0.0538×10^{-4}	53.3×10^{-3}	0.2895	0.9236
$Q^*(h_{fi},\theta_f)$	-6.2042×10^{-5}	9.0889×10^{-3}	-4.0964×10^{-4}	7.8297×10^{-3}	-0.1472	0.6904

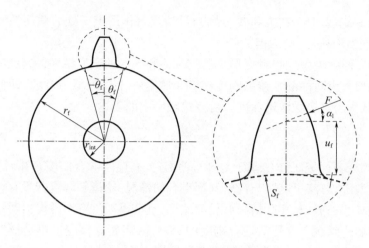

图 2.4　轮齿基体变形计算模型

以上方法在求解齿轮啮合刚度时,根据齿轮渐开线的几何特性,轮齿等效为齿轮基圆上的悬臂梁,但是实际情况是齿轮基圆与齿根圆并不重合,由此求得的啮合刚度便会存在一定的误差,因此需要在当前的基础上对势能法进行适当的修正,从而减小时变啮合刚度的计算误差。

齿轮的基圆与齿根圆半径分别为

$$\begin{cases} R_b = \dfrac{mz}{2}\cos\alpha \\ R_f = \dfrac{mz}{2} - (h_a^* + c^*)m \end{cases} \quad (2.21)$$

式中:R_b 和 R_f 分别为齿轮基圆和齿根圆半径;h_a^*、c^* 分别为齿顶高系数、顶隙系数。取标准齿顶高系数 $h_a^* = 1$,顶隙系数 $c^* = 0.25$,压力角 $\alpha = 20°$,求得当齿数 $z = 42$ 时($\alpha = 25°$ 时,$z = 27$),齿根圆半径约等于基圆半径,此处以 $z = 42$ 为例进行计算说明。

如图 2.5(a)所示,当 $z < 42$ 时,计算可得齿根圆半径小于基圆半径,原来的势能法模型求解啮合刚度时,认为轮齿等效于基圆上的悬臂梁,该模型没有计算基圆与齿根圆之间(图 2.5(a)中网格线部分)轮齿部分的变形能,相当于减小了悬臂梁的长度,由式(2.27)可知,变形能与刚度成反比,因此原模型求得的轮齿时变啮合刚度偏大。

同理,当齿数 $z > 42$ 时,如图 2.5(b)所示,计算可得齿轮基圆半径小于齿根圆半径,多计算了基圆与齿根圆之间(图 2.5(b)中网格线部分)轮齿的变形能,此时相当于增加了悬臂梁的长度,故而求得的轮齿时变啮合刚度偏小。特别是齿数较大时,由于齿根圆与基圆偏离较远,由此计算的时变啮合刚度误差就会更

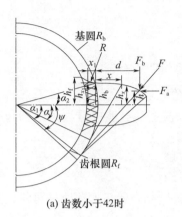
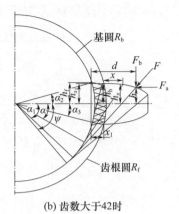

(a) 齿数小于42时　　　　　　(b) 齿数大于42时

图 2.5　不同齿数下齿轮受力示意图

大,因此有必要对原公式进行适当的修正,使齿轮的时变啮合刚度计算模型更加准确。

基于以上分析,当齿数小于 42 时,需要将齿根圆与基圆之间轮齿部分的变形能加在势能法原来的公式上,因此可以将弯曲变形能公式由原来的公式修正为

$$U_b = \int_0^d \frac{[F_b(d-x) - F_a h]^2}{2EI_x} dx + \int_0^{R_b - R_f} \frac{[F_b(d+x_1) - F_a h]^2}{2EI_{x_1}} dx_1$$

(2.22)

式中:I_{x_1} 为距离基圆 x_1 处轮齿截面的惯性矩。

根据轮齿渐开线几何特性和式(2.22),可得修正的弯曲刚度为

$$K_b = 1 / \left\{ \int_{-\alpha_1}^{\alpha_2} \frac{3(\alpha_2 - \alpha)\cos\alpha}{2EL[\sin\alpha + (\alpha_2 - \alpha)\cos\alpha]^3} \cdot \right.$$
$$\{1 + \cos\alpha_1[(\alpha_2 - \alpha)\sin\alpha - \cos\alpha]\}^2 d\alpha +$$
$$\left. \int_0^{R_b - R_f} \frac{[(d + x_1)(\cos\alpha_1 - h\sin\alpha_1)]^2}{EI_{x_1}} dx_1 \right\}$$

(2.23)

同理,剪切刚度、径向压缩刚度对应的修正刚度如式(2.24)、式(2.25)所示。

$$K_s = 1 / \left\{ \int_{-\alpha_1}^{\alpha_2} \frac{1.2(1+\nu)(\alpha_2 - \alpha)\cos\alpha \cos^2\alpha_1}{EL[\sin\alpha + (\alpha_2 - \alpha)\cos\alpha]} d\alpha + \int_0^{R_b - R_f} \frac{(1.2\cos\alpha_1)^2}{GA_{x_1}} dx_1 \right\}$$

(2.24)

$$K_a = 1 / \left\{ \int_{-\alpha_1}^{\alpha_2} \frac{(\alpha_2 - \alpha)\cos\alpha \sin^2\alpha_1}{2EL[\sin\alpha + (\alpha_2 - \alpha)\cos\alpha]} d\alpha + \int_0^{R_b - R_f} \frac{(\sin\alpha_1)^2}{EA_{x_1}} dx_1 \right\}$$

(2.25)

式中:L 为齿轮的轴向厚度;ν 为泊松比。

$$\begin{cases} I_{x_1} = \dfrac{1}{12}(2h_{x_1})^3 L \\ A_{x_1} = (2h_{x_1})L h_b = R_b \cos(\alpha_2) \\ h_{x_1} = h_b + R - \sqrt{R^2 - x_1^2} \end{cases} \quad (2.26)$$

基于以上原理,当齿数大于 42 时,原来模型的势能应减去齿根圆与基圆之间轮齿部分的变形能,因此式(2.10)可以修正为

$$U_b = \int_{R_b - R_f}^{d} \frac{[F_b(d-x) - F_a h]^2}{2EI_x} \mathrm{d}x \quad (2.27)$$

所以,结合图 2.5 和轮齿渐开线几何特性,啮合轮齿弯曲刚度可修正为

$$K_b = 1 \Big/ \left\{ \int_{-\alpha_1}^{\alpha_3} \frac{3(\alpha_2 - \alpha)\cos\alpha \cdot \{1 + \cos\alpha_1[(\alpha_2 - \alpha)\sin\alpha - \cos\alpha]\}^2}{2EL[\sin\alpha + (\alpha_2 - \alpha)\cos\alpha]^3} \mathrm{d}\alpha \right\} \quad (2.28)$$

同理,剪切刚度及径向压缩刚度可修正为

$$K_s = 1 \Big/ \left\{ \int_{-\alpha_1}^{\alpha_3} \frac{1.2(1+\nu)(\alpha_2 - \alpha)\cos\alpha \cos^2\alpha_1}{EL[\sin\alpha + (\alpha_2 - \alpha)\cos\alpha]} \mathrm{d}\alpha \right\} \quad (2.29)$$

$$K_a = 1 \Big/ \left\{ \int_{-\alpha_1}^{\alpha_3} \frac{(\alpha_2 - \alpha)\cos\alpha \sin^2\alpha_1}{2EL[\sin\alpha + (\alpha_2 - \alpha)\cos\alpha]} \mathrm{d}\alpha \right\} \quad (2.30)$$

式中:$\alpha_3 = \alpha_f - \left[\dfrac{\pi}{2z} + (\theta - \theta_f)\right]$,$\theta$ 为分度圆上的展角,α_f 和 θ_f 分别为齿根圆上的压力角和展角。

综合上述获得轮齿弯曲刚度、剪切刚度、轴向压缩刚度、赫兹接触刚度,以及轮体变形对应的啮合线上等效刚度,外啮合齿轮副单轮齿对啮合刚度可表示为

$$K_E = 1 \Big/ \left(\frac{1}{K_h} + \frac{1}{K_{b1}} + \frac{1}{K_{s1}} + \frac{1}{K_{a1}} + \frac{1}{K_{f1}} + \frac{1}{K_{b2}} + \frac{1}{K_{s2}} + \frac{1}{K_{a2}} + \frac{1}{K_{f2}} \right) \quad (2.31)$$

式中:脚标 1 和 2 分别代表齿轮啮合副中两个齿轮。

当一对外啮合齿轮副的两对轮齿(假设齿轮副重合度小于 2)同时参与啮合时,齿轮副啮合刚度可表示为

$$K_E = \sum_{i=1}^{2} \left[1 \Big/ \left(\frac{1}{K_{h,i}} + \frac{1}{K_{b1,i}} + \frac{1}{K_{s1,i}} + \frac{1}{K_{a1,i}} + \frac{1}{K_{f1,i}} + \frac{1}{K_{b2,i}} + \frac{1}{K_{s2,i}} + \frac{1}{K_{a2,i}} + \frac{1}{K_{f2,i}} \right) \right] \quad (2.32)$$

式中:$i = 1$ 表示第一对轮齿啮合;$i = 2$ 表示第二对轮齿啮合。

2.2.3.2 内啮合齿轮副啮合刚度计算模型

内啮合齿轮副啮合刚度计算与外啮合齿轮副啮合刚度计算类似,将内齿轮轮齿看作变截面悬臂梁,如图 2.3 所示,基于势能原理,推导了内齿轮轮齿刚度

计算表达式。

根据图 2.6 中的内齿轮几何关系有

$$\begin{cases} x = |OX|\cos\theta_x - |OF|\cos\theta_f \\ h_x = |OX|\sin\theta_x \end{cases} \quad (2.33)$$

式中,

$$\begin{cases} |OX| = R_b\sqrt{1 + (\alpha_x + \alpha_0)^2} \\ \theta_x = \theta_0 + \alpha_x - \arctan(\alpha_x + \alpha_0) \end{cases} \quad (2.34)$$

为了计算内齿悬臂梁在有效长度(d)内的总变形,齿廓上的 X 点需从力的作用点 F 逐渐移动至齿根圆与齿廓线交点 D。当 X 点与 $F(D)$ 点重合时,对应的几何参数满足下列关系:

$$\begin{cases} \theta_x = \theta_f, \alpha_x = \alpha_f, h_x = h_f \\ |OX| = |OF|, x = 0 \end{cases} \quad (2.35)$$

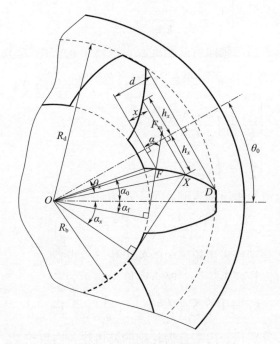

图 2.6　内齿轮示意图

根据渐开线的性质,图 2.6 中的角度 α_0 可表达为

$$\alpha_0 = \tan\alpha_r - \alpha_r + \frac{\pi}{2z}, \theta_0 = \frac{\pi}{z} \quad (2.36)$$

式中:α_r 为齿轮压力角;z 为内齿轮齿数。截面 x 的惯性矩 I_x 及其面积 A_x 可分别依据式(2.26)计算。弯矩 M、作用力 F 平行于轮齿中心线的分力 F_a,以及垂直

于轮齿中心线的分力 F_b 分别表示为

$$\begin{cases} F_a = F_m \sin\alpha \\ F_b = F_m \sin\alpha \\ M = F_b x - F_a h_f \end{cases} \tag{2.37}$$

式中,

$$\alpha = \alpha_f + \theta_0 \tag{2.38}$$

与所示的外啮合齿轮轮齿刚度计算类似,内齿轮轮齿弯曲、剪切与轴向弯曲变形对应的刚度表达式分别为

$$\begin{cases} \dfrac{1}{k_b} = \int_0^d \dfrac{[x\cos\alpha_1 - h\sin\alpha_1]^2}{EI_x} dx \\ \dfrac{1}{k_s} = \int_0^d \dfrac{1.2\cos^2\alpha_1}{GA_x} dx \\ \dfrac{1}{k_a} = \int_0^d \dfrac{\sin\alpha_1}{EA_x} dx \end{cases} \tag{2.39}$$

将轮齿弯曲、剪切与轴向弯曲刚度表示成转角 a_x 的函数,其表达式为

$$\begin{cases} \dfrac{1}{k_b} = \int_{\alpha_f}^{\alpha_d} \dfrac{[x(\alpha_x)\cos\alpha - h_f \sin\alpha]^2}{EI_x} dx(\alpha_x) \\ \dfrac{1}{k_s} = \int_{\alpha_f}^{\alpha_d} \dfrac{1.2\cos^2\alpha}{GA_x(\alpha_x)} dx(\alpha_x) \\ \dfrac{1}{k_a} = \int_{\alpha_f}^{\alpha_d} \dfrac{\sin^2\alpha}{EA_x(\alpha_x)} dx(\alpha_x) \end{cases} \tag{2.40}$$

因此,内啮合齿轮单齿啮合刚度可表示为

$$K = 1 \Big/ \left(\dfrac{1}{k_{bi}} + \dfrac{1}{k_{si}} + \dfrac{1}{k_{ai}} + \dfrac{1}{k_{fi}} + \dfrac{1}{k_h} \right) \tag{2.41}$$

式中:下标 1 和 2 分别代表齿轮副中的外齿轮与内齿轮。

因此,内啮合齿轮副单轮齿对啮合刚度可表示为

$$K_1 = 1 \Big/ \left(\sum_{i=1}^{2} \left(\dfrac{1}{k_{bi}} + \dfrac{1}{k_{si}} + \dfrac{1}{k_{ai}} + \dfrac{1}{k_{fi}} \right) + \dfrac{1}{k_h} \right) \tag{2.42}$$

式中:下标 1 和 2 分别代表内啮合齿轮副的外齿轮与内齿轮。

当一对内啮合齿轮副的两对轮齿(假设齿轮副重合度小于 2)同时参与啮合时,齿轮副啮合刚度可表示为

$$K_E = 1 \Big/ \left(\dfrac{1}{K_1} + \dfrac{1}{K_2} \right)$$

2.2.3.3 算例分析

本节以某单排单级行星齿轮传动系统为例,计算其太阳轮—行星轮外啮合

副、内齿轮—行星轮内啮合副的时变啮合刚度。该系统设计参数见表2.3。

表 2.3　行星齿轮传动系统设计参数

	太阳轮	内齿轮	行星轮	行星架
齿数	30	70	20	—
模数/mm	1.7	1.7	1.7	
齿宽/mm	25	25	25	
质量/kg	0.46	0.588	0.177	3
等效转动惯量/(kg·m^2)	0.272	0.759	0.1	1.5
基圆半径/m	0.024	0.056	0.016	—
理论重合度	1.555	—	1.824	
压力角/(°)	21.34			
行星轮个数	4			
弹性模量/MPa	2.05×10^5			
泊松比	0.3			
轴承刚度/(N/m)	10^8			
扭转刚度/(N/m)	10^9			

如图2.7所示,太阳轮—行星轮外啮合齿轮副单齿啮合刚度曲线对应的啮合位置沿太阳轮渐开线齿廓从靠近齿根部分逐渐移动至齿顶部分,而与之啮合的行星轮轮齿啮合位置则从齿顶逐渐移向齿根。在整个轮齿啮合过程中,啮入啮出区域单齿刚度较小,约为190kN/mm,而中间部分对应的啮合刚度较强,约为50kN/mm。太阳轮—行星轮齿轮副综合啮合刚度曲线(3个啮合周期)中,双齿区综合啮合刚度由参与啮合的两对轮齿啮合刚度叠加而成,综合啮合刚度曲线在250～460kN/mm范围内呈周期性交替变化。

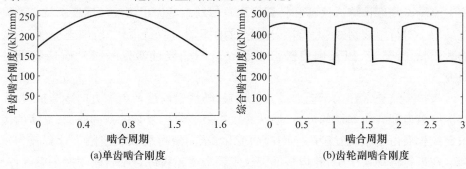

(a)单齿啮合刚度　　(b)齿轮副啮合刚度

图 2.7　太阳轮—行星轮齿轮副

与外啮合齿轮副啮合刚度对比,内齿轮—行星轮内啮合齿轮副刚度曲线具有与外啮合齿轮副啮合刚度曲线相同的特点,如图 2.8 所示。但是,与相同模数的外啮合齿轮副啮合刚度相比,由于内齿轮轮齿齿厚较厚,内啮合单齿啮合刚度与综合啮合刚度幅值都比外啮合齿轮啮合刚度幅值大。

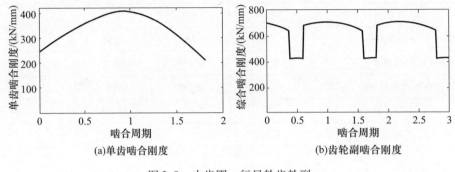

图 2.8　内齿圈—行星轮齿轮副

2.3　含轮齿局部故障的齿轮副啮合刚度计算模型

2.3.1　齿根裂纹

齿轮在运转时,由于齿轮制造、操作、维护,以及齿轮材料、热处理、运行状态等因素的不同,会产生各种形式的失效。失效形式又随着齿轮材料、热处理、运转状态等因素的不同而不同。轮齿裂纹通常发生在齿的根部,这是由于轮齿受力恰似悬臂梁受力情况,轮齿的根部弯曲应力最大,同时在轮齿根部还存在应力集中,因而在轮齿根部容易产生疲劳裂纹。直齿轮的齿根裂纹往往沿齿宽横向扩展,形成全齿宽折断。

目前,ISO 标准、各国的齿轮行业标准,以及大型商业软件中,尚无统一的齿根裂纹轮齿刚度计算方法,同时,行星齿轮传动系统齿根裂纹故障振动特征的研究局限于对行星架裂纹、太阳轮齿根裂纹的振动响应特征研究,缺乏全面、系统的太阳轮、行星轮,以及内齿圈齿根裂纹故障非线性激励及振动响应特征的研究。

齿根裂纹通常起始于应力最大的位置,随后沿深度及齿宽方向逐渐扩展,裂纹深度沿齿宽方向非均匀分布,通常裂纹扩展迹象为复杂的空间曲面,真实的齿根裂纹扩展由于呈现复杂的空间曲面变化,从而使得裂纹轮齿刚度计算较为复杂。在齿轮传动系统中,轮齿根部裂纹主要造成轮齿综合啮合刚度发生突变,产生激烈的冲击。为了计算存在齿根裂纹的轮齿啮合综合刚度,裂纹被假设为贯穿全齿宽的直线型裂纹。齿根裂纹为假定为全齿宽贯穿裂纹，并由裂纹扩展角度 a 和裂纹深度 q 来定义，如图 2.9 所示。

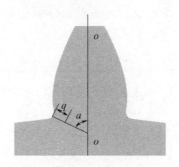

图 2.9　齿根裂纹的设定

根据正常轮齿啮合刚度的计算模型可知，在势能法计算轮齿啮合刚度时，轮齿综合啮合刚度由赫兹接触刚度、径向压缩刚度、弯曲刚度、剪切刚度和基体弹性刚度五种刚度组成。由于贯穿式齿根裂纹轮齿齿廓曲线仍是完好的，因此赫兹刚度不变，仍然可以和正常齿轮一样，因为裂纹部分轮齿仍然可以承受径向压缩力，同时齿轮基体弹性刚度也不受影响，只有弯曲刚度和剪切刚度会因为齿根裂纹的变化而变化。所以在进行齿根裂纹轮齿啮合刚度计算时只需重新计算去弯曲刚度和剪切刚度即可。在计算含齿根裂纹轮齿刚度时分两种情况，如图 2.10 所示。

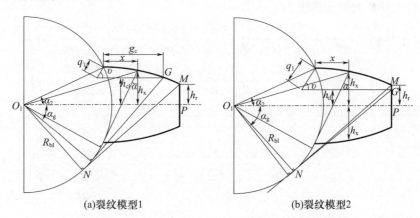

(a) 裂纹模型1　　　　　　(b) 裂纹模型2

图 2.10　计算含齿根裂纹轮齿刚度时的两种情况

1) 当 $h_{c1} \geqslant h_r$、$\alpha_1 \geqslant \alpha_g$ 时

采用势能法计算啮合轮齿所存储的势能为

$$U_b = \int_0^d \frac{M^2}{2EI_x} dx = \int_0^d \frac{[F_b(d-x) - F_a h]^2}{2EI_x} dx \tag{2.43}$$

$$U_s = \int_0^d \frac{1.2F_b^2}{2GA_x}\mathrm{d}x \int_0^d \frac{1.2(F\cos\alpha_1)^2}{2GA_x}\mathrm{d}x \quad (2.44)$$

式中：I_x 和 A_x 分别表示距离齿根为 x 的轮齿体面积性矩和横截面积；G 表示剪切弹性模量。其表达式为

$$\begin{cases} I_x = \dfrac{1}{12}(h_{c1}+h_x)^3 L & ,x \leq g_c \\ I_x = \dfrac{1}{12}(h_x)^3 L & ,x > g_c \end{cases} \quad (2.45)$$

$$\begin{cases} A_x = (h_{c1}+h_x)L & ,x \leq g_c \\ A_x = 2h_x L & ,x > g_c \end{cases} \quad (2.46)$$

$$G = \frac{E}{2(1+\nu)} \quad (2.47)$$

式中：h_x 表示齿廓线上距离齿根为 x 时点与轮齿水平中心线之间的距离。

由上可知，裂纹轮齿的弯曲啮合刚度为

$$K_{b\text{crack}} = 1/\left\{\int_{-\alpha_g}^{\alpha_2} \frac{12(\alpha_2-\alpha)\cos\alpha \times \{1+\cos\alpha_1[(\alpha_2-\alpha)\sin\alpha-\cos\alpha]\}^2}{EL[\sin\alpha_2 - (q_1/R_{b1})\sin\nu + \sin\alpha + (\alpha_2-\alpha)\cos\alpha]^3}\mathrm{d}\alpha + \int_{-\alpha_1}^{-\alpha_g} \frac{3(\alpha_2-\alpha)\cos\alpha \times \{1+\cos\alpha_1[(\alpha_2-\alpha)\sin\alpha-\cos\alpha]\}^2}{2EL[\sin\alpha+(\alpha_2-\alpha)\cos\alpha]^3}\mathrm{d}\alpha\right\}$$

(2.48)

裂纹轮齿的剪切刚度为

$$K_{s\text{crack}} = 1/\left\{\int_{-\alpha_g}^{\alpha_2} \frac{2.4(1+\nu)(\alpha_2-\alpha)\cos\alpha\cos^2\alpha_1}{EL[\sin\alpha_2-(q_1/R_{b1})\sin\nu+\sin\alpha+(\alpha_2-\alpha)\cos\alpha]}\mathrm{d}\alpha + \int_{-\alpha_1}^{-\alpha_g} \frac{1.2(1+\nu)(\alpha_2-\alpha)\cos\alpha\cos^2\alpha_1}{EL[\sin\alpha_2-(q_1/R_{b1})\sin\nu+\sin\alpha+(\alpha_2-\alpha)\cos\alpha]}\mathrm{d}\alpha\right\} \quad (2.49)$$

2) 当 $h_{c1} < h_r$ 或者 $h_{c1} \geq h_r$，并且 $\alpha_1 \leq \alpha_g$ 时

裂纹轮齿的弯曲啮合刚度为

$$K_{b\text{crack}} = 1/\left\{\int_{-\alpha_1}^{\alpha_2} \frac{12(\alpha_2-\alpha)\cos\alpha \times \{1+\cos\alpha_1[(\alpha_2-\alpha)\sin\alpha-\cos\alpha]\}^2}{EL[\sin\alpha_2-(q_1/R_{b1})\sin\nu+\sin\alpha+(\alpha_2-\alpha)\cos\alpha]^3}\mathrm{d}\alpha\right\}$$

(2.50)

裂纹轮齿的剪切刚度为

$$K_{s\text{crack}} = 1/\left\{\int_{-\alpha_1}^{\alpha_2} \frac{2.4(1+\nu)(\alpha_2-\alpha)\cos\alpha\cos^2\alpha_1}{EL[\sin\alpha_2-(q_1/R_{b1})\sin\nu+\sin\alpha+(\alpha_2-\alpha)\cos\alpha]}\mathrm{d}\alpha\right\}$$

(2.51)

将以上分类求解的弯曲啮合刚度及剪切刚度代入啮合齿轮轮齿综合啮合刚度求解公式便可求得裂纹轮齿的综合啮合刚度。以大小齿轮齿数分别为 36 和

21、压力角为20°、齿宽为20mm、裂纹深度为3mm、角度为60°为例,计算得到其啮合刚度和故障刚度,如图2.11所示,由于裂纹的存在,使得单个轮齿刚度减小,导致含有裂纹的啮合齿轮相对于正常的齿轮,啮合刚度最大可相差$7 \times 10^7 \text{N/m}$。

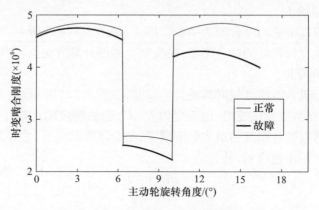

图2.11　齿轮对时变啮合刚度图

2.3.2　齿面剥落

在交变载荷作用下,轮齿表面不可避免地会萌生初始裂纹并逐步演化为剥落等故障,严重影响传动系统精度。以往关于齿面剥落的文献中,主要是将剥落视为沿半齿厚对称的形状,如图2.12(a)所示,认为剥落主要影响轮齿的弯曲变形与赫兹接触变形,并未考虑非对称剥落的影响。由于非对称应力的存在,齿面沿竖直方向会出现扭转力矩,影响齿轮副的啮合特性,如图2.12(b)所示。因此,本节考虑了非对称剥落导致的转矩影响,建立了考虑扭转能量的啮合刚度计算模型。

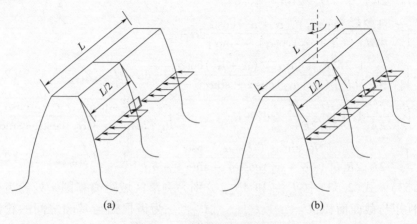

图2.12　剥落齿上的应力分布

假设剥落为一个 $l_s \times w$ 的矩形区域,剥落深度为 d,由于剥落故障的存在,齿对参与啮合时,接触不会发生在剥落区域,因此,根据齿面受力的不同,将啮合分为三个阶段,如图 2.12 所示。

1)啮合阶段 I

剥落区域以下受力啮合时为啮合阶段 I,如图 2.12(a)所示,此时剥落区域并不影响此啮合位置处的啮合刚度,时变啮合刚度计算方法与正常齿一致。

2)啮合阶段 II

轮齿啮合进入剥落区域时为啮合阶段 II,如图 2.12(b)所示,此时剥落区域不参与啮合,接触线长度变短,由 L 变为 $L-L_s$,赫兹刚度随之减小,此接触刚度被认为是剥落对啮合刚度的最大影响因素,啮合刚度的突变,主要是由于赫兹接触刚度的突然减小造成的,其表达式为

$$k_n = \frac{\pi E(L - L_s)}{4(1 - v^2)} \quad (2.52)$$

另外,剥落区域也会影响啮合点处的惯性矩与横截面积,因此齿轮的弯曲刚度、剪切刚度、轴向压缩刚度也会随之发生变化,其应变能的表达式为

$$U_b = \int_0^{d_{s2}} \frac{[F_b(d-x) - M]^2}{2EI_x} dx + \int_{d_{s2}}^d \frac{[F_b(d-x) - M]^2}{2EI_{s\_spall}} dx + U_{b(chamfer)}$$
$$= \int_{\alpha_{end}}^{\alpha_{s2}} \frac{3F^2 [1 - \cos\alpha\cos\alpha_1 - (\alpha + \alpha_2)\sin\alpha\cos\alpha_1]^2 (\alpha + \alpha_2)\cos\alpha}{4EL[(\alpha + \alpha_2)\cos\alpha - \sin\alpha]^3} d\alpha$$
$$= \int_{\alpha_{s2}}^{\alpha_1} \frac{6F^2 R_b^3 [1 - \cos\alpha\cos\alpha_1 - (\alpha + \alpha_2)\sin\alpha\cos\alpha_1]^2 (\alpha + \alpha_2)\cos\alpha}{E\{8LR_b^3 [(\alpha + \alpha_2)\cos\alpha - \sin\alpha]^3 - h_s^3 l_s\}} d\alpha + U_{b(chamfer)}$$
$$(2.53)$$

$$U_s = \int_0^{d_{s2}} \frac{1.2 F_b^2}{2GA_x} dx + \int_{d_{s2}}^d \frac{1.2 F_b^2}{2GA_{s\_spall}} dx + U_{s(chamfer)}$$
$$= \int_{\alpha_{end}}^{\alpha_{s2}} \frac{1.2 F_b^2 (\cos\alpha_1)^2 (\alpha + \alpha_2)\cos\alpha}{4GL[((\alpha + \alpha_2)\cos\alpha) - \sin\alpha]} d\alpha +$$
$$\int_{\alpha_{s2}}^{\alpha_1} \frac{1.2 F_b^2 R_b (\cos\alpha_1)^2 (\alpha + \alpha_2)\cos\alpha}{2G\{2LR_b[(\alpha + \alpha_2)\cos\alpha - \sin\alpha] - h_s l_s\}} d\alpha + U_{s(chamfer)} \quad (2.54)$$

$$U_\alpha = \int_0^{d_{s2}} \frac{F_\alpha^2}{2EA_x} dx + \int_{d_{s2}}^d \frac{F_\alpha^2}{2EA_{s\_spall}} dx + U_{\alpha(chamfer)} = \int_{\alpha_{end}}^{\alpha_{s2}} \frac{F^2 \sin^2\alpha_1 (\alpha + \alpha_2)\cos\alpha}{2EL[(\alpha + \alpha_2)\cos\alpha - \sin\alpha]} d\alpha$$
$$= \int_{\alpha_{s2}}^{\alpha_1} \frac{F^2 R_b \sin^2\alpha_1 (\alpha + \alpha_2)\cos\alpha}{2E\{2R_b L[((\alpha + \alpha_2)\cos\alpha) - \sin\alpha] - h_s l_s\}} d\alpha + U_{\alpha(chamfer)} \quad (2.55)$$

式(2.53)~式(2.55)中:I_{s_spall} 和 A_{s_spall} 分别为剥落区域距离基圆 x 处轮齿截面的惯性矩与截面面积;$U_{b(chamfer)}$、$U_{s(chamfer)}$、$U_{\alpha(chamfer)}$ 为齿根圆与基圆之间的轮齿部分所包含的弯曲、剪切、轴向压缩应变能;d_{s2} 为剥落终止位置距离渐开线齿廓尾

端的距离。

$$I_{s\_spall} = \frac{1}{12}\left[(2h_x)^3 L - h_s^3 l_s\right] \quad (2.56)$$

$$A_{s\_spall} = 2h_x L - h_s l_s \quad (2.57)$$

$$\alpha_{end} = \begin{cases} \alpha'_1, & R_d + r \geq R_b \\ -\alpha_2, & R_a + r < R_b \end{cases} \quad (2.58)$$

$$U_{b(chamfer)} = \begin{cases} \int_0^{d_1} \dfrac{3F^2\left[\cos\alpha_1(d+x_1) - h\sin\alpha_1\right]^2}{4R_b^3 EL \sin^3\alpha_2} dx_1 + \\ \int_0^{\beta_{end}} \dfrac{3r\cos\beta F^2\left[\cos\alpha_1(d+d_1+r\sin\beta) - h\sin\alpha_1\right]^2}{4E\left[h_e + r(1-\cos\beta)\right]^3} d\beta, & R_d + r < R_b \\ \int_{\alpha'_1}^{\beta_{end}} \dfrac{3r\cos\beta F^2\left[\cos\alpha_1(d'+r\sin\beta - r\sin\beta_0) - h\sin\alpha_1\right]^2}{4E\left[h_2 + r(1-\cos\beta)\right]^3} d\beta, & R_d + r \geq R_b \end{cases}$$

$$U_{s(chamfer)} = \begin{cases} \int_0^{d_1} \dfrac{1.2F^2 \cos^2\alpha_1}{4GLh_e} dx_1 + \int_0^{\beta_{end}} \dfrac{1.2F^2 r \cos^2\alpha_1 \cos\beta}{4GL\left[h_e + r(1-\cos\beta)\right]} d\beta, & R_d + r < R_b \\ \int_{\alpha'_1}^{\beta_{end}} \dfrac{1.2F^2 r \cos^2\alpha_1 \cos\beta}{4GL\left[h_e + r(1-\cos\beta)\right]} d\beta, & R_d + r \geq R_b \end{cases}$$

$$U_{a(chamfer)} = \begin{cases} \int_0^{d_1} \dfrac{1.2F^2 \cos^2\alpha_1}{4ELh_e} dx_1 + \int_0^{\beta_{end}} \dfrac{1.2F^2 r \sin^2\alpha_1 \cos\beta}{4EL\left[h_e + r(1-\cos\beta)\right]} d\beta, & R_d + r < R_b \\ \int_{\alpha'_1}^{\beta_{end}} \dfrac{1.2F^2 r \sin^2\alpha_1 \cos\beta}{4EL\left[h_e + r(1-\cos\beta)\right]} d\beta, & R_d + r \geq R_b \end{cases}$$

(2.59)

结合式(2.56)~式(2.59)即可求得此啮合阶段的等效弯曲、剪切、轴向刚度k_b、k_s、k_a。图2.13(a)中表示了剥落区域参与啮合时齿面的负载分布情况,对于沿半齿厚方向的对称剥落齿,左右受载均匀,啮合力的等效应力恰好作用于半齿厚面上,如图2.13(a)所示,然而对于沿半齿厚方向的非对称剥落齿,其左右受载并不均匀,啮合力的等效应力会偏离半齿厚面,由此产生的力矩将试图以转矩T扭转轮齿,如图2.13(b)所示。

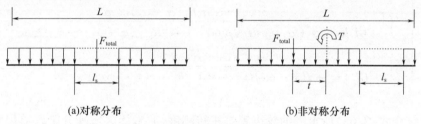

图2.13 剥落齿上应力分布

假定啮合齿对是两个各向同性弹性体,由非对称剥落产生的扭矩存储在轮齿中的扭转势能可以表示为

$$U_{\mathrm{t}} = \frac{T^2}{2k_{\mathrm{t}}} \tag{2.60}$$

式中:k_{t} 为轮齿等效扭转刚度。

由于转矩而储存的扭转应变能可以通过以下公式可获得:

$$U_{\mathrm{t}} = \int_0^d \frac{T^2}{2GI_{\mathrm{px}}}\mathrm{d}x + U_{\mathrm{t(chamfer)}} \tag{2.61}$$

式中:I_{px} 为离齿根 x 处的轮齿截面极惯性矩。忽略剥落对极惯性矩的影响,其表达式为

$$I_{\mathrm{px}} = \frac{h_x L(L^2 + 4h_x^2)}{6} \tag{2.62}$$

T 为啮合力作用在轮齿上的等效力矩,其表达式为

$$T = F \times \mathrm{ecc} \times \cos\alpha_1 \tag{2.63}$$

式中:ecc 为非对称剥落所造成的水平等效作用力偏离齿厚中心的距离,为了表示方便,将其命名为偏距。$U_{\mathrm{t(chamfer)}}$ 为齿根圆与基圆之间的齿形所存储的扭转应变能:

$$U_{\mathrm{t(chamfer)}} = \begin{cases} \int_0^{d_1} \frac{T^2}{2GI_{\mathrm{px}_1}}\mathrm{d}x, & R_{\mathrm{d}} + r \geqslant R_{\mathrm{b}} \\ \int_0^{d_1} \frac{T^2}{2GI_{\mathrm{px}_1}}\mathrm{d}x_1 + \int_0^{d_2} \frac{T^2}{2GI_{\mathrm{px}_2}}\mathrm{d}x_2, & R_{\mathrm{d}} + r < R_{\mathrm{b}} \end{cases} \tag{2.64}$$

结合式(2.59)~式(2.64),非对称剥落引起的等效扭转刚度 k_{t} 可表示为

$$k_{\mathrm{t}} = \begin{cases} 1/\left\{\int_{\alpha_2}^{\alpha_1} \frac{3T^2\cos^2\alpha_1 R_{\mathrm{b}}(\alpha + \alpha_2)\cos\alpha^3}{GI^3 R_{\mathrm{b}}[(\alpha + \alpha_2)\cos\alpha - \sin\alpha] + 4GIR_{\mathrm{b}}^3[(\alpha + \alpha_2)\cos\alpha - \sin\alpha]^3}\mathrm{d}\alpha \right. \\ \left. + \int_0^{\alpha_1} \frac{3\mathrm{ecc}^2\cos^2\alpha}{GR^3 R_{\sin}\alpha_2 + 4GR_{\mathrm{B}}^3\sin\alpha_2^3}\mathrm{d}x \right. \\ \left. + \int_0^{\beta_{\mathrm{end}}} \frac{3\mathrm{ecc}^2\cos^2\alpha_1 r\cos\beta}{GL^3[h_e + r(1-\cos\beta)] + 4GL[h_e + r(1-\cos\beta)]^3}\mathrm{d}\beta\right\}, R_{\mathrm{d}} + r < R_{\mathrm{b}} \\ 1/\left\{\int_{\alpha^1}^{\alpha_1} \frac{3\mathrm{ecc}^2\cos^2\alpha_1 R_{\mathrm{b}}(\alpha + \alpha_2)\cos\alpha}{GI^3 R_{\mathrm{b}}[(\alpha + \alpha_2)\cos\alpha - \sin\alpha] + 4GIR_{\mathrm{b}}^3[(\alpha + \alpha_2)\cos\alpha - \sin\alpha]^3}\mathrm{d}\alpha \right. \\ \left. + \int_{\alpha^1}^{\beta_{\mathrm{end}}} \frac{3\mathrm{ecc}^2\cos^2\alpha_1 r\cos\beta}{GL^3[h_e + r(1-\cos\beta)] + 4GL[h_e + r(1-\cos\beta)]^3}\mathrm{d}\beta\right\}, R_{\mathrm{d}} + r \geqslant R_{\mathrm{b}} \end{cases} \tag{2.65}$$

结合式(2.65)所求得的轮齿等效扭转刚度,此剥落区域啮合阶段单齿啮合刚度可表示为

$$k = \cfrac{1}{\cfrac{1}{k_{\mathrm{h}}} + \cfrac{1}{k_{\mathrm{b1}}} + \cfrac{1}{k_{\mathrm{s1}}} + \cfrac{1}{k_{\mathrm{a1}}} + \cfrac{1}{k_{\mathrm{f1}}} + \cfrac{1}{k_{\mathrm{b2}}} + \cfrac{1}{k_{\mathrm{s2}}} + \cfrac{1}{k_{\mathrm{a2}}} + \cfrac{1}{k_{\mathrm{f2}}} + \cfrac{1}{k_{\mathrm{t}}}} \tag{2.66}$$

3）啮合阶段Ⅲ

轮齿剥落区域啮合结束，进入啮合阶段Ⅲ，如图2.13(b)所示，此时剥落区域虽然不参与啮合，但剥落区域会影响积分区间中悬臂梁的转动惯量与面积，因此齿轮的弯曲刚度、剪切刚度、轴向压缩刚度也会随之发生变化，其表达式为

$$\begin{aligned}U_{\mathrm{b}} &= \int_0^{d_{\mathrm{s2}}} \frac{[F_{\mathrm{b}}(d-x) - M]^2}{2EI_x} \mathrm{d}x + \int_{d_{\mathrm{s2}}}^{d_{\mathrm{s1}}} \frac{[F_{\mathrm{b}}(d-x) - M]}{2EI_{x\_\mathrm{spall}}} \mathrm{d}x + \\ &\quad \int_{d_{\mathrm{s1}}}^{d} \frac{[F_{\mathrm{b}}(d-x) - M]^2}{2EI_x} \mathrm{d}x + U_{\mathrm{b(chamfer)}} \\ &= \int_{\alpha_{\mathrm{end}}}^{\alpha_{\mathrm{s2}}} \frac{3F^2 [1 - \cos\alpha\cos\alpha_1 - (\alpha + \alpha_2)\sin\alpha\cos\alpha_1]^2 (\alpha + \alpha_2)\cos\alpha}{4EL[(\alpha + \alpha_2)\cos\alpha - \sin\alpha]^3} \mathrm{d}\alpha + \\ &\quad \int_{\alpha_{\mathrm{s2}}}^{\alpha_{\mathrm{s1}}} \frac{6F^2 R_{\mathrm{b}}^3 [1 - \cos\alpha\cos\alpha_1 - (\alpha + \alpha_2)\sin\alpha\cos\alpha_1]^2 (\alpha + \alpha_2)\cos\alpha}{E\{8LR_{\mathrm{b}}^3 [(\alpha + \alpha_2)\cos\alpha - \sin\alpha]^3 - h_{\mathrm{s}}^3 l_{\mathrm{s}}\}} \mathrm{d}\alpha + \\ &\quad \int_{\alpha_{\mathrm{s1}}}^{\alpha_1} \frac{3F^2 [1 - \cos\alpha\cos\alpha_1 - (\alpha + \alpha_2)\sin\alpha\cos\alpha_1]^2 (\alpha + \alpha_2)\cos\alpha}{4EL[(\alpha + \alpha_2)\cos\alpha - \sin\alpha]^3} \mathrm{d}\alpha + U_{\mathrm{b(chamfer)}}\end{aligned}$$
$$\tag{2.67}$$

$$\begin{aligned}U_{\mathrm{s}} &= \int_0^{d_{\mathrm{s2}}} \frac{1.2F_{\mathrm{b}}^2}{2GA_x} \mathrm{d}x + \int_{d_{\mathrm{s2}}}^{d_{\mathrm{s1}}} \frac{1.2F_{\mathrm{b}}^2}{2GA_{x\_\mathrm{spall}}} \mathrm{d}x + \int_{d_{\mathrm{s1}}}^{d_{\mathrm{d}}} \frac{1.2F_{\mathrm{b}}^2}{2GA_x} \mathrm{d}x + U_{\mathrm{s2}} \\ &= \int_{\alpha_{\mathrm{end}}}^{\alpha_{\mathrm{s2}}} \frac{1.2F^2 (\cos\alpha)^2 (\alpha + \alpha_2)\cos\alpha}{4GL[(\alpha + \alpha_2)\cos\alpha - \sin\alpha]} \mathrm{d}\alpha + \\ &\quad \int_{\alpha_{\mathrm{s2}}}^{\alpha_{\mathrm{s1}}} \frac{1.2F^2 (\cos\alpha_1)^2 (\alpha + \alpha_2)\cos\alpha}{2G\{2LR_{\mathrm{b}}[(\alpha + \alpha_2)\cos\alpha - \sin\alpha] - h_{\mathrm{s}} l_{\mathrm{s}}\}} \mathrm{d}\alpha + \\ &\quad \int_{\alpha_{\mathrm{s1}}}^{\alpha_1} \frac{1.2F^2 (\cos\alpha_1)^2 (\alpha + \alpha_2)\cos\alpha}{4GL[(\alpha + \alpha_2)\cos\alpha - \sin\alpha]} \mathrm{d}\alpha + U_{\mathrm{s(chamfer)}}\end{aligned} \tag{2.68}$$

$$\begin{aligned}U_{\mathrm{a}} &= \int_0^{d_{\mathrm{s2}}} \frac{F_{\mathrm{a}}^2}{2EA_x} \mathrm{d}x + \int_{d_{\mathrm{s2}}}^{d_{\mathrm{s1}}} \frac{F_{\mathrm{a}}^2}{2EA_{x\_\mathrm{spall}}} \mathrm{d}x + \int_{d_{\mathrm{s2}}}^{d} \frac{F_{\mathrm{a}}^2}{2EA_x} \mathrm{d}x U_{\mathrm{a2}} \\ &= \int_{\alpha_{\mathrm{end}}}^{\alpha_{\mathrm{s2}}} \frac{F^2 \sin^2\alpha_1 (\alpha + \alpha_2)\cos\alpha}{4EL[(\alpha + \alpha_2)\cos\alpha - \sin\alpha]} \mathrm{d}\alpha + \\ &\quad \int_{\alpha_{\mathrm{s2}}}^{\alpha_{\mathrm{s1}}} \frac{F^2 R_{\mathrm{b}} \sin^2\alpha_1 (\alpha + \alpha_2)\cos\alpha}{2E\{2R_{\mathrm{b}}L[(\alpha + \alpha_2)\cos\alpha - \sin\alpha] - h_{\mathrm{s}} l_{\mathrm{s}}\}} \mathrm{d}\alpha + \\ &\quad \int_{\alpha_{\mathrm{s1}}}^{\alpha_1} \frac{F^2 \sin^2\alpha_1 (\alpha + \alpha_2)\cos\alpha}{4EL[(\alpha + \alpha_2)\cos\alpha - \sin\alpha]} \mathrm{d}\alpha + U_{\mathrm{a(chamfer)}}\end{aligned} \tag{2.69}$$

由于此阶段轮齿齿面受载均匀，齿面不再存在由于非对称载荷导致的附加转矩，此时，此阶段单齿啮合刚度表达式恢复为与式(2.28)一致。基于此分析

模型,考虑非对称剥落对啮合刚度的影响,在原有计算齿对啮合刚度的模型基础上,即可得到不同剥落故障尺寸与轮齿时变啮合刚度之间的量化关系,可以分析齿轮剥落故障剥落宽度,以及非对称量对啮合刚度的影响。

2.3.3 断齿

断齿是一种常见的故障,多数为疲劳断齿,由于轮齿根部在载荷作用下产生的弯曲应力为脉动循环交变应力,进而产生疲劳裂纹,裂纹逐渐蔓延扩展,最终导致断齿如图 2.14 所示。由于断齿尺寸远小于轮齿厚度,因此,断齿的弯曲刚度、剪切刚度和轴向压缩刚度的影响是可以被忽略的。然而,当轮齿沿齿廓曲线旋转时,齿轮表面的接触宽度将发生变化,进而引起接触刚度的改变。接触刚度的计算公式为

$$k_{\mathrm{h\_chip}} = \frac{\pi E L_{\mathrm{c}}}{4(1-v^2)} \qquad (2.70)$$

式中: L_{c} 为有效接触宽度,在不同情况的具体表达为

$$L_{\mathrm{c}} = \begin{cases} L & ,0 \leqslant d_{\mathrm{c}} \leqslant d_{\mathrm{h}} - b \\ \left(\dfrac{d_{\mathrm{h}}^2 z}{b} - d_{\mathrm{h}} z\right)\dfrac{1}{d_{\mathrm{c}}} + L - \dfrac{d_{\mathrm{h}} z}{b}, d_{\mathrm{h}} - b \leqslant d_{\mathrm{c}} \leqslant d_{\mathrm{h}} \end{cases} \qquad (2.71)$$

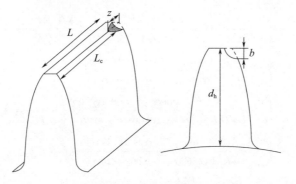

图 2.14 断齿示意图

2.4 齿廓修形

当齿轮存在线外啮合时,只有采用足够的齿廓修形才能完全避免在某种特定载荷、特定齿轮误差情况下的线外啮合。如图 2.15 所示,为了避免线外啮合,需对从动轮齿顶进行修形。周向修形量如图中 C_{a} 所示,即主动轮齿廓刚与理论啮入点 A 重合时,从动轮齿顶圆与主动轮的重叠量。修形长度如图中 L_{a} 所示,即修形长度最小(直线修形)时,过 A 点与主动轮齿廓相切的切线与从动轮齿廓

的交点到从动轮齿顶的距离。将主动轮与从动轮反转,几何关系显示主从动轮不存在啮合现象。因此,采用该种修形方式将完全避免在某种特定载荷、特定齿轮误差情况下的线外啮合现象。且在该种修形方式下,实际啮入点与理论啮入点重合,实际啮出点与理论啮出点重合,但从动轮在啮合过程中的转角大于理论转角,即实际重合度稍大于理论重合度。

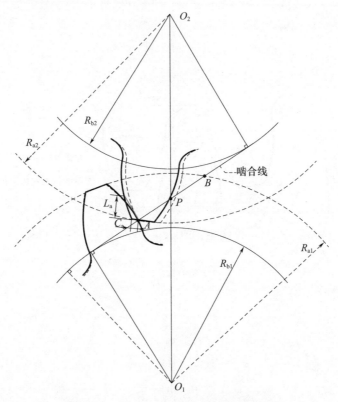

图 2.15　避免线外啮合的齿廓修形示意图

1) 齿顶修形量的计算

设主动轮的单个齿距公差为 $\pm f_{pt1}$,从动轮的单个齿距公差为 $\pm f_{pt2}$,为了避免线外啮合现象的发生,主动轮的单个齿距偏差取最小值 $-f_{pt1}$,从动轮的单个齿距偏差取最大值 f_{pt2},则主从动轮的基节偏差分别为 $-f_{pt1} \cdot \cos\alpha$, $f_{pt2} \cdot \cos\alpha$。

为克服基节偏差造成的间隙,主动轮需要转过的角度为(图 2.16)

$$\theta_{12} = \frac{f_{pt1} \cdot \cos\alpha}{R_{b1}} \tag{2.72}$$

从动轮需要反转的角度为(图 2.16)

$$\theta_{21} = \frac{f_{pt2} \cdot \cos\alpha}{R_{b2}} \tag{2.73}$$

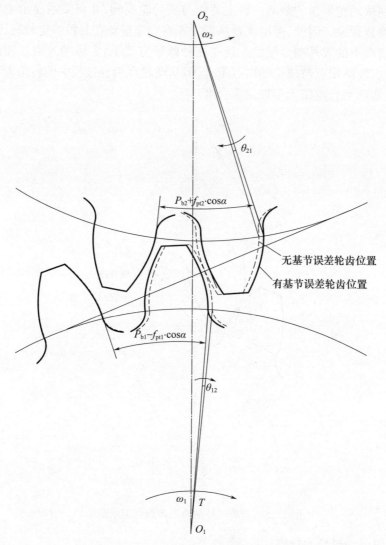

图 2.16 基节偏差与主从动轮旋转关系图

假设从动轮相对于原位置固定不动,则主动轮需要旋转的角度为

$$\theta_2 = \frac{f_{pt1} \cdot \cos\alpha}{R_{b1}} + \frac{f_{pt2} \cdot \cos\alpha}{i_{12} \cdot R_{b2}} = \frac{f_{pt1} \cdot \cos\alpha + f_{pt2} \cdot \cos\alpha}{R_{b1}} \quad (2.74)$$

式中:i_{12} 为主从动轮的传动比。

由于轮齿受载变形,主动轮需要转过另一角度 θ_1,因此,主动轮一共需要转过的角度为

$$\theta = \theta_1 + \theta_2 = \frac{\delta}{R_{b1}} + \frac{f_{pt1} \cdot \cos\alpha + f_{pt2} \cdot \cos\alpha}{R_{b1}} \quad (2.75)$$

$$\theta_1 = \frac{\delta}{R_{b1}} = \frac{\dfrac{F}{K}}{R_{b1}} \tag{2.76}$$

式中：F 为轮齿啮合力；K 为前一对齿的单齿啮合刚度。

相反，假设主动轮相对于原位置固定不动，则从动轮需要反转的角度为（图 2.17）

$$\theta' = \frac{\delta}{R_{b2}} + \frac{f_{pt1} \cdot \cos\alpha + f_{pt2} \cdot \cos\alpha}{R_{b2}} \tag{2.77}$$

如图 2.17 所示，当轮齿进入啮合时，理想情况下，从动轮渐开线顶点应位于啮合起始点 A，但由于前面的分析，从动轮反转角度 θ' 后，此时主动轮与从动轮的轮齿会形成干涉，从动轮齿顶周向修形量 C_{a2} 可表示为

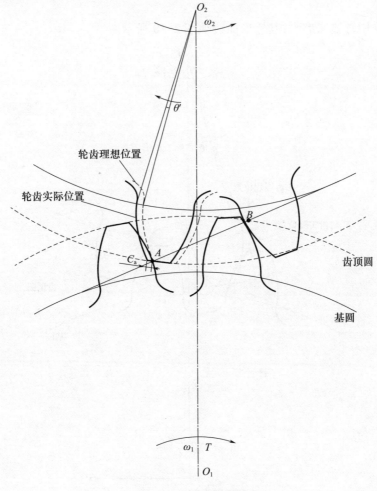

图 2.17 周向修形量

$$C_{a2} = R_{a2} \cdot \theta' = R_{a2}\left(\frac{\delta}{R_{b2}} + \frac{f_{pt1} \cdot \cos\alpha + f_{pt2} \cdot \cos\alpha}{R_{b2}}\right) \quad (2.78)$$

同理,对于啮出处存在的线外啮合现象,需对主动轮进行齿廓修形,其周向修形量的计算如式(2.79):

$$C_{a1} = R_{a1}\left(\frac{\delta}{R_{b1}} + \frac{f_{pt1} \cdot \cos\alpha + f_{pt2} \cdot \cos\alpha}{R_{b1}}\right) \quad (2.79)$$

式(2.79)同样也适用于内啮合齿轮副。

2) 修形曲线的计算

(1) 外啮合齿轮副修形曲线的计算。

为了使实际啮合起始点与理论啮合起始点 A 重合,则在该位置时,修形曲线在齿顶修形起始点(此时与 A 点重合)的斜率应与其相啮合的齿廓在啮合点的斜率相等。

当采用直线修形时,其修形曲线如图2.18所示。

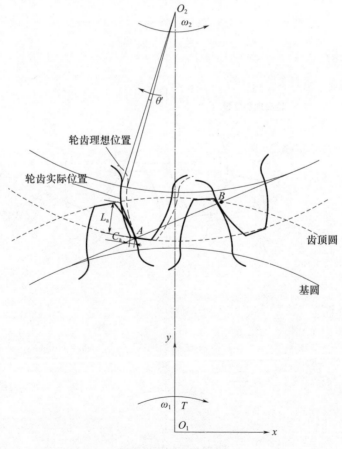

图2.18 修形曲线

由齿轮啮合原理可知,主动轮齿廓在 A 点时的法线与啮合线共线,故修形曲线的斜率等于啮合线斜率的倒数。在图 2.19 所示的笛卡儿坐标系 xo_1y 中,啮合线的斜率为 $\tan\alpha'$。则修形曲线的斜率为

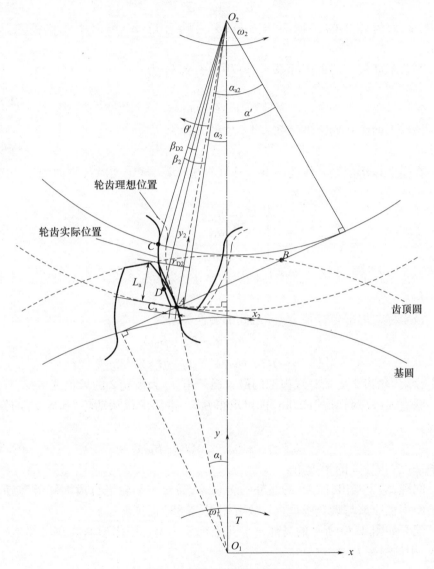

图 2.19　啮入时修形示意图

$$k = -\frac{1}{\tan\alpha'} \tag{2.80}$$

式中:α' 为齿轮副的实际啮合角。建立如图 2.19 所示的局部笛卡儿坐标系

x_2Ay_2，该坐标系与全局坐标系 xo_1y 之间转换关系为

$$\begin{cases} x_1 = x \cdot \cos\alpha_2 - y \cdot \sin\alpha_2 + O_1A \cdot \sin(\alpha_1 + \alpha_2) \\ y_1 = y \cdot \cos\alpha_2 + x \cdot \sin\alpha_2 + O_1A \cdot \cos(\alpha_1 + \alpha_2) \end{cases} \quad (2.81)$$

$$\alpha_2 = \alpha_{a2} - \alpha' \quad (2.82)$$

式中：α_{a2} 为齿轮 2 的齿顶圆压力角；α' 为啮合角；α_1 可以由几何关系计算得出。

则修形曲线在局部坐标系 x_2Ay_2 中的斜率 k_2 为

$$k_2 = \frac{k + \tan\alpha_2}{1 - k \cdot \tan\alpha_2} \quad (2.83)$$

该修形曲线在局部坐标系 x_2Ay_2 中的方程为

$$y_2 = k_2 x_2 \quad (2.84)$$

在需要修形的渐开线起始点 C 建立极坐标系，规定逆时针方向为正。则该渐开线的极坐标参数方程为

$$\begin{cases} r_{D2} = \dfrac{R_{b2}}{\cos\alpha_{D2}} \\ \beta_{D2} = \tan\alpha_{D2} - \alpha_{D2} \end{cases} \quad (2.85)$$

式中：α_{D2} 为齿轮 2 上 D 点所对应的压力角；β_{D2} 为齿轮 2 上 D 点所对应的渐开线展开角。

极坐标与局部坐标系 x_2Ay_2 之间的转换关系为

$$\begin{cases} x_2 = -r_{D2} \cdot \sin(\theta' + \beta_{a2} - \beta_{D2}) \\ y_2 = -r_{D2} \cdot \cos(\theta' + \beta_{a2} - \beta_{D2}) + r_{a2} \end{cases} \quad (2.86)$$

式中：θ_{a2} 为轮齿 2 上渐开线齿廓的最大展开角；r_{a2} 为齿轮 2 的齿顶圆半径。

联立式(2.84)和式(2.86)即可求得 β_{D2}。进而求得从动轮(齿轮 2)的修形长度：

$$L_{a2} = r_{a2} - r_{D2} \cdot \cos(\beta_2 - \beta_{D2}) \quad (2.87)$$

式中：β_2 为齿轮 2 的半齿角。

同理，对于啮出处存在的线外啮合现象，需对主动轮进行齿廓修形，修形曲线的斜率也应该与啮合线垂直。故可用式(2.88)计算。

建立如图 2.20 所示的局部笛卡儿坐标系 x_1Ay_1，则修形曲线在局部坐标系 x_1Ay_1 中的斜率 k_1 为

$$k_1 = \frac{k + \tan\alpha_1}{1 - k \cdot \tan\alpha_1} \quad (2.88)$$

该修形曲线在局部坐标系 x_1Ay_1 中的方程为

$$y_1 = k_1 x_1 \quad (2.89)$$

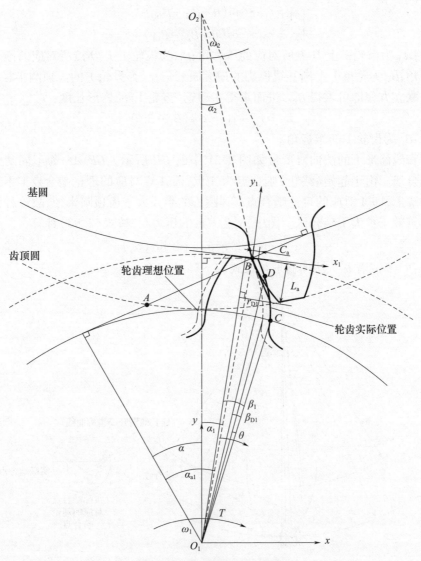

图 2.20 啮出时修形示意图

在需要修形的渐开线起始点 C 建立极坐标系,规定逆时针方向为正。则该渐开线的极坐标参数方程如式(2.90),极坐标与局部坐标系 x_1Ay_1 之间的转换关系如式(2.91)。

$$\begin{cases} r_{D1} = \dfrac{R_{b1}}{\cos\alpha_{D1}} \\ \beta_{D1} = \tan\alpha_{D1} - \alpha_{D1} \end{cases} \quad (2.90)$$

$$\begin{cases} x_1 = r_{D1} \cdot \sin(\theta + \beta_{a1} - \beta_{D1}) \\ y_1 = r_{D1} \cdot \cos(\theta + \beta_{a1} - \beta_{D1}) - r_{a1} \end{cases} \quad (2.91)$$

式中：α_{D1} 为齿轮 1 上 D 点所对应的压力角；β_{D1} 为齿轮 1 上 D 点所对应的渐开线展开角；β_{a1} 为轮齿 1 上渐开线齿廓的最大展开角；r_{a1} 为齿轮 1 的齿顶圆半径。

联立方程即可求得 β_{D1}，进而求得主动轮（齿轮 1）的修形长度：

$$L_{a1} = r_{a1} - r_{D1} \cdot \cos(\beta_1 - \beta_{D1}) \quad (2.92)$$

式中：β_1 为齿轮 1 的半齿角。

直线修形下的法向修形量如图 2.21 中的 GH 所示。GF、AE 为不同啮合点的啮合线。由于起始（终止）啮合点为 A 点，而 A 点对应的理论啮合点 A' 不在实际齿廓上，即 A 对应的理论啮合点 A' 到圆心的半径大于齿顶圆半径，故该种修形方式等效于扩大了啮合区。图中，α_a' 为 A' 点的压力角，按式（2.93）计算

$$\alpha_a' + \mathrm{inv}(\alpha_a') = \alpha_a + \bar{\theta} + \mathrm{inv}(\alpha_a) \quad (2.93)$$

式中：$\bar{\theta} = \theta$ 或者 θ'。法向修形量按式（2.94）计算。

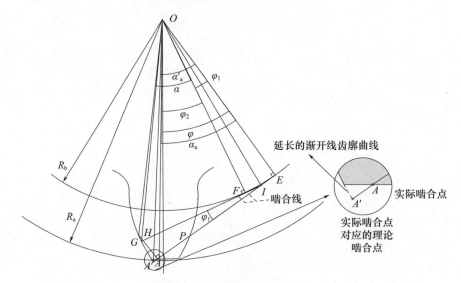

图 2.21　修形误差示意图

$$\begin{aligned} C_r &= GH = GF - HF \\ &= GF - \left(\frac{AE - IE}{\cos\varphi_1} - FI \right) \\ &= R_b \tan\alpha - \left(\frac{R_b \tan(\alpha_a) - R_b \tan\left(\dfrac{\varphi_1}{2}\right)}{\cos\varphi_1} - R_b \tan\left(\dfrac{\varphi_1}{2}\right) \right) \end{aligned} \quad (2.94)$$

式中：α_a 为齿顶圆压力角；α 为啮合点 G 的压力角，$\alpha_D < \alpha < \alpha_a'$；$R_b$ 为基圆半径。

φ_1 由式(2.95)计算得到：

$$\begin{cases} \varphi_1 = \varphi - \varphi_2 \\ \varphi = \alpha_a - \left(\beta - \left(\mathrm{inv}\left(a\cos\left(\frac{R_b}{R_a}\right)\right) - \mathrm{inv}\left(a\cos\left(\frac{R_b}{R}\right)\right)\right)\right) - \bar{\theta} \\ \varphi_2 = \alpha - \left(\beta - \left(\mathrm{inv}\left(a\cos\left(\frac{R_b}{R_a}\right)\right) - \mathrm{inv}\left(a\cos\left(\frac{R_b}{R}\right)\right)\right)\right) + \left(\mathrm{inv}\left(a\cos\left(\frac{R_b}{R_a}\right)\right) - \mathrm{inv}(\alpha)\right) \end{cases}$$
(2.95)

式中：$\beta = \frac{\pi}{2z}$。

该种修形方式得到的修形曲线如图 2.22 中虚线线条所示。

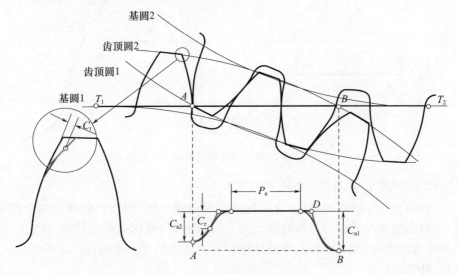

图 2.22 齿廓修形示意图

为了解决修形曲线与渐开线连接不光滑(如图 2.22 中 D 点所示)的问题，采用如图 2.23 中所示正弦曲线与该曲线光滑连接。该正弦曲线的方程为

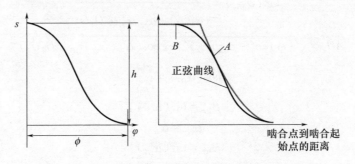

图 2.23 修形用正弦曲线

$$s = h\left[-\frac{\varphi}{\phi} - \frac{1}{2\pi}\sin\left(-\frac{2\pi}{\phi}\varphi\right)\right] \quad (2.96)$$

由于该曲线与修形曲线相切,故该曲线与修形曲线满足:①过 A 点,A 点为原修形曲线上任意点;②在 A 点相切;③正弦曲线的始点过 B 点。为了尽可能减小动态啮合力的波动幅值,则采用长修形(修形到如图 2.24 中单齿啮合区最高点 HPSTC),即仅对双齿啮合区进行修形,B 点的坐标为 $(2 \cdot \varepsilon \cdot \pi/z - 2 \cdot \pi/z, \max(C_r))$。$C_r$ 为法向修形量。求解后得到的齿廓修形曲线如图 2.24 所示。

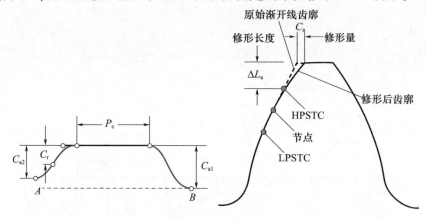

图 2.24 齿廓修形曲线

(2)内啮合齿轮副修形曲线的计算。

内啮合修形曲线若与外啮合齿轮的修形曲线一样,即修形曲线与啮合线垂直,则修形曲线可能会与齿廓曲线无交点,故内啮合修形曲线采用以下方法:在主动轮齿廓刚进入啮合点时,切去从动轮与主动轮相互干涉部分。如图 2.25 中线段 AD 所示。

$$\cos(\alpha_{a2}) = \frac{r_{b2}}{r_{a2}} \quad (2.97)$$

$$\tan(\alpha_{AO_1}) = \frac{\sin(\alpha' - \alpha_{a2})r_{a2}}{\cos(\alpha' - \alpha_{a2})r_{a2} - \overline{O_1O_2}} \quad (2.98)$$

$$\overline{AO_1} = \sqrt{(\sin(\alpha' - \alpha_{a2})r_{a2})^2 + (\cos(\alpha' - \alpha_{a2})r_{a2} - O_1O_2)^2} \quad (2.99)$$

$$\cos(\alpha_{D2}) = \frac{r_{b2}}{r_{O_2D}} \quad (2.100)$$

$$\beta_{D2} = \text{inv}(\alpha_{D2}) \quad (2.101)$$

$$\alpha_{A2} = \alpha_{a2} \quad (2.102)$$

$$\beta_{A2} = \text{inv}(\alpha_{A2}) \quad (2.103)$$

$$\alpha_{A'D} = \beta_{D2} - \beta_{A2} \quad (2.104)$$

$$r_{O_1D} = \sqrt{(r_{O_2D} \cdot \sin(\alpha_{AD_2} + \theta' - \alpha_{a2} + \alpha'))^2 + (r_{O_2D} \cdot \cos(\alpha_{AD_2} + \theta' - \alpha_{a2} + \alpha') - O_1O_2)^2}$$
(2.105)

$$\cos(\alpha_{D1}) = \frac{r_{b1}}{r_{O_1D}} \tag{2.106}$$

$$\beta_{D1} = \text{inv}(\alpha_{D1}) \tag{2.107}$$

$$\cos(\alpha_{A1}) = \frac{r_{b1}}{AO_1} \tag{2.108}$$

$$\beta_{A1} = \text{inv}(\alpha_{A1}) \tag{2.109}$$

$$\alpha_{AD} = \beta_{D1} - \beta_{A1} \tag{2.110}$$

$$r_{O_1D} \cdot \sin(\alpha_{AD} + \alpha_{AO_1}) = r_{O_2D} \cdot \sin(\alpha_{A'D} + \theta' - \alpha_{a2} + \alpha') \tag{2.111}$$

式中:α_{a2}为齿轮#2的齿顶圆压力角,则修形长度按式(2.112)计算:

$$L_{a2} = r_{O_2D} \cdot \cos\left(\frac{\pi}{2z_2} + \text{inv}\left(\arccos\left(\frac{r_{b2}}{r_{O_2D}}\right)\right) - \text{inv}\left(\arccos\left(\frac{r_{b2}}{r_2}\right)\right)\right) - r_{a2} \tag{2.112}$$

式中:z_2为齿轮#2的齿数;r_{b_2}为齿轮#2的基圆半径;r_2为齿轮#2的节圆半径。

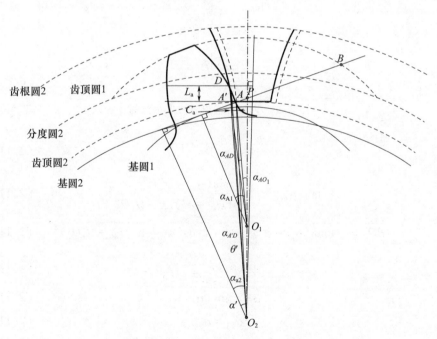

图 2.25　内啮合啮入时修形示意图

对于啮出处存在的线外啮合现象,需对主动轮进行齿廓修形,修形曲线如图 2.26 所示,即切去主动轮与从轮动干涉部分。图 2.26 中,D 点为两实际齿廓的交点,D' 点为理想齿廓对应点。

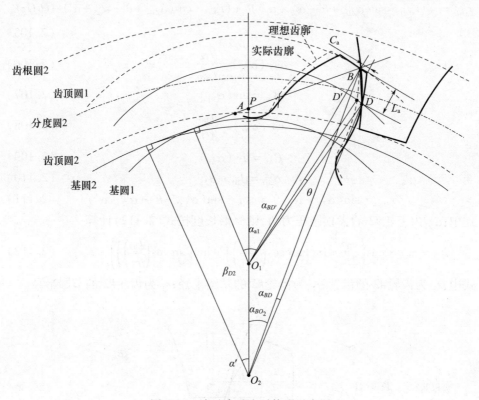

图 2.26　内啮合啮出时修形示意图

$$\cos(\alpha_{a1}) = \frac{r_{b1}}{r_{a1}} \quad (2.113)$$

$$\tan(\alpha_{BO_2}) = \frac{\sin(\alpha_{a1} - \alpha')r_{a1}}{\cos(\alpha_{a1} - \alpha')r_{a1} + O_1O_2} \quad (2.114)$$

$$\overline{BO_2} = \sqrt{(\sin(\alpha_{a1} - \alpha')r_{a1})^2 + (\cos(\alpha_{a1} - \alpha')r_{a1} + O_1O_2)^2} \quad (2.115)$$

$$\cos(\alpha_{D1}) = \frac{r_{b1}}{r_{O_1D}} \quad (2.116)$$

$$\beta_{D1} = \mathrm{inv}(\alpha_{D1}) \quad (2.117)$$

$$\alpha_{B1} = \alpha_{a1} \quad (2.118)$$

$$\beta_{B1} = \mathrm{inv}(\alpha_{B1}) \quad (2.119)$$

$$\alpha_{BD'} = \beta_{B1} - \beta_{D1} \quad (2.120)$$

$$r_{O_2D} = \sqrt{(r_{O_1D} \cdot \sin(\alpha_{BD'} + \theta + \alpha_{a1} - \alpha'))^2 + (r_{O_1D} \cdot \cos(\alpha_{BD'} + \theta + \alpha_{a1} - \alpha') + O_1O_2)^2}$$

$$(2.121)$$

$$\cos(\alpha_{D2}) = \frac{r_{b2}}{r_{O_2D}} \tag{2.122}$$

$$\beta_{D2} = \mathrm{inv}(\alpha_{D2}) \tag{2.123}$$

$$\cos(\alpha_{B2}) = \frac{r_{b2}}{BO_2} \tag{2.124}$$

$$\beta_{B2} = \mathrm{inv}(\alpha_{B2}) \tag{2.125}$$

$$\alpha_{BD} = \beta_{B2} - \beta_{D2} \tag{2.126}$$

$$r_{O_2D} \cdot \sin(\alpha_{BD} + \alpha_{BO_2}) = r_{O_1D} \cdot \sin(\alpha_{BD'} + \theta + \alpha_{a1} - \alpha') \tag{2.127}$$

式(2.113)~式(2.127)中:α_{a1}为齿轮#1的齿顶圆压力角;D点为两实际齿廓的交点;D'点为理想齿廓对应点。则修形长度按式(2.128)计算:

$$L_{a1} = r_{a1} - r_{O_1D} \cdot \cos\left(\frac{\pi}{2z_1} - \mathrm{inv}\left(\arccos\left(\frac{r_{b_1}}{r_{O_1D}}\right)\right) + \mathrm{inv}\left(\arccos\left(\frac{r_{b_1}}{r_1}\right)\right)\right) \tag{2.128}$$

式中:z_1为齿轮1的齿数;r_{b_1}为齿轮#1的基圆半径;r_1为齿轮1的节圆半径。

内啮合中外齿轮法向修形量与外啮合齿轮法向修形量计算类似,而内齿轮法向修形量如图2.27所示。图中,GF、AE为不同啮合点的啮合线。则GH即为法向修形量。内齿轮修形同样扩大了啮合区,其啮入点的压力角为

$$\alpha'_a + \mathrm{inv}(\alpha'_a) = \alpha_a - \overline{\theta} + \mathrm{inv}(\alpha_a)$$

$$\begin{aligned}
GH &= GF - HF \\
&= \left(\frac{AE + IE}{\cos\varphi_1} + FI\right) - R_b \tan\alpha \\
&= \left(\frac{R_b \tan\alpha_a + R_b \tan\left(\frac{\varphi_1}{2}\right)}{\cos\varphi_1} + R_b \tan\left(\frac{\varphi_1}{2}\right)\right) - R_b \tan\alpha
\end{aligned} \tag{2.129}$$

式中:α_a为齿顶圆压力角;α为啮合点G的压力角,$\alpha_a < \alpha < \alpha_D$;$R_b$为基圆半径。$\varphi_1$由式(2.130)计算得到:

$$\begin{aligned}
\varphi_1 &= \varphi - \varphi_2 \\
\varphi &= \alpha_a - \left(\beta - \left(\mathrm{inv}\left(a\cos\left(\frac{R_b}{R_a}\right)\right) - \mathrm{inv}\left(a\cos\left(\frac{R_b}{R}\right)\right)\right) - \overline{\theta}\right) \\
\varphi_2 &= \alpha - \left(\beta - \left(\mathrm{inv}\left(a\cos\left(\frac{R_b}{R_a}\right)\right) - \mathrm{inv}\left(a\cos\left(\frac{R_b}{R}\right)\right)\right)\right) + \\
&\quad \left(\mathrm{inv}\left(a\cos\left(\frac{R_b}{R_a}\right)\right) - \mathrm{inv}\left(a\cos\left(\frac{R_b}{R_G}\right)\right)\right)
\end{aligned} \tag{2.130}$$

内啮合修形曲线优化方法与外啮合修形曲线优化方法相同。

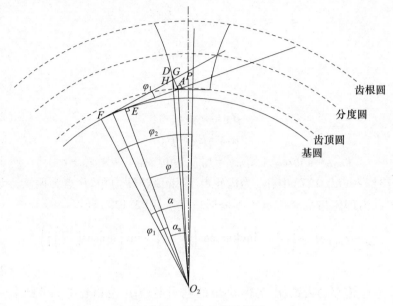

图 2.27 修形误差示意图

2.5 行星齿轮传动系统啮合间隙

对于传动系统中使用的齿轮,一般都将其运动分为两个相,其中一个为自由飞行相(又称为空隙相),另外一个为接触相(又称为碰撞相)。图 2.28 所示为一对渐开线直齿轮的啮合,啮合轮齿之间有一个空隙,啮合线的方向为 k_1、k_2,在啮合线方向上的相对距离分别为 b_1、b_2,对于自由相,相对距离在 0 和 $2H$ 之间变化,$2H$ 表示啮合平面内间隙的大小。按照国标 GB 10095 – 88 的规定,齿侧间隙定义为:装配好的齿轮副,当一个齿轮固定时,另一个齿轮的圆周晃动量,以分度圆上的弧长计算。齿侧间隙也可以用沿啮合线测得的线位移值来表示,或用在齿轮中心测得的角度值来表示。本书采用啮合线上的线位移测量值来表示齿侧间隙。

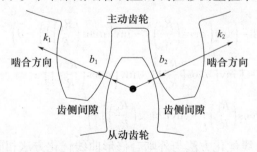

图 2.28 带有间隙的啮合齿轮对

行星齿轮系统中的齿轮副之间不可避免地存在啮合间隙,这是由于润滑需求、制造误差、加工误差、安装误差和使用磨损等原因引起的。当行星齿轮传动系统运行在低速重载的工况下时,轮齿啮合表面始终接触,啮合间隙对行星齿轮系统的动态特性的影响较小;而在高速轻载或频繁起停的工况下运行时,啮合间隙会使轮齿间的接触状态发生变化,从而导致轮齿间出现接触、脱离、再接触的反复冲击等现象。且行星齿轮系统存在多个齿轮副,会使啮合情况更加复杂,进而对行星齿轮传动系统的动态特性产生不良的影响,因此需要对啮合间隙产生的激励进行研究。

图 2.29 为行星齿轮传动系统轮齿啮合示意图,主动和从动齿轮都安装在弹性轴上,轴承采用滚动轴承。两个齿轮所在结点的自由度分别为 y_i、x_i、θ_i、θ_{yi}、θ_{xi},$i = s、p、r$ 表示太阳轮、行星轮和行星架。

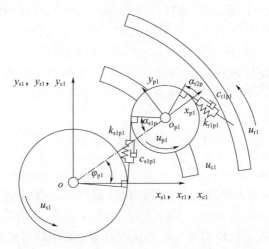

图 2.29　行星齿轮传动系统轮齿啮合示意图

轮齿啮合沿啮合线方向相对位移为

$$\Delta(t) = r_s\theta_s - r_p\theta_p + (x_s - x_p)\sin\alpha + (y_s - y_p)\cos\alpha - e(t) \quad (2.131)$$

式中:$\Delta(t)$ 为沿啮合线相对位移;r_s 和 r_p 分别为主动轮和从动轮的基圆半径;α 为压力角,忽略啮合线瞬态位置的变化对动态啮合力的影响;$e(t)$ 为静态传动误差。

齿侧间隙是引起齿轮系统发生非线性振动的重要因素,齿侧间隙引起的位移激励常表示为以下函数:

$$f(\Delta(t)) = \begin{cases} \Delta(t) - b_n, & \Delta(t) > b_n \\ 0, & -b_n \leqslant \Delta(t) \leqslant b_n \\ \Delta(t) + b_n, & \Delta(t) < -b_n \end{cases} \quad (2.132)$$

式中:$\Delta(t)$ 为沿啮合线相对位移;$2b_n$ 为齿侧间隙。齿侧间隙函数的图形如图 2.30 所示。

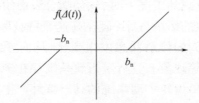

图 2.30 齿侧间隙函数示意图

当相对位移 $\Delta(t)$ 大于 b_n 时,齿轮处于正常啮合状态;当相对位移 $\Delta(t)$ 小于 b_n 同时大于 $-b_n$ 时,出现齿面瞬间分离现象;当相对位移 $\Delta(t)$ 小于 $-b_n$ 时,出现齿背接触,这种间隙函数是目前比较合理的一种齿侧间隙模型。合理的齿侧间隙设计可在不影响齿轮传动精度的前提下实现热膨胀量的补偿和润滑油膜的存储,保证齿轮传动平稳性,避免其对动态特性产生不良影响。对于锥齿轮副,可通过查阅《齿轮传动设计手册》,参照 AGMA 精度等级获得参考点处法向侧隙范围。对于渐开线圆柱齿轮副,可结合手册计算出齿侧间隙值范围。

$$\begin{cases} 2b_{\min} = \dfrac{2}{3}(0.06 + 0.0005a + 0.03m) \\ 2b_{\max} = [(|E_{sni1}| + |E_{sni1}|) + 2f_a\tan\alpha]\cos\alpha + J_n \end{cases} \quad (2.133)$$

式中:$b_{\min}$、$b_{\max}$ 分别表示单边法向侧隙的最小值和最大值;a 和 m 表示中心距和齿轮模数,单位为 mm;α 为压力角;E_{sni1}、E_{sni1} 表示主动、从动轮齿厚下偏差;f_a 表示中心距偏差;J_n 表示齿轮副加工安装误差对侧隙减小的补偿量。

2.6 行星齿轮传动系统轮齿齿距误差与齿形误差

2.6.1 齿距误差

根据齿轮精度标准,齿轮的齿距偏差与齿距误差如图 2.31 所示,齿距偏差包括单个齿距偏差 f_{pt}、齿距累计总偏差 F_p。单个齿距偏差定义为在齿轮端面上齿高中心圆上的实际齿距与理想齿距的偏差;齿距累计总偏差定义为 k 个齿距的实际弧长与理论弧长的代数差,一般 F_{pk} 值被限定在不大于 1/8 的圆周上评定,因此 F_{pk} 的允许值适用于齿距数 k 为 $2 \sim z/8$ 的弧段内,通常取 $k = z/8$;F_p 定义为齿轮同侧齿面任意弧段内的最大齿距累积偏差。理论上,F_{pk} 等于 k 个齿距偏差的代数和,而 F_p 表现为齿距累积偏差曲线的总幅值。

单个齿距偏差属于齿频激励误差,而齿距累积偏差与齿距累积总偏差属于轴频激励误差。齿距累积偏差会使轮齿齿廓相对于其理论位置有一定的偏移,主动轮和从动轮的轮齿将会提前或延迟进入啮合,进而使某些啮合齿对在某些啮合位置产生过载或脱啮现象。与此同时,齿轮副的实际重合度也会大于或小于理论重合度。根据齿轮的分度圆直径、模数和精度等级,GB/T 10095—2008 中明确规定了相应的齿距偏差和齿距累积总偏差的允许值。齿距偏差为实际齿距与理论齿距的代数差,其数值可能为正值,也可能为负值,因此实际齿距变大的齿距偏差为正偏差,反之则是负偏差。图 2.31 中,P4 为理论齿距,f_pt 为齿距偏差,F_pk 表示 k 个轮齿的齿距累积偏差。

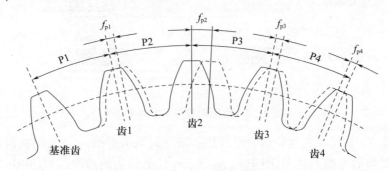

图 2.31　齿距偏差与齿距误差示意图

根据 GB/T10095.1—2008,设单个齿距误差的允许值为 F_pt,定义为

$$F_\mathrm{pt} = 0.3(m + 0.4\sqrt{d}) + 4 \qquad (2.134)$$

齿距累积误差的允许值为 F_pk,定义为

$$F_\mathrm{pk} = F_\mathrm{pt} + 1.6\sqrt{(k-1)m} \qquad (2.135)$$

齿距累积总误差的允许值为 F_p,定义为

$$F_\mathrm{p} = 0.3m + 1.25\sqrt{d} + 7 \qquad (2.136)$$

式中:d 为齿轮的分度圆直径。式(2.134)~式(2.136)为五级精度齿轮的相关误差的计算方法。齿轮的邻近精度之间误差允许值的比例为 $\sqrt{2}$。

假定齿轮中齿序号为 1 的轮齿为基准,由于轮齿累积误差引起的相位偏差为

$$\Delta\alpha_k = (f_\mathrm{pkp}/r_\mathrm{p}) \times 2\pi \qquad (2.137)$$

式中:r_p 为齿轮的分度圆半径;f_pkp 为轮齿序号 p 到轮齿序号 1 的累计误差。

对于存在多齿同时啮合的齿轮副中,在齿距误差影响下,轮齿啮合相位发生改变,影响了各齿对的受力和变形等。不失一般性,考虑齿轮副重合度在 1 与 2 之间,图 2.32 展示了该齿轮副同时存在两齿对啮合时啮合关系。图中 A 为主动轮,B 为从动轮。

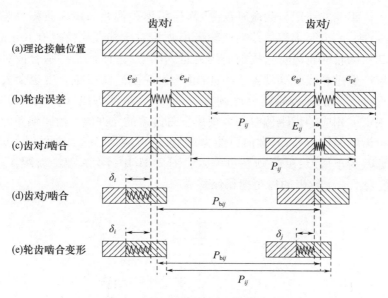

图 2.32 齿距误差与变形的关系

图 2.32 中,(a)为齿轮啮合时理想的啮合关系示意图,(b)为存在齿距误差时齿轮提前啮合的示意图,图中 e_{pi}、e_{gi}、e_{pj}、e_{gj} 代表轮齿的齿距误差,其中下标 p、g 代表主、从动轮;i、j 代表齿对的编号。(b)~(e)代表具有齿距误差的齿轮在啮合时,轮齿克服误差的啮合示意图。在两个齿对中,齿对 i 的齿距误差较 j 小,因此齿对 i 先于齿对 j 啮合,当齿对 i 的变形大于齿对 j 的齿距误差时,齿对 j 也会啮合。在图(c)中,齿对 i 啮合需要克服的齿距误差 E 为

$$E = \min\,(e_{pk} + e_{gk})_{k=i,j} \tag{2.138}$$

齿对 j 啮合需要进一步克服的齿距误差 E_{ij} 为

$$E_{ij} = |e_{pj} + e_{gj} - e_{pi} - e_{gi}| \tag{2.139}$$

假设啮合轮齿为刚体,随着齿对 j 的啮合,在啮合力的作用下,齿对 i、j 中轮齿互相渗透,最终齿对 i、j 完全承担了载荷,如图(e)所示。其中渗透量为 δ_i 和 δ_j,下标代表齿对编号。因此两个齿对间的渗透量与两者的齿距误差相关,可定义为

$$|\delta_i - \delta_j| = E_{ij} \tag{2.140}$$

式中:轮齿齿距误差 e 为齿轮的累积误差在轮齿表面法向上的分量,对于齿轮传动系统而言,齿距误差属于变位移激励。因此齿对的齿距误差激励可定义为

$$e_k = f_{pk}\cos\alpha \tag{2.141}$$

式中:α 为轮齿在各啮合点处的压力角;f_{pk} 为齿距误差。

因此,当含齿距误差的齿对啮合时,假定齿对 i 先啮合,根据力与变形的关系,两个齿对啮合的关系可定义为

$$F = F_{ie} + F_{je}$$
$$\delta_{ie} = \delta_{je} + e_{pj} + e_{gj} - e_{pi} - e_{gi} \tag{2.142}$$

式中：F_{ie}、F_{je} 为各齿对承担的载荷；F 为啮合力。

因此得到含齿距误差的齿轮传动系统的静态传递误差 USTE 为

$$\text{USTE} = \left| e_{pj} + e_{gj} - e_{pi} - e_{gi} \right| \tag{2.143}$$

2.6.2　齿形误差

齿形误差又称为齿廓误差，是指齿轮实际加工齿廓平面偏离设计齿廓平面的量（图 2.33）。齿形误差一般以端平面内垂直于渐开线的方向上齿廓偏离量定量表达。由于加工误差的存在，齿形误差不可避免，产生齿形误差最常见的原因有以下三种：

(1) 滚刀切齿时，由滚刀刀具误差所产生的齿形误差；
(2) 由切齿机床自身分度系统产生的齿形误差；
(3) 齿轮啮合时由于齿轮副热变形引起的齿形误差。

不考虑齿形误差的影响时，齿轮齿廓曲线为理论渐开线。而计入齿形误差时，轮齿齿廓线会沿着理论渐开线两侧呈波纹状出现。齿形误差对行星齿轮传动系统传动的影响很大，会使得传动系统噪声增大甚至出现啸叫声。

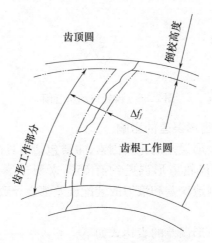

图 2.33　齿形误差示意图

齿形误差按照齿形角分类，可分为：正齿形角误差、负齿形角误差、凸形齿形、凹形齿形。如图 2.34 所示，图 2.34(a)、(b)、(c) 和 (d) 分别代表正齿形角误差、负齿形角误差、凸形齿形、凹形齿形。同时，不同的齿形误差被统计为不同的计算公式，其为行星齿轮传动系统非线性动态特性研究提供了理论基础。

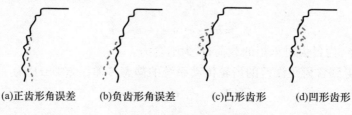

(a)正齿形角误差 (b)负齿形角误差 (c)凸形齿形 (d)凹形齿形

图 2.34　齿形误差分类

以行星齿轮传动系统外齿轮副为例,详细分析齿形误差对齿轮副啮合过程的影响,如图 2.35 所示。齿形误差主要源于齿形加工过程,其影响因素可分为刀具误差和机床误差。

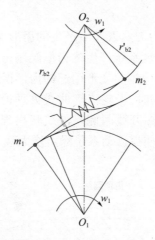

图 2.35　齿轮传动示意图

2.6.2.1　刀具误差对齿形误差的影响

刀具误差是产生齿形误差的主要因素,主要包括刀具的理论误差、刀具装配误差等。据统计,被切齿轮齿形误差约有 65% 来源于滚刀误差。在滚齿加工中,滚刀的理论误差、制造误差和滚刀的装配误差都会导致被切齿轮的轮齿部分产生齿形误差。

刀具误差引起的齿形误差的表达式如下:

$$\Delta f_t = \sqrt{\Delta f_{\Delta\alpha}^2 + \Delta f_{\Delta a}^2 + \Delta f_r^2 + \Delta f_\alpha^2 + \Delta f_{r\theta}^2 + \Delta f_{\alpha\theta}^2} \tag{2.144}$$

原始齿形角误差 $\Delta\alpha$ 对齿形误差的影响为

$$\Delta f_{\Delta\alpha} = -\pi m\varepsilon\sin\alpha\Delta\alpha \tag{2.145}$$

非径向性偏差 Δr 对齿形误差的影响为

$$\Delta f_{\Delta r} = \pi m\varepsilon\sin\alpha\tan\tau_D\cos^2\alpha\Delta r \tag{2.146}$$

滚刀径向跳动 e_r 与齿形误差的关系为

$$\Delta fe_r = e_r \cos\alpha \tag{2.147}$$

滚刀轴向跳动 e_α 与齿形误差的关系为

$$\Delta f_\alpha = e_\alpha \cos\alpha \tag{2.148}$$

轴线倾斜角 θ 产生径向跳动引起的齿形误差为

$$\Delta f_{r\theta} = L\sin\theta\sin\alpha \tag{2.149}$$

轴线倾斜角 θ 产生轴向跳动引起的齿形误差为

$$\Delta f_{\alpha\theta} = L\sin\theta\cos\alpha \tag{2.150}$$

由刀具误差引起的齿形误差是综合和全方位的,如果其中某一种误差不存在,则该误差分量为 0。

2.6.2.2 机床误差对齿形误差的影响

对连续滚切的齿轮机床而言,机床周期误差是指分度传动链中的分度蜗杆在转动一周之内重复出现一次的误差,它是引起齿形误差的主要因素。在齿轮成型加工装配的过程中,齿轮机床的运动参数误差对齿轮齿形误差的影响最大。在机床回转运动控制误差系统中,机床回转前、后支承立柱在主轴齿轮径向位移方向上存在的误差和回转机床工作台的扭转振动误差均是直接引起机床齿形误差的主要因素。

机床误差引起的齿形误差表达式如下:

$$\Delta f_M = \sqrt{(\Delta f_s)^2 + (\Delta f_r)^2} \tag{2.151}$$

式(2.151)中,考虑齿轮齿形误差,在进入机床前、后侧立柱在齿轮径向位置产生的误差引起的齿形误差的表达式如下:

$$\Delta f_s = \Delta S_2 \cos\alpha \tag{2.152}$$

式中:ΔS_2 是位移值;机床扭转振动误差引起的齿形误差的表达式为

$$\Delta f_r = r_g \tan\alpha \tag{2.153}$$

式中:r_g 是扭转角度。

2.7 行星轮定位误差

在齿轮的加工制造和装配过程中,不可避免地产生多种误差,这些误差的存在会使得齿轮啮合过程中的实际相对位移偏离理论值,其中行星传动系统行星轮定位误差主要由各齿轮(行星轮、太阳轮和内齿轮)偏心误差及行星轮轴孔位置误差引起。齿轮偏心误差是指齿轮的理论几何中心和实际旋转中心存在偏差,如图 2.36(a)所示,O'_j 为理论几何中心,O_j 为实际旋转中心,当齿轮绕着旋转中心点 O_j 旋转时,齿轮的几何中心点 O'_j 的轨迹是以 O'_j 为圆心、E_i 为半径的圆。行星轮轴孔位置误差定义为行星轮旋转中心对理论位置的偏离,如图 2.36(b)所示,O_1 为行星轮理论旋转中心,O_2 为行星轮实际旋转中心。

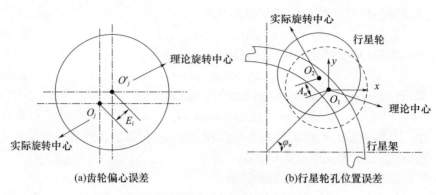

图2.36　行星轮定位误差示意图

根据齿轮偏心误差和行星轮孔位置误差的激励机理,将各齿轮偏心误差和行星轮孔位置误差投影到太阳轮—行星轮及内齿轮—啮合线上,获得轮齿对啮合面位移激励(e_{sn}和e_{rn})和非工作面位移激励(e_{sn}^b和e_{rn}^b)。

$$\begin{cases} e_{sn} = E_s\cos(\omega_m t/z_s + \varepsilon_s - \pi/2 - \varphi_{sn}) - E_{pn}\cos(\omega_m t/z_p + \varepsilon_{pn} - \pi/2 - \varphi_{sn}) - \\ \qquad A_{pn}\cos(\gamma_{pn} - \pi/2 - \varphi_{sn}) \\ e_{rn} = E_s\cos(\omega_m t/z_r + \varepsilon_r - \pi/2 - \varphi_{rn}) - E_{pn}\cos(\omega_m t/z_p + \varepsilon_{pn} - \pi/2 - \varphi_{rn}) - \\ \qquad A_{pn}\cos(\gamma_{pn} - \pi/2 - \varphi_{rn}) \\ e_{sn} = E_s\cos(\omega_m t/z_s + \varepsilon_s - \pi/2 - \varphi_{sn}^b) - E_{pn}\cos(\omega_m t/z_p + \varepsilon_{pn} - \pi/2 - \varphi_{sn}^b) - \\ \qquad A_{pn}\cos(\gamma_{pn} - \pi/2 - \varphi_{sn}^b) \\ e_{rn} = E_s\cos(\omega_m t/z_r + \varepsilon_r - \pi/2 - \varphi_{rn}^b) - E_{pn}\cos(\omega_m t/z_p + \varepsilon_{pn} - \pi/2 - \varphi_{rn}^b) - \\ \qquad A_{pn}\cos(\gamma_{pn} - \pi/2 - \varphi_{sn}^b) \end{cases}$$

(2.154)

式中:E_i、ε_i分别为各齿轮偏心误差的幅值和初始角($i = $ s、r、pn 分别代表太阳轮、内齿轮和行星轮 n);A_{pn}、r_{pn}分别为行星轮 n 孔位置误差的幅值和角度。

行星齿轮传动系统由太阳轮、行星轮、行星架和内齿圈(内齿轮)组成,为方便系统动力学模型的建立,建立旋转坐标系,坐标系以行星架理论旋转角速度 Ω_c 匀速旋转,其圆心与行星架中心 O 重合。对于行星齿轮传动系统弯扭耦合动力学模型,行星齿轮传动系统中每个构件含有三个自由度,即水平和竖直方向两个自由度和一个旋转自由度,水平方向和竖直方向的平动振动位移以 x_j 和 y_j 表示($j = $ s、c、r、pn,分别表示太阳轮、行星轮、齿圈和行星轮 n),旋转方向的扭转振动位移 θ_j 围绕各构件的名义旋转角度 w_{jt} 波动。各构件的支撑刚度以水平和竖直方向两个弹簧模拟,分别表示为 k_{jx} 和 k_{jy},扭转方向刚度以弹簧 $k_{j\theta}$ 表示,而第 n

个行星轮和太阳轮及齿圈工作面的啮合刚度分别由啮合线方向的弹簧 k_{spn} 和 k_{rpn} 表示,非工作面啮合刚度由非工作面啮合线方向的弹簧 k_{spn}^b 和 k_{spn}^r 表示,如图 2.37 所示。

假设太阳轮为输入机构,旋转方向是逆时针方向,行星架是输出而齿圈保持固定。太阳轮、齿圈、行星架和行星轮的质量为 m_s、m_r、m_c 和 m_{pn}($n=1,2,\cdots,N$),转动惯量为 I_s、I_r、I_c 和 I_{pn}($n=1,2,\cdots,N$),太阳轮、行星轮和齿圈的基圆半径分别为 r_{bs}、r_{bp} 和 r_{br}。行星轮和太阳轮中心距离以 R_c 表示。

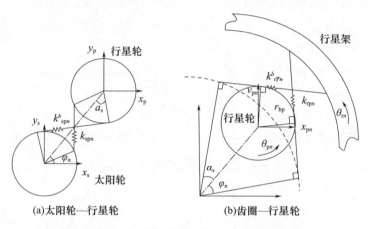

图 2.37　行星齿轮传动系统动力学模型示意图

太阳轮 s 和齿圈 r 与行星轮 n 工作齿面啮合变形为

$$\delta_{in} = (y_i - y_{pn})\cos\varphi_{in} - (x_i - x_{pn})\sin\varphi_{in} + r_{bi}\theta_i + jr_{bp}\theta_{pn} + e_{in} \quad (2.155)$$

式中:$\varphi_{in} = \varphi_n - j\alpha$,$i=s$(太阳轮)时,$j=1$,$i=r$(齿圈)时,$j=-1$;$e_{in}$ 为各齿轮偏心误差和行星轮孔位置误差引起的位移激励。

太阳轮—行星轮 n 及齿圈—行星轮 n 非工作齿面啮合变形为

$$\delta_{in} = (x_i - x_{pn})\cos(\varphi_{in}^b) - (y_i - y_{pn})\sin(\varphi_{in}^b) - r_{bi}\theta_i - jr_{bp}\theta_{pn} + e_{in}^b \quad (2.156)$$

式中:$\varphi_{in} = \varphi_n + j\alpha_i$;$e_{in}^b$ 为各齿轮偏心误差和行星轮孔位置误差引起的位移激励。

除了上述两种主要的行星传动系统行星轮定位误差外,行星架轴孔位置公差、齿轮分度圆跳动误差、行星架轴孔尺寸公差、行星架安装轴承处尺寸公差及行星轮和行星轮轴间孔尺寸公差也不容忽视,其如图 2.38 所示。

行星架轴孔位置公差的影响使得行星轮的中心点偏离了其理论中心点,如图 2.39 所示,从而造成与该行星轮相关联的啮合副在啮合线上的相对位移存在误差,其偏离理论中心的幅值为 A_{pn},其偏心向量 $\boldsymbol{A}_{pn}$ 的正方向为偏心点指向理论旋转中心,角度 φ_{ap_n} 为 x 轴正方向与向量 $\boldsymbol{A}_{pn}$ 沿逆时针旋转方向的夹角。则其在啮合线上引起的相对位移误差为

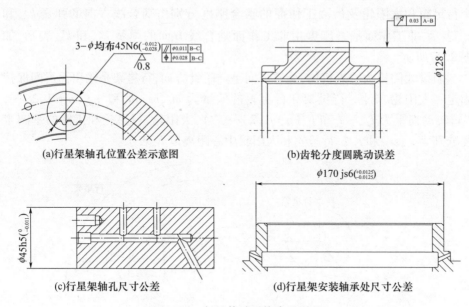

(a)行星架轴孔位置公差示意图 (b)齿轮分度圆跳动误差

(c)行星架轴孔尺寸公差 (d)行星架安装轴承处尺寸公差

图 2.38　行星传动系统常见误差

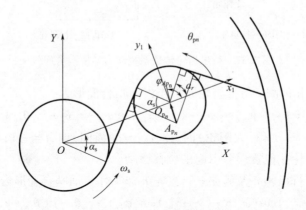

图 2.39　行星架轴孔位置公差

$$\begin{cases} \overline{A}_{p_n\text{-}sp_n} = -A_{pn} \cdot \sin(\alpha_s + \phi_{ap_n}) \\ \overline{A}_{p_n\text{-}rp_n} = -A_{pn} \cdot \sin(q_{ap_n} - \alpha_r) \end{cases} \tag{2.157}$$

齿轮分度圆的径向跳动误差是指齿轮齿廓在一圈内沿着分度圆的径向位置偏差。根据齿轮的啮合原理,可以将分度圆的跳动等效为齿轮在啮合时其旋转中心产生的偏移量,如图 2.40 所示,根据图中分析齿轮分度圆的跳动值为 E_{pn},将其等效为齿轮的旋转中心偏移了理论旋转中心,其中跳动值 E_{pn} 的正方向为偏心点指向理论旋转中心,角度 φ_{ep_n} 为 X 轴正方向与 E_{pn} 沿逆时针旋转方向的夹角。则等效在各啮合线上的误差为

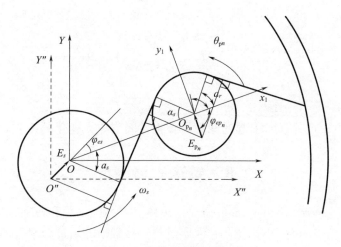

图 2.40 齿轮分度圆跳动误差

$$\begin{cases} \overline{E}_{s-sp_n} = E_s \cdot \sin((\omega_s - \omega_c) \cdot t + \alpha_s + \varphi_s - \varphi_{ep_n}) \\ \overline{E}_{pn-sp_n} = -E_{pn} \cdot \sin((\omega_{pn} - \omega_c) \cdot t + \alpha_s + \varphi_{ep_n}) \\ \overline{E}_{pn-rp_n} = -E_{pn} \cdot \sin((\omega_{pn} - \omega_c) \cdot t + \varphi_{ep_n} - \alpha_r) \\ \overline{E}_{r-rp_n} = E_r \cdot \sin((\omega_r - \omega_c) \cdot t + \alpha_r + \varphi_r - \varphi_{ep_n}) \end{cases} \quad (2.158)$$

则各啮合线上的总误差为

$$\begin{cases} e_{sp_n} = \overline{A}_{pn-sp_n} + \overline{E}_{s-sp_n} + \overline{E}_{pn-sp_n} \\ e_{sr_n} = \overline{A}_{pn-rp_n} + \overline{E}_{r-rp_n} + \overline{E}_{pn-rp_n} \end{cases} \quad (2.159)$$

对于考虑构件弯曲振动的模型,由于行星轮轴及行星轮和行星架孔尺寸误差的存在,使得其所受构件径向方向的支撑力产生变化,示意图如图 2.41 所示。假设构件在其径向方向振动的位移为 δ_{xi}, δ_{yi},轴孔的尺寸公差产生的径向间隙为 Δb,假设构件的径向支撑刚度为 k_i,则其支撑力可表示为

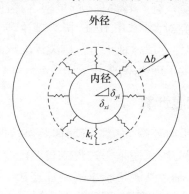

图 2.41 轴和孔尺寸公差

$$\begin{cases} f_{xi} = \mu_i \cdot k_i \cdot \delta_{xi} \\ f_{yi} = \mu_i \cdot k_i \cdot \delta_{yi} \end{cases} \quad (2.160)$$

$$\mu_i = \begin{cases} 1 - \dfrac{\Delta b}{\sqrt{\delta_{xi}^2 + \delta_{yi}^2}}, & \Delta b < \sqrt{\delta_{xi}^2 + \delta_{yi}^2} \\ 0, & \Delta b \geqslant \sqrt{\delta_{xi}^2 + \delta_{yi}^2} \end{cases} \quad (2.161)$$

式中：μ_i 为由于尺寸误差引起的间隙导致构件间支撑力变化的系数。

2.8　轴承支撑刚度

行星齿轮传动系统的零部件主要由箱体、齿轮副、轴承和传动轴构成。传动系统中齿轮轮齿的时变刚度激励、齿形误差位移激励等通过轴承传递给箱体，是箱体产生振动和噪声的主要原因。轴承作为构成行星齿轮传动系统的重要部件之一（图2.42），其支撑刚度特性同样会对传动系统的动态性能产生重要影响。在行星齿轮传动系统动力学建模中，相较于其他组成部件，轴承各元件的质量较小，往往忽略不计，只需考虑轴承的支撑刚度。

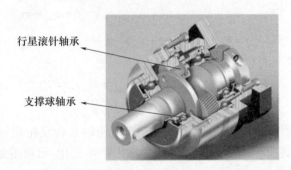

图2.42　行星齿轮传动系统中的轴承

本节以行星齿轮传动系统旋转部件（行星架、内齿圈、传动轴等）支撑球轴承和行星滚针轴承为研究对象，基于 Hertz 接触理论与弹性半空间点接触的分析方法，分别计算旋转部件支撑球轴承与行星滚针轴承的支撑刚度，为后续行星齿轮传动动力学建模提供了理论基础。

2.8.1　支撑球轴承刚度计算

旋转部件支撑球轴承由外圈、内圈、滚动体及保持架组成，其中内圈与旋转部件采用过盈配合，外圈与轴承座采用过盈或过渡配合。因此可以假定轴承内圈与旋转部件刚性连接，轴承外圈与轴承座刚性连接，且轴承内部滚动体与内、外圈的接触关系满足赫兹接触理论，该理论对接触载荷和变形的关系提供了数学支撑。

在载荷作用下,滚动体与内、外圈之间产生接触应力和变形,利用赫兹接触理论分析弹性体的接触问题时,存在以下假设:

(1)材料是均质的;

(2)与受载物体的尺寸相比,接触区的尺寸很小;

(3)作用力与接触面垂直,忽略表面切应力的影响;

(4)所有的变形都在弹性范围之内,没有超过材料的比例极限。

图 2.43 为旋转部件支撑球轴承的结构示意图,基于赫兹接触理论,求解滚动体与内、外滚道之间的接触刚度。

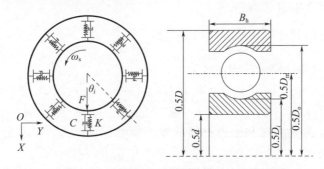

图 2.43　旋转部件支撑球轴承结构示意图

图 2.44 为赫兹接触示意图。设滚动体为接触球体 1,内、外圈为接触球体 2,定义凸面为正面,凹面为负面。定义通过球和滚道接触面法线且与轴承径向平面平行的平面为 X 主平面,定义通过球心的轴承平面为 Y 主平面。

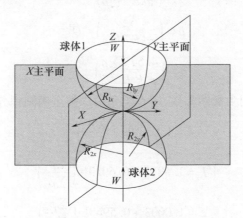

图 2.44　赫兹接触示意图

则球与内圈滚道的接触副的主曲率在第 1 主平面与第 2 主平面的主曲率分别表示为

$$\rho_{\text{I}1} = \frac{2}{d}, \rho_{\text{I}2} = \frac{2}{d}, \rho_{\text{II}1} = \frac{2}{D_i}, \rho_{\text{II}2} = -\frac{1}{r_i} \quad (2.162)$$

同理,球与外圈滚道接触副的主曲率分别为

$$\rho_{\text{I}1} = \frac{2}{d}, \rho_{\text{I}2} = \frac{2}{d}, \rho_{\text{II}1} = -\frac{2}{D_o}, \rho_{\text{II}2} = -\frac{1}{r_o} \quad (2.163)$$

则接触副的曲率之和定义为

$$\sum\rho = \rho_{\text{I}1} + \rho_{\text{II}1} + \rho_{\text{I}2} + \rho_{\text{II}2} \quad (2.164)$$

$$\sum\rho_1 = \rho_{\text{I}1} + \rho_{\text{II}1} \quad (2.165)$$

$$\sum\rho_2 = \rho_{\text{I}2} + \rho_{\text{II}2} \quad (2.166)$$

接触副的曲率之差定义为

$$F(\rho) = \frac{\rho_1 - \rho_2}{\sum\rho} \quad (2.167)$$

其中:定义等效弹性模量的表达式为

$$\frac{2}{E^*} = \frac{1-\nu_1^2}{E_1} + \frac{1-\nu_2^2}{E_2} \quad (2.168)$$

式中:E_1 和 E_2 分别为球和滚道材料的弹性模量(MPa);ν_1 和 ν_2 分别为球和滚道材料的泊松比。

根据赫兹接触理论,将球与轴承滚道考虑为光滑弹性体,只存在弹性接触变形,并服从 Hooke 定理,且接触面的尺寸与接触表面曲率半径相比很小,则接触椭圆尺寸、接触变形和接触压力的表达式分别为

$$a = \left(\frac{6k^2 \Sigma}{\pi k E^* \sum\rho}\right)^{1/3} Q^{1/3} \quad (2.169)$$

$$b = \left(\frac{6\Sigma}{\pi k E^* \sum\rho}\right)^{1/3} Q^{1/3} \quad (2.170)$$

$$\delta = \left(\frac{4.5 \Gamma^3 \sum\rho}{\pi^2 k^2 E^{*2} \Sigma}\right)^{1/3} Q^{2/3} \quad (2.171)$$

式中:k、Γ 和 Σ 分别为椭圆参数、第一类和第二类全椭圆积分,其表达式分别为

$$k = 1.0339 \ln\left(\frac{\sum\rho_1}{\sum\rho_2}\right)^{0.6360} \quad (2.172)$$

$$\Gamma = 1.5277 + 0.6023 \ln\left(\frac{\sum\rho_1}{\sum\rho_2}\right) \quad (2.173)$$

$$\Sigma = 1.0003 + 0.5968 \ln\left(\frac{\sum\rho_2}{\sum\rho_1}\right) \quad (2.174)$$

则球与内圈或外圈滚道之间的赫兹接触刚度可以表示为

$$K_{i,o} = \left(\frac{\pi^2 k^2 E^{*2} \Sigma}{4.5 \Gamma^3 \sum\rho}\right)^{0.5} \quad (2.175)$$

球与内、外圈滚道之间的总赫兹接触接触刚度的表达式为

$$K = \frac{1}{\left[\dfrac{1}{K_i^n} + \dfrac{1}{K_o^n}\right]^n} \tag{2.176}$$

式中：n 为载荷—变形指数，其中球轴承为 1.5。

假设轴承内圈与轴、外圈与轴承座之间刚性连接，滚动体在保持架的作用下均匀分布并保持相对角位置关系，则第 j 个滚子的总接触变形为

$$\delta_j = x\cos\theta_i + y\sin\theta_i - C_r \tag{2.177}$$

式中：x、y 分别为内圈在 X 和 Y 方向上的位移（m）；C_r 为初始的径向游隙（m）；θ_i 为第 i 个滚动体的角位置（rad）可表示为

$$\theta_i = \frac{2\pi}{N}(i-1) + \omega_c t + \theta_0, \quad i = 1, 2, \cdots, N \tag{2.178}$$

式中：N 为滚动体的个数；θ_0 为第 1 个滚动体相对于 X 轴的初始角位置（rad）；ω_c 为滚动体的公转角速度（rad/s）。

基于赫兹接触与轴承运动学理论，获得旋转部件支撑球轴承在 X 和 Y 方向的接触力为

$$F_x = K\sum_{i=1}^{N}\beta_i\delta_i^n\cos\theta_i \tag{2.179}$$

$$F_y = K\sum_{i=1}^{N}\beta_i\delta_i^n\sin\theta_i \tag{2.180}$$

式中：K 为滚动体与内外圈的综合接触刚度（N/m）；当轴承为球轴承时，$n=1.5$，β_i 为判断产生接触变形的参数：

$$\beta_i = \begin{cases} 1, & \delta_i > 0 \\ 0, & \delta_i \leq 0 \end{cases} \tag{2.181}$$

滚动轴承的支撑刚度可定义为

$$[K_z] = \frac{\mathrm{d}F}{\mathrm{d}x} = \begin{bmatrix} \dfrac{\mathrm{d}F_x}{\mathrm{d}x} & \dfrac{\mathrm{d}F_x}{\mathrm{d}x} \\ \dfrac{\mathrm{d}F_y}{\mathrm{d}y} & \dfrac{\mathrm{d}F_y}{\mathrm{d}y} \end{bmatrix} = \begin{bmatrix} K_{xx} & K_{xy} \\ K_{yx} & K_{yy} \end{bmatrix} \tag{2.182}$$

该刚度矩阵的元素 K_{ij} 表示 i 方向上的位移在 j 方向上的接触刚度，多数情况下，主对角元素占优，忽略非对角元素，则旋转部件支撑球轴承在 X 和 Y 方向的支撑刚度表示为

$$K_x = \frac{3}{2}K\sum_{i=1}^{N}\beta_i\delta_i^{1/2}\cos^2\theta_i \tag{2.183}$$

$$K_y = \frac{3}{2}K\sum_{i=1}^{N}\beta_i\delta_i^{1/2}\sin^2\theta_i \tag{2.184}$$

2.8.2 行星滚针轴承刚度

行星滚针轴承作为行星传动装置中的重要部件之一,对传动系统使用寿命和安全性具有决定性作用。行星滚针轴承的应用场合多为高负载和高刚度工程设计。目前,行星滚针轴承的滚子,根据凸度形状可分为:直母线滚子、全圆弧凸形滚子、局部凸度型和对数母线型滚子。

直母线滚针与滚道接触时,滚子两端边缘压力奇异分布,出现边缘受载状态,使滚针过早疲劳磨损而失效,进而大大降低轴承的疲劳寿命。因此,实际的滚针都带有凸度,如图2.45所示,可有效改善滚针与滚道接触区的应力分布,减小或消除滚子边缘应力集中,减小温升。

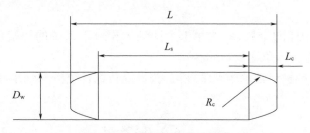

图2.45 凸度型滚子示意图

传统方法对行星滚针轴承非线性动力学的分析都基于赫兹接触理论,当滚子设计成凸度形状时,滚子与滚道的接触线已不是直线,接触状态不能考虑为理想的线接触,其接触问题已超出赫兹线接触理论的范畴。对此,Hartnet 等所研究的非理想赫兹接触理论可有效解决上述问题。

切片法是非理想赫兹线接触求解的一种方法,即假设滚针沿轴线方向,均匀地切成若干个相互独立的单元,当滚针承受载荷产生变形时,各单元互不干扰,产生变形后各个单元的位置仍在轴线方向,各个单元间无切应力作用。

基于弹性半空间点接触的分析方法,非理想赫兹接触问题基本方程为

$$\iint_{S_z} p(x,y) \mathrm{d}x \mathrm{d}y = Q \tag{2.185}$$

$$\frac{1}{\pi E'} \iint_{S_z} \frac{p(x,y) \mathrm{d}x' \mathrm{d}y'}{\sqrt{(x-x')^2 + (y-y')^2}} = \delta - z(x,y) \tag{2.186}$$

式中:S_z 为两接触体由于弹性变形而形成的接触区域;$p(x,y)$ 为接触区域 S_z 内的接触应力(Pa);Q 为所施加的载荷(N);δ 为接触变形(m);$z(x,y)$ 为两接触体的初始间距(m)。将行星滚针与滚道的接触区域沿素线方向分为 N 个单元,假设单元 j 内 y 方向的接触应力均匀分布,沿 x 方向按赫兹接触分布,如图2.46所示。

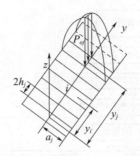

图 2.46　线接触单元化分简图

每个单元 j 的接触应力为

$$p_j = p_{oj}\sqrt{1-(x'/a_j)^2} \tag{2.187}$$

式中：P_{oj} 为单元中心的最大接触应力；$a_j = 2Rp_{oj}/E'$，$R = \dfrac{1}{2/d_r + 2/d_x}$。若行星滚针与外滚道接触，$d_x = -d_o$；行星滚针与内滚道接触，$d_x = d_i$。

单元 j 上的应力在单元 i 中线所产生的位移为

$$w_{ij} = \frac{p_{oj}}{\pi E'}\int_{-a_j}^{a_j}\int_{x_j-h_j}^{x_j+h_j}\frac{\sqrt{1-(x'/a_j)^2}}{\sqrt{x'^2+(y_i-x_j-y')^2}} = \frac{p_{oj}}{\pi E'}D_{ij} \tag{2.188}$$

式中：柔度系数 D_{ij} 的表达式为

$$D_{ij} = \int_{-a_j}^{a_j}\sqrt{1-(x'/a_j)^2}\ln\left(\frac{|y_i-y_j|+h_j+\sqrt{x'^2+(y_i-y_j+h_j)^2}}{|y_i-y_j|-h_j+\sqrt{x'^2+(y_i-y_j-h_j)^2}}\right)dx' \tag{2.189}$$

式(2.189)的积分求解运用 Newton–contes 数值积分公式来完成。

代入柔度系数，非理想赫兹接触问题基本方程可表达为

$$4\sum_{j=1}^{m\times n}a_j b_j p_{oj} = Q \tag{2.190}$$

$$\frac{1}{\pi E'}\sum_{j=1}^{m\times n}a_j b_j p_{oj} = \delta - z_i(y_i); i = 1,2\cdots,n \tag{2.191}$$

当 Q 和 z 已知时，可求解 P_{oj} 和 δ 等未知数，在计算时求解的区域应比实际接触区域稍长，由于接触应力不能为负值，因而必须满足应力非负条件：

$$p_{oj}\geqslant 0; j=1,2,\cdots,n \tag{2.192}$$

凸度行星滚针轴承与套圈接触变形的计算流程如图 2.47 所示。首先设定变形量的初值，若计算过程中 P_j 值小于零，说明该区域两接触体已经分离，下次迭代计算将不考虑此单元。通过改变变形量的初值，迭代计算滚针与滚道非理想 Hertz 线接触的接触压力与变形，直到 F 值在误差范围内。

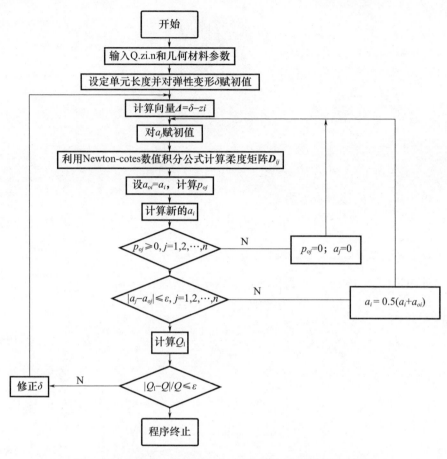

图 2.47 凸度行星滚针轴承与套圈接触变形的计算流程图

在凸度滚子与套圈接触应力与变形的计算流程中，n 为根据滚针有效长度而划分的单元个数，α_{oj} 和 Q_1 分别为接触半宽和施加载荷的参考变量，ε 为误差控制最小量，为减小计算量，可先选取较大的误差控制量求解变形量 δ 的近似值，再通过减小误差控制量和 δ 的增量提高计算精度。在建立 F 和接触变形的关系之后，通过数据拟合方法，求解出滚针与滚道之间非理想 Hertz 线接触的接触刚度。

2.9 行星齿轮传动系统阻尼

行星齿轮传动系统阻尼常被分为材料常值阻尼比（Constant Material Damping Coefficient/Ratio）、材料结构阻尼系数（Material Structure Damping Coefficient）、瑞利阻尼（Rayleigh Damping）、材料阻尼（Material – Dependent Damping）

等类型。

(1) 假设所有模态阻尼比都相同,为一个常值,这个常值就被称为"常值阻尼比"或"结构阻尼比";结构动力学中应用最广泛的就是此种阻尼形式,通常取值 0.01~0.05。

(2) 材料内部由于微观晶体微粒之间的摩擦而产生出宏观的能量消耗,是材料阻尼产生的原因。每个材料的常值阻尼比不同,可分别定义其材料常值阻尼比。材料结构阻尼系数就是可以定义不同频率下材料的阻尼系数,取值为常值阻尼比的 2 倍。

(3) 瑞利阻尼也被称为 Alpha - Beta 阻尼,同样是一种设计出来的阻尼。与模态阻尼比类似,为了适应模态叠加法,假定阻尼矩阵满足正交条件,考虑到振型关于质量矩阵和刚度矩阵是正交的,令阻尼矩阵是质量矩阵和刚度矩阵的线性组合,其公式表示为

$$C = \alpha M + \beta K \tag{2.193}$$

可以证明模态阻尼比为

$$\xi_i = \frac{\alpha}{2\varpi_i} + \frac{\beta \varpi_i}{2} \tag{2.194}$$

(4) 行星齿轮传动系统的内外啮合副在啮合时产生啮合阻尼效应,根据系统中啮合阻尼和阻尼比、啮合刚度和构件质量的关系,常采用下式计算阻尼:

$$\begin{cases} m = \dfrac{I_g I_p}{r_g^2 I_p + r_p^2 I_g} \\ c_m = 2\xi \sqrt{m k_m} \\ \omega_n = \dfrac{1}{2\pi} \sqrt{\dfrac{k_m}{m}} \end{cases} \tag{2.195}$$

式中:ξ 为阻尼比,一般取 0.06;m 为齿轮对的当量质量;I_p 和 I_g 分别为齿轮和轮盘的转动惯量。

参考文献

[1] Sainso T, Velex P, Duverger O. Contribution of gear body to tooth deflections - a new bidimensional analytical formula[J]. Journal of Mechanical Design, 2004, 126(4): 748 - 752.

[2] Maatar M, Velex P, An analytical expression of the time - varying contact length in perfect cylindrical gears - some possible applications in gear dynamics[J]. Journal of Mechanical Design, 1996, 118: 586 - 589.

[3] 陈再刚. 行星轮系齿轮啮合非线性激励建模和振动特征研究[D]. 重庆:重庆大学, 2013.

[4] Yang L,Zeng Q,Yang H,et al. Dynamic characteristic analysis of spur gear system considering tooth contact state caused by shaft misalignment[J]. Nonlinear Dynamics,2022,109(3):1591-1615.

[5] Yang L,Wang L,Yu W,et al. Investigation of tooth crack opening state on time varying meshing stiffness and dynamic response of spur gear pair[J]. Engineering Failure Analysis,2021,121:105181.

[6] Yang L,Wang L,Shao Y,et al. A new calculation method for tooth fillet foundation stiffness of cracked spur gears[J]. Engineering Failure Analysis,2021,121:10573.

[7] Yang L,Chen Q,Yin L,et al. Dynamic characteristic of spur gear system with spalling fault considering tooth pitch error[J]. Quality and Reliability Engineering International,2022,38(6):2921-2938.

[8] Saxena A,Parey A,Chouksey M. Time varying mesh stiffness calculation of spur gear pair considering sliding friction and spalling defects[J]. Engineering Failure Analysis,2016,70:200-211.

[9] Wu Y,Wang J,Han Q. Contact finite element method for dynamic meshing characteristics analysis of continuous engaged gear drives[J]. Journal of Mechanical Science and Technology,2012,26(6):1671-1685.

[10] Yu W. Dynamic modelling of gear transmission systems with and without localized tooth defects[D]. Ontario:Queen's University,2017.

[11] 徐志良. 偏心误差下的行星轮系瞬时啮合激励建模与动力学响应研究[D]. 重庆:重庆大学,2022.

[12] Yu W,Mechefske C K. A New Model for the Single Mesh Stiffness Calculation of Helical Gears Using the Slicing Principle[J]. Iranian Journal of Science and Technology,Transactions of Mechanical Engineering,2019,43:503-515.

[13] Chen Z,Zhang J,Zhai W,et al. Improved analytical methods for calculation of gear tooth fillet-foundation stiffness with tooth root crack[J]. Engineering Failure Analysis,2017,82:72-81.

[14] 严慧萍,蒋湘佺. 硬齿面切齿加工的齿形误差分析[J]. 工具技术,2002,36(6):46-49.

[15] 曹正. 旋转轴线误差的齿轮动力学建模与行星轮系动态特性分析研究[D]. 重庆:重庆大学,2017.

[16] 雷亚国,何正嘉,林京,等. 行星齿轮箱故障诊断技术的研究进展[J]. 机械工程学报,2011,47(19):59-67.

[17] Sandro B,Leonardo B,Paola F. Evaluation of the Effect of Misalignment and Profile Modification in Face Gear Drive by a Finite Element Meshing Simulation[J]. Journal of Mechanical Design,2004,126(5):916-924.

[18] 曹金鑫. 含太阳轮裂纹故障行星齿轮动力学特性及故障机理研究[D]. 昆明:昆明理工大学,2020.

[19] Johnson K L,Kendall K,Roberts A D. Surface energy and the contact of elastic solids[J].

Proceedings of the royal society of London. A. mathematical and physical sciences,1971,324(1558):301-313.

[20] Yu W,Mechefske C K,Timusk M. Effects of tooth plastic inclination deformation due to spatial cracks on the dynamic features of a gear system[J]. Nonlinear Dynamics,2017,87(4):2643-2659.

[21] 冈本纯三. 球轴承的设计计算[M]. 北京:机械工业出版社,2003.

[22] 秦大同,杨军,周志刚,等. 变载荷激励下风电行星齿轮系统动力学特性[J]. 中国机械工程,2013,24(03):295-301.

[23] 代小娟. 冲压外圈滚针轴承设计和仿真技术研究[D]. 洛阳:河南科技大学,2017.

[24] 刘静,邵毅敏,秦晓猛,等. 基于非理想Hertz线接触特性的圆柱滚子轴承局部故障动力学建模[J]. 机械工程学报,2014,50(01):91-97.

[25] Tu W,Liang J,Yu W,et al. Motion stability analysis of cage of rolling bearing under the variable-speed condition[J]. Nonlinear Dynamics,2023,111(12):11045-11063.

[26] 张强,武哲,李洪武. 车辆行星齿轮啮合刚度的建模及分析研究[J]. 机械传动,2019,43(01):96-99.

[27] 曹正,夏杨,徐博宇,等. 基于动态啮合力刚度的剥落齿轮动力学建模及动态特性研究[J]. 机械强度,2022,44(02):369-375.

第3章 单排单级行星齿轮传动动力学

3.1 引　言

单排行星齿轮传动机构是行星齿轮传动系统的重要组成部分,在航空航天、船舶潜艇、风力发电等重型装备领域得到了广泛应用。处于高速运转下的传动齿轮常常因为加工、装配误差的存在,以及运行中啮合刚度、支撑刚度的变化而产生振动,从而对传动系统的精度和稳定性造成影响,严重时将造成断齿毁机等重大事故。单排单级行星齿轮传动系统运动情况复杂,其动态特性会严重影响行星齿轮传动系统的工作性能和使用寿命,因此进行相关动力学研究具有重要工程意义。

本章以单排单级行星齿轮传动机构为研究对象,介绍了单排单级行星齿轮传动动力学建模和分析方法。首先分析单排单级行星齿轮传动的基本结构和工作特点,计算单排单级行星传动系统各齿轮副的内激励,然后基于牛顿第二定律,建立单排单级行星齿轮传动动力学模型,分析单排单级行星齿轮传动系统的固有特性、振动响应时频特性和均载特性。

3.2　单排单级行星齿轮传动工作特点

如图3.1所示,单排单级行星齿轮传动机构由太阳轮、齿圈、行星轮和行星架四个基本元件组成。太阳轮位于机构的中心,行星轮与之外啮合;齿圈位于机构的外部,行星轮与之内啮合。通常行星轮有3~6个,通过行星滚针轴承安装在行星齿轮轴上,行星齿轮轴对称、均匀地安装在行星架上。行星齿轮机构工作时,行星轮除了绕自身的轴线进行自转外,同时还可绕太阳轮公转,行星架也绕太阳轮旋转。由于太阳轮与行星轮是外啮合,所以二者的旋转方向是相反的;而行星轮与齿圈是内啮合,这二者的旋转方向是相同

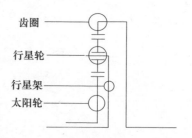

图3.1　单排行星齿轮机构组成

的。太阳轮、行星架和齿圈三者的轴线同轴,行星轮轴绕三者的轴线旋转,故行星齿轮变速机构又称旋转轴线式变速机构。

行星齿轮传动系统的传动取决于太阳轮、行星架和齿圈的运动状态,根据齿轮传动的基本原理(大齿轮带小齿轮增速,小齿轮带大齿轮减速,内啮合转向相同,外啮合转向相反,每加一个齿轮,方向改变一次)对单排单级行星齿轮传动机构的几种工作状态进行分析。

假设主动元件做顺时针方向旋转。

(1)太阳轮固定,当行星架主动、齿圈从动时,行星架和齿圈同为顺时针旋转,且速度增加,形成同向增速状态;当齿圈主动、行星架从动时,行星架和齿圈同为顺时针旋转,形成同向减速状态,如图 3.2 所示。

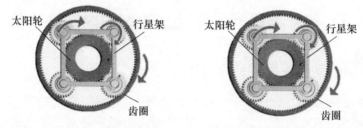

(a)太阳轮固定,齿圈主动,行星架从动　(b)太阳轮固定,齿圈从动,行星架主动

图 3.2　齿圈固定工作状态示意图

(2)固定齿圈,当行星架主动、太阳轮从动时,太阳轮和行星架同为顺时针旋转,形成同向增速状态;当太阳轮主动、行星架从动时,行星架和太阳轮同为顺时针旋转,形成同向减速状态,如图 3.3 所示。

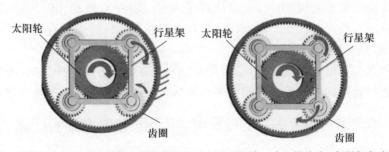

(a)齿圈固定,太阳轮主动,行星架从动　(b)齿圈固定,太阳轮从动,行星架主动

图 3.3　太阳轮固定工作状态示意图

(3)固定行星架,当太阳轮主动、齿圈从动时,太阳轮顺时针旋转,齿圈逆时针旋转,形成反向减速状态;当齿圈主动、太阳轮从动时,太阳轮逆时针旋转,齿圈顺时针旋转,形成反向增速状态,如图 3.4 所示。

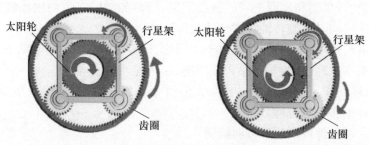

(a)行星架固定，太阳轮主动，齿圈从动　(b)行星架固定，太阳轮从动，齿圈主动

图 3.4　行星架固定工作状态示意图（见彩图）

3.3　单排单级行星传动齿轮副的内激励计算

3.3.1　行星传动齿轮副内激励类型

行星齿轮传动动力学分析中，系统的激励研究是进行系统动力学分析的前提条件。激励是系统的输入，可分为外激励和内激励。外激励是指系统外部产生的激励，主要指原动机的主动力矩和负载的助力和阻力矩；内激励是指系统内部产生的激励。对单排单级行星传动系统而言，内激励的研究是首要问题。行星传动齿轮副的内激励可归结为刚度激励和位移激励两部分。因此，本节将从刚度激励和位移激励两个方面进行详细介绍。

刚度激励是指齿轮副啮合齿对数变化导致啮合综合刚度随时间周期变化而引起齿轮副啮合力的周期性变化。刚度激励是一种参数激励，其力学效应使齿轮系统处于参数振动状态。刚度激励主要与齿轮副的设计参数有关，如模数、重合度、齿廓修形等。

位移激励是由啮合刚度变化、齿轮加工和安装误差引起的齿廓表面相对于理想齿廓位置的偏移引起的。误差激励是啮合轮齿间的一种周期性位移激励。

3.3.2　考虑啮合相位关系的行星传动齿轮副刚度激励的计算

为了使径向力互相抵消，安装行星轮时，应将行星轮均匀分布。因行星轮个数、行星轮布置位置和太阳轮与内齿圈齿数的不同，造成各行星轮与太阳轮或行星轮的啮合形式不同，进而存在一个时间上的差异（超前或滞后），即存在相位差。在单排单级行星齿轮传动中，固定不同的构件（太阳轮、行星架或内齿圈）、不同的输入单元和旋转方向将改变行星轮的旋转方向，从而影响啮合相位关系。

当行星轮顺时针旋转时：

$$\begin{cases} \gamma_{spk} = \text{dec}\left[\dfrac{z_s(k-1)}{n}\right] \\ \gamma_{rpk} = -\text{dec}\left[\dfrac{z_r(k-1)}{n}\right] \end{cases}, k=1,2,\cdots,n \tag{3.1}$$

当行星轮逆时针旋转时：

$$\begin{cases} \gamma_{spk} = -\text{dec}\left[\dfrac{z_s(k-1)}{n}\right] \\ \gamma_{rpk} = \text{dec}\left[\dfrac{z_r(k-1)}{n}\right] \end{cases}, k=1,2,\cdots,n \tag{3.2}$$

式中，z_s 和 z_r 分别为太阳轮和内齿圈的齿数；dec( ) 为求余函数；n 为行星轮个数；γ_{spk} 和 γ_{rpk} 分别为第 k 个太阳轮—行星轮和第 k 个行星轮—内齿圈的啮合相位差。

第 k 个太阳轮—行星轮和第 k 个行星轮—内齿圈之间的相位差可表示为

$$\lambda_{sr} = \dfrac{\sqrt{R_{os}^2 - R_{bs}^2} - R_{bs}\tan\alpha_p}{\pi m_{pl}\cos\alpha_p}$$

$$+ \text{dec}\left[\dfrac{R_{bp}(2\tan\alpha_p - 2\alpha_p + \pi) + R_{bs}\tan\alpha_p - \sqrt{R_{os}^2 - R_{bs}^2} - t_b}{\pi m_{pl}\cos\alpha_p}\right] - 1 \tag{3.3}$$

式中：R_{os} 为太阳轮齿顶圆半径；R_{bs} 和 R_{bp} 分别为太阳轮和行星轮的基圆半径；m_{pl} 和 α_p 分别为行星齿轮传动系统的模数和压力角；t_b 为行星轮在基圆位置齿厚，可表示为

$$t_b = 2R_{bp}\left[\dfrac{\pi + 4\chi_p\tan\alpha_p}{2z_p} + \tan\alpha_p - \alpha_p\right] \tag{3.4}$$

式中：χ_p 为行星轮变位系数；z_p 为行星轮齿数。

引入啮合周期 T_m，考虑啮合相位关系的行星传动齿轮副的时变啮合刚度可表示为

$$\begin{cases} k_{spk}(t) = k_{sp}(t - \gamma_{spk}T_m) \\ k_{rpk}(t) = k_{rp}[t - (\gamma_{rpk} + \gamma_{sr})T_m] \end{cases}, k=1,2,\cdots,n \tag{3.5}$$

式中：k_{sp} 和 k_{rp} 分别为太阳轮—行星轮啮合副和行星轮—内齿圈啮合副的时变啮合刚度，可由式(2.32)和式(2.42)获得。

行星齿轮传动系统的内外啮合齿轮副在啮合时会产生时变啮合阻尼效应，啮合阻尼常采用经验公式近似表达，可表示为

$$\begin{aligned} c_{spk}(t) &= 2\zeta\sqrt{k_{spk}(t)\dfrac{m_s m_p}{m_s + m_p}} \\ c_{rpk}(t) &= 2\zeta\sqrt{k_{rpk}(t)\dfrac{m_r m_p}{m_r + m_p}} \end{aligned} \tag{3.6}$$

式中:m_s、m_p和m_r分别为太阳轮、行星轮和内齿圈的质量;ζ为阻尼比,通常取 0.03~0.17。

3.3.3 行星传动齿轮啮合副位移激励的计算

单排单级行星传动各齿轮啮合副在其啮合线上的相对位移是指啮合副中的各齿轮由于变形、误差等因素在啮合线方向上引起的线位移之和。由于系统各构件位移为矢量,因此规定各构件的相对扭转位移以逆时针为正,各构件间的相对位移以压缩方向为正方向。

在单排单级行星传动系统中,太阳轮—行星轮啮合副相对位移示意图如图3.5所示,内齿圈—行星轮啮合副相对位移示意图如图3.6所示。根据几何关系,若仅考虑单排单级行星传动齿轮副的扭转振动,则太阳轮—行星轮和行星轮—内齿圈沿啮合线方向的相对位移变形可表示为

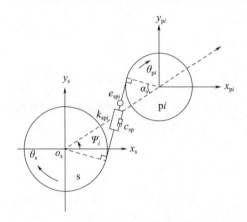

图3.5 太阳轮—行星轮啮合副相对位移示意图

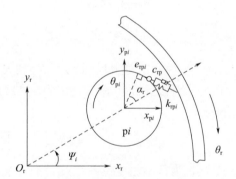

图3.6 行星轮—内齿圈相对位移示意图

$$\begin{cases}\delta_{spk} = (R_{bs}\theta_s + R_{bp}\theta_{pk}) - R_{ck}\theta_c\cos\alpha_p - e_{spk} \\ \delta_{rpk} = (R_{br}\theta_r - R_{bp}\theta_{pk}) - R_{ck}\theta_c\cos\alpha_p - e_{rpk}\end{cases} \quad (3.7)$$

式中:e_{spk}和e_{rpk}分别为太阳轮与行星轮和行星轮与内齿圈的齿距误差、齿形误差、偏心误差等引起的位移激励。

若考虑单排单级行星传动齿轮副的横向和扭转振动的影响,则太阳轮—行星轮和行星轮—内齿圈沿啮合线方向的相对位移变形可表示为

$$\begin{cases}\delta_{spk} = (x_s - x_{pk})\cos\psi_{spk} + (y_s - y_{pk})\sin\psi_{spk} + (R_{bs}\theta_s + R_{bp}\theta_{pk}) - R_{ck}\theta_c\cos\alpha_p - e_{spk} \\ \delta_{rpk} = (x_{pk} - x_r)\cos\psi_{rpk} - (y_{pk} - y_r)\sin\psi_{rpk} + (R_{br}\theta_r - R_{bp}\theta_{pk}) - R_{ck}\theta_c\cos\alpha_p - e_{rpk}\end{cases}$$

$$(3.8)$$

式中:R_{ck}为第 k 个行星轮中心到太阳轮中心的距离;$x_j(j=\text{c},\text{s},\text{r},\text{p1},\text{p2},\cdots,\text{p}n)$ 为各构件在 x 方向、y 方向和 θ 方向的位移;$e_{\text{sp}k}$ 和 $e_{\text{rp}k}$ 分别为第 k 个太阳轮—行星轮和第 k 个行星轮—内齿圈沿啮合线方向的传递误差,该值与行星齿轮副的齿形误差、修型等参数有关;$\psi_{\text{sp}k}$ 和 $\psi_{\text{rp}k}$ 分别为第 k 个行星轮—太阳轮和第 k 个行星轮—内齿圈啮合线与 x 轴之间的角度,即

$$\begin{cases} \psi_{\text{sp}k} = \varphi_k + \left(\dfrac{\pi}{2} - \alpha_{\text{p}}\right) \\ \psi_{\text{rp}k} = -\varphi_k + \left(\dfrac{\pi}{2} - \alpha_{\text{p}}\right) \end{cases} \quad (3.9)$$

式中:φ_k 为第 k 个行星轮与 x 轴之间的角度。

3.3.4 行星传动齿轮副动态啮合力的计算

行星传动齿轮副同时啮合齿对数、轮齿的受载弹性变形、齿轮和轮齿的误差等引起的啮合过程的变化会使齿轮副内部产生动态啮合力,因此在计入时变啮合刚度、时变啮合阻尼和传递误差的条件下,第 k 个行星轮—太阳轮啮合副和第 k 个行星轮—内齿圈啮合副的动态啮合力分别可表示为

$$\begin{cases} F_{\text{sp}k} = k_{\text{sp}k}\delta_{\text{sp}k} + c_{\text{sp}k}\dot{\delta}_{\text{sp}k} \\ F_{\text{rp}k} = k_{\text{rp}k}\delta_{\text{rp}k} + c_{\text{rp}k}\dot{\delta}_{\text{rp}k} \end{cases} \quad (3.10)$$

3.4 单排单级行星传动动力学建模及求解

对于单排单级行星传动系统的三个中心构件(太阳轮、内齿圈和行星架)固定其一,行星传动便有确定的运动。另外两个中心构件可分别为功率的输入和输出件。选择不同的固定件可实现不同的传动目的。为了建模方便,可考虑系统的中心构件分别由弹簧与大地(或机架)相连;在实际求解过程中,弹簧刚度取值决定构件的实际状态,若取值为 0,则构件为浮动状态。

单排单级行星齿轮传动系统动力学建模方面的研究主要集中在纯扭转模型和弯扭耦合模型。如果系统各构件的支撑刚度远远大于其扭转刚度,则动力学建模时可仅考虑构件的扭转自由度,每个构件仅包含单个自由度,与三个自由度的弯扭动力学模型相比,纯扭转动力学模型能大幅简化模型的复杂度。

3.4.1 单级行星传动纯扭转动力学模型

动力学研究主要包括牛顿—欧拉(Newton–Euler)矢量力学方法和基于拉格朗日(Lagrange)方程的分析力学方法。这些方法对于解决自由度较少的简单刚体系统比较容易,因为其方程数目比较少,计算量也比较小。对于

复杂的刚体系统,随着自由度的增加,方程数目会急剧增加,计算量增大。而随着时代的发展,计算机技术得到了突飞猛进的进步,当下可以利用计算机编程求解出动力学方程组,因此,这两种方法被广泛应用于齿轮系统动力学建模中。本节将通过这两种不同方法分别建立单排单级行星齿轮传动纯扭转动力学模型。

3.4.1.1 基于矢量力学的建模方法

由于单排单级行星传动系统具有明显的质量集中的特点,故假设行星齿轮传动系统由仅有质量而无弹性的刚体和仅有弹性而无质量的弹簧组合而成。在建立系统的纯扭转动力学模型之前,需对模型进行假设:

(1)行星传动系统中每个齿轮都由刚性齿轮体和弹性轮齿构成。所有齿轮均为渐开线齿轮,齿轮啮合副之间的相互作用等效为沿啮合线方向的弹簧—质量系统;弹簧的刚度等效为该对齿轮副的啮合刚度。

(2)单排单级行星传动系统的传动轴和旋转构件支撑轴承的刚度足够大,各构件在水平和竖直方向上的位移相对于其在啮合线受力方向上的扭转位移可忽略不计,仅考虑系统的各构件的扭转方向的自由度。

(3)忽略支撑轴承对系统施加的作用力和相互接触的各构件之间摩擦和润滑的作用。

单排单级行星传动纯扭转动力学模型如图 3.7 所示,中心构件(行星架、内齿圈、太阳轮)均视为由扭转弹簧与机架相连接,若各构件只考虑纯扭转自由度,传动系统的广义位移向量为

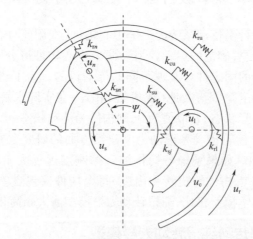

图 3.7 单排单级行星传动纯扭转动力学模型

$$q = [\theta_s, \theta_c, \theta_r, \theta_{p1}, \cdots, \theta_{pn}]^T, k = 1, 2, \cdots, n \tag{3.11}$$

式中:$\theta_j (j = c, r, s, p1, p2, \cdots, pn)$ 分别为行星架、内齿圈、太阳轮和第 k 个行星轮

的扭转方向位移。考虑纯扭转自由度的单排单级行星传动系统的自由度为$(3+n)$。根据系统中各构件受力关系,采用矢量力学法建立单排单级行星传动系统的太阳轮、行星轮,行星架和内齿圈的动力学微分方程组如下。

行星架纯扭转动力学微分方程为

$$I_{ce}\ddot{\theta}_c + k_{c\theta}\theta_c + c_{c\theta}\dot{\theta}_c - \sum F_{spk}R_{bs} - \sum F_{rpk}R_{br} = T_c \quad (3.12)$$

内齿圈纯扭转动力学微分方程为

$$I_r\ddot{\theta}_r + k_{r\theta}\theta_r + c_{r\theta}\dot{\theta}_r + \sum F_{rpk}R_{br} = T_r \quad (3.13)$$

太阳轮纯扭转动力学微分方程为

$$I_s\ddot{\theta}_s + k_{s\theta}\theta_s + c_{s\theta}\dot{\theta}_s + \sum F_{spk}R_{bs} = T_s \quad (3.14)$$

行星轮纯扭转动力学微分方程为

$$I_{pk}\ddot{\theta}_{pk} + F_{spk}R_{bp} - F_{rpk}R_{bp} = 0 \quad (3.15)$$

式中:I_s、I_r和I_{pk}分别为太阳轮、内齿圈和第k个行星轮的转动惯量;$k_{s\theta}$、$k_{r\theta}$和$k_{c\theta}$分别为太阳轮、内齿圈和行星架的扭转刚度,单位为 N·m/rad;$c_{s\theta}$、$c_{r\theta}$和$c_{c\theta}$分别为太阳轮、内齿圈和行星架的扭转阻尼,单位为 N·ms/rad;R_{bs}、R_{bp}和R_{br}分别为太阳轮、行星轮和内齿圈的基圆半径;T_s、T_r、T_c分别为太阳轮、内齿圈和行星轮的扭矩。

根据单排单级行星传动系统的太阳轮、行星架和内齿圈的固定方式不同,可将式(3.12)~式(3.14)的扭矩T_s、T_c或T_r设置为0。利用龙格库塔或Newmark等方数值算法求解单排单级行星传动系统$(3+n)$自由度纯扭转动力学方程,由此可获得传动系统各旋转部件扭转振动响应和各齿轮副动态啮合力。

3.4.1.2 基于分析力学的建模方法

对于仅考虑纯扭转自由度的单排单级行星传动系统,系统总动能 T 为各部件扭转振动的动能之和,其表达式为

$$T = \frac{1}{2}I_c(\dot{\theta}_c)^2 + \frac{1}{2}I_s(\dot{\theta}_s)^2 + \frac{1}{2}I_r(\dot{\theta}_r)^2 + \frac{1}{2}\sum_{k=1}^{K}I_{pk}(\dot{\theta}_{pk})^2 \quad (3.16)$$

式中:对于固定的部件,其扭振动能为0。

系统的总势能 U 为各部件扭振的弹性势能以及各啮合副啮合弹性势能之和:

$$U = \frac{1}{2}\sum_{k=1}^{K}k_{spk}\cdot(\delta_{spk})^2 + \frac{1}{2}\sum_{k=1}^{K}k_{rpk}\cdot(\delta_{rpk})^2 + \frac{1}{2}k_{s\theta}\cdot(\theta_s)^2 + \frac{1}{2}k_{r\theta}\cdot(\theta_r)^2 + \frac{1}{2}k_{c\theta}\cdot(\theta_c)^2 \quad (3.17)$$

式中:啮合刚度k_{spk}和k_{rpk}如式(3.5)所定义,啮合相对位移δ_{spk}和δ_{rpk}如式(3.7)所定义。对于固定的部件,其扭振弹性势能为0。

由传动系统各构件的动能和势能关系,可得到系统的拉格朗日函数关系,可

表示为

$$L = T - U$$
$$= \frac{1}{2}I_c(\dot{\theta}_c)^2 + \frac{1}{2}I_s(\dot{\theta}_s)^2 + \frac{1}{2}I_r(\dot{\theta}_r)^2 + \frac{1}{2}\sum_{k=1}^{K}I_{pk}(\dot{\theta}_{pk})^2 - \frac{1}{2}k_{c\theta}\cdot(\theta_c)^2 -$$
$$\frac{1}{2}\sum_{k=1}^{K}k_{spk}\cdot(\delta_{spk})^2 - \frac{1}{2}\sum_{k=1}^{K}k_{rpk}\cdot(\delta_{rpk})^2 - \frac{1}{2}k_{s\theta}\cdot(\theta_s)^2 - \frac{1}{2}k_{r\theta}\cdot(\theta_r)^2$$
(3.18)

第二类拉格朗日方程一般形式为

$$\frac{d}{dt}\left(\frac{\partial L}{\partial \dot{q}_i}\right) - \frac{\partial L}{\partial q_i} = Q_i \tag{3.19}$$

式中:q_i 表示系统第 i 个部件的广义坐标,即扭转自由度。根据第二类拉格朗日方程对各广义位移和速度进行求导,根据 2.9 节提出的行星齿轮传动系统阻尼计算方法,考虑比例阻尼,最终可得到单排单级行星轮系纯扭转动力学方程[8]

$$M\ddot{q} + Kq + C\dot{q} = F \tag{3.20}$$

式中:M 为质量矩阵;K 为刚度矩阵;C 为阻尼矩阵;F 为外激励向量,其中质量矩阵 M 可表示为

$$M = \begin{bmatrix} I_s & 0 & 0 & I_{p1} & \cdots & I_{pK} \\ 0 & I_c & 0 & 0 & \cdots & 0 \\ 0 & 0 & I_r & 0 & \cdots & 0 \\ I_{p1} & 0 & 0 & I_{p1} & \cdots & 0 \\ \vdots & \vdots & \vdots & \vdots & & \vdots \\ I_{pK} & 0 & 0 & 0 & \cdots & I_{pK} \end{bmatrix}, k = 1, 2, \cdots, K \tag{3.21}$$

刚度矩阵 K 可表示为

$$K = \begin{bmatrix} R_{bs}^2\sum k_{spk} + R_{br}^2\sum k_{rpk} & -R_{br}^2\sum k_{rpk} & -R_{bs}^2\sum k_{spk} + k_{c\theta} & R_{bp}(R_{br}k_{rp1} - R_{bs}k_{sp1}) & \cdots & R_{bp}(R_{br}k_{rp3} - R_{bs}k_{spK}) \\ -R_{br}^2\sum k_{rpk} & R_{br}^2\sum k_{rpk} + k_{r\theta} & 0 & -R_{br}R_{bp}k_{rp1} & \cdots & -R_{br}R_{bp}k_{rpK} \\ R_{bs}^2\sum k_{spk} & 0 & R_{bs}^2\sum k_{spk} + k_{s\theta} & R_{bs}R_{bp}k_{sp1} & \cdots & R_{bs}R_{bp}k_{spK} \\ R_{bp}(R_{br}k_{rp1} - R_{bs}k_{sp1}) & -R_{br}R_{bp}k_{rp1} & R_{bs}R_{bp}k_{sp1} & R_{bp}^2(k_{sp1} + k_{rp1}) & \cdots & 0 \\ \cdots & \cdots & \cdots & \cdots & & 0 \\ R_{bp}(R_{br}k_{rp(K-1)} - R_{bs}k_{spK}) & -R_{br}R_{bp}k_{rpK} & R_{bs}R_{bp}k_{spK} & 0 & \cdots & R_{bp}^2(k_{spK} + k_{rpK}) \end{bmatrix}$$
(3.22)

阻尼矩阵 C 采用比例阻尼计算公式,如式(2.193)所示。

$$C = \alpha M + \beta K \tag{3.23}$$

式中:α 和 β 为比例阻尼常数。

外载荷向量 F 可表示为

$$F = [T_c, T_r, T_s, \overbrace{0, \cdots, 0}^{n}]^T \tag{3.24}$$

3.4.2　单级行星传动平扭耦合动力学模型

当构件的支撑刚度与轮齿啮合刚度之比小于 10 时,构件沿啮合线方向的弯曲振动较大,已经不能再用纯扭转模型来分析计算行星轮系的动力学特性,因此必须建立系统的弯扭耦合动力学模型。相对于纯扭转动力学模型而言,弯扭耦合动力学模型更为复杂,每个构件除考虑其绕自身轴线的纯扭转振动外,还要考虑构件沿与轴线垂直的平面内两个正交方向的弯曲振动。对此,本节同 3.4.1 节一样,将通过牛顿矢量力学法和拉格朗日分析力学法分别对单级行星传动系统建立考虑弯扭耦合的动力学模型。

3.4.2.1　基于矢量力学的单排单级行星传动平扭耦合动力学模型

单排单级行星传动系统弯扭耦合动力学模型如图 3.8 所示,系统的三个中心构件(太阳轮 s、内齿圈 r 和行星架 c)和 n 个行星轮均包含三个自由度,分别为在水平和竖直方向的弯曲自由度及绕旋转轴的扭转自由度,因此,行星传动的弯扭耦合动力学模型共包含$(9+3n)$个自由度。考虑弯扭耦合系统的单排单级行星传动系统的力学结构比纯扭转模型复杂,建模过程中需对系统结构进行合理假设:

(1)行星传动系统各齿轮部件视为集中质量;

(2)系统的输入输出端构件的轴承支撑刚度无限大,动力源与负载仅对行星齿轮传动系统的连接件提供载荷激励,忽略轴承及齿轮啮合副之间的摩擦和润滑作用;

(3)行星传动系统各齿轮部件视为刚性体,各啮合轮齿具有弹性变形,啮合副间的啮合关系可简化为刚度和阻尼随时间变化的刚度—阻尼元件;

(4)各啮合轮齿副接触遵从赫兹接触理论。

与纯扭转动力学模型一样,同样认为同类别的行星轮的参数相同,轮齿之间的啮合力始终作用在啮合平面内。由于考虑了所有构件的弯曲振动,系统的自由度为纯扭转模型自由度的 3 倍。为了便于系统运动微分方程的建立和求解,建立如图 3.8 所示两个坐标系。OXY 为固定坐标系,原点在行星架 c 的回转中心,Oxy 为动坐标系,该坐标系与行星架固连并随行星架以其理论角速度转动,其 x 轴通过第一个行星轮的理论中心,当与固定坐标系重合时,其正方向与之相同。由于动力学分析的广义坐标建立在与行星架固连的动坐标系 Oxy 中,而所需要的构件质心速度仍应为绝对速度,故需要推导动坐标系下的各构件质心的绝对速度。

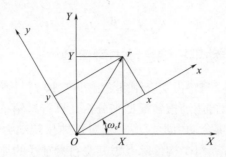

图 3.8 静—动坐标系示意图

设矢量 r 在动坐标系 Oxy 中的分量为 x、y，在静坐标系中的分量为 X、Y，则有以下关系：

$$\begin{cases} x = X \cdot \cos\omega_c t + Y \cdot \sin\omega_c t \\ y = -X \cdot \sin\omega_c t + Y \cdot \cos\omega_c t \end{cases} \quad (3.25)$$

求解 X、Y 得：

$$\begin{cases} X = x \cdot \cos\omega_c t - y \cdot \sin\omega_c t \\ Y = x \cdot \sin\omega_c t - y \cdot \cos\omega_c t \end{cases} \quad (3.26)$$

将式(3.25)、式(3.26)两端对时间求一阶导数，得到用动坐标表示的绝对速度：

$$\begin{cases} \dot{x} = \dot{X} \cdot \cos\omega_c t + \dot{Y} \cdot \sin\omega_c t \\ \dot{y} = -\dot{X} \cdot \sin\omega_c t + \dot{Y} \cdot \cos\omega_c t \end{cases} \quad (3.27)$$

$$\begin{cases} \dot{X} = (\dot{x} - \omega_c y) \cdot \cos\omega_c t - (\dot{y} + \omega_c x) \cdot \sin\omega_c t \\ \dot{Y} = (\dot{y} + \omega_{ct} x) \cdot \cos\omega_c t + (\dot{x} - \omega_c y) \cdot \sin\omega_c t \end{cases} \quad (3.28)$$

考虑各旋转构件的竖直和水平方向上的弯曲振动和扭转振动，建立行星齿轮传动系统的全局坐标系和随动坐标系，如图 3.9 所示。全局坐标 $X-Y-Z$ 为惯性坐标系，其原点为中心旋转构件（太阳轮、内齿圈和行星架）的回转中心；随动坐标系 $U-V-W$ 为非惯性坐标系，其原点为中心旋转构件的轴心位置，该坐标系与行星架固连并随之以理论旋转速度 Ω_c 转动。各部件在全局坐标系中的横向位移和扭转位移分别以 x_j、y_j 和 u_j 表示($j = c, s, r, p1, p2, \cdots, pn$ 分别代表行星架、太阳轮、内齿圈、第 1 个行星轮，……，第 n 个行星轮）。齿轮扭振引起的角位移转换为啮合线方向的线位移 u_j，可表示为 $u_j = R_{bj}\theta_j$。对于齿轮部件，R_{bj} 为齿轮基圆半径；对于行星架，R_{bj} 为行星轮孔中心到行星架旋转中心的距离。

假设第 k 个行星轮距 X 轴的角位置为

$$\varphi_k = \varphi_1 + (k-1)\frac{2\pi}{n} = \omega_c t + (k-1)\frac{2\pi}{n} \quad (3.29)$$

式中:φ_1为第1个行星轮距X轴的角位置;ω_c为行星架转速;n为行星轮个数。需要指出的是,在固定坐标系内,行星轮位置角φ_k是时变的,因此,各太阳轮—行星轮啮合线及内齿圈—行星轮的啮合线方向随着行星架的转动而转动,即式(3.8)和式(3.9)中的角位置ψ_{spk}和ψ_{rpk}均是时变参数。

图3.9中,齿轮副间啮合通过一个弹簧表示(包括内齿圈与行星轮啮合k_{rpk},行星轮与太阳轮啮合k_{spk}),其刚度可由式(3.5)获得。行星排所有元件均由轴承元件支撑,支撑刚度为

$$\boldsymbol{k}_j = \mathrm{diag}(k_{jx}, k_{jy}, k_{j\theta}) \tag{3.30}$$

式中:k_{jx}、k_{jy}和$k_{j\theta}$分别表示为轴承元件在x方向、y方向和θ方向的支撑刚度。支撑轴承在X和Y方向的支撑刚度可由式(2.70)和式(2.71)计算获得。

若各旋转构件考虑弯曲和扭转自由度,传动系统的广义位移向量为

$$\boldsymbol{q} = [x_s, y_s, \theta_s, x_c, y_c, \theta_c, x_{pk}, y_{pk}, \theta_{pk}, x_r, y_r, \theta_r]^T, k=1,2,\cdots,n \tag{3.31}$$

式中:x_s、y_s、θ_s为太阳轮3个方向自由度;x_c、y_c、θ_c为行星架3个方向自由度;x_{pk}、y_{pk}、θ_{pk}为第k个行星轮3个方向自由度;x_r、y_r、θ_r为内齿圈3个方向自由度。

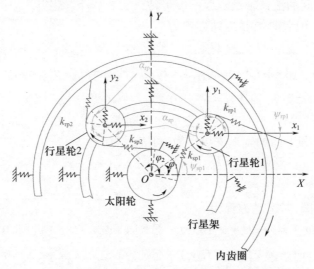

图3.9 单排单级行星传动平扭耦合动力学模型

根据系统中各构件受力关系,采用集中参数法建立单排单级行星传动系统太阳轮、行星轮、行星架和内齿圈的平扭耦合振动微分方程组如下。

对于太阳轮,其运动方程为

$$\begin{cases} m_s(\ddot{x}_s - 2\Omega_c \dot{y}_s - \Omega_c^2 x_s) + \sum F_{spk}\cos\psi_{spk} + k_{sx}x_s + c_{sx}\dot{x}_s = 0 \\ m_s(\ddot{y}_s + 2\Omega_c \dot{x}_s - \Omega_c^2 y_s) + \sum F_{spk}\sin\psi_{spk} + k_{sx}y_s + c_{sx}\dot{y}_s = 0 \\ (I_s/R_{bs})\ddot{\theta}_s + \sum F_{spk} + k_{s\theta}\theta + c_{s\theta}\dot{\theta} = T_s/R_{bs} \end{cases} \tag{3.32}$$

式中：m_s 和 I_s 为太阳轮的质量和转动惯量；Ω_c 为行星架的名义角速度（rad/s）；R_{bs} 为太阳轮基圆半径；F_{spk} 为太阳轮与第 k 个行星轮之间的动态载荷，可由式（3.10）获得，其作用方向随着行星架的转动而转动。

对于行星架，其运动方程为

$$\begin{cases} m_c(\ddot{x}_c - 2\Omega_c \dot{y}_c - \Omega_c^2 x_c) - \sum F_{cpkx} + k_{cx}x_c + c_{cx}\dot{x}_c = 0 \\ m_c(\ddot{y}_c + 2\Omega_c \dot{x}_c - \Omega_c^2 y_c) - \sum F_{cpky} + k_{cy}y_c + c_{cy}\dot{y}_c = 0 \\ I_c \ddot{\theta}_c + \sum R_{ck} F_{cpkx} \sin\varphi_k - \sum R_{ck} F_{cpky} \cos\varphi_k + k_{c\theta}\theta_c + c_{c\theta}\dot{\theta}_c = T_c \end{cases} \quad (3.33)$$

式中：m_c 和 I_c 为行星架质量和转动惯量；F_{cpkx} 和 F_{cpky} 是行星架与第 k 个行星轮沿 x 和 y 向的轴承支撑反力，可表示为

$$\begin{cases} F_{cpkx} = k_{pkx}(x_{pk} - x_c) + c_{pkx}(\dot{x}_{pk} - \dot{x}_c) \\ F_{cpky} = k_{pky}(y_{pk} - y_c) + c_{pky}(\dot{y}_{pk} - \dot{y}_c) \end{cases} \quad (3.34)$$

式中：k_{pkx} 和 c_{pkx} 分别代表行星架对第 k 个行星轮沿 x 向的轴承支撑刚度和阻尼；k_{pky} 和 c_{pky} 分别代表行星架对第 k 个行星轮沿 y 向的轴承支撑刚度和阻尼。行星架与行星轮之间的滚针轴承支撑刚度可按 2.8.2 节计算获得。

对于第 k 个行星轮，其运动方程为

$$\begin{cases} m_{pk}(\ddot{x}_{pk} - 2\Omega_c \dot{y}_{pk} - \Omega_c^2 x_{pk}) + F_{cpkx} - F_{spk}\cos\psi_{spk} + F_{rpk}\cos\psi_{rpk} = 0 \\ m_{pk}(\ddot{y}_{pk} + 2\Omega_c \dot{x}_{pk} - \Omega_c^2 y_{pk}) + F_{cpky} - F_{spk}\sin\psi_{spk} - F_{rpk}\sin\psi_{rpk} = 0 \\ (I_{pk}/R_{bp}) \ddot{\theta}_{pk} + F_{spk} - F_{rpk} = 0 \end{cases} \quad (3.35)$$

式中：m_{pk} 和 I_{pk} 为第 k 个行星轮的质量和转动惯量；F_{cpkx} 和 F_{cpky} 是行星架与第 k 个行星轮沿 X 和 Y 向的轴承支撑反力，可表示为

$$\begin{cases} F_{cpkx} = k_{pkx}(x_{pk} - x_c) + c_{pkx}(\dot{x}_{pk} - \dot{x}_c) \\ F_{cpky} = k_{pky}(y_{pk} - y_c) + c_{pky}(\dot{y}_{pk} - \dot{y}_c) \end{cases} \quad (3.36)$$

对于内齿圈，其运动方程为

$$\begin{cases} m_r(\ddot{x}_r - 2\Omega_c \dot{y}_r - \Omega_c^2 x_r) - \sum F_{rpk}\cos\psi_{rpk} + k_{rx}x + c_{rx}\dot{x} = 0 \\ m_r(\ddot{y}_r + 2\Omega_c \dot{x}_r - \Omega_c^2 y_r) + \sum F_{rpk}\sin\psi_{rpk} + k_{ry}y + c_{ry}\dot{y} = 0 \\ (I_r/R_{br}) \ddot{\theta}_r + \sum F_{rpk} + k_{r\theta}\theta + c_{r\theta}\dot{\theta} = T_r/R_{br} \end{cases} \quad (3.37)$$

式中：m_r 和 I_r 为内齿圈的质量和转动惯量；R_{br} 为内齿圈基圆半径；F_{rpk} 为内齿圈与第 k 个行星轮之间的动态载荷，可由式（3.10）获得，其作用方向随着行星架的转动而转动。

当行星架高速运行时，需建立随行星系转动的坐标系 $U-V-W$，考虑行星轮偏心引起的离心力（$m_j\Omega_c^2 u_j$ 和 $m_j\Omega_c^2 v_j$）和非惯性坐标系下陀螺效应（$2m_j\Omega_c \dot{v}_j$ 和 $2m_j\Omega_c \dot{u}_j$），其振动微分方程类似式（3.32）~式（3.37）。此时，各行星轮的角位置为常量，且存在陀螺效应，即

$$\varphi_1 = 0, \Omega_c = \omega_c \tag{3.38}$$

需要指出的是,对于前述固定坐标系下建立的单排单级行星传动系统动力学模型,各行星轮的角位置为时变量,且不存在陀螺效应,此时在式(3.32)~式(3.37)中:

$$\varphi_1 = \omega_c t, \Omega_c = 0 \tag{3.39}$$

单排单级行星传动平扭耦合动力学方程为常微分方程,可通过龙格库塔等数值方法对微分方程求解,获得行星传动系统各旋转部件的振动响应和各齿轮副动态啮合力。

3.4.2.2 基于分析力学的单排单级行星传动弯扭耦合动力学模型

对于考虑横向弯曲和扭转自由度的单排单级行星传动系统,系统总动能 T 为各部件弯曲振动和扭转振动的动能之和

$$\begin{aligned} T = &\frac{1}{2} I_c (\dot{\theta}_c)^2 + \frac{1}{2} I_s (\dot{\theta}_s)^2 + \frac{1}{2} I_r (\dot{\theta}_r)^2 + \frac{1}{2} \sum_{k=1}^{K} (I_{pk} (\dot{\theta}_{pk})^2) + \\ & \frac{1}{2} m_c \cdot [(\dot{x}_c)^2 + (\dot{y}_c)^2] + \frac{1}{2} m_s \cdot [(\dot{x}_s)^2 + (\dot{y}_s)^2] + \\ & \frac{1}{2} m_r \cdot [(\dot{x}_r)^2 + (\dot{y}_r)^2] + \frac{1}{2} \sum_{k=1}^{K} m_{pk} \cdot [(\dot{x}_{pk})^2 + (\dot{y}_{pk})^2] \end{aligned} \tag{3.40}$$

系统的总势能 U 为各部件弯振、扭振的弹性势能以及各啮合副啮合弹性势能之和

$$\begin{aligned} U = &\frac{1}{2} \sum_{k=1}^{K} k_{spk} \cdot (\delta_{spk})^2 + \frac{1}{2} \sum_{k=1}^{K} k_{rpk} \cdot (\delta_{rpk})^2 + \frac{1}{2} k_s \cdot [(x_s)^2 + (y_s)^2] + \\ & \frac{1}{2} k_r \cdot [(x_r)^2 + (y_r)^2] + \frac{1}{2} k_c \cdot [(x_c)^2 + (y_c)^2] + \frac{1}{2} k_{pk} \cdot [(x_{pk})^2 + (y_{pk})^2] + \\ & \frac{1}{2} k_{s\theta} \cdot (\theta_s)^2 + \frac{1}{2} k_{r\theta} \cdot (\theta_r)^2 + \frac{1}{2} k_{c\theta} \cdot (\theta_c)^2 + \frac{1}{2} \sum_{k=1}^{K} k_{pk\theta} \cdot (\theta_{pk})^2 \end{aligned} \tag{3.41}$$

式中:啮合刚度 k_{spk} 和 k_{rpk} 及相对位移 δ_{spk} 和 δ_{rpk} 计算方法与上述相同。

由传动系统各构件的动能和势能关系,可得到系统的拉格朗日函数:

$$\begin{aligned} L = T - U = &\frac{1}{2} I_c (\dot{\theta}_c)^2 + \frac{1}{2} I_s (\dot{\theta}_s)^2 + \frac{1}{2} I_r (\dot{\theta}_r)^2 + \frac{1}{2} \sum_{k=1}^{K} (I_{pk} (\dot{\theta}_{pk})^2) + \\ & \frac{1}{2} m_c \cdot [(\dot{x}_c)^2 + (\dot{y}_c)^2] + \frac{1}{2} m_s \cdot [(\dot{x}_s)^2 + (\dot{y}_s)^2] + \\ & \frac{1}{2} m_r \cdot [(\dot{x}_r)^2 + (\dot{y}_r)^2] + \frac{1}{2} \sum_{k=1}^{K} m_{pk} \cdot [(\dot{x}_{pk})^2 + (\dot{y}_{pk})^2] - \\ & \frac{1}{2} \sum_{k=1}^{K} k_{spk} \cdot (\delta_{spk})^2 - \frac{1}{2} \sum_{k=1}^{K} k_{rpk} \cdot (\delta_{rpk})^2 - \frac{1}{2} k_s \cdot [(x_s)^2 + (y_s)^2] - \\ & \frac{1}{2} k_r \cdot [(x_r)^2 + (y_r)^2] - \frac{1}{2} k_c \cdot [(x_c)^2 + (y_c)^2] - \end{aligned}$$

$$\frac{1}{2}k_{pk} \cdot [(x_{pk})^2 + (y_{pk})^2] - \frac{1}{2}k_{s\theta} \cdot (\theta_s)^2 -$$

$$\frac{1}{2}k_{r\theta} \cdot (\theta_r)^2 - \frac{1}{2}k_{c\theta} \cdot (\theta_c)^2 - \frac{1}{2}\sum_{k=1}^{K}k_{pk\theta} \cdot (\theta_{pk})^2 \tag{3.42}$$

根据第二类拉格朗日方程对系统各广义位移和速度进行求导,加入阻尼项,最终可得到单排单级行星传动弯扭耦合动力学方程:

$$M\ddot{q} + [C_b + C_m]\dot{q} + [K_b + K_m]q = T \tag{3.43}$$

式中:M 为系统的质量矩阵;q 为系统位移向量;K_b 为轴承支撑刚度矩阵;K_m 为齿轮副啮合刚度矩阵;C_b 为轴承支撑阻尼矩阵;C_m 为齿轮副啮合阻尼矩阵;T 为外激励向量。其中,质量矩阵 M 可表示为

$$M = \mathrm{diag}(M_s, M_c, \overbrace{M_{p1}, \cdots, M_{pK}}^{K}, M_r) \tag{3.44}$$

$$M_j = \mathrm{diag}(m_j, m_j, I_j/R_{bj}^2) \tag{3.45}$$

支撑刚度矩阵 K_b 可表示为

$$K_b = \mathrm{diag}(K_s, K_c, \overbrace{0, \cdots, 0}^{K}, K_r) \tag{3.46}$$

$$K_j = \mathrm{diag}(k_{jx}, k_{jy}, k_{j\theta}) \tag{3.47}$$

支撑阻尼矩阵 C_b 可表示为

$$C_b = \mathrm{diag}(C_s, C_c, \overbrace{0, \cdots, 0}^{K}, C_r) \tag{3.48}$$

$$C_j = \mathrm{diag}(c_{jx}, c_{jy}, c_{j\theta}) \tag{3.49}$$

式中:各阻尼取值由2.9节选择计算得出。

外激励向量 T 可表示为

$$T = [0, 0, T_s/R_{bs}, 0, 0, T_c/R_{ck}, \overbrace{0, \cdots, 0}^{3K}, 0, 0, T_r/R_{br}] \tag{3.50}$$

啮合刚度矩阵 K_m 可表示为

$$K_m = \begin{bmatrix} \sum k_{s1pk} & 0 & k_{s2p1} & \cdots & k_{s2pK} & 0 \\ 0 & \sum k_{c1pk} & k_{c2p1} & \cdots & k_{c2pK} & 0 \\ k_{s4p1} & k_{c4p1} & k_{p1} & \cdots & 0 & k_{r4p1} \\ \vdots & \vdots & \vdots & \ddots & \vdots & \vdots \\ k_{s4pK} & k_{c4pK} & 0 & \cdots & k_{pK} & k_{r4p4} \\ 0 & 0 & k_{r2p1} & \cdots & k_{r2pK} & \sum k_{r1pk} \end{bmatrix} \tag{3.51}$$

式中

$$k_{pk} = k_{s3pk} + k_{c3pk} + k_{r3pk} \tag{3.52}$$

其中:关于行星架的刚度矩阵

$$\boldsymbol{k}_{\mathrm{c1p}k} = \begin{bmatrix} k_{\mathrm{p}x} & 0 & -R_{\mathrm{c}k}k_{\mathrm{p}x}\sin\varphi_k \\ 0 & k_{\mathrm{p}y} & -R_{\mathrm{c}k}k_{\mathrm{p}y}\cos\varphi_k \\ -R_{\mathrm{c}k}k_{\mathrm{p}x}\sin\varphi_k & -R_{\mathrm{c}k}k_{\mathrm{p}y}\cos\varphi_k & k_{\mathrm{p}\theta} \end{bmatrix} \quad (3.53)$$

$$\boldsymbol{k}_{\mathrm{c2p}k} = \begin{bmatrix} -k_{\mathrm{p}x} & 0 & 0 \\ 0 & -k_{\mathrm{p}y} & 0 \\ -R_{\mathrm{c}k}k_{\mathrm{p}x}\sin\varphi_k & -R_{\mathrm{c}k}k_{\mathrm{p}y}\cos\varphi_k & -k_{\mathrm{p}\theta} \end{bmatrix} \quad (3.54)$$

$$\boldsymbol{k}_{\mathrm{c3p}k} = \mathrm{diag}([k_{\mathrm{p}x}, k_{\mathrm{p}y}, k_{\mathrm{p}\theta}]) \quad (3.55)$$

$$\boldsymbol{k}_{\mathrm{c4p}k} = \begin{bmatrix} -k_{\mathrm{p}x} & 0 & R_{\mathrm{c}k}k_{\mathrm{p}x}\sin\varphi \\ 0 & -k_{\mathrm{p}y} & -R_{\mathrm{c}k}k_{\mathrm{p}y}\cos\varphi_k \\ 0 & 0 & -k_{\mathrm{p}\theta} \end{bmatrix} \quad (3.56)$$

关于太阳轮的刚度矩阵

$$\boldsymbol{k}_{\mathrm{s1p}k} = k_{\mathrm{sp}k} \begin{bmatrix} \cos^2\psi_{\mathrm{sp}k} & \cos\psi_{\mathrm{sp}k}\sin\psi_{\mathrm{sp}k} & R_{\mathrm{bs}}\cos\psi_{\mathrm{sp}k} \\ \cos\psi_{\mathrm{sp}k}\sin\psi_{\mathrm{sp}k} & \sin^2\psi_{\mathrm{sp}k} & R_{\mathrm{bs}}\sin\psi_{\mathrm{sp}k} \\ R_{\mathrm{bs}}\cos\psi_{\mathrm{sp}k} & R_{\mathrm{bs}}\sin\psi_{\mathrm{sp}k} & (R_{\mathrm{bs}})^2 \end{bmatrix} \quad (3.57)$$

$$\boldsymbol{k}_{\mathrm{s2p}k} = k_{\mathrm{sp}k} \begin{bmatrix} -\cos^2\psi_{\mathrm{sp}k} & -\cos\psi_{\mathrm{sp}k}\sin\psi_{\mathrm{sp}k} & R_{\mathrm{bp}}\cos\psi_{\mathrm{sp}k} \\ -\cos\psi_{\mathrm{sp}k}\sin\psi_{\mathrm{sp}k} & -\sin^2\psi_{\mathrm{sp}k} & R_{\mathrm{bp}}\sin\psi_{\mathrm{sp}k} \\ -R_{\mathrm{bs}}\cos\psi_{\mathrm{sp}k} & -R_{\mathrm{bs}}\sin\psi_{\mathrm{sp}k} & R_{\mathrm{bs}}R_{\mathrm{bp}} \end{bmatrix} \quad (3.58)$$

$$\boldsymbol{k}_{\mathrm{s3p}k} = k_{\mathrm{sp}k} \begin{bmatrix} \cos^2\psi_{\mathrm{sp}k} & \cos\psi_{\mathrm{sp}k}\sin\psi_{\mathrm{sp}k} & -R_{\mathrm{bp}}\cos\psi_{\mathrm{sp}k} \\ \cos\psi_{\mathrm{sp}k}\sin\psi_{\mathrm{sp}k} & \sin^2\psi_{\mathrm{sp}k} & -R_{\mathrm{bp}}\sin\psi_{\mathrm{sp}k} \\ -R_{\mathrm{bp}}\cos\psi_{\mathrm{sp}k} & -R_{\mathrm{bp}}\sin\psi_{\mathrm{sp}k} & R_{\mathrm{bp}}^2 \end{bmatrix} \quad (3.59)$$

$$\boldsymbol{k}_{\mathrm{s4p}k} = k_{\mathrm{sp}k} \begin{bmatrix} -\cos^2\psi_{\mathrm{sp}k} & -\cos\psi_{\mathrm{sp}k}\sin\psi_{\mathrm{sp}k} & -R_{\mathrm{bs}}\cos\psi_{\mathrm{sp}k} \\ -\cos\psi_{\mathrm{sp}k}\sin\psi_{\mathrm{sp}k} & -\sin^2\psi_{\mathrm{sp}k} & -R_{\mathrm{bs}}\sin\psi_{\mathrm{sp}k} \\ R_{\mathrm{bp}}\cos\psi_{\mathrm{sp}k} & R_{\mathrm{bp}}\sin\psi_{\mathrm{sp}k} & R_{\mathrm{bs}}R_{\mathrm{bp}} \end{bmatrix} \quad (3.60)$$

关于内齿圈的刚度矩阵

$$\boldsymbol{k}_{\mathrm{r1p}k} = k_{\mathrm{rp}k} \begin{bmatrix} \cos^2\psi_{\mathrm{rp}k} & -\cos\psi_{\mathrm{rp}k}\sin\psi_{\mathrm{rp}k} & -R_{\mathrm{br}}\cos\psi_{\mathrm{rp}k} \\ -\cos\psi_{\mathrm{rp}k}\sin\psi_{\mathrm{rp}k} & \sin^2\psi_{\mathrm{rp}k} & R_{\mathrm{br}}\sin\psi_{\mathrm{rp}k} \\ -R_{\mathrm{br}}\cos\psi_{\mathrm{rp}k} & R_{\mathrm{br}}\sin\psi_{\mathrm{rp}k} & (R_{\mathrm{br}})^2 \end{bmatrix} \quad (3.61)$$

$$\boldsymbol{k}_{\mathrm{r2p}k} = k_{\mathrm{rp}k} \begin{bmatrix} -\cos^2\psi_{\mathrm{rp}k} & \cos\psi_{\mathrm{rp}k}\sin\psi_{\mathrm{rp}k} & R_{\mathrm{bp}}\cos\psi_{\mathrm{rp}k} \\ \cos\psi_{\mathrm{rp}k}\sin\psi_{\mathrm{rp}k} & -\sin^2\psi_{\mathrm{rp}k} & -R_{\mathrm{bp}}\sin\psi_{\mathrm{rp}k} \\ R_{\mathrm{br}}\cos\psi_{\mathrm{rp}k} & -R_{\mathrm{br}}\sin\psi_{\mathrm{rp}k} & -R_{\mathrm{br}}R_{\mathrm{bp}} \end{bmatrix} \quad (3.62)$$

$$\boldsymbol{k}_{\mathrm{r3}pk} = k_{\mathrm{r}pk}\begin{bmatrix} \cos^2\psi_{\mathrm{r}pk} & -\cos\psi_{\mathrm{r}pk}\sin\psi_{\mathrm{r}pk} & -R_{\mathrm{bp}}\cos\psi_{\mathrm{r}pk} \\ -\cos\psi_{\mathrm{r}pk}\sin\psi_{\mathrm{r}pk} & \sin^2\psi_{\mathrm{r}pk} & R_{\mathrm{bp}}\sin\psi_{\mathrm{r}pk} \\ -R_{\mathrm{bp}}\cos\psi_{\mathrm{r}pk} & R_{\mathrm{bp}}\sin\psi_{\mathrm{r}pk} & R_{\mathrm{bp}}^2 \end{bmatrix} \quad (3.63)$$

$$\boldsymbol{k}_{\mathrm{r4}pk} = k_{\mathrm{r}pk}\begin{bmatrix} -\cos^2\psi_{\mathrm{r}pk} & \cos\psi_{\mathrm{r}pk}\sin\psi_{\mathrm{r}pk} & R_{\mathrm{br}}\cos\psi_{\mathrm{r}pk} \\ \cos\psi_{\mathrm{r}pk}\sin\psi_{\mathrm{r}pk} & -\sin^2\psi_{\mathrm{r}pk} & -R_{\mathrm{br}}\sin\psi_{\mathrm{r}pk} \\ R_{\mathrm{bp}}\cos\psi_{\mathrm{r}pk} & -R_{\mathrm{bp}}\sin\psi_{\mathrm{r}pk} & -R_{\mathrm{br}}R_{\mathrm{bp}} \end{bmatrix} \quad (3.64)$$

啮合阻尼矩阵 $\boldsymbol{C}_{\mathrm{m}}$ 可表示啮合刚度矩阵的比例关系，即

$$\boldsymbol{C}_{\mathrm{m}} = 0.3 \times 10^{-5}\boldsymbol{K}_{\mathrm{m}} \quad (3.65)$$

3.4.3 固有特性

固有特性是振动系统的基本动态特性，是系统的动态响应、动载荷的产生和传递，以及系统其他振动特征的内在决定性因素。通过固有特性分析，可以了解系统固有频率分布特征及振动模式，是进一步分析其他动态特征的基础。

假设系统受到的外激励为 0，且不考虑系统中的阻尼因素，单排单级行星传动无阻尼自由扭振可表示为

$$(\boldsymbol{K} - \omega_i^2\boldsymbol{M})\phi_i = \boldsymbol{0} \quad (3.66)$$

假设行星架旋转速度较小，忽略行星架旋转造成的陀螺效应，故科氏项 $\boldsymbol{G}$ 和 $\boldsymbol{K}_\Omega$ 可以忽略，则系统的无阻尼自由扭振微分方程组可以简化为

$$\boldsymbol{M}\ddot{\boldsymbol{q}} + [\boldsymbol{K}_{\mathrm{b}} + \boldsymbol{K}_{\mathrm{m}}]\boldsymbol{q} = \boldsymbol{0} \quad (3.67)$$

求解以上方程的特征值和特征向量，可以得到系统的各阶固有频率和相应振型。式(3.67)对应的特征方程为

$$(\boldsymbol{K}_{\mathrm{b}} + \boldsymbol{K}_{\mathrm{m}} - \omega_i^2\boldsymbol{M})\varphi_i = \boldsymbol{0} \quad (3.68)$$

式中：ω_i 为第 i 阶固有频率(rad/s)，对应固有频率 $f_i = \omega_i/2\pi$(Hz)；φ_i 为第 i 阶固有振型，可表示为

$$\phi_i = [\boldsymbol{p}_{\mathrm{s}}, \boldsymbol{p}_{\mathrm{c}}, \boldsymbol{p}_1, \cdots, \boldsymbol{p}_n, \boldsymbol{p}_{\mathrm{r}}] \quad (3.69)$$

其中：振型向量 φ_i 中的中心构件(太阳轮、行星架和内齿圈)的振动子向量表示为

$$\boldsymbol{p}_j = [x_j, y_j, \theta_j]^{\mathrm{T}}, j = \mathrm{s}, \mathrm{c}, 1, \cdots, n, \mathrm{r} \quad (3.70)$$

3.4.4 动力学模型求解

1) 龙格库塔法

所建立的单排单级行星齿轮传动系统动力学模型包含刚度激励、啮合位移激励和阻尼激励等多种非线性因素，综合考虑微分方程数值解法的精度和效率，采用四阶龙格库塔(Runge-Kutta)数值解法求解单排单级行星传动系统动力学

方程,计算流程如图 3.10 所示。

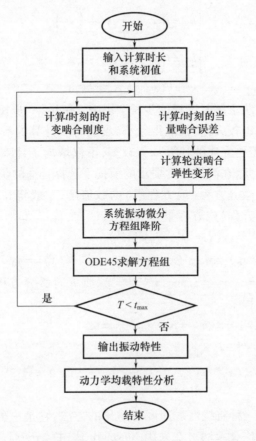

图 3.10　单排单级行星传动系统动力学模型求解流程

如果 $y(x)$ 在 $[a,b]$ 上存在 $p+1$ 阶连续导数,则由泰勒级数展开:

$$y(x_{k+1}) = y(x_k) + hy'(x_k) + \cdots + \frac{h^p}{p!}y^{(p)}(x_k) + \frac{h^{(p+1)}}{(p+1)!}y^{(p+1)}(s) \qquad (3.71)$$

式中:$x_k < \xi < x_{k+1}$。利用近似值 $y_k^{(j)}(j=0,1,2,\cdots,p)$ 代替真实值 $y^{(j)}(x_k)$,且略去泰勒展开式的截断误差项,有

$$y_{k+1} = y_k + hy'_k + \frac{h^2}{2!}y''_k + \cdots + \frac{h^p}{(p)!}_k \qquad (3.72)$$

泰勒级数法可以用来求解常微分方程,但由于计算过程烦琐,一般只用于最初几个点的数值解。龙格库塔法实际上是间接使用泰勒级数法的一种算法。常用的龙格库塔法是四阶龙格库塔方法,其公式如下:

$$y_{k+1} = y_k + \frac{h}{6}(k_1 + 2k_2 + 2k_3 + k_4) \qquad (3.73)$$

$$\begin{cases} k_1 = f(x_k, y_k) \\ k_2 = f\left(x_k + \dfrac{h}{2}, y_k + \dfrac{h}{2}k_1\right) \\ k_3 = f\left(x_k + \dfrac{h}{2}, y_k + \dfrac{h}{2}k_2\right) \\ k_4 = f(x_k + h, y_k + hk_3) \end{cases} \quad (3.74)$$

采用龙格库塔法求解时选择的步长会影响求解结果,步长过大,每步计算产生的局部截断误差也较大,步长取得较小,虽然每步计算的截断误差较小,但在求解范围确定时,需要完成的计算步骤较多,不仅增加了计算量,而且还造成计算误差的累积。因此,在满足精度要求的前提下选择合适的步长非常重要。

对于求解高阶微分方程(或方程组)的数值解,一般将其进行降阶处理,归结为求解一阶微分方程(或方程组)

$$\begin{cases} y^{(n)} = f(x, y, y', \cdots, y^{(n-1)}) \\ y(x_0) = y_0, y'(x_0) = y'_0, \cdots, y^{(n-1)}(x_0) = y_0^{(n-1)} \end{cases} \quad (3.75)$$

引入新变量 $y = z_1, y' = z_2, \cdots, y^{(n-1)} = z_n$,则 n 阶微分方程的初值问题转化为求解如下一阶方程组:

$$\begin{cases} z'_1 = z_2, z'_2 = z_3, \cdots, z'_{n-1} = z_n \\ z'_n = f(x, y_1, y_2, \cdots, y_n) \\ z_1(x_0) = y_0, z_2(x_0) = y'_0, \cdots, z_2(x_0) = y_0^{(n-1)} \end{cases} \quad (3.76)$$

2)Newmark 法

Newmark 法是一种将线性加速度普遍化的方法,它是一种包含平均常加速度和线性加速度的广义算法。在采用 Newmark 法对微分方程进行求解时,会遵循以下原理。

针对自由度比较单一的微分方程,其基本表达式如下:

$$m\ddot{x} + cf(\dot{x}) + kf(x) = pf(t) \quad (3.77)$$

可将其变换为

$$\ddot{x} = f(t, x, \dot{x}) \quad (3.78)$$

假设 $t = t_n$ 时,系统的位移和速度分别为 t_n 和 $\dot{x}_n$,根据式(3.77)可以求出系统的加速度 $\ddot{x}_n$。在经过某一时刻(时间步距)Δt 之后,到达下一时刻 $t = t_{n+1} = t_n + \Delta t$ 时,系统的位移和速度分别为 x_{n+1} 和 $\dot{x}_{n+1}$,先由式(3.79)和式(3.80)进行计算,然后再代入式(3.78)中,这样就能对系统的加速度 $\ddot{x}_{n+1}$ 进行求解。为了求取系统在所需时间范围内的状态,需对上述过程重复计算,直至所求结果满足要求为止。

$$\dot{x}_{n+1} = \dot{x}_n + (1-\gamma)\ddot{x}_n \Delta t + \gamma \ddot{x}_{n+1} \Delta t \quad (3.79)$$

$$x_{n+1} = x_n + \dot{x}_n \Delta t + \left(\frac{1}{2} - \beta\right) \ddot{x}_n \Delta T^2 + \beta \ddot{x}_{n+1} \Delta T^2 \qquad (3.80)$$

式中：γ 能够决定积分的精确度；β 能够决定积分的稳定性。当 $\gamma < 1/2$ 时，求解过程会出现振幅增长的现象；相反，当 $\gamma > 1/2$ 时，会使得求解过程中振幅有所减小。一般情况下取 $\gamma \geq 1/2$，应用最常见的是 $\gamma = 1/2$，在此基础上再对 β 值进行变动。当 $\gamma \geq 1/2, \beta \geq 1/2$ 时，计算结果会呈现出无条件稳定的情况。在 γ 值已定时，假如选取的 β 值比较小，会缩短求解时的步长，这样可以提高求解的准确性，但是，这样的做法可能会造成无解的现象。鉴于此，可以依据 γ、β 值及振动的周期 T，采用式(3.81)计算出其在满足条件稳定时的步长。

$$\Delta t \geq \frac{T}{\pi} \sqrt{\frac{1}{2\gamma - 4\beta}} \qquad (3.81)$$

若 $\gamma = 1/2$，当 β 取不同的值时，将会得到不同的方法。$\beta = 0$ 时，此时的积分方法称为常加速度法，也被称为中心差分法；$\beta = 1/4$ 时，此时的积分方法称为平均加速度法；$\beta = 1/16$ 时，此时的积分方法称为线性加速度法，即当 $\theta = 1$ 时的威尔逊(Wilson)法。在利用式(3.78)、式(3.79)对系统的位移 x_{n+1} 及 $\dot{x}_{n+1}$ 进行计算时，由于系统加速度 $\ddot{x}_{n+1}$ 的值是未知的，必须对每一步以迭代的形式进行计算。

3.5 单排单级行星齿轮传动动态响应分析算例

3.5.1 模型描述

以某发动机单排单级行星齿轮传动系统为例，如图 3.11 所示，太阳轮输入，行星架输出，内齿圈固定，太阳轮顺时针旋转，4 个行星轮均匀分布在行星架上，传动系统工况参数及材料参数如表 3.1 所列，太阳轮、行星轮、内齿圈和行星架的结构参数如表 3.2 所列。

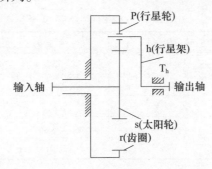

图 3.11 某单排单级行星传动系统模型

表 3.1 单排单级行星传动系统工况参数及材料参数

符号	名称	数值	单位
T_s	驱动力矩	3212	N·m
T_c	负载扭矩	-12372	N·m
ω_0	输入转速	1811.5	rpm
E	弹性模量	207.8	GPa
v	泊松比	0.3	—

表 3.2 单排单级行星传动系统结构参数

参数	太阳轮	齿圈	行星架	行星轮
齿数	26	72	—	23
分度圆半径/m	0.052	0.144	0.098	0.046
质量/kg	2.042	4.003	23.0951	1.492
转动惯量/(kg·m²)	0.002071	0.047932	0.2589	0.0012358
模数/m	\multicolumn{4}{c}{0.004}
压力角/(°)	\multicolumn{4}{c}{25}
支撑刚度/(N/m)	\multicolumn{4}{c}{$k_s = k_r = k_c = k_{pn} = 10^8$ N/m}

3.5.2 考虑啮合相位关系的齿轮啮合副刚度激励计算

单排单级行星传动系统齿轮啮合副包含太阳轮—行星轮啮合副和行星轮—内齿圈啮合副,根据式(2.32)和式(2.42),可分别计算太阳轮与行星轮啮合副和行星轮与内齿圈啮合副的时变啮合刚度。

由于行星轮个数、行星轮布置位置和太阳轮、内齿圈齿数的影响,各行星轮与太阳轮(或内齿圈)轮齿副在啮合区实际啮合位置不同,即各行星轮—太阳轮(或内齿圈)啮合会存在相位差。根据式(3.1)~式(3.3)可计算每个齿轮副啮合相位差,见表3.3。

表 3.3 齿轮副啮合相位差

啮合副	啮合相位差	啮合副	啮合相位差
λ_{sp1}	0	λ_{rp1}	0
λ_{sp2}	-0.75	λ_{rp2}	0.25
λ_{sp3}	-0.5	λ_{rp3}	0.5
λ_{sp4}	-0.25	λ_{rp4}	0.75
λ_{sr}			0.0111

根据式(3.5),可获得考虑啮合相位关系第 k 个太阳轮—行星轮齿轮副和

第 k 个行星轮—内齿圈齿轮副的时变啮合刚度,如图 3.12 所示,图中可看出太阳轮与第 k 个行星轮齿轮副和内齿圈与第 k 个行星轮齿轮副之间存在相位差。太阳轮—行星轮齿轮副时变啮合刚度为 450~850MN/m,行星轮—内齿圈齿轮副时变啮合刚度为 650~1200MN/m,齿轮副单双齿交替啮合呈周期性变化,变化周期为 0.00244s。

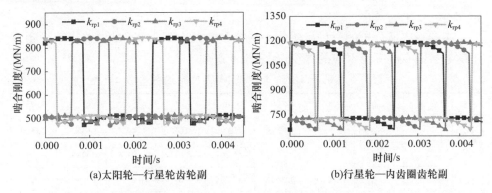

(a)太阳轮—行星轮齿轮副　　　　(b)行星轮—内齿圈齿轮副

图 3.12　考虑相位关系的各齿轮副时变啮合刚度

3.5.3　固有特性分析

行星齿轮传动系统的固有特性对系统的动态响应、动载荷及系统的振动形式等都有重要影响。为了控制和减小传动系统的振动和噪声,通过计算分析系统的固有频率和振型后可以避免系统发生共振。另一方面,系统参数的变化往往会引起系统固有特性发生变化,如果不清楚固有特性对各参数的特征灵敏度,在优化设计参数时会比较盲目,导致优化设计效率低下。而掌握参数变化引起的特征灵敏度可以避免结构设计中的盲目性,提高设计效率,降低设计成本。对此本节以第一级简单行星齿轮系统为例进行固有特性分析。

在已建立的行星齿轮传动系统平移—扭转耦合非线性动力学模型的基础上,不考虑阻尼的影响就得到了行星齿轮传动系统平移—扭转耦合弹性动力学模型。进而可以得到行星齿轮传动系统的矩阵形式,弹性动力学微分方程组如下:

$$M\ddot{q} + \omega_c G\dot{q} + (K_s + K_m(t) - \omega_c^2 K_\Omega)q = T \tag{3.82}$$

式中:q 为系统广义坐标列阵;T 为激励矢量,包含外激励和误差激励;M 为质量;G 为陀螺矩阵;K_s 为支撑刚度矩阵;K_Ω 为向心刚度矩阵;$K_m(t)$ 为时变啮合刚度矩阵。

激励矢量取零,研究其自由振动特性。行星架转速很高时,陀螺效应对系统动力学特性有一定的影响,但在行星架低速转动或静止条件下,G 和 K_Ω 对系统

动力学行为的影响则可以忽略不计。不考虑陀螺效应影响的情况下,式(3.82)的特征值问题可以转化为

$$K\varphi_h = \lambda_h M\varphi_h \tag{3.83}$$

式中:$K = K_s + K_m(t)$;$\lambda_h = \omega_h^2$。ω_h 为行星齿轮传动系统的第 h 阶固有频率,$\varphi_h = [\phi_s, \phi_r, \phi_c, \phi_{p1}, \cdots, \phi_{pN}]^T$ 为与之对应的振型矢量。ϕ_i 为构件 i 的位移矢量,$\phi_i = [x_i, y_i, u_i]$。

本项目中所分析的行星齿轮传动系统参数见表 3.2。通过求解计算得到系统的各阶固有频率及对应的振型,如表 3.4 所列。

表 3.4 系统 18 阶固有频率及对应的振型矢量

参数	1阶	2阶	3阶	4阶	5阶	6阶	7阶	8阶	9阶
ω_n	0	398.4	398.4	812.3	812.3	910.2	1144.7	1144.7	1269.1
x_s	0	—	—	—	−0.1617	0	0.8132	0.3334	0
y_s	0	—	0.0001	0.5218	−0.2812	0	0.0776	−0.5053	0
u_s	−0.1834	0	0	0	0	−0.293	0	0	0.2193
x_r	0	0.0222	—	1.0628	−0.2271	0	0.0876	0.1733	0
y_r	0	—	—	—	0.5036	0	0.2183	0.0184	0
u_r	0	0	0	0	0	0.0002	0	0	0.0001
x_c	0	0.0187	−0.152	—	−0.0156	0	—	−0.0424	0
y_c	0	—	—	0.0581	−0.0361	0	—	0.0018	0
u_c	−0.1012	0	0	0	0	0.0234	0	0	−0.0008
x_{p1}	0	0.0208	—	—	0.0333	0.0316	—	−0.1335	0.6574
y_{p1}	0	—	—	—	0.0113	−0.1733	0.3009	−0.1997	0.12187
u_{p1}	0.0917	0.0067	—	—	0.0459	0.1648	—	0.0773	0.17653
x_{p2}	0	0.0266	—	0.0865	0.0764	0.1343	0.4180	0.0667	−0.4342
y_{p2}	0	—	—	0.1301	−0.0401	0.1140	0.3821	0.0	0.5084
u_{p2}	0.0917	0.0111	—	—	−0.2695	0.1648	0.3612	0.1929	0.1765
x_{p3}	0	0.0004	—	0.1524	−0.0783	−0.1659	0.1238	0.4043	−0.2231
y_{p3}	0	—	—	—	−0.0005	0.0592	—	−0.1204	−0.6303
u_{p3}	0.0917	0.0219	0.0675	0.8891	−0.1903	0.1648	—	−0.2702	0.1765
模式	中心扭转	中心平移		中心扭转		中心平移		中心扭转	

续表

参数	10阶	11阶	12阶	13阶	14阶	15阶	16阶	17阶	18阶
ω_n	1348.5	1348.5	4547.5	4547.5	4700.5	6716.2	6716.2	8547.1	94935.8
x_s	-0.1123	-0.1188	-0.4502	0.0507	0	-0.3659	0.1412	0	0
y_s	0.0898	-0.1059	0.0061	0.5015	0	0.0668	0.3298	0	0
u_s	0	0	0	0	-0.1688	0	0	-0.883	0
x_r	-0.0048	-0.0463	-0.2087	-0.2497	0	0.0864	0.0488	0	0
y_r	0.0416	0.0024	-0.2421	0.2563	0	0.0716	-0.0966	0	0.9999
u_r	0	0	0	0	0.0005	0	0	-0.0004	0
x_c	0.0291	0.0675	-0.0066	-0.0034	0	-0.0006	0.0008	0	0
y_c	-0.0569	0.0212	-0.0036	0.0077	0	0.0007	0.0004	0	0
u_c	0	0	0	0	0.0218	0	0	0.0172	0
x_{p1}	-0.1772	-0.5179	-0.0312	0.0820	-0.0532	0.0586	-0.2236	0.0956	0.0003
y_{p1}	0.0332	-0.0672	0.3814	-0.9822	0.1832	0.0314	-0.1199	0.1365	-0.0007
u_{p1}	-0.0766	-0.1423	0.1451	-0.3727	0.2439	-0.2802	1.0684	-0.4639	-0.0017
x_{p2}	-0.2728	-0.1470	0.7622	-0.1597	-0.1320	0.2156	-0.1019	-0.1661	0.0004
y_{p2}	0.3893	0.1030	0.5289	-0.1116	-0.1376	-0.1337	0.0631	0.0145	0.0006
u_{p2}	0.1400	0.0175	-0.3510	0.0732	0.2439	1.0685	-0.5046	-0.4639	-0.0017
x_{p3}	0.0832	-0.1850	0.4932	0.7151	0.1852	-0.0058	-0.0042	0.0704	-0.0008
y_{p3}	0.2940	-0.3033	-0.2319	-0.3375	-0.0455	-0.1871	-0.1338	-0.1511	0.0001
u_{p3}	-0.0633	0.1248	0.2058	0.2994	0.2439	-0.7882	-0.5637	-0.4639	-0.0017
模式	中心平移				中心扭转	中心平移		中心扭转	中心扭转

从表3.4中可以看出,当系统行星轮个数为3个时,其固有频率一共有18阶,系统重根数为1个的固有频率有6阶,分别为0Hz、910.2Hz、1269.1Hz、4700.5Hz、8547.1Hz、94935.9Hz,对应的6个系统振动模式为中心构件扭转振动模式,其中心构件的x、y方向的线位移对应的元素为0,中心构件只产生扭转振动,不产生平移运动。系统重根数为2个的固有频率有6阶,分别为398.3Hz、812.3Hz、1144.7Hz、1348.5Hz、4547.5Hz、6716.2Hz,对应的6个系统振动模式为中心构件平移振动模式,其中心构件的角位移对应的元素为0,中心构件只产生平移运动,不产生扭转振动。当行星轮个数增加为4或者5个时,除了上述振动模式外,还会出现出现重根数为$N-3$(N为行星轮个数)的情况,其固有频率个数为

109

3,对应的系统振动模式为行星轮振动模式,中心构件的线位移和角位移对应的元素均为0,行星轮振型矢量非0,在此种振型中只有行星轮在运动。系统的不同振动模式如图3.13所示。固有频率对应的太阳轮输入转速和行星架输出转速如表3.5所列。

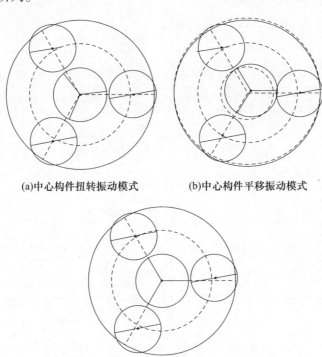

(a)中心构件扭转振动模式　　(b)中心构件平移振动模式

(c)行星轮振动模式

图 3.13　行星传动系统振动模式

表 3.5　固有频率对应的太阳轮输入转速和行星架输出转速

	2阶	4阶	6阶	7阶	9阶	10阶
固有频率/ω_n	398.393	812.279	910.242	1144.733	1269.11	1348.53
太阳轮转速/(r/min)	1251.36	2551.39	2859.09	3595.64	3986.31	4235.7
行星架转速/(r/min)	331.99	676.9	758.53	953.94	1057.59	1123.7
	12阶	14阶	15阶	17阶	18阶	
固有频率/ω_n	4547.548	4700.54	6716.213	8547.089	94935.87	
太阳轮转速/(r/min)	14283.9	14764.5	21095.8	26846.6	298196	
行星架转速/(r/min)	3789.62	3917.12	5596.84	7122.57	79113.23	

为了在设计阶段实现避免共振、减小振动响应、优化载荷分配和降低构件质量等目标,对参数的特征灵敏度进行研究具有重要意义。因此,本节利用数值法研究行星齿轮传动系统的构件质量变化对系统固有特性的影响。

由式(3.83)可知,系统固有频率与特征值的关系式为 $\lambda_h = \omega_h^2$,因此系统固有频率对于系统参数的敏感度可以从特征值的角度进行分析。已知刚度矩阵对于质量的导数为零,因此统一求得系统特征值对于系统构建质量的敏感度公式为

$$\frac{\partial \lambda_h}{\partial m_h} = -\lambda_h(x_h^2 + y_h^2), h = \mathrm{s,c,r,p} \tag{3.84}$$

其中,系统的平移模态动能为

$$T_h = \frac{m_h}{2}\lambda_h(x_h^2 + y_h^2), h = \mathrm{s,c,r,p} \tag{3.85}$$

由特征灵敏度、模态动能、特征值及系统固有频率 ω_h 求得系统固有频率对于系统质量的灵敏度公式为

$$\frac{\partial \omega_h}{\partial m_h} = -\frac{\omega_h}{2}(x_h^2 + y_h^2) = -\frac{T_h}{m_h \omega_h}, h = \mathrm{s,c,r,p} \tag{3.86}$$

图3.14为固有频率与太阳轮质量的关系。太阳轮质量由0kg逐渐增大到5kg时,由图中明显可以看到,随着太阳轮质量的增加,系统的第7~17阶固有频率发生了明显的变化,出现了模态跃迁现象,其中在太阳轮质量为0.5kg时,第15、16、17阶三阶频率发生了明显的跃迁和相交现象,在太阳轮质量为1.2~1.3 kg时,第7、8、9阶三阶频率还有第12、13、14阶三阶频率发生了明显的跃迁和相交现象,且在质量较小时,各阶频率与质量关系曲线的倾斜程度要明显大于在质量较大时曲线的倾斜程度。由式(3.86)可知,当质量和固有频率选定时,系统固有频率对质量的灵敏度随着系统动能的增加而增加,即图3.14中曲线的倾斜较为严重,由图3.15可以发现太阳轮质量分别等于0.8kg和2.042kg时第10阶固有频率中各平移构件的模态动能。很明显,当质量为0.8kg时构件平移模态动能要大于2.042kg时构件的平移模态动能,所以第10阶固有频率与太阳轮质量的关系曲线在0.8kg时的倾斜程度要比2.042kg时的倾斜程度更为严重,各构件的平移模态动能反映了该振动模态下振动的剧烈程度。由于处在模态相交、跃迁位置的行星齿轮传动,参数的很小变动量会引起系统的振动模式、模态能量及其敏感度的剧烈变化,故在工程实践中不仅要避开啮频及其倍频引起的共振区,还应注意模态跃迁及相交导致的模态突变现象对系统传动特性的影响。安全起见,该系统中太阳轮的质量应适当增大。

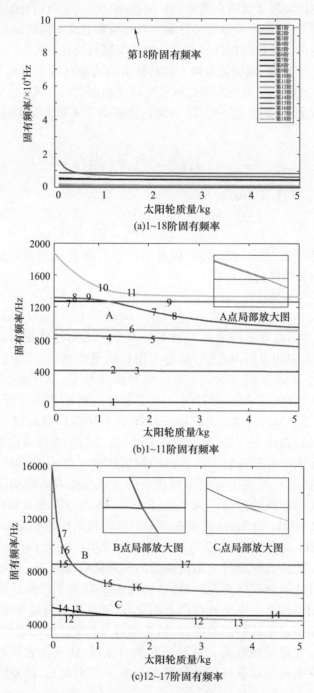

图 3.14　固有频率与太阳轮质量的关系

第 3 章 ▶ 单排单级行星齿轮传动动力学

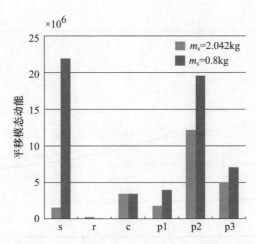

图 3.15 第 10 阶固有频率在太阳轮质量不同时各构件的平移模态动能(见彩图)

行星架取 5~30kg 时,质量对其影响不明显,其 1~11 阶固有频率与行星架质量关系曲线如图 3.16 所示。内齿圈质量取 2.6~6kg 时其固有频率与质量关系曲线同行星架类似,质量对固有频率影响可以忽略不计。行星轮取 0.5~5kg 时,行星轮质量对固有频率的影响较为复杂,固有频率随着行星轮质量的变化发生了模态跃迁及相交,但是对固有频率幅值的大小影响不大,故在避开固有频率相交点时,行星轮质量尽量取小便可,同时应避开的质量为 1kg(12/13/14 阶相交)、2.2kg(7/8/9 阶相交)、2.35kg(4/5/6 阶相交)、4.25kg(5/6/7 阶相交),其 1~11 阶固有频率与行星轮质量关系曲线如图 3.17 所示。

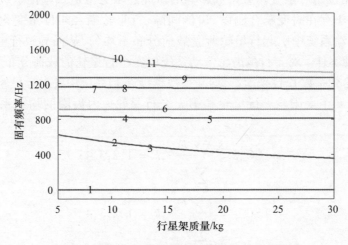

图 3.16 1~11 阶固有频率与行星架质量的关系

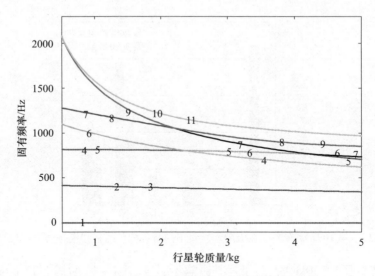

图 3.17　1～11 阶固有频率与行星轮质量的关系

3.5.4　均载特性分析

各行星轮载荷分配的均匀性是行星传动中需解决的重要问题,其直接影响到传动系统的安全性和可靠性。然而实际工作中,各行星轮的受力并不相等,载荷不能实现均匀的分流。在各种误差对均载系数的影响方面,已有研究都只涉及单一构件存在误差对系统均载特性的影响,多个构件同时存在误差及误差的相位角对系统均载系数影响的研究还未见报道。单排单级行星传动系统中,由于存在时变啮合刚度、齿侧间隙、行星轮啮合相位角变化等非线性影响,在传动系统中引起行星轮所受载荷分布不均匀,从而导致行星齿轮传动系统稳定性不佳。对于行星齿轮传动系统中各个行星轮的载荷分布均匀情况,一般使用均载系数 LSC 来衡量,均载系数越接近 1,系统中各个行星轮载荷分布越均匀,第 k 个太阳轮—行星轮和第 k 个行星轮—内齿圈的均载系数分别表示为

$$\text{LSC}_{spk} = \frac{n \times F_{spk}}{\sum_{k=1}^{n} F_{spk}}, k = 1,2,3,4 \tag{3.87}$$

$$\text{LSC}_{rpk} = \frac{n \times F_{rpk}}{\sum_{k=1}^{n} F_{rpk}}, k = 1,2,3,4 \tag{3.88}$$

将一段时间内单排单级行星传动系统均载系数 LSC_{spk} 和 LSC_{rpk} 之中的最大值看作该时间段系统的外啮合均载系数和内啮合均载系数,并取外、内啮合均载系数二者之中的较大值作为整个行星传动系统的均载系数。

外啮合均载系数可表示为

$$\text{LSC}_{sp} = \max(\text{LSC}_{spk}) \tag{3.89}$$

内啮合均载系数可表示为

$$\text{LSC}_{rp} = \max(\text{LSC}_{rpk}) \tag{3.90}$$

整个单排单级行星传动系统的均载系数可表示为

$$\text{LSC} = \max(\text{LSC}_{spk}, \text{LSC}_{rpk}) \tag{3.91}$$

本节以单排单级行星齿轮传动系统为研究对象,建立其弯扭耦合动力学模型,并分析了系统在安装误差、偏心误差、支撑刚度、啮合刚度、位置度误差、分度圆跳动等一系列因素作用下的均载系数变化规律及行星轮个数对系统均载特性的影响,对行星轮系的优化设计具有指导意义。

3.5.4.1 误差转换

太阳轮 s 的位置度误差如图 3.18 所示,将太阳轮位置度误差 A_s 映射到啮合副 sp$n$ 上的等效位移为

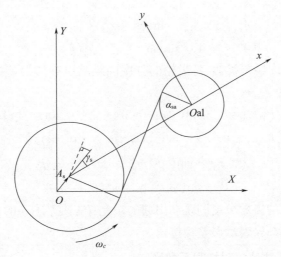

图 3.18 太阳轮位置度误差

$$A_{s-spn} = A_s \cdot \sin(-\omega_c t + \alpha_s + \gamma_s - \psi_p(n)) \tag{3.92}$$

式中:α_s 和 $\psi_p(n)$ 分别表示太阳轮的压力角和第 n 个行星轮 p 的位置角,$\psi_p(n) = 2\pi(n-1)/3$。

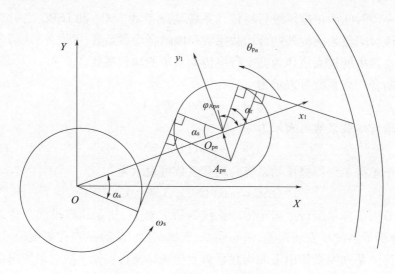

图 3.19 行星架轴孔位置度误差

同理,行星轮和内齿圈(pn、r)的位置度误差映射到相应啮合线上的等效位移为

$$\begin{cases} A_{pn-spn} = -A_{pn} \cdot \sin(\alpha_{pn} + \gamma_{pn}) \\ A_{pn-rpn} = A_{pn} \cdot \sin(\alpha_r - \gamma_{pn}) \\ A_{r-rpn} = A_r \cdot \sin(\omega_c t + \alpha_r + \psi_p(n) - \gamma_r) \end{cases} \quad (3.93)$$

与齿轮位置度误差类似,各齿轮的分度圆跳动引起的误差投影到啮合线上的等效位移为

$$\begin{cases} P_{s-spn} = P_s \cdot \sin((\omega_s - \omega_c)t + \alpha_s - \psi_p(n) + \eta_s) \\ P_{pn-spn} = -P_{pn} \cdot \sin((\omega_p - \omega_c)t + \alpha_p + \eta_{pn}) \\ P_{pn-rpn} = P_{pn} \cdot \sin(-(\omega_p - \omega_c)t + \alpha_r - \eta_{pn}) \\ P_{r-rpn} = P_r \cdot \sin(\omega_c t + \alpha_r + \psi_p(n) - \eta_r) \end{cases} \quad (3.94)$$

式中:P_i 是构件 i 的齿轮分度圆跳动引起的误差;P_{i-j} 是构件 i 的误差转换到啮合线 j 上的等效位移;η_i 表示误差相位角。

3.5.4.2 轴孔尺寸公差对均载系数影响

对于弯扭振动模型,行星轮轴及行星轮和行星架孔尺寸误差的存在,使得其所受构件径向方向的支撑力产生变化,如第 2 章 2.7 节和 2.8.2 节所述,其支撑力可以表示为

$$\begin{cases} f_{xi} = \mu_i \cdot k_i \cdot \delta_{xi} \\ f_{yi} = \mu_i \cdot k_i \cdot \delta_{yi} \end{cases} \quad (3.95)$$

$$\mu_i = \begin{cases} 1 - \dfrac{\Delta b}{\sqrt{\delta_{xi}^2 + \delta_{yi}^2}}, & \Delta b < \sqrt{\delta_{xi}^2 + \delta_{yi}^2} \\ 0, & \Delta b \geqslant \sqrt{\delta_{xi}^2 + \delta_{yi}^2} \end{cases} \quad (3.96)$$

因此，轴孔尺寸公差所引起的支撑力变化可以看作由于支承刚度变化导致支撑力的变化，变化的支撑刚度表达式为 $\mu_i \cdot k_i$。

由于 2K–H 行星轮系中，内齿圈与基座固定，因此不考虑内齿圈轴孔尺寸公差，仅考虑太阳轮和行星轮轴孔尺寸公差。仅考虑以上公差的系统弯扭耦合动力学方程如下：

$$\begin{cases} m_s\left(\ddot{x}_s - 2\dfrac{\omega_c}{\omega_d}\dot{y}_s - \dfrac{\omega_c^2}{\omega_d^2}x_s\right) - \dfrac{1}{\omega_d^2}\cdot\sum_{n=1}^{N}k_{spn}\cdot f_{spn}\cdot\sin(\psi_{spn}) - \dfrac{1}{\omega_d}\cdot\sum_{n=1}^{N}c_{spn}\cdot\dot{\delta}_{spn}\cdot \\ \sin(\psi_{spn}) + \dfrac{1}{\omega_d^2}\cdot k_s\cdot x_s\cdot\mu_s + \dfrac{1}{\omega_d}\cdot c_s\cdot\dot{x}_s\cdot\mu_s = 0 \\ m_s\left(\ddot{y}_s + 2\dfrac{\omega_c}{\omega_d}\dot{x}_s - \dfrac{\omega_c^2}{\omega_d^2}y_s\right) + \dfrac{1}{\omega_d^2}\cdot\sum_{n=1}^{N}k_{spn}\cdot f_{spn}\cdot\cos(\psi_{spn}) + \dfrac{1}{\omega_d}\cdot\sum_{n=1}^{N}c_{spn}\cdot\dot{\delta}_{spn}\cdot \\ \cos(\psi_{spn}) + \dfrac{1}{\omega_d^2}\cdot k_s\cdot y_s\cdot\mu_s + \dfrac{1}{\omega_d}\cdot c_s\cdot\dot{y}_s\cdot\mu_s = 0 \\ M_s\cdot\ddot{u}_s + \dfrac{1}{\omega_d^2}\cdot\sum_{n=1}^{N}k_{spn}\cdot f_{spn} + \dfrac{1}{\omega_d}\cdot\sum_{n=1}^{N}c_{spn}\cdot\dot{\delta}_{spn} + \dfrac{1}{\omega_d^2}\cdot k_{st}\cdot u_s = \dfrac{T_s}{\omega_d^2\cdot b_c\cdot r_{bs}} \end{cases}$$
$$(3.97)$$

$$\begin{cases} m_c\left(\ddot{x}_c - 2\dfrac{\omega_c}{\omega_d}\dot{y}_c - \dfrac{\omega_c^2}{\omega_d^2}x_c\right) - \dfrac{1}{\omega_d^2}\cdot\sum_{n=1}^{N}k_{cpn}\cdot\delta_{pncx} - \dfrac{1}{\omega_d}\cdot\sum_{n=1}^{N}c_{cpn}\cdot\dot{\delta}_{pncx} \\ + \dfrac{1}{\omega_d^2}\cdot k_c\cdot x_c + \dfrac{1}{\omega_d}\cdot c_c\cdot\dot{x}_c = 0 \\ m_c\left(\ddot{y}_c + 2\dfrac{\omega_c}{\omega_d}\dot{x}_c - \dfrac{\omega_c^2}{\omega_d^2}y_c\right) - \dfrac{1}{\omega_d^2}\cdot\sum_{n=1}^{N}k_{cpn}\cdot\delta_{pncy} - \dfrac{1}{\omega_d}\cdot\sum_{n=1}^{N}c_{cpn}\cdot\dot{\delta}_{pncy} \\ + \dfrac{1}{\omega_d^2}\cdot k_c\cdot y_c + \dfrac{1}{\omega_d}\cdot c_c\cdot\dot{y}_c = 0 \\ M_c\cdot\ddot{u}_c - \dfrac{1}{\omega_d^2}\cdot\sum_{n=1}^{N}k_{spn}\cdot f_{spn} - \dfrac{1}{\omega_d}\cdot\sum_{n=1}^{N}c_{spn}\cdot\dot{\delta}_{spn} - \dfrac{1}{\omega_d^2}\cdot\sum_{n=1}^{N}k_{rpn}\cdot f_{rpn} \\ - \dfrac{1}{\omega_d}\cdot\sum_{n=1}^{N}c_{rpn}\cdot\dot{\delta}_{rpn} + \dfrac{1}{\omega_d^2}\cdot k_{ct}\cdot u_c = \dfrac{T_c}{\omega_d^2\cdot b_c\cdot r_{bc}} \end{cases}$$
$$(3.98)$$

$$\begin{cases} m_{\mathrm{c}}\left(\ddot{x}_{\mathrm{c}} - 2\dfrac{\omega_{\mathrm{c}}}{\omega_{\mathrm{d}}}\dot{y}_{\mathrm{c}} - \dfrac{\omega_{\mathrm{c}}^2}{\omega_{\mathrm{d}}^2}x_{\mathrm{c}}\right) - \dfrac{1}{\omega_{\mathrm{d}}^2} \cdot \sum\limits_{n=1}^{N} k_{\mathrm{cp}n} \cdot \delta_{pncx} - \dfrac{1}{\omega_{\mathrm{d}}} \cdot \sum\limits_{n=1}^{N} c_{\mathrm{cp}n} \cdot \dot{\delta}_{pncx} \\ + \dfrac{1}{\omega_{\mathrm{d}}^2} \cdot k_{\mathrm{c}} \cdot x_{\mathrm{c}} + \dfrac{1}{\omega_{\mathrm{d}}} \cdot c_{\mathrm{c}} \cdot \dot{x}_{\mathrm{c}} = 0 \\ m_{\mathrm{c}}\left(\ddot{y}_{\mathrm{c}} + 2\dfrac{\omega_{\mathrm{c}}}{\omega_{\mathrm{d}}}\dot{x}_{\mathrm{c}} - \dfrac{\omega_{\mathrm{c}}^2}{\omega_{\mathrm{d}}^2}y_{\mathrm{c}}\right) - \dfrac{1}{\omega_{\mathrm{d}}^2} \cdot \sum\limits_{n=1}^{N} k_{\mathrm{cp}n} \cdot \delta_{pncy} - \dfrac{1}{\omega_{\mathrm{d}}} \cdot \sum\limits_{n=1}^{N} c_{\mathrm{cp}n} \cdot \dot{\delta}_{pncy} \\ + \dfrac{1}{\omega_{\mathrm{d}}^2} \cdot k_{\mathrm{c}} \cdot y_{\mathrm{c}} + \dfrac{1}{\omega_{\mathrm{d}}} \cdot c_{\mathrm{c}} \cdot \dot{y}_{\mathrm{c}} = 0 \\ M_{\mathrm{c}} \cdot \ddot{u}_{\mathrm{c}} - \dfrac{1}{\omega_{\mathrm{d}}^2} \cdot \sum\limits_{n=1}^{N} k_{\mathrm{sp}n} \cdot f_{\mathrm{sp}n} - \dfrac{1}{\omega_{\mathrm{d}}} \cdot \sum\limits_{n=1}^{N} c_{\mathrm{sp}n} \cdot \dot{\delta}_{\mathrm{sp}n} - \dfrac{1}{\omega_{\mathrm{d}}^2} \cdot \sum\limits_{n=1}^{N} k_{\mathrm{rp}n} \cdot f_{\mathrm{rp}n} \\ - \dfrac{1}{\omega_{\mathrm{d}}} \cdot \sum\limits_{n=1}^{N} c_{\mathrm{rp}n} \cdot \dot{\delta}_{\mathrm{rp}n} + \dfrac{1}{\omega_{\mathrm{d}}^2} \cdot k_{\mathrm{ct}} \cdot u_{\mathrm{c}} = \dfrac{T_{\mathrm{c}}}{\omega_{\mathrm{d}}^2 \cdot b_{\mathrm{c}} \cdot r_{\mathrm{bc}}} \end{cases}$$

(3.99)

$$\begin{cases} m_{\mathrm{r}}\left(\ddot{x}_{\mathrm{r}} - 2\dfrac{\omega_{\mathrm{c}}}{\omega_{\mathrm{d}}}\dot{y}_{\mathrm{r}} - \dfrac{\omega_{\mathrm{c}}^2}{\omega_{\mathrm{d}}^2}x_{\mathrm{r}}\right) - \dfrac{1}{\omega_{\mathrm{d}}^2} \cdot \sum\limits_{n=1}^{N} k_{\mathrm{rp}n} \cdot f_{\mathrm{rp}n} \cdot \sin(\psi_{\mathrm{rp}n}) - \dfrac{1}{\omega_{\mathrm{d}}} \cdot \sum\limits_{n=1}^{N} c_{\mathrm{rp}n} \cdot \dot{\delta}_{\mathrm{rp}n} \cdot \\ \sin(\psi_{\mathrm{rp}n}) + \dfrac{1}{\omega_{\mathrm{d}}^2} \cdot k_{\mathrm{r}} \cdot x_{\mathrm{r}} + \dfrac{1}{\omega_{\mathrm{d}}} \cdot c_{\mathrm{r}} \cdot \dot{x}_{\mathrm{r}} = 0 \\ m_{\mathrm{r}}\left(\ddot{y}_{\mathrm{r}} + 2\dfrac{\omega_{\mathrm{c}}}{\omega_{\mathrm{d}}}\dot{x}_{\mathrm{r}} - \dfrac{\omega_{\mathrm{c}}^2}{\omega_{\mathrm{d}}^2}y_{\mathrm{r}}\right) + \dfrac{1}{\omega_{\mathrm{d}}^2} \cdot \sum\limits_{n=1}^{N} k_{\mathrm{rp}n} \cdot f_{\mathrm{rp}n} \cdot \cos(\psi_{\mathrm{rp}n}) + \dfrac{1}{\omega_{\mathrm{d}}} \cdot \sum\limits_{n=1}^{N} c_{\mathrm{rp}n} \cdot \dot{\delta}_{\mathrm{rp}n} \cdot \\ \cos(\psi_{\mathrm{rp}n}) + \dfrac{1}{\omega_{\mathrm{d}}^2} \cdot k_{\mathrm{r}} \cdot y_{\mathrm{r}} + \dfrac{1}{\omega_{\mathrm{d}}} \cdot c_{\mathrm{r}} \cdot \dot{y}_{\mathrm{r}} = 0 \\ M_{\mathrm{r}} \cdot \ddot{u}_{\mathrm{r}} + \dfrac{1}{\omega_{\mathrm{d}}^2} \cdot \sum\limits_{n=1}^{N} k_{\mathrm{rp}n} \cdot f_{\mathrm{rp}n} + \dfrac{1}{\omega_{\mathrm{d}}} \cdot \sum\limits_{n=1}^{N} c_{\mathrm{rp}n} \cdot \dot{\delta}_{\mathrm{rp}n} + \dfrac{1}{\omega_{\mathrm{d}}^2} \cdot k_{\mathrm{rt}} \cdot u_{\mathrm{r}} = \dfrac{T_{\mathrm{r}}}{\omega_{\mathrm{d}}^2 \cdot b_{\mathrm{c}} \cdot r_{\mathrm{br}}} \end{cases}$$

(3.100)

$$\begin{cases} m_{\mathrm{p}}\left(\ddot{x}_{\mathrm{pa}} - 2\dfrac{\omega_{\mathrm{c}}}{\omega_{\mathrm{d}}}\dot{y}_{\mathrm{pa}} - \dfrac{\omega_{\mathrm{c}}^2}{\omega_{\mathrm{d}}^2}x_{\mathrm{pa}}\right) + \dfrac{1}{\omega_{\mathrm{d}}^2} \cdot k_{\mathrm{sp}n} \cdot f_{\mathrm{sp}n} \cdot \sin(\psi_{\mathrm{sp}n}) + \dfrac{1}{\omega_{\mathrm{d}}} \cdot c_{\mathrm{sp}n} \cdot \dot{\delta}_{\mathrm{sp}n} \cdot \sin(\psi_{\mathrm{sp}n}) \\ + \dfrac{1}{\omega_{\mathrm{d}}^2} \cdot k_{\mathrm{rpa}} \cdot f_{\mathrm{rpa}} \cdot \sin(\psi_{\mathrm{rpa}}) + \dfrac{1}{\omega_{\mathrm{d}}} \cdot c_{\mathrm{rp}n} \cdot \dot{\delta}_{\mathrm{rp}n} \cdot \sin(\psi_{\mathrm{rp}n}) \\ + \dfrac{1}{\omega_{\mathrm{d}}^2} \cdot k_{\mathrm{cpa}} \cdot \delta_{\mathrm{pacx}} \cdot \mu_{\mathrm{pac}} + \dfrac{1}{\omega_{\mathrm{d}}} \cdot c_{\mathrm{cpa}} \cdot \dot{\delta}_{\mathrm{pacx}} \cdot \mu_{\mathrm{pac}} = 0 \\ m_{\mathrm{p}}\left(\ddot{y}_{\mathrm{pa}} + 2\dfrac{\omega_{\mathrm{c}}}{\omega_{\mathrm{d}}}\dot{x}_{\mathrm{pa}} - \dfrac{\omega_{\mathrm{c}}^2}{\omega_{\mathrm{d}}^2}y_{\mathrm{pa}}\right) - \dfrac{1}{\omega_{\mathrm{d}}^2} \cdot k_{\mathrm{sp}n} \cdot f_{\mathrm{sp}n} \cdot \cos(\psi_{\mathrm{sp}n}) - \dfrac{1}{\omega_{\mathrm{d}}} \cdot c_{\mathrm{sp}n} \cdot \dot{\delta}_{\mathrm{sp}n} \cdot \cos(\psi_{\mathrm{sp}n}) \\ - \dfrac{1}{\omega_{\mathrm{d}}^2} \cdot k_{\mathrm{rpa}} \cdot f_{\mathrm{rpa}} \cdot \cos(\psi_{\mathrm{rpa}}) - \dfrac{1}{\omega_{\mathrm{d}}} \cdot c_{\mathrm{rp}n} \cdot \dot{\delta}_{\mathrm{rp}n} \cdot \cos(\psi_{\mathrm{rp}n}) \\ + \dfrac{1}{\omega_{\mathrm{d}}^2} \cdot k_{\mathrm{cpa}} \cdot \delta_{\mathrm{pacy}} \cdot \mu_{\mathrm{pac}} + \dfrac{1}{\omega_{\mathrm{d}}} \cdot c_{\mathrm{cpa}} \cdot \dot{\delta}_{\mathrm{pacy}} \cdot \mu_{\mathrm{pac}} = 0 \\ M_{\mathrm{p}} \cdot \ddot{u}_{\mathrm{pa}} + \dfrac{1}{\omega_{\mathrm{d}}^2} \cdot k_{\mathrm{spa}} \cdot f_{\mathrm{spa}} + \dfrac{1}{\omega_{\mathrm{d}}} \cdot c_{\mathrm{spa}} \cdot \dot{\delta}_{\mathrm{spa}} - \dfrac{1}{\omega_{\mathrm{d}}^2} \cdot k_{\mathrm{rp}n} \cdot f_{\mathrm{rp}n} - \dfrac{1}{\omega_{\mathrm{d}}} \cdot c_{\mathrm{rp}n} \cdot \dot{\delta}_{\mathrm{rp}n} \\ + \dfrac{1}{\omega_{\mathrm{d}}^2} \cdot k_{\mathrm{pat}} \cdot u_{\mathrm{pa}} = 0 \end{cases}$$

(3.101)

太阳轮 s 位置度误差 $A_s = 25\mu m$（以 6 级加工精度为例），s 的轴孔尺寸公差分别为 0、6μm（4 级精度）、9μm（5 级精度）、13μm（6 级精度）时，s 的平移位移 x_s、y_s 分别如图 3.20 所示。

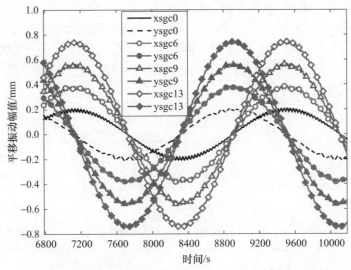

图 3.20　太阳轮轴孔尺寸公差对其平移振动幅值影响

由图 3.20 可以看出，当太阳轮不存在轴孔尺寸公差时，其平移振动幅值最小，随着太阳轮轴孔尺寸公差的增大，s 的平移振动幅值逐渐增大，表明轴孔尺寸公差的存在能使太阳轮发生浮动。

太阳轮 s 位置度误差 $A_s = 25\mu m$，s 的轴孔尺寸公差分别为 0、6μm、9μm、13μm 时，s 的平移支撑刚度变化如图 3.21 所示。

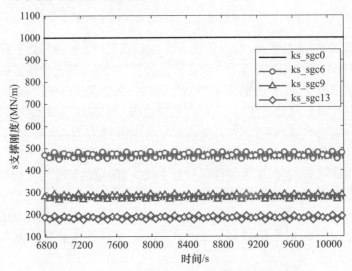

图 3.21　太阳轮轴孔尺寸公差对其支撑刚度影响

从图 3.21 中可以看出,当太阳轮不存在轴孔尺寸公差时,其平移支撑刚度为恒定值 1000MN/m,随着太阳轮轴孔尺寸公差的增大,其支承刚度逐渐减小且出现波动,与图 3.20 中的平移振动幅值吻合,即随着太阳轮轴孔尺寸公差的增加,其支撑刚度逐渐减小,振动幅值逐渐增大。

太阳轮 s 位置度误差 $A_s = 25\mu m$ 行星轮,p_1 的轴孔尺寸公差分别为 0、$6\mu m$、$9\mu m$、$13\mu m$ 时,行星轮 p_1 的平移振动幅值也会随着其轴孔尺寸公差的增大而增大,表明其振动越来越强烈。在不同的行星轮轴孔尺寸公差情况下,cp_1 的支撑刚度如图 3.22 所示。

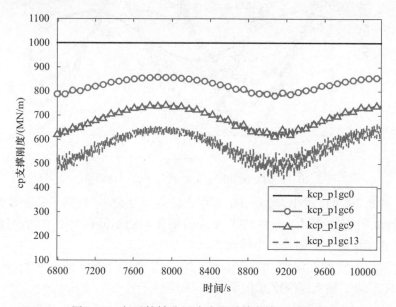

图 3.22 行星轮轴孔尺寸公差对其支撑刚度影响

从图 3.22 中可以看出,当行星轮不存在轴孔尺寸公差时,其平移支撑刚度为恒定值 1000MN/m,随着行星轮轴孔尺寸公差的增大,其支撑刚度逐渐减小且波动程度越来越明显,表明轴孔尺寸公差的存在会使其支撑刚度减小。

当只存在轴孔尺寸公差时,不存在位置度误差或分度圆跳动误差,太阳轮的制造精度分别为 6 级和 7 级时,其轴孔尺寸公差分别为 $21\mu m$ 和 $33\mu m$。仅在这两种轴孔尺寸公差作用下,系统的均载系数分别为 1.0006 和 1.0051,系统可看成作处于均载状态,表明在无其他误差存在时,太阳轮的轴孔尺寸公差对均载系数几乎无影响。

同理,当行星轮的制造精度为 4 级到 8 级时,行星轮与行星轮轴的轴孔尺寸公差大小分别为 $6\mu m$、$9\mu m$、$13\mu m$、$21\mu m$、$33\mu m$,系统的均载系数大小如图 3.23 所示。

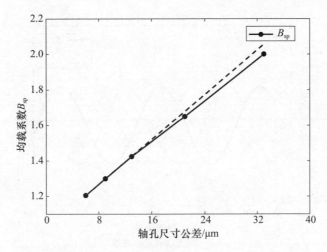

图 3.23　行星轮轴孔尺寸公差对均载影响

从图 3.23 可以看出,行星轮轴孔尺寸公差对均载系数影响较大,均载系数随着轴孔尺寸公差幅值的增大而增大。表明在无其他误差存在的情况下,行星轮的轴孔尺寸公差的增大会使系统均载性能恶化。当行星轮 p_1 轴孔尺寸公差为 $33\mu m$ 时,均载系数曲线如图 3.24 所示。

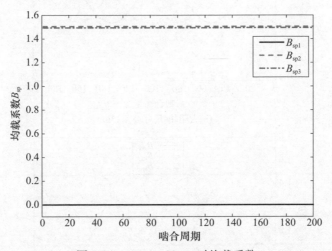

图 3.24　$gc\_p_1=30\mu m$ 时均载系数

从图 3.24 可以看出,B_{sp1} 始终为 0,可知 p_1 所在啮合副受力为 0,啮合力全部由另外两个行星轮承担,均载系数为 2,系统处于极不均载状态。

当存在其他误差及轴孔尺寸公差时,以制造精度为 6 级为例,太阳轮的位置度误差为 $25\mu m$、无轴孔尺寸公差、s 轴孔尺寸公差为 $13\mu m$、行星轮 p_1 轴孔尺寸公差为 $13\mu m$ 时,啮合副 s_{pn} 的均载系数曲线分别如图 3.25 所示。

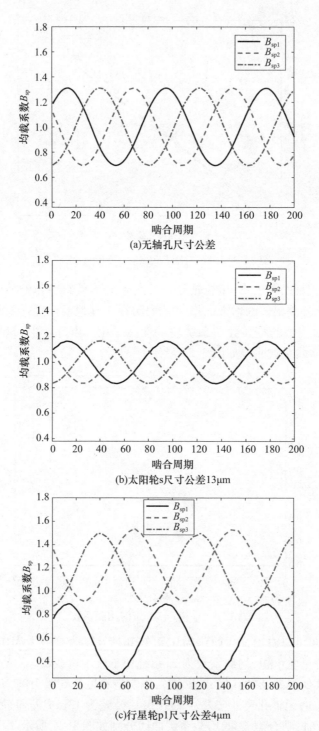

图 3.25 轴孔尺寸公差对均载系数的影响

图 3.25(a)中,无轴孔尺寸公差时,均载系数为 1.3123;图 3.25(b)中太阳轮存在轴孔尺寸公差时,均载系数为 1.16382;图 3.25(c)中行星轮存在轴孔尺寸公差时,均载系数为 1.7052,;图(b)中均载系数相对于图(a)小,表明图(b)中太阳轮的轴孔尺寸公差能够使均载性能改善;而图(c)中均载系数比图(a)大,表明行星轮的轴孔尺寸公差会使均载性能恶化。

当太阳轮 s 存在位置度误差、行星轮 p_1 存在位置度误差相位角为 0、p_1 存在位置度误差相位角为 90°、s 存在分度圆跳动误差、p_1 存在分度圆跳动误差、太阳轮和行星轮分别存在 4~8 级加工精度时,系统的均载系数如表 3.6 所列。

表 3.6　轴孔尺寸公差对均载系数影响表　　(单位:μm)

精度等级	$A_s = 25\mu m$		$A_p = 25\mu m$, $X_w = 0$		$A_p = 25\mu m$, $X_w = 90$		$E_s = 25\mu m$		$E_p = 25 m$	
	gc_s	gc_p1	gc_s	gc_p1	gc_s	gc_p1	gc_s	gc_p1	gc_s	gc_p1
	1.3123	1.3123	1.0065	1.0065	1.3799	1.3799	1.3118	1.3118	1.3908	1.3908
6μm(4 级)	1.2451	1.5031	1.005	1.2051	1.3144	1.5834	1.2458	1.5043	1.3252	1.5790
9μm(5 级)	1.2296	1.5932	1.004	1.3001	1.2837	1.6694	1.2130	1.5916	1.2915	1.6697
13μm(6 级)	1.1682	1.7052	1.003	1.4239	1.2410	1.8008	1.1686	1.7073	1.2457	1.7879
21μm(7 级)	1.0771	1.9755	1.0025	1.6649	1.1522	2	1.0788	1.9686	1.1577	2
33μm(8 级)	1.0013	2	1.0018	2	1.2208	2	1.0015	2	1.0198	2

当位置度误差存在时,太阳轮和行星轮轴孔尺寸公差对均载系数有影响分度圆跳动误差存在时,太阳轮和行星轮轴孔尺寸公差对均载系数的影响分别如图 3.26(a)、(b)、(c)、(d)所示。

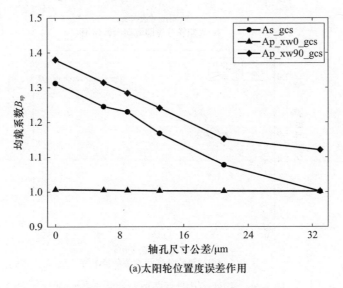

(a)太阳轮位置度误差作用

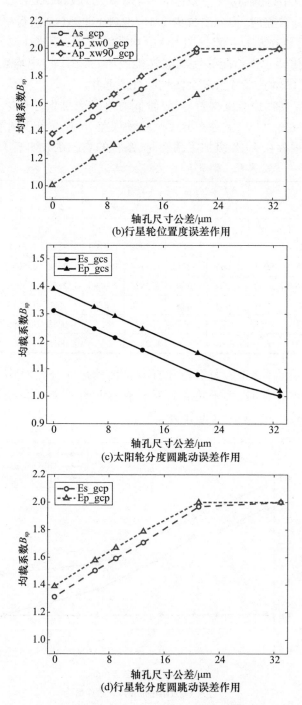

图 3.26 构件轴孔尺寸公差对均载系数影响

观察图 3.26(a)、(c)可以看出,在各误差存在的情况下,太阳轮存在轴孔尺寸公差时,均载系数随着其轴孔尺寸公差的增加而减小;图 3.26(b)、(d)可以看出,行星轮存在轴孔尺寸公差时,均载系数随着其轴孔尺寸公差的增加而增加。由此可以看出,太阳轮存在轴孔尺寸公差时,对系统均载性能有一定的改善作用,而行星轮存在轴孔尺寸公差时,会使均载性能恶化。图 3.26 中均载系数为 2 表示有一个行星轮啮合力始终为 0,啮合力全部由另两个行星轮承担。

3.5.4.3 位置度误差及行星轮个数对均载系数影响

本节以单排单级行星传动系统为例,对位置度误差及行星轮个数对均载系数的影响,系统参数见表 3.2。

以行星轮个数为 3,加工精度 6 级为例,即误差幅值 A_s、A_p 和 A_r 为 25 μm 为例,太阳轮的位置度误差、行星架轴孔位置度误差(只有 1 个轴孔存在位置度误差),以及内齿圈位置度误差单独作用时,系统的均载系数曲线分别如图 3.27(a)、(b)、(c)所示。

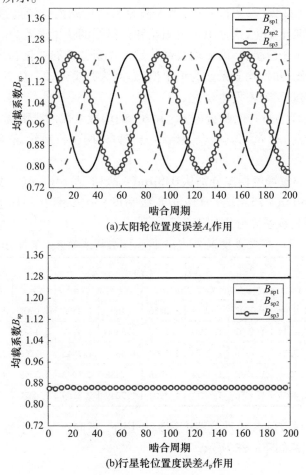

(a)太阳轮位置度误差 A_s 作用

(b)行星轮位置度误差 A_p 作用

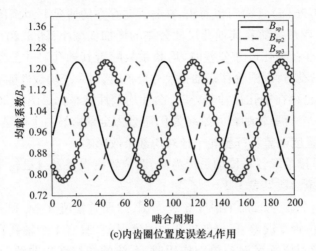
(c)内齿圈位置度误差A_r作用

图3.27 构件的位置度误差对均载系数影响

从图3.27(a)和(c)可以看出,当太阳轮和内齿圈的位置度误差作用时,均载系数呈现周期性变化,这是由于太阳轮和内齿圈的位置误差为时变误差激励,会依次作用于3个行星轮,因此均载系数呈现正余弦动态变化趋势;而当行星架轴孔位置误差作用时,均载系数为恒定值,是因为行星架轴孔位置误差为静态误差激励,因此均载系数不发生变化。

观察图3.27(b)可知,啮合副B_{sp2}和B_{sp3}的均载系数曲线重合,且B_{sp1}的均载系数始终大于B_{sp2}和B_{sp3},其啮合力始终大于另外两个行星轮,表明行星轮p_1出现持续的偏载。

当各构件的位置度误差分别从0、8μm(4级精度)、16μm(5级精度)、25μm(6级精度)、36μm(7级精度)、45μm(8级精度)变化,且行星轮个数分别为3、4、5时,系统的均载系数分别如表3.7所列。

表3.7 各位置度误差作用下系统均载系数表(单位:μm)

误差大小 (精度等级)	A_s			A_p			A_r		
	N=3	N=4	N=5	N=3	N=4	N=5	N=3	N=4	N=5
8μm(4级)	1.0708	1.0862	1.0978	1.0856	1.1693	1.2596	1.0705	1.0823	1.0924
16μm(5级)	1.1444	1.1703	1.1920	1.1755	1.3356	1.5112	1.1443	1.1657	1.1823
25μm(6级)	1.2267	1.2643	1.2979	1.2760	1.5177	1.7845	1.2266	1.2597	1.2844
36μm(7级)	1.3266	1.3739	1.4234	1.3976	1.7333	2.1048	1.3262	1.3872	1.4091
45μm(8级)	1.4075	1.4650	1.5233	1.4964	1.7049	2.3569	1.4071	1.4642	1.5100

表3.7所对应的各构件位置度误差作用下,不同行星轮个数对均载系数的影响规律折线图如图3.28所示。

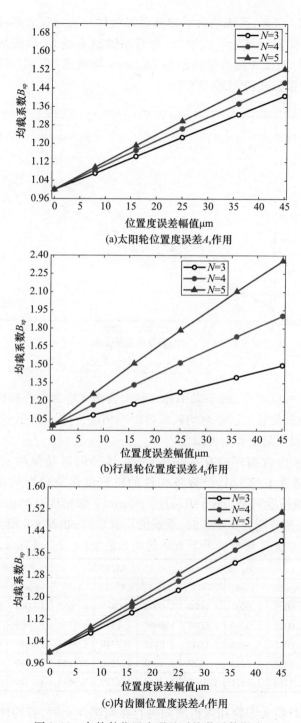

图 3.28 各构件位置度误差对均载系数影响

观察图 3.28 可知,系统均载系数随着各构件位置度误差幅值增大而增大,且呈线性关系;随着行星轮个数增加,均载系数越来越大,系统均载性能变差。以行星轮个数为 3、位置度误差幅值为 25μm(6 级精度)为例,不同构件存在位置误差时,均载系数如图 3.29 所示。

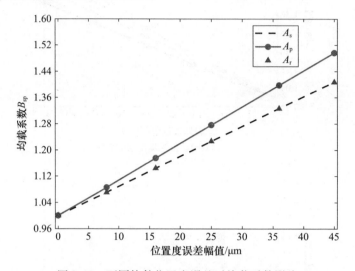

图 3.29　不同构件位置度误差对均载系数影响

从图 3.29 可以看出,由于太阳轮 s 和内齿圈 r 均为中心构件,具有相同的转动中心,因而其位置度误差对均载系数影响相近,行星轮轴孔位置度误差对均载系数的影响较太阳轮和内齿圈大。

当太阳轮和内齿圈同时存在间隙浮动,且径向浮动间隙 $s_{jx} = 13\mu m$, $r_{jx} = 13\mu m$(配合公差为 6 级)时,计算各构件的位置度误差分别从 0、8μm(4 级精度)、16μm(5 级精度)、25μm(6 级精度)、36μm(7 级精度)、45μm(8 级精度)变化,且行星轮个数分别为 3、4、5 时,系统的均载系数,如表 3.8 所列。

表 3.8　各位置度误差作用下系统均载系数表(s_{jx}, $r_{jx} = 13\mu m$, 单位:μm)

误差大小 (精度等级)	A_s			A_p			A_r		
	N=3	N=4	N=5	N=3	N=4	N=5	N=3	N=4	N=5
8μm(4 级)	1.0002	1.0002	1.0006	1.0002	1.0885	1.1885	1.0002	1.0002	1.0008
16μm(5 级)	1.0001	1.0003	1.0007	1.0002	1.1774	1.3736	1.0005	1.0003	1.0006
25μm(6 级)	1.0002	1.0003	1.0007	1.0472	1.2748	1.5741	1.0005	1.0003	1.0007
36μm(7 级)	1.0888	1.1014	1.1123	1.1603	1.4596	1.8123	1.0889	1.1025	1.1122
45μm(8 级)	1.1718	1.1971	1.2170	1.2614	1.6359	2.0688	1.1720	1.1946	1.2147

表 3.8 所对应太阳轮和内齿圈同时存在间隙浮动时,各构件位置度误差作用下,行星轮个数对均载系数的影响规律如图 3.30 所示。对比图 3.28 与

图 3.30 可知,当太阳轮和内齿圈同时存在间隙浮动时,系统均载系数降低,系统均载性能改善明显。随着行星轮个数的增加,均载系数越来越大,系统均载性能

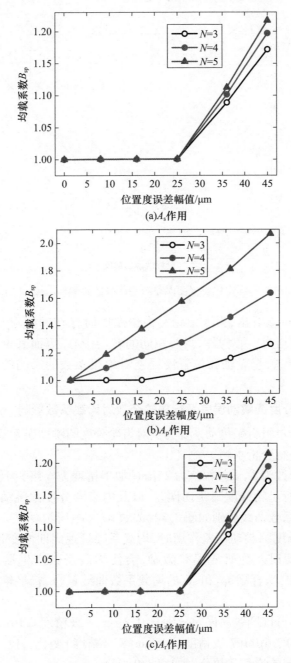

图 3.30　各构件位置度误差对均载系数影响($s_{jx}, r_{jx} = 13 \mu m$)

变差。以行星轮个数为3、位置度误差幅值为25μm(6级精度)为例,计算当太阳轮和内齿圈同时存在间隙浮动,且不同构件存在位置误差时,均载系数如图3.31所示。

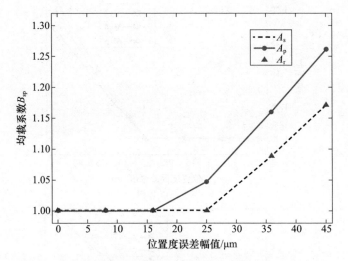

图3.31　不同构件位置度误差对均载系数影响(s_{jx},r_{jx}=13μm)

从图3.31可以看出,当太阳轮和内齿圈同时存在间隙浮动时,由于太阳轮s和内齿圈r均为中心构件,具有相同的转动中心,因而其位置度误差对均载系数影响相近,行星轮轴孔位置度误差对均载系数的影响较太阳轮和内齿圈的大。

3.5.4.4　齿轮分度圆跳动误差及行星轮个数对均载系数影响

本节以单排单级行星传动系统为例对齿轮分度圆跳动误差及行星轮个数对均载系数影响进行分析求解。

以行星轮个数为3、误差幅值为25μm(加工精度为6级)为例,太阳轮的分度圆跳动误差、行星轮分度圆跳动误差,以及内齿圈分度圆跳动误差单独作用时,系统的均载系数曲线分别如图3.32(a)、(b)、(c)所示。

各构件的分度圆跳动误差作用时,均载系数呈现周期性变化,是由于各构件的分度圆跳动误差为时变误差激励,会使均载系数产生动态变化。观察图3.32(b)可知,啮合副sp_2和sp_3的均载系数曲线重合,行星轮p_2和p_3啮合力大小一致。

当各构件的分度圆跳动误差分别从0、8μm(4级精度)、16μm(5级精度)、25μm(6级精度)、36μm(7级精度)、45μm(8级精度)变化,且行星轮个数分别为3、4、5时,系统的均载系数分别如表3.9所列。

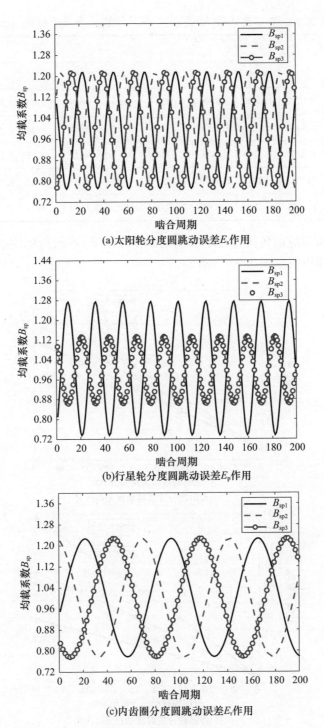

图 3.32 构件的分度圆跳动误差对均载系数影响

表3.9 各分度圆跳动误差作用下均载系数表(单位:μm)

误差大小 (精度等级)	E_s			E_p			E_r		
	$N=3$	$N=4$	$N=5$	$N=3$	$N=4$	$N=5$	$N=3$	$N=4$	$N=5$
8μm(4级)	1.0729	1.0890	1.1004	1.0851	1.1666	1.2569	1.0705	1.0823	1.0924
16μm(5级)	1.1470	1.1761	1.2004	1.1744	1.3322	1.5086	1.1443	1.1657	1.1823
25μm(6级)	1.2293	1.2708	1.3090	1.2741	1.5137	1.7822	1.2266	1.2597	1.2844
36μm(7级)	1.3282	1.3835	1.4360	1.3951	1.7280	2.0833	1.3262	1.3728	1.4091
45μm(8级)	1.4077	1.4746	1.5353	1.4931	1.8922	2.3579	1.4071	1.4642	1.5100

表3.9所对应的各构件分度圆跳动误差作用下,不同行星轮个数对均载系数的影响规律折线如图3.33所示。

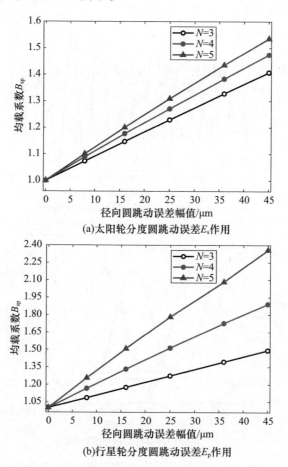

(a) 太阳轮分度圆跳动误差E_s作用

(b) 行星轮分度圆跳动误差E_p作用

第3章 单排单级行星齿轮传动动力学

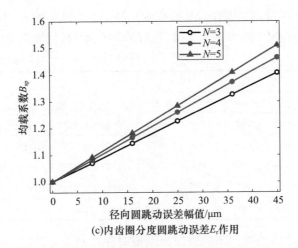

(c) 内齿圈分度圆跳动误差E_r作用

图3.33　分度圆跳动误差对均载系数影响

由图3.33可知，系统的均载系数随着分度圆跳动误差幅值的增大而增大，行星轮个数为3时，均载系数最小，系统均载性能最好。当行星轮个数为3，不同构件存在分度圆跳动误差时，均载系数如图3.34所示。

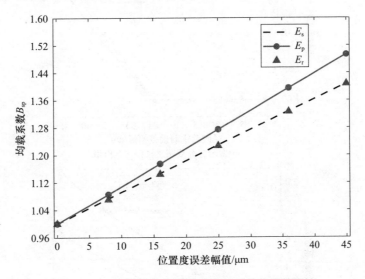

图3.34　不同构件分度圆跳动误差对均载系数影响

观察图3.34可知，太阳轮s和内齿圈r的齿轮的分度圆跳动误差对系统均载系数影响较为接近，行星轮的分度圆跳动误差对均载系数影响最大。

当太阳轮和内齿圈同时存在间隙浮动，且径向浮动间隙 $s_{jx} = 13\mu m$，$r_{jx} = 13\mu m$（配合公差为6级）时，计算各构件的分度圆跳动误差分别从 0、8μm（4级精度)、16μm(5级精度)、25μm(6级精度)、36μm(7级精度)、45μm(8级精度)变化,且行星轮个数分别为3、4、5时,系统的均载系数,如表3.10所列。

表3.10 各分度圆跳动误差作用下均载系数表($s_{jx}, r_{jx}=13 \mu m$,单位:μm)

误差大小 (精度等级)	E_s			E_p			E_r		
	$N=3$	$N=4$	$N=5$	$N=3$	$N=4$	$N=5$	$N=3$	$N=4$	$N=5$
8μm(4级)	1.0003	1.0003	1.0006	1.0007	1.0880	1.1879	1.0002	1.0004	1.0008
16μm(5级)	1.0007	1.0002	1.0006	1.0023	1.1779	1.3722	1.0003	1.0004	1.0008
25μm(6级)	1.0006	1.0002	1.0006	1.0360	1.2773	1.5725	1.0005	1.0003	1.0006
36μm(7级)	1.0860	1.0977	1.1072	1.1618	1.4681	1.8132	1.0889	1.1025	1.1122
45μm(8级)	1.1656	1.1901	1.2066	1.2603	1.6352	2.0740	1.1720	1.1946	1.2147

表3.10所对应的当太阳轮和内齿圈同时存在间隙浮动时,各构件分度圆跳动误差作用下,不同行星轮个数对均载系数的影响规律折线如图3.35所示。

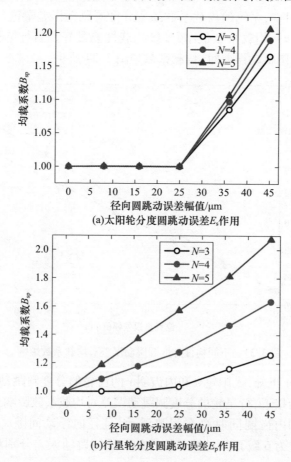

(a)太阳轮分度圆跳动误差E_s作用

(b)行星轮分度圆跳动误差E_p作用

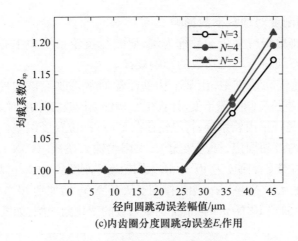

(c)内齿圈分度圆跳动误差E_r作用

图3.35　各构件位置度误差对均载系数影响（s_{jx}，$r_{jx}=13\mu m$）

对比图3.33与图3.35可知，当太阳轮和内齿圈同时存在间隙浮动时，系统的均载系数降低，系统的均载性能改善明显。随着行星轮个数的增加，均载系数越来越大，系统的均载性能变差。以行星轮个数为3，径向圆跳动误差幅值为$25\mu m$（6级精度）为例，计算当太阳轮和内齿圈同时存在间隙浮动，且不同构件存在径向圆跳动误差时，均载系数如图3.36所示。

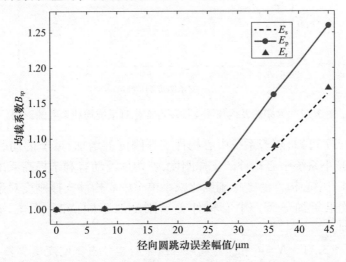

图3.36　不同构件径向圆跳动误差对均载系数影响（s_{jx}，$r_{jx}=13\mu m$）

从图3.36可以看出，当太阳轮和内齿圈同时存在间隙浮动时，由于太阳轮s和内齿圈r均为中心构件，具有相同的转动中心，因而其径向圆跳动误差对均载系数影响相近，行星轮轴孔径向圆跳动误差对均载系数的影响较太阳轮和内齿圈的大。

3.5.4.5 支撑刚度对均载系数影响

本节以单排单级行星传动系统为例,研究行星轮系统中心构件的支撑刚度对行星轮动态载荷不均匀系数的影响规律。

在行星齿轮传动系统中,让某个构件浮动通常是改变该构件的径向支撑刚度,保持构件误差及齿侧间隙不变,计算中心构件不同支撑刚度对系统均载系数的影响。图 3.37 是行星齿轮系统,行星轮存在 $25\mu m$ 的位置度误差,系统齿侧间隙为 0,太阳轮输入,内齿圈固定,行星架输出,太阳轮输入扭矩 $1000N·m$,输入转速为 $2000r/min$。内齿圈支撑刚度为 $10^9 N/m$,太阳轮支撑刚度从 $10^8 N/m$ 增加到 $10^9 N/m$,太阳轮支撑刚度为 $10^9 N/m$,内齿圈支撑刚度从 $10^8 N/m$ 增加到 $10^9 N/m$,以及两者同时从 $10^8 N/m$ 增加到 $10^9 N/m$ 时,系统均载系数的变化曲线图,如图 3.37 所示。

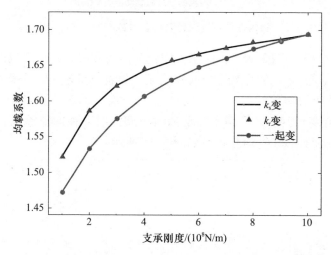

图 3.37 太阳轮及内齿圈支撑刚度变化对系统均载系数的影响

由图 3.37 可知,随着系统中心构件支撑刚度的增加,系统的均载系数会随之增大,即减小系统中心构件的支撑刚度,使构件浮动有利于提高系统的均载性能。减小多个中心构件的支撑刚度比减小单个中心构件支撑刚度对系统提高均载性能的效果更加显著。中心构件支承刚度取不同值时,系统均载系数如表 3.11 所列。

表 3.11 $N=4$ 系统均载系数随中心构件支撑刚度变化表

构件支撑刚度 ($10^8 N/m$)	1	2	3	4	5	6	7	8	9	10
太阳轮变化	1.5227	1.5865	1.6225	1.6424	1.6558	1.6667	1.6749	1.6816	1.6868	1.6936
内齿圈变化	1.5220	1.5865	1.6218	1.6453	1.6575	1.6653	1.6751	1.6838	1.6865	1.6936
同时变化	1.4724	1.5336	1.5753	1.6070	1.6296	1.6473	1.6605	1.6731	1.6847	1.6936

当太阳轮和内齿圈同时存在间隙浮动,且径向浮动间隙为 $s_{jx} = 13\mu m$, $r_{jx} = 13\mu m$(配合公差为 6 级)时,计算中心构件不同支撑刚度对系统均载系数的影响,如表 3.12 所列。

表 3.12 $N=4$ 系统均载系数随中心构件支撑刚度变化表(s_{jx}, $r_{jx}=13\mu m$)

构件支撑刚度 (10^8N/m)	1	2	3	4	5	6	7	8	9	10
太阳轮变化	1.3809	1.3815	1.3811	1.3784	1.3792	1.3790	1.3852	1.3787	1.3743	1.3779
内齿圈变化	1.3862	1.3745	1.3771	1.3900	1.3782	1.3796	1.3883	1.3816	1.3759	1.3779
同时变化	1.3781	1.3789	1.3787	1.3745	1.3779	1.3836	1.3785	1.3722	1.3773	1.3779

由表 3.12 可知,当太阳轮和内齿圈同时存在间隙浮动时,系统的均载系数降低。但当行星轮个数 $N=4$ 时,随着中心构件支撑刚度的变化,系统的均载系数变化幅度较小,系统的均载特性趋于稳定状态。

当太阳轮和内齿圈同时存在间隙浮动,计算行星轮个数 $N=3$ 时,中心构件不同支撑刚度对系统均载系数的影响见表 3.13 和图 3.38。

表 3.13 $N=3$ 系统均载系数随中心构件支撑刚度变化表(s_{jx}, $r_{jx}=13\mu m$)

构件支撑刚度 (10^8N/m)	1	2	3	4	5	6	7	8	9	10
太阳轮变化	1.0356	1.0452	1.0464	1.0458	1.0496	1.0585	1.0523	1.0550	1.0633	1.0616
内齿圈变化	1.0396	1.0514	1.0475	1.0535	1.0549	1.0571	1.0553	1.0633	1.0629	1.0616
同时变化	1.0301	1.0451	1.0477	1.0487	1.0492	1.0577	1.0538	1.0532	1.0619	1.0616

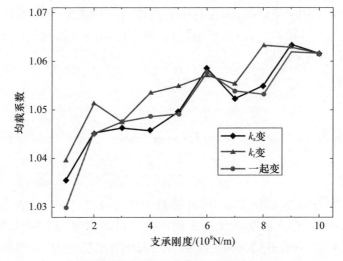

图 3.38 $N=3$ 系统均载系数随中心构件支撑刚度变化图(s_{jx}, $r_{jx}=13\mu m$)

由表 3.13 及图 3.38 可知,当行星轮个数 $N=3$,且太阳轮和内齿圈同时存在间隙浮动时,系统的均载系数大幅度降低,系统均载性能改善明显。此外,随着系统中心构件支撑刚度的增加,系统的均载系数会随之增大,但幅度较小。

3.5.4.6 同轴度误差对均载系数影响

对于齿轮系统而言,目前国内外学者的理论研究均是将其简化为平面内的三自由度弹簧阻尼系统,即将啮合副等效为平面内沿啮合线方向的弹簧,齿轮啮合刚度等效为弹簧的刚度,齿轮轴线同轴度误差的存在使得该系统成为空间的三维系统,该误差的存在使得系统不仅存在沿啮合线方向的切向力,还存在沿轴线方向的轴向力,其动力学模型如图 3.39 所示。

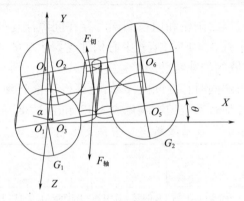

图 3.39 同轴度误差动力学模型图

图 3.39 中一对齿轮 G_1G_2 相啮合,齿轮 G_1 存在同轴度误差,轴线 O_1O_2 是其理论轴线,与齿轮 G_2 轴线 O_5O_6 平行,安装后的齿轮 G_1 轴线 O_3O_4 在 XO_1Z 平面内存在角度为 α 的同轴度误差,两齿轮中心连线与 X 轴夹角为 θ,齿轮宽度为 D,齿轮同轴度误差直径值为 E_t,系统啮合时,产生的切向力和轴向力分别为 F_t 和 F_α,齿轮啮合力为 F,则

$$\tan\alpha = \frac{E_t}{D} \tag{3.109}$$

$$F_\alpha^2 + F_t^2 = F^2 \tag{3.110}$$

$$F_\alpha = F \cdot \sin\alpha \cdot \sin\theta \tag{3.111}$$

求得

$$F_t = F\sqrt{1-(\sin\alpha \cdot \sin\theta)^2} \tag{3.112}$$

因此,当齿轮存在同轴度误差时,等效为齿轮轴线存在一个角度为 α 的偏移和 XO_1Y 平面内存在误差值为 $E_t/2$ 的位置度误差,进而引起啮合线方向的切向力减小,轴线方向存在切向力。以第一级简单行星轮系为例计算同轴度误差对系统均载特性的影响,系统参数见表 3.14,齿轮接触宽度为 30mm,假设系统

中只有太阳轮存在同轴度误差,系统无浮动设计,其他误差不存在,以系统 6 级精度为例,则太阳轮同轴度误差直径为 25μm 为例,经过计算其均载系数为 1.1121,如图 3.40 所示。

表 3.14 行星轮系基本计算参数

基本参数	太阳轮 s	行星架 c	内齿圈 r	行星轮 p
齿数	35	—	73	19
模数/mm	4		4	4
质量/kg	3.959	23.0951	4.352	1.011
转动惯量/(kg·m²)	0.00634	0.2589	0.05381	0.00067
径向支承刚度/(N/m)	10^9	10^9	10^9	10^9
切向支承刚度/(N/m)	0	0	10^{12}	0
啮合刚度/(N/m)	5×10^8	5×10^8	5×10^8	5×10^8
压力角/(°)	25	—	25	25

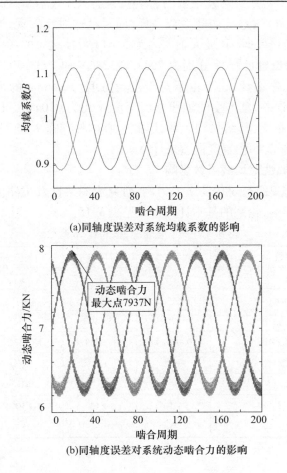

(a) 同轴度误差对系统均载系数的影响

(b) 同轴度误差对系统动态啮合力的影响

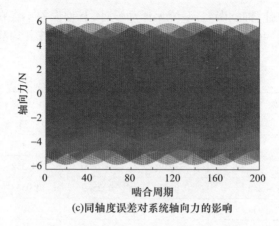

(c) 同轴度误差对系统轴向力的影响

图 3.40　同轴度误差对系统的影响(见彩图)

在啮合过程中，其切向力最大为 7937N，轴向力最大为 5.647N，经过对比计算发现，该误差值对系统均载系数的影响与只有太阳轮存在 12.5μm 位置度误差(其他参数一致)时系统均载系数一样，同时经过对比发现，当仅有太阳轮存在 25μm 同轴度误差时，其最大轴向力为 5.647N，且此时的切向力与仅太阳轮存在 12.5μm 的位置度误差分别为 7937.393286N 和 7937.393301N，其误差与轴向力均可以忽略不计，这是由于对于齿轮宽度为 30 mm 的齿轮存在直径为 25μm 的同轴度误差，其产生的轴线倾斜角度 α 约为 0.041°，可以忽略不计，经过计算，不同的系统，其结果均一致，因此中心构件存在 E_t 的同轴度误差时，可以按照其存在 $E_t/2$ 的位置度误差来计算求解。

3.5.4.7　齿圈柔性对均载系数影响

本节以单排单级行星传动系统为例，研究齿圈柔性及齿圈的轮缘厚度对系统均载特性的影响，轮系的基本计算参数见表 3.15。

表 3.15　行星轮系基本计算参数

基本参数	太阳轮 s	行星架 c	内齿圈 r	行星轮 p
齿数	35	—	73	19
模数/mm	4	—	4	4
质量/kg	3.959	23.0951	4.352	1.011
转动惯量/(kg·m^2)	0.00634	0.2589	0.05381	0.00067
径向支承刚度/(N/m)	10^9	10^9	10^9	10^9
切向支承刚度/(N/m)	0	0	10^{12}	0
啮合刚度/(N/m)	5×10^8	5×10^8	5×10^8	5×10^8
压力角/(°)	25	—	25	25

采用 Adams 软件对行星轮系进行仿真,提取各啮合副的啮合力,从而计算系统的均载系数。齿圈的柔性是通过模态中性文件(Model Neutral File,mnf)来实现的,模态中性文件中包含齿圈的模态位移,通过模态位移及刚度,可以计算出啮合副的啮合力,模态中性文件在 Abaqus 中生成,然后将在软件中用 *.mnf 替换原刚性体齿圈,即为刚柔耦合模型,其过程如图 3.41 所示。

图 3.41　刚柔耦合模型仿真流程图

齿圈的网格划分如图 3.42 所示。

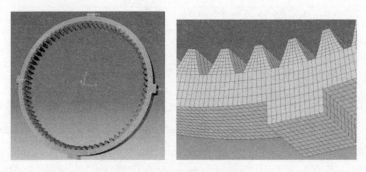

图 3.42　内齿圈网格划分

齿圈轮缘厚度的计算公式为

$$\gamma = \frac{r_o - r_f}{r_f - r_a} \tag{3.113}$$

式中:r_a 为内齿圈的齿顶圆半径;r_f 为齿根圆半径;r_o 为齿圈轮缘半径;γ 为轮缘厚度系数。

轮缘厚度系数分别为 1、1.25 和 1.5 时,内齿圈模型如图 3.43 所示。

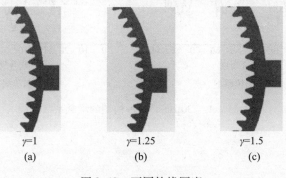

图 3.43　不同轮缘厚度

随着轮缘厚度系数 γ 增加,齿圈的厚度也增加。

以啮合副 rpn 为例,当太阳轮 s 存在位置度误差,幅值为 $30\mu m$ 时,$\gamma=1.25$ 的刚体模型和刚柔耦合模型的啮合力分别如图 3.44 所示。

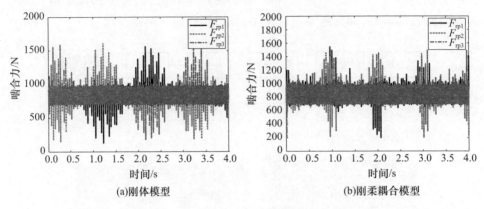

图 3.44　$A_s=30\mu m$ 时两种模型啮合力曲线

对比图 3.44(a)和(b)可知,将齿圈设定为柔性体之后,啮合力的峰值略微有点下降,但是下降幅度不大;刚柔耦合模型中啮合力较大的区域比纯刚体模型小,这对系统是有益的。

太阳轮 s 存在位置度误差和行星轮 p_1 存在位置度误差,幅值为 $30\mu m$ 时,啮合副 rpn 的均载系数曲线分别如图 3.45 和图 3.46 所示。

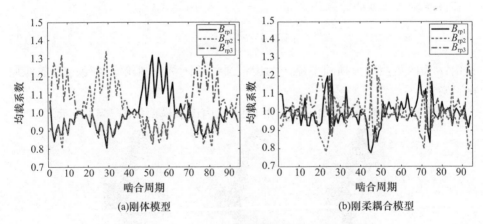

图 3.45　$A_s=30\mu m$ 时两种模型的均载系数曲线

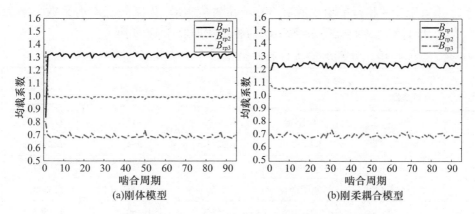

图 3.46　$A_p = 30\mu m$ 时两种模型的均载系数曲线

图 3.45 和图 3.46 中,太阳轮 s 存在位置度误差时,均载系数呈现周期性变化,但是由于刚柔耦合模型中,内齿圈被离散,其周期性变化没有纯刚体模型明显;行星轮 p_1 存在位置度误差作用时,均载系数为恒定值,且误差所在的啮合副均载系数恒大于另外两个啮合副,系统出现持续的偏载现象。图 3.45 中两种模型系统的均载系数分别为 1.3387 和 1.3137,图 3.46 中两种模型系统的均载系数分别为 1.3353 和 1.2879,刚柔耦合模型中均载系数较小,表明齿圈柔性对系统的均载有一定的改善作用。

当太阳轮 s 存在分度圆跳动误差 $E_s = 30\mu m$ 时,刚体模型和刚柔耦合模型中,啮合副 rp$n$ 的均载系数曲线分别如图 3.47(a)和(b)所示。

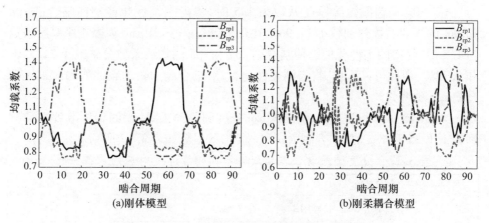

图 3.47　$E_s = 30\mu m$ 时两种模型的均载系数曲线

图 3.47(a)和(b)中,均载系数大小分别为 1.4312 和 1.4182,表明将齿圈柔性化之后,均载系数变小。

当太阳轮 s 和行星轮 p_1 存在 $30\mu m$ 位置度误差,齿圈轮缘厚度系数分别为 1,1.25 和 1.5 时,啮合副 sp$n$ 和 rp$n$ 均载系数如表 3.16 所列。

表 3.16 位置度误差作用时不同轮缘厚度对应的均载系数表

均载系数		轮缘厚度系数	$\gamma=1$	$\gamma=1.25$	$\gamma=1.5$
$A_s=30\mu m$	啮合副 sp$n$	纯刚体	1.5105	1.5155	1.5167
		刚柔耦合	1.2241	1.2347	1.2443
	啮合副 rp$n$	纯刚体	1.3334	1.3387	1.34
		刚柔耦合	1.2766	1.3137	1.3329
$A_p=30\mu m$	啮合副 sp$n$	纯刚体	1.1535	1.1592	1.1863
		刚柔耦合	1.135	1.1497	1.161
	啮合副 rp$n$	纯刚体	1.3339	1.3353	1.341
		刚柔耦合	1.2437	1.2879	1.3044

观察表可以发现,纯刚体模型中,轮缘厚度对均载系数的影响特别小,几乎可以忽略;对比纯刚体模型和刚柔耦合模型,刚柔耦合模型的均载系数比纯刚体模型的小,表明将齿圈柔性化处理之后,能够改善系统的均载系数;在刚柔耦合模型中,均载系数随着轮缘厚度的增大而增大,表明齿圈较薄的情况下,均载性能较好,是因为齿圈轮缘厚度较薄时,齿圈的柔性比轮缘厚度较厚时好。

$A_s=30\mu m$,齿圈轮缘厚度系数为 1.5 时,将齿圈柔性化能够使啮合副 sp$n$ 和 rp$n$ 的均载系数分别减小 17.96% 和 0.5298%;$A_p=30\mu m$,齿圈轮缘厚度系数为 1.5 时,将齿圈柔性化能够使啮合副 sp$n$ 和 rp$n$ 的均载系数分别减小 21.32% 和 2.72%;由此可以看出,将齿圈柔性化时,对啮合副 sp$n$ 均载性能的改善比啮合副 rp$n$ 更明显。

当太阳轮 s 和行星轮 p_1 存在 $30\mu m$ 分度圆跳动误差,齿圈轮缘厚度系数分别为 1,1.25 和 1.5 时,啮合副 sp$n$ 和 rp$n$ 均载系数如表 3.17 所列。

表 3.17 分度圆跳动误差作用时不同轮缘厚度对应的均载系数

均载系数			$\gamma=1$	$\gamma=1.25$	$\gamma=1.5$
$E_s=30\mu m$	啮合副 sp$n$	纯刚体	1.6121	1.6132	1.6156
		刚柔耦合	1.4329	1.4565	1.4741
	啮合副 rp$n$	纯刚体	1.4287	1.429	1.4312
		刚柔耦合	1.3979	1.4182	1.4234

续表

均载系数			$\gamma=1$	$\gamma=1.25$	$\gamma=1.5$
$E_p=30\mu m$	啮合副 sp$n$	纯刚体	1.5863	1.5868	1.5879
		刚柔耦合	1.2981	1.311	1.37522
	啮合副 rp$n$	纯刚体	1.5795	1.58	1.582
		刚柔耦合	1.44	1.451	1.4707

观察表 3.17 可知,分度圆跳动误差作用时,齿圈柔性对均载系数的影响与位置度误差存在时类似,将齿圈进行柔性处理,可以改善系统的均载性能,且齿圈轮缘厚度越薄,均载系数越小,均载性能越好。

$E_s=30\mu m$,齿圈轮缘厚度系数为 1.5 时,将齿圈柔性化能够使啮合副 sp$n$ 和 rp$n$ 的均载系数分别减小 8.75% 和 0.545%;$E_p=30\mu m$,齿圈轮缘厚度系数为 1.5 时,将齿圈柔性化能够使啮合副 sp$n$ 和 rp$n$ 的均载系数分别减小 13.39% 和 7.07%。由此可以看出,将齿圈柔性化时,对啮合副 sp$n$ 均载性能的改善比啮合副 rp$n$ 更明显。

3.5.4.8 行星排均载系数实例计算

综合考虑所有误差,分别计算不同精度齿轮系统的均载系数,其中六级精度系统太阳轮输入扭矩 646.7Nm,太阳轮转速 1000r/min,齿侧间隙 20μm,各构件无浮动,太阳轮、内齿圈及行星轮 1 分别具有 25μm 的位置度和分度圆跳动误差,且太阳轮存在 13μm 的尺寸公差和 10μm 的同轴度误差,七级精度系统中各参数不变,仅误差值由 25μm 增大为 36μm。经计算,两套系统的最大均载系数分别为 1.3157 和 1.5495。其均载系数如表 3.17 所示,与本节计算获得结果 1.5495(七级精度)和 1.3157(六级精度)非常接近。

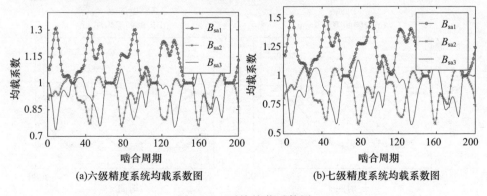

图 3.48 系统均载系数图

3.5.5 动态特性分析

3.5.5.1 齿侧间隙对系统动态响应的影响

当齿轮传动系统的转速过高,频繁启动和停止,轮齿间的接触状态发生变化时,齿侧间隙导致轮齿间接触分离再接触的冲击,对系统动力学特性影响较大,因此分析齿侧间隙对系统动态响应的影响。系统太阳轮输入扭矩为 1000N·m,内齿圈固定,行星架输出扭矩为 3562.5N·m,计算当太阳轮存在 50μm、100μm、150μm 及 200μm 的位置度误差时,不同齿侧间隙对系统太阳轮行星轮啮合副动态啮合力的影响,其结果如图 3.49~图 3.52 所示。

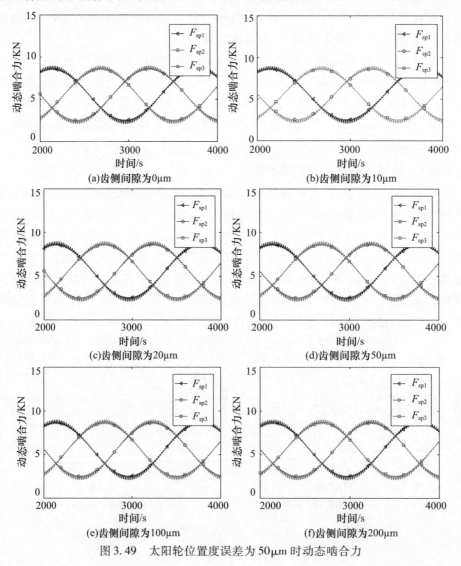

图 3.49 太阳轮位置度误差为 50μm 时动态啮合力

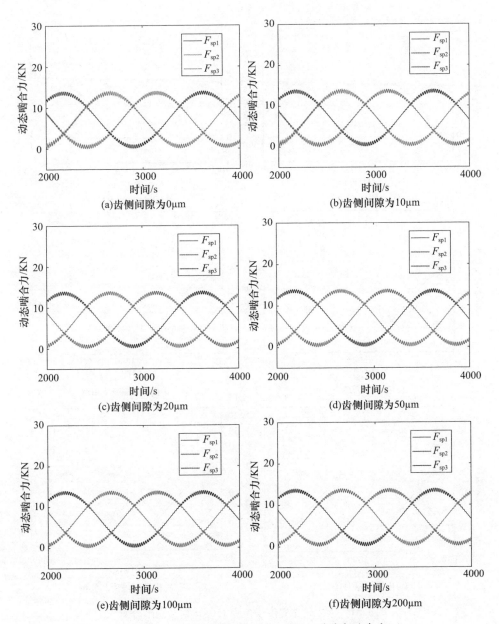

图 3.50 太阳轮位置度误差为 100μm 时动态啮合力

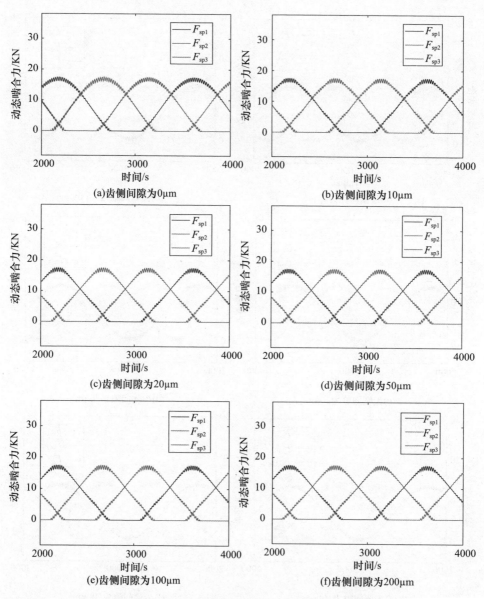

图 3.51 太阳轮位置度误差为 150μm 时动态啮合力

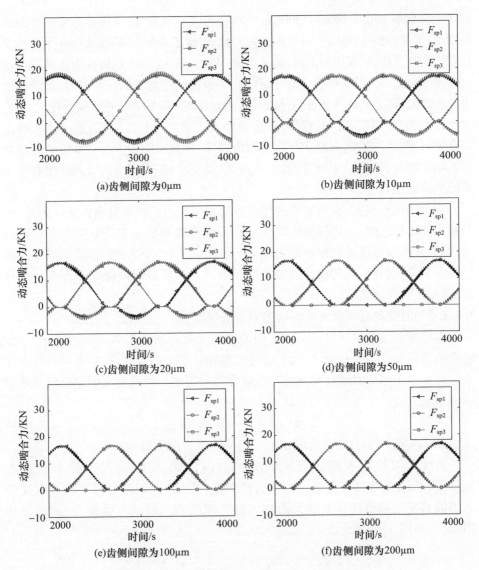

图 3.52　太阳轮位置度误差为 200μm 时动态啮合力

通过对比图 3.49(a)~(f)与图 3.50(a)~(f)可知,当太阳轮的位置度误差为 50μm 或 100μm,且系统齿侧间隙分别取 0、10μm、20μm、50μm、100μm、200μm 时,系统动态啮合力不变。对比图 3.51(a)~(f)可知,当太阳轮的位置度误差为 150μm,且系统齿侧间隙分别取 0、10μm、20μm、50μm、100μm、200μm 时,系统动态啮合力均出现了 0 值,说明系统存在单边冲击现象。对比图 3.52(a)~(f)可知,当太阳轮的位置度误差为 200μm,且齿侧间隙分别取 0、10μm、20μm 时,啮合力出现了负值,说明系统存在双边冲击,在图 3.52(d)~(f)中,齿侧间隙分别取 50μm、100μm、200μm 时啮合力没有负值，即系统没有双边冲击现象发生，但是在图 3.50(b)~(f)中，啮合力均出现了 0 值，说明系统存在单边冲击现象。同时发现，在双边冲击时，随着齿侧间隙的增大，系统双边冲击区域减少单边冲击区域增多且最大啮合力变小，然而，当齿侧间隙增大到一定值时，系统的双边冲击现象消失，系统的动态啮合力不会随着齿侧间隙的变化再继续变化。

由此说明，当系统误差较小，齿轮啮合处于非冲击状态时，当系统进入稳定啮合区域后，系统齿侧间隙均存在于轮齿背部，齿侧间隙的大小对系统动态啮合力影响不明显，但是由于润滑、加工误差，以及安装要求，适当的齿侧间隙有助于系统的平稳运行。

当系统误差较大，齿轮啮合过程中容易发生轮齿间接触分离再接触的冲击，即处于冲击状态时，一定范围内增大系统齿侧间隙有助于避免系统发生双边冲击，但是无法避免系统的单边冲击现象，同时，一定的齿侧间隙有助于系统的润滑和安装，故而在齿轮的设计及加工过程中适当的齿侧间隙能够降低系统的冲击，有助于其平稳运行。

3.5.5.2 时变啮合刚度对系统动态响应的影响

齿轮啮合过程中同时参与啮合的齿对数会随时间发生周期性的变化，是齿轮系统最重要的内部激励之一，在研究行星轮系动态响应时，分别考虑啮合刚度平均值和波动幅值的变化对系统动态啮合力的影响。时变啮合刚度采用正弦波动的形式：

$$k(t) = \bar{k} + \bar{k} \cdot \kappa \cdot \sin(\omega t) \tag{3.114}$$

式中：$\bar{k}$ 和 κ 分别为时变啮合刚度的平均值和啮合刚度波动系数。

系统太阳轮输入扭矩为 1000N·m，内齿圈固定，行星架输出扭矩为 3563.5N·m，系统综合传递误差和齿侧间隙均为 0，分别改变时变啮合刚度的平均值和波动幅值计算系统太阳轮和行星轮啮合副的动态啮合力，其结果如图 3.53 和图 3.54 所示。

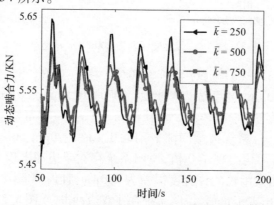

图 3.53 时变啮合刚度平均值对动态啮合力的影响

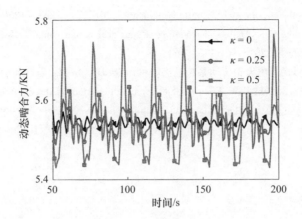

图 3.54 时变啮合刚度波动系数对动态啮合力的影响

由于系统没有误差和间隙,且啮合相位角一致,所以系统时变啮合刚度的变化对其他啮合副动态啮合力与太阳轮和行星轮啮合副啮合力影响趋势一致,故而未画出其他啮合副的动态啮合力。由图 3.53 和图 3.54 可知,当啮合刚度的平均值分别取 $250\text{N}/\mu\text{m}$、$500\text{N}/\mu\text{m}$ 和 $750\text{N}/\mu\text{m}$ 时,系统太阳轮和行星轮啮合副的动态啮合力波动的幅值随着啮合刚度平均值的增大而减小,当啮合刚度的波动系数分别取 0、0.25 和 0.5 时,系统太阳轮和行星轮啮合副的动态啮合力波动的幅值随着啮合刚度波动系数的增大而增大,其周期与平均值不变,所以在齿轮系统的设计中,为了减小系统啮合力的振动,应尽量增大齿轮时变啮合刚度平均值,减小啮合刚度的波动系数,而标准渐开线齿轮的啮合刚度主要和分度圆半径、模数、重合度与齿轮厚度相关,由于增大啮合刚度会改变系统的固有频率,增大分度圆半径、模数及齿轮厚度会增大齿轮结构尺寸,故而这些参数不宜增加,可以考虑在不改变这些参数的情况下增大齿轮的重合度。

参考文献

[1] 李润方,王建军. 齿轮系统动力学:振动、冲击、噪声[M]. 北京:科学出版社,1997.
[2] Parker R G,Lin J. Mesh phasing relationships in planetary and epicyclic gears[J]. Journal of mechanical design,2004,126(2):365-370.
[3] Wang P,Xu H,Ma H,et al. Effects of three types of bearing misalignments on dynamic characteristics of planetary gear set-rotor system[J]. Mechanical systems and signal processing,2022,169:108736.
[4] Jiang H,Shao Y,Mechefske C K. Dynamic characteristics of helical gears under sliding friction with spalling defect[J]. Engineering failure analysis,2014,39:92-107.
[5] Shao Y,Chen Z. Dynamic features of planetary gear set with tooth plastic inclination deforma-

tion due to tooth root crack[J]. Nonlinear dynamics,2013,74:1253-1266.
[6] Yu W,Mechefske C K. Analytical modeling of spur gear corner contact effects[J]. Mechanism and machine theory,2016,96:146-164.
[7] 黄启林. 封闭式行星齿轮传动系统动态特性研究[D]. 济南:山东大学,2014.
[8] Tatar A,Schwingshackl C W,Friswell M I. Dynamic behaviour of three-dimensional planetary geared rotor systems[J]. Mechanism and Machine Theory,2019,134:39-56.
[9] 成大先. 机械设计手册:第三卷[M]. 4版. 北京:化学工业出版社,2002.

第4章 复合行星齿轮传动动力学

4.1 引 言

　　复合行星齿轮传动系统在工程中广泛应用,可以承受更大的载荷并提供更多的传动比,其内部结构复杂、非线性因素丰富,因此其动力学分析本身具有复杂性。与单排单级行星齿轮传动系统相比,复合行星齿轮传动系统具有多种功率传递流,且结构紧凑、体积小、传动比大、承载能力强,在大型武器装备和能源装备中得到了广泛应用,是装甲车辆、直升机、风力发电机等传动系统变速换挡的核心部件,还被广泛应用于车辆船舶、航空航天、能源开发等领域。然而,在车辆复合行星齿轮传动系统中,时变啮合刚度、齿隙和综合误差等非线性激励会导致振动噪声大、载荷分布不均匀、运行不稳定等问题。在随动坐标系中建立复合行星排动力学模型时,需同时考虑行星轮的离心力和科氏力啮合副的时变啮合刚度及齿形误差等因素。

　　本章主要以复合行星齿轮传动系统为研究对象,首先对复合行星齿轮传动系统的结构特性进行介绍,阐述复合行星齿轮传动系统运动学特性及啮合特性。在此基础上,根据牛顿第二运动定律和拉格朗日方程,分别建立系统纯扭和弯扭耦合动力学模型,计入各齿轮副时变啮合刚度、阻尼、支撑、齿侧间隙、综合传动误差、啮合相位等非线性影响因素。根据各构件间相对位移分析,推导系统振动微分方程。通过建立能准确反映复合行星齿轮传动动力学特性的模型,为复合行星齿轮传动系统动力学分析提供理论基础。

4.2 复合行星齿轮传动工作特点

　　复合行星齿轮传动系统是由简单行星齿轮传动之间或简单行星齿轮传动与复式行星齿轮传动之间串联组合而成的行星排。在实际应用中,Ravigneaux式复合行星齿轮传动系统作为复合行星齿轮传动系统的经典结构被广泛应用。该轮系具有多种结构形式,但基本构架相同,都采用两个单排行星齿轮传动系统作为基本构架,通过长行星轮将前后两个单排行星齿轮传动系统巧妙地组合,成为一种性能优越的复合行星齿轮传动机构,图4.1为常见的两种拉维娜式复合行星齿轮传动系统。其中图4.1(b)为拉维娜式复合行星齿轮传动系统的典型结构,长行星轮与前排的太阳轮、前排的小齿圈以及后排的短行星轮啮合,短行星轮则与大齿圈啮合。本章即以图4.1(b)所示的Ravigneaux式复合行星齿轮传动系统的典型结构形式为研究对象进行动力学分析。

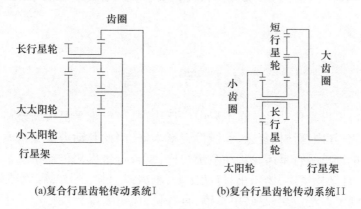

(a)复合行星齿轮传动系统Ⅰ   (b)复合行星齿轮传动系统Ⅱ

图4.1　两种Ravigneaux式复合行星齿轮传动系统

该复合行星齿轮传动系统结构简图如图4.2所示。系统包括太阳轮、行星架、输入齿圈、浮动齿圈、长行星轮和短行星轮。该复合行星齿轮传动系统具有多种功率流传递路线,在本章中输入齿圈作为输入构件,太阳轮和行星架作为输出构件。

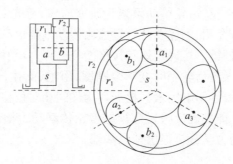

图4.2　复合行星齿轮传动系统结构简图

4.3　复合行星齿轮传动系统运动分析

某车辆减速器的复合齿轮行星传动系统简图如图4.3(a)所示。将齿轮啮合模拟成弹簧,并考虑各构件的支撑刚度,则建立如图4.3(b)所示的动力学模型。

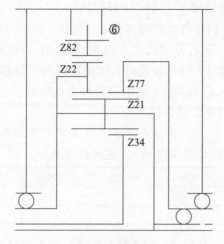

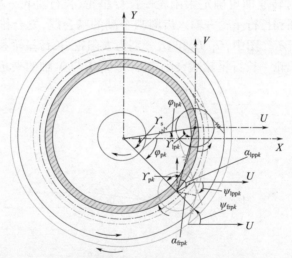

(b)动力学模型(从输入端往输出端,输入齿圈正向转动(逆时针))

图 4.3 复合排机构简图及其动力学模型

图 4.3(b)展示了复合行星传动系统从输入端到输出端视角下,当输入齿圈正向转动(逆时针)时,复合排太阳轮—长行星轮—输入齿圈系统和长行星轮—短行星轮—浮动齿圈系统的结构图。

4.3.1 坐标系统与运动分析

(1)复合行星传动系统坐标系建立

图 4.3(b)中,OXY 为惯性坐标系,假设复合排轮系各部件包含平面内 3 个

自由度:U向平动、V向平动以及W向转动(即扭转)。

根据建立的坐标系,假设各个传动部件为:

$x_i, y_i (i = \text{s}, \text{c}, \text{p}k, \text{lp}k, \text{fr}, \text{r})$,分别代表太阳轮、行星架、短行星轮、长行星轮、浮动齿圈与输入齿圈)为构件i的质心偏离其理论位置的线位移。

$u_i (i = \text{s}, \text{c}, \text{p}k, \text{lp}k, \text{fr}, \text{r})$为构件$i$的沿啮合线上的位移。

(2)复合行星传动系统运动分析

表4.1 假设工况下复合排各中心部件绝对转速转向以及相对行星架转速转向(逆时针为正)(r/s)

	输入齿圈	行星架	太阳轮	长行星轮	短行星轮	浮动齿圈
绝对转速	+	+	0	+	+	+
相对转速	+	0	-	+	-	-

如果从复合排左端往右端看,根据表4.2确定的各构件绝对转速与相对于行星架的相对转速即可确定太阳轮—长行星轮、长行星轮—短行星轮、短行星轮—浮动齿圈和长行星轮—输入齿圈啮合副的啮合线,复合排的几何关系示意图如图4.4所示。图中,O_1、O_2和O_3分别为太阳轮、长行星轮和短行星轮齿心安装位置。太阳轮—长行星轮啮合副中心线O_1O_2与X轴的夹角$\varphi_{\text{l}n}$为长行星轮i的安装角。

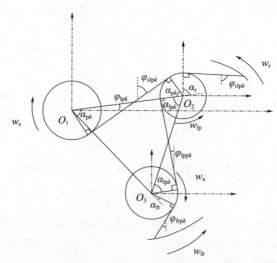

图4.4 复合排各啮合副之间的几何关系示意图

(1)设长行星轮指向太阳轮的方向为啮合线的正方向。

太阳轮线位移x_s、y_s、u_s沿啮合线方向的投影为

$$-x_s \sin\varphi_{\text{sl}pk}, -y_s \cos\varphi_{\text{sl}pk}, -u_s \quad (4.1)$$

式中:$\varphi_{\text{sl}pk} = \alpha_{\text{l}pk} - \varphi_{\text{l}pk}$为短行星轮与太阳轮啮合线的距$U$轴的角位置(图4.4)。

第4章 复合行星齿轮传动动力学

长行星轮线位移 x_{1pk}、y_{1pk}、u_{1pk} 沿太阳轮—长行星轮啮合线方向的投影为

$$-x_{1pk}\sin\varphi_{slpk},\ -y_{1pk}\cos\varphi_{slpk},\ u_{1pk} \qquad (4.2)$$

太阳轮与长行星轮啮合副之间的误差为 e_{slpk}。

所以,长行星轮相对于太阳轮的位移沿啮合线上的投影为

$$\delta_{slpk}=(x_s-x_{1pk})\sin\varphi_{slpk}+(y_s-y_{1pk})\cos\varphi_{slpk}+u_{1pk}+u_s+e_{slpk} \qquad (4.3)$$

(2)设主动轮指向从动轮的方向为啮合线的正方向。

长行星轮线位移 x_{1pk}、y_{1pk}、u_{1pk} 沿长行星轮—行星轮啮合线上的投影为

$$x_{1pk}\sin\varphi_{lppk},\ y_{1pk}\cos\varphi_{lppk},\ u_{1pk}$$

式中:$\varphi_{lppk}=\alpha_{pk}-\pi-\varphi_{1pk}+\angle O_1O_2O_3$。

行星轮线位移 x_{pk}、y_{pk}、u_{pk} 沿长行星轮—行星轮啮合线上的投影为 $x_{pk}\sin\varphi_{lppk}$、$y_{pk}\cos\varphi_{lppk}$、u_{pk}。长行星轮与短行星轮啮合副之间的误差为 e_{lppk}。

长行星轮相对于短行星轮的位移沿啮合线上的投影为

$$\delta_{lppk}=(x_{1pk}-x_{pk})\sin\varphi_{lppk}+(y_{1pk}-y_{pk})\cos\varphi_{lppk}+u_{1pk}+u_{pk}+e_{lppk} \qquad (4.4)$$

(3)设浮动齿圈指向短行星轮的方向为啮合线的正方向

短行星轮线位移 x_{pk}、y_{pk}、u_{pk} 沿短行星轮—浮动齿圈啮合线上的投影为

$$x_{pk}\sin\varphi_{frpk},\ -y_{pk}\cos\varphi_{frpk},\ -u_{pk} \qquad (4.5)$$

式中:$\varphi_{frpk}=\alpha_{fr}+\varphi_{1pk}+\angle O_2O_1O_3$。

浮动齿圈线位移 x_{fr}、x_{fr}、u_{fr} 沿行星轮—浮动齿圈啮合线上的投影为

$$x_{fr}\sin\varphi_{frpk},\ -y_{fr}\cos\varphi_{frpk},\ -u_{fr} \qquad (4.6)$$

短行星轮与浮动齿圈啮合副之间的误差为 e_{frpk}。

短行星轮相对于浮动齿圈的位移沿啮合线上的投影为

$$\delta_{frpk}=(x_{pk}-x_{fr})\sin\varphi_{frpk}+(y_{fr}-y_{pk})\cos\varphi_{frpk}+u_{fr}-u_{pk}+e_{frpk} \qquad (4.7)$$

(4)设输入齿圈指向长行星轮的方向为啮合线的正向。

齿圈线位移 x_r、y_r、u_r 沿啮合线方向的投影为

$$-x_r\sin\varphi_{rlpk},\ y_r\cos\varphi_{rlpk},\ u_r \qquad (4.8)$$

式中:$\varphi_{rlpk}=\varphi_{1pk}+\alpha_r$。

长行星轮线位移 x_{lppk}、y_{lppk}、u_{lppk} 沿长行星轮—齿圈啮合线方向的投影为

$$-x_{1pk}\sin\varphi_{rlpk},\ y_{1pk}\cos\varphi_{rlpk},\ u_{1pk} \qquad (4.9)$$

齿圈与长行星轮啮合副之间的误差为 e_{rlpk}。

齿圈相对于长行星轮的位移沿啮合线上的投影为

$$\delta_{rlpk}=(x_{1pk}-x_r)\sin\varphi_{rlpk}+(y_r-y_{1pk})\cos\varphi_{rlpk}+u_r-u_{1pk}+e_{rlpk} \qquad (4.10)$$

4.3.2 行星轮啮合相位分析

1. 同一种啮合副之间的相对啮合相位关系

取第一个太阳轮——长行星轮啮合副为基准啮合副,并假设在 $t=0$ 时刻,

其在节点处啮合。

定义：

γ_{slp} 为第 i 个太阳轮——长行星轮啮合副相对于第一个太阳轮——长行星轮啮合副的相位差；

γ_{rlp} 为第 i 个齿圈——长行星轮啮合副相对于第一个齿圈——长行星轮啮合副的相位差；

γ_{plp} 为第 i 个行星轮——长行星轮啮合副相对于第一个行星轮——长行星轮啮合副的相位差；

γ_{frp} 为第 i 个浮动齿圈——行星轮啮合副相对于第一个浮动齿圈——行星轮啮合副的相位差；

同种啮合副之间的相对啮合相位关系见表 4.2。其中，计算的数值如果为 0，表示两个啮合副同步啮合；数值为负，表示所研究的啮合副相对于基准啮合副相位超前；数值为正，表示所研究的啮合副相对于基准啮合副相位滞后。

表 4.2 同一种啮合副之间的相对啮合相位

相对旋转方向	相对相位关系
太阳轮相对于行星架沿逆时针方向旋转	$\gamma_{\mathrm{slp}k} = \mathrm{dec}(z_\mathrm{s}\varphi_{\mathrm{lp}_i}/2\pi)$
太阳轮相对于行星架沿顺时针方向旋转	$\gamma_{\mathrm{slp}k} = \mathrm{dec}(-z_\mathrm{s}\varphi_{\mathrm{lp}_i}/2\pi)$
齿圈相对于行星架沿逆时针方向旋转	$\gamma_{\mathrm{rlp}k} = \mathrm{dec}(z_\mathrm{r}\varphi_{\mathrm{lp}_i}/2\pi)$
齿圈相对于行星架沿顺时针方向旋转	$\gamma_{\mathrm{rlp}k} = \mathrm{dec}(-z_\mathrm{r}\varphi_{\mathrm{lp}_i}/2\pi)$
行星轮相对于行星架沿逆时针方向旋转	$\gamma_{\mathrm{lpp}k} = \mathrm{dec}(-z_\mathrm{s}\varphi_{\mathrm{lp}_i}/2\pi)$
行星轮相对于行星架沿顺时针方向旋转	$\gamma_{\mathrm{lpp}k} = \mathrm{dec}(z_\mathrm{s}\varphi_{\mathrm{lp}_i}/2\pi)$
浮动齿圈相对于行星架沿逆时针方向旋转	$\gamma_{\mathrm{frp}k} = \mathrm{dec}(z_\mathrm{fr}\varphi_{\mathrm{p}_i}/2\pi)$
浮动齿圈相对于行星架沿顺时针方向旋转	$\gamma_{\mathrm{frp}k} = \mathrm{dec}(-z_\mathrm{fr}\varphi_{\mathrm{p}_i}/2\pi)$

2. 输入齿圈—长行星轮啮合副相对于太阳轮—长行星轮啮合副相位差

对复合排而言，是小齿圈输入。所以对太阳轮—长行星轮啮合副而言，长行星轮是主动轮。因此，根据表 4.1 所示的复合排各构件转速旋向可得齿圈—长行星轮啮合副与太阳轮—长行星轮啮合副之间的几何关系，其示意图如图 4.5 所示。图中，X-O_1-Y 为复合排全局坐标系，其中，X 轴方向为太阳轮齿心 O_1 指向第一个长行星轮齿心，Y 轴方向为过太阳轮齿心 O_1 并与 X 轴垂直向上。$\varphi_{\mathrm{lp}k}$ 为第 $k(k=1,2,3)$ 个长行星轮安装位置角。

分析第 i 个齿圈—长行星轮啮合副相对于第 i 个太阳轮—长行星轮啮合副的相位差时，选取第一个太阳轮—长行星轮啮合副为基准啮合副，并假设 $t=0$ 时刻，该啮合副在节点 P_1 处啮合，而齿圈—长行星轮啮合副在点 Q_3 处啮合。比较 B_2Q_3 和 B_2P_2 的大小，即可得到相对相位差 γ_{rs}：

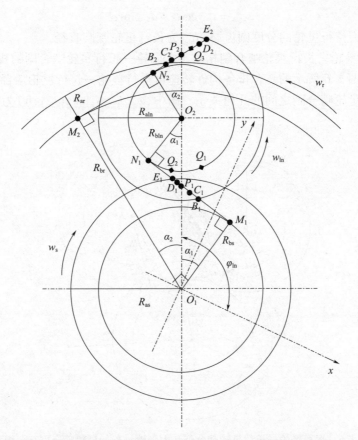

图 4.5 齿圈—长行星轮啮合副和太阳轮—长行星轮啮合副啮合细节

$$\gamma_{rs} = \frac{B_2P_2 - B_2Q_3}{p_b} \tag{4.11}$$

$$B_2P_2 = M_2P_2 - M_2B_2 = R_{br}\tan\alpha_2 - \sqrt{R_{ar}^2 - R_{br}^2} \tag{4.12}$$

图 4.5 中,M_1N_1 和 M_2N_2 为理论啮合线,而 B_1E_1 和 B_2E_2 为实际啮合线。分别将 M_1N_1 绕点 N_1 在长行星轮的基圆上包络,从而得到点 P_1 在基圆上对应的点 Q_1。

由于齿圈—长行星轮的接触面与太阳轮—行星轮的接触面相反,因此需要点 Q_2,点 Q_1 到点 Q_2 的弧长为长行星轮的基圆齿厚 $s_{\mathrm{blp}k}$。根据齿轮的啮合特性,从点 Q_2 到点 Q_3 的距离为基圆齿距 P_b 的整数倍。因此,B_2Q_3 的表达式为

$$B_2Q_3 = p_b[1 - \mathrm{dec}(Q_2B_2/p_b)] \tag{4.13}$$

式中:其他参数可由式(4.1)~式(4.3)求得:

$$Q_2B_2 = P_1P_2 - B_2P_2 - s_{\mathrm{blp}k} \tag{4.14}$$

$$P_1P_2 = [R_{\mathrm{blp}k}\tan\alpha_1 + R_{\mathrm{blp}k}(\pi - \alpha_1 - \alpha_2) + R_{\mathrm{blp}k}\tan\alpha_2] \tag{4.15}$$

$$P_b = \pi m\cos\alpha \tag{4.16}$$

$$s_{blpk} = s_{lppk}\cos\alpha + d_{blpk}\text{inv}\alpha \tag{4.17}$$

式中：s_{lppk} 为长行星轮的分度圆齿厚；d_{blpk} 为长行星轮基圆直径。

3. 行星轮—长行星轮啮合副相对于太阳轮—长行星轮啮合副的相位差

根据图 4.6 所示的复合排各构件转速可得行星轮—长行星轮啮合副与太阳轮—长行星轮啮合副之间的几何关系。图中，$w_h(h = s, lpk, pk, r, fr)$ 为构件 h 的转速。

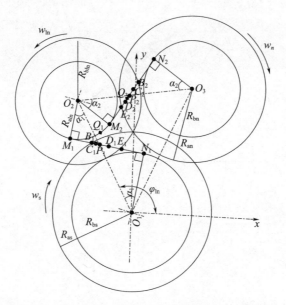

图 4.6 短行星轮—长行星轮啮合副和太阳轮—长行星轮啮合副啮合细节

可得到相对相位差 γ_{ps}：

$$\gamma_{ps} = \frac{B_2P_2 - B_2Q_3}{p_b} \tag{4.18}$$

$$B_2P_2 = N_2B_2 - N_2P_2 = \sqrt{R_{apk}^2 - R_{apk}^2} - R_{apk}\tan\alpha_2 \tag{4.19}$$

$$B_2Q_3 = p_b[1 - \text{dec}(Q_2B_2/p_b)] \tag{4.20}$$

$$Q_2B_2 = P_1P_2 - B_2P_2 - s_{blpk} \tag{4.21}$$

$$P_1P_2 = [R_{blpk}\tan\alpha_1 + R_{blpk}(2\pi - \alpha_1 - \alpha_2 - \angle O_1O_2O_3) + R_{blpk}\tan\alpha_2] \tag{4.22}$$

4. 浮动齿圈—行星轮啮合副相对于行星轮—长行星轮啮合副的相位差

同上述分析可以得到浮动齿圈—行星轮啮合副相对于行星轮—长行星轮啮合副的相位差 γ_{frlp}：

$$\gamma_{frlp} = \frac{B_2P_2 - B_2Q_3}{p_b} \tag{4.23}$$

$$B_2P_2 = M_2P_2 - M_2B_2 = R_{bfr}\tan\alpha_2 - \sqrt{R_{afr}^2 - R_{bfr}^2} \tag{4.24}$$

$$B_2Q_3 = p_b[1 - \text{dec}(Q_2B_2/p_b)] \tag{4.25}$$

$$Q_2B_2 = P_1P_2 - B_2P_2 - s_{bp} \tag{4.26}$$

$$P_1P_2 = [R_{bpk}\tan\alpha_1 + R_{bpk}(\pi + \angle O_1O_3O_2 - \alpha_1 - \alpha_2) + R_{bpk}\tan\alpha_2] \tag{4.27}$$

$$\gamma_{frs} = \gamma_{frlp} + \gamma_{ps} \tag{4.28}$$

4.4 复合行星齿轮传动系统动力学模型

图4.3(b)中,齿轮副间啮合通过一个线性弹簧表示,弹簧弹性系数即为齿轮副啮合刚度。复合排行星齿轮传动系统是由太阳轮—长行星轮—输入齿圈系统和长行星轮—短行星轮—浮动齿圈系统组成复合轮系,共有4对啮合副。每对啮合副之间的啮合力和运动关系分析如下。

1) 太阳轮—长行星轮—输入齿圈系统

对于太阳轮—长行星轮—输入齿圈系统,其太阳轮与第 k 个长行星轮之间的动态载荷与变速机构1、2排行星齿轮传动系统分析完全相同:

$$F_{slpk} = k_{slpk}\delta_{slpk} + c_{slpk}\dot{\delta}_{slpk} \tag{4.29}$$

$$\delta_{slpk} = (u_s - u_{lpk})\cos\psi_{slpk} + (v_s - v_{pk})\sin\psi_{slpk} + (R_s\theta_{ws} + R_p\theta_{wlpk}) - r_{clpk}\theta_{wc}\cos\alpha_{slp} - e_{slpk} \tag{4.30}$$

$$\psi_{slpk} = \varphi_{lpk} + \left(\frac{\pi}{2} - \alpha_{slp}\right) \tag{4.31}$$

式中: φ_{lpk} 为第 k 个长行星轮距 X 轴的角位置; α_{slp} 为太阳轮—长行星轮啮合副的压力角; ψ_{slpk} 为第 k 个行星轮与太阳轮啮合线的距 U 轴的角位置(图4.3(b)); r_{clpk} 为第 k 个长行星轮中心到太阳轮中心的距离; R_s 为长行星轮基圆半径; R_p 为长行星轮基圆半径; e_{spk} 为太阳轮与第 k 个长行星轮沿啮合线方向的传递误差,该值与齿轮的齿形误差、修形等参数有关; k_{slpk} 和 c_{slpk} 分别代表太阳轮与第 k 个长行星轮之间的啮合刚度和啮合阻尼。

同理,输入齿圈与第 k 个长行星轮之间的动态载荷与变速机构1、2排行星齿轮传动系统分析完全相同:

$$F_{rlpk} = k_{rlpk}\delta_{rlpk} + c_{rlpk}\dot{\delta}_{rlpk} \tag{4.32}$$

$$\delta_{rlpk} = (u_{lpk} - u_r)\cos\psi_{rlpk} - (v_{lpk} - v_r)\sin\psi_{rlpk} + (R_r\theta_{wr} - R_{lp}\theta_{wlpk}) - r_{clpk}\theta_{wc}\cos\alpha_{rlp} - e_{rlpk} \tag{4.33}$$

$$\psi_{rlpk} = \left(\frac{\pi}{2} - \alpha_{rlp}\right) - \varphi_{lpk} \tag{4.34}$$

式中: α_{rlp} 为输入齿圈—长行星轮啮合副的压力角; ψ_{rlpk} 为第 k 个行星轮与输入齿圈啮合线的距 U 轴的角位置(图4.3(b)); R_r 为输入齿圈基圆半径; e_{rlpk} 为输入齿圈与第 k 个长行星轮沿啮合线方向的传递误差; k_{rlpk} 和 c_{rlpk} 分别代表输入齿圈与

第 k 个长行星轮之间的啮合刚度和啮合阻尼。

2) 长行星轮—短行星轮—浮动齿圈系统

对于长行星轮—短行星轮—浮动齿圈系统，第 k 个长行星轮与第 k 个短行星轮之间的动态载荷为

$$F_{\text{lpp}k} = k_{\text{lpp}k}\delta_{\text{lpp}k} + c_{\text{lpp}k}\dot{\delta}_{\text{lpp}k} \tag{4.35}$$

$$\delta_{\text{lpp}k} = (u_{\text{lp}k} - u_{\text{p}k})\cos\psi_{\text{lpp}k} - (v_{\text{lp}k} - v_{\text{p}k})\sin\psi_{\text{slp}k} + (R_{\text{lp}}\theta_{\text{wl}k} + R_{\text{p}}\theta_{\text{wp}k})$$
$$+ \left[r_{\text{clp}k}\theta_{\text{wc}}\cos\left(\frac{\pi}{2} + \varphi_{\text{lp}k} + \psi_{\text{lpp}k}\right) - r_{\text{cp}k}\theta_{\text{wc}}\cos\left(\frac{\pi}{2} + \varphi_{\text{p}k} + \psi_{\text{lpp}k}\right)\right] - e_{\text{lpp}k}$$
$$\tag{4.36}$$

$$\psi_{\text{lpp}k} = Y_{\text{p}} + \alpha_{\text{lpp}k} - \varphi_{\text{p}k} - \frac{\pi}{2} \tag{4.37}$$

式中：$\varphi_{\text{p}k}$ 为第 k 个短行星轮距 X 轴的角位置，且 $\varphi_{\text{p}k} = \varphi_{\text{lp}k} - Y_{\text{s}}$；$\alpha_{\text{lpp}k}$ 为长行星轮—短行星轮啮合副的压力角；$\psi_{\text{lpp}k}$ 为第 k 个长行星轮与短行星轮啮合线的距 U 轴的角位置（图 4.3(b)）；$r_{\text{cp}k}$ 为第 k 个短行星轮中心到太阳轮中心的距离；R_{p} 为短行星轮基圆半径；$e_{\text{lpp}k}$ 为第 k 个长行星轮与短行星轮沿啮合线方向的传递误差，该值与齿轮的齿形误差、修形等参数有关；$k_{\text{lpp}k}$ 和 $c_{\text{lpp}k}$ 分别代表第 k 个长行星轮与短行星轮之间的啮合刚度和啮合阻尼。

同理，第 k 个短行星轮—浮动齿圈之间的动态载荷为

$$F_{\text{frp}k} = k_{\text{frp}k}\delta_{\text{frp}k} + c_{\text{frp}k}\dot{\delta}_{\text{frp}k} \tag{4.38}$$

$$\delta_{\text{frp}k} = (u_{\text{fr}} - u_{\text{p}k})\cos\psi_{\text{frp}k} + (v_{\text{fr}} - v_{\text{p}k})\sin\psi_{\text{frp}k} + (R_{\text{fr}}\theta_{\text{wfr}} - R_{\text{p}}\theta_{\text{wp}k})$$
$$- r_{\text{cp}k}\theta_{\text{wc}}\cos\left(\psi_{\text{frp}k} - \frac{\pi}{2} - \varphi_{\text{p}k}\right) - e_{\text{frp}k} \tag{4.39}$$

$$\psi_{\text{frp}k} = \frac{\pi}{2} + \alpha_{\text{frp}k} + \varphi_{\text{p}k} \tag{4.40}$$

式中：$\alpha_{\text{frp}k}$ 为短行星轮—浮动齿圈啮合副的压力角；$\psi_{\text{frp}k}$ 为第 k 个短行星轮与内齿圈啮合线距 U 轴的角位置（图 4.3(b)）；$r_{\text{cp}k}$ 为第 k 个短行星轮中心到太阳轮中心的距离；R_{fr} 为输入齿圈半径；$e_{\text{frp}k}$ 为第 k 个短行星轮与浮动齿圈沿啮合线方向的传递误差，该值与齿轮的齿形误差、修形等参数有关；$k_{\text{frp}k}$ 和 $c_{\text{frp}k}$ 分别代表第 k 个短行星轮与浮动齿圈之间的啮合刚度和啮合阻尼。

4.4.1.1 纯扭转动力学建模

对于仅考虑纯扭转自由度的复合行星轮传动系统，根据系统中各构件受力关系，采用矢量力学法建立复合排行星传动系统的太阳轮、长行星轮、齿圈、短行星轮、浮动齿圈和复合排行星架的振动微分方程组动力学微分方程。

太阳轮纯扭转振动方程为

$$I_{\text{s}}\ddot{\theta}_{\text{ws}} + \sum F_{\text{slp}k}R_{\text{s}} = T_{\text{s}} \tag{4.41}$$

第 k 个长行星轮纯扭转振动方程为

$$I_{\mathrm{lp}k}\ddot{\theta}_{\mathrm{wl}pk} + F_{\mathrm{lpp}k}r_{\mathrm{lp}k} - F_{\mathrm{rlp}k}r_{\mathrm{lp}k} + F_{\mathrm{slp}k}r_{\mathrm{lp}k} = 0 \tag{4.42}$$

输入齿圈纯扭转振动方程为

$$I_{\mathrm{r}}\ddot{\theta}_{\mathrm{wr}} + \sum F_{\mathrm{rlp}k}R_{\mathrm{r}} = T \tag{4.43}$$

第 k 个短行星轮纯扭转振动方程为

$$I_{\mathrm{p}k}\ddot{\theta}_{\mathrm{wp}k} - F_{\mathrm{frp}k}R_{\mathrm{p}k} + F_{\mathrm{lpp}k}R_{\mathrm{p}k} = 0 \tag{4.44}$$

浮动齿圈纯扭转振动方程为

$$I_{\mathrm{fr}}\ddot{\theta}_{\mathrm{wfr}} + \sum F_{\mathrm{frp}k}R_{\mathrm{fr}} = T_{\mathrm{fr}} \tag{4.45}$$

复合排行星架纯扭转振动方程

$$I_{\mathrm{c}}\ddot{\theta}_{\mathrm{wc}} + \sum F_{\mathrm{cp}ku}r_{\mathrm{c}} + \sum F_{\mathrm{clp}ku}r_{\mathrm{lc}} + k_{\mathrm{ct}}\theta_{\mathrm{wc}}r_{\mathrm{c}} + c_{\mathrm{ct}}\dot{\theta}_{\mathrm{wc}}r_{\mathrm{c}} = T_{\mathrm{c}} \tag{4.46}$$

式中：r_{c} 和 r_{lc} 分别为短行星轮孔和长行星轮孔中心行星架旋转中心的距离。

4.4.1.2 基于分析力学的建模方法

对仅考虑纯扭转的复合行星齿轮传动系统，系统总动能 T 为各部件扭转振动的动能之和，其表达式为

$$T = \frac{1}{2}I_{\mathrm{c}}(\dot{\theta}_{\mathrm{c}})^2 + \frac{1}{2}I_{\mathrm{s}}(\dot{\theta}_{\mathrm{s}})^2 + \frac{1}{2}I_{\mathrm{r}}(\dot{\theta}_{\mathrm{r}})^2 + \frac{1}{2}I_{\mathrm{fr}}(\dot{\theta}_{\mathrm{fr}})^2 + \\ \frac{1}{2}\sum_{k=1}^{K}I_{\mathrm{lp}k}(\dot{\theta}_{\mathrm{lp}k})^2 + \frac{1}{2}\sum_{k=1}^{K}I_{\mathrm{p}k}(\dot{\theta}_{\mathrm{p}k})^2 \tag{4.47}$$

系统的总势能 U 为各部件扭振的弹性势能以及各啮合副啮合弹性势能之和，其表达式为

$$U = \frac{1}{2}\sum_{k=1}^{K}k_{\mathrm{slp}k} \cdot (\delta_{\mathrm{slp}k})^2 + \frac{1}{2}\sum_{k=1}^{K}k_{\mathrm{rlp}k} \cdot (\delta_{\mathrm{rlp}k})^2 + \frac{1}{2}\sum_{k=1}^{K}k_{\mathrm{frp}k} \cdot (\delta_{\mathrm{frp}k})^2 + \\ \frac{1}{2}\sum_{k=1}^{K}k_{\mathrm{lp}kpk} \cdot (\delta_{\mathrm{lp}kpk})^2 + \frac{1}{2}k_{\mathrm{s}\theta} \cdot (\theta_{\mathrm{s}})^2 + \frac{1}{2}k_{\mathrm{r}\theta} \cdot (\theta_{\mathrm{r}})^2 + \frac{1}{2}k_{\mathrm{fr}\theta} \cdot (\theta_{\mathrm{fr}})^2 + \\ \frac{1}{2}k_{\mathrm{c}\theta} \cdot (\theta_{\mathrm{c}})^2 + \frac{1}{2}\sum_{k=1}^{K}k_{\mathrm{lp}\theta} \cdot (\theta_{\mathrm{lp}k})^2 + \frac{1}{2}\sum_{k=1}^{K}k_{\mathrm{p}k\theta} \cdot (\theta_{\mathrm{p}k})^2 \tag{4.48}$$

由传动系统各构件的动能和势能关系，可得到系统的拉格朗日函数，可表示为

$$L = T - U = \frac{1}{2}I_{\mathrm{c}}(\dot{\theta}_{\mathrm{c}})^2 + \frac{1}{2}I_{\mathrm{s}}(\dot{\theta}_{\mathrm{s}})^2 + \frac{1}{2}I_{\mathrm{r}}(\dot{\theta}_{\mathrm{r}})^2 + \frac{1}{2}I_{\mathrm{fr}}(\dot{\theta}_{\mathrm{fr}})^2 + \frac{1}{2}\sum_{k=1}^{K}I_{\mathrm{lp}k}(\dot{\theta}_{\mathrm{lp}k})^2 + \\ \frac{1}{2}\sum_{k=1}^{K}I_{\mathrm{p}k}(\dot{\theta}_{\mathrm{p}k})^2 - \frac{1}{2}\sum_{k=1}^{K}k_{\mathrm{slp}k} \cdot (\delta_{\mathrm{slp}k})^2 - \frac{1}{2}\sum_{k=1}^{K}k_{\mathrm{rlp}k} \cdot (\delta_{\mathrm{rlp}k})^2 - \frac{1}{2}\sum_{k=1}^{K}k_{\mathrm{frp}k} \cdot (\delta_{\mathrm{frp}k})^2 - \\ \frac{1}{2}\sum_{k=1}^{K}k_{\mathrm{lp}kpk} \cdot (\delta_{\mathrm{lp}kpk})^2 - \frac{1}{2}k_{\mathrm{s}\theta} \cdot (\theta_{\mathrm{s}})^2 - \frac{1}{2}k_{\mathrm{r}\theta} \cdot (\theta_{\mathrm{r}})^2 - \frac{1}{2}k_{\mathrm{fr}\theta} \cdot (\theta_{\mathrm{fr}})^2 - \\ \frac{1}{2}k_{\mathrm{c}\theta} \cdot (\theta_{\mathrm{c}})^2 - \frac{1}{2}\sum_{k=1}^{K}k_{\mathrm{lp}k\theta} \cdot (\theta_{\mathrm{lp}k})^2 - \frac{1}{2}\sum_{k=1}^{K}k_{\mathrm{p}k\theta} \cdot (\theta_{\mathrm{p}k})^2 \tag{4.49}$$

第二类拉格朗日方程：

$$\frac{\mathrm{d}}{\mathrm{d}t}\left(\frac{\partial L}{\partial \dot{q}_i}\right) - \frac{\partial L}{\partial q_i} = Q_i \tag{4.50}$$

根据第二类拉格朗日方程对各广义位移和速度进行求导,加入阻尼项,得到的复合行星齿轮传动扭转动力学方程：

$$M_g \ddot{\delta}_g + C \dot{\delta}_g + K_m \delta_g = T \tag{4.51}$$

式中：M_g 为质量矩阵；δ_g 为位移矩阵；C 为比例阻尼矩阵；K_m 为啮合刚度矩阵；T 为外加负载矩阵。上述各矩阵推导与第 3 章 3.4.1.2 节类似,因此不做赘述。

4.4.2 复合行星齿轮传动弯扭耦合动力学模型

4.4.2.1 基于矢量力学的建模方法

当构件的支撑刚度与轮齿啮合刚度之比小于 10 时,构件沿啮合线方向的平移振动较大,已经不能再用纯扭转模型来分析计算行星轮系的动力学特性,因此必须建立系统的弯曲—扭转耦合动力学模型。相对于纯扭转动力学模型而言,弯曲—扭转耦合动力学模型更为复杂,每个构件除考虑其绕自身轴线的纯扭转振动外,还要考虑构件沿与轴线垂直的平面内两个正交方向的平移振动。

与纯扭转动力学模型一样,仍然采用矢量力学法建立弯曲—扭转动力学模型。同样认为同类别的行星轮的参数相同,轮齿之间的啮合力始终作用在啮合平面内。由于考虑了所有构件的弯曲振动,系统的自由度为纯扭转模型自由度的 3 倍,这就使得系统动力学模型变得更为复杂。为了便于系统运动微分方程的建立和求解,建立如图 4.7 所示两个坐标系。OXY 为固定坐标系,原点在行星架 c 的回转中心,Oxy 为动坐标系,该坐标系与行星架固连并随行星架以其恒定角速度 ω_c 等速转动,其 x 轴通过第一个行星轮的理论中心,当与固定坐标系重合时,其正方向与其相同。由于动力学分析的广义坐标建立在与行星架固连的动坐标系 Oxy 中,而所需要的构件质心速度仍应为绝对速度,故需要利用随动坐标系中的坐标表达的绝对速度。

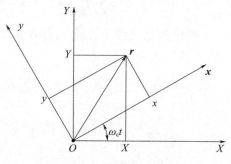

图 4.7 静—动坐标系示意图

设矢量 r 在动坐标系 Oxy 中的分量为 x 和 y,在静坐标系中的分量为 X、Y,则有如下关系：

$$\begin{cases} x = X \cdot \cos\omega_c t + Y \cdot \sin\omega_c t \\ y = -X \cdot \sin\omega_c t + Y \cdot \cos\omega_c t \end{cases} \quad (4.52)$$

从中解出 X、Y,得

$$\begin{cases} X = x \cdot \cos\omega_c t - y \cdot \sin\omega_c t \\ Y = x \cdot \sin\omega_c t - y \cdot \cos\omega_c t \end{cases} \quad (4.53)$$

将该式两端对时间求一阶导数,得到用动坐标表示的绝对速度:

$$\begin{cases} \dot{X} = (\dot{x} - w_c y) \cdot \cos\omega_c t - (\dot{y} + w_c x) \cdot \sin\omega_c t \\ \dot{Y} = (\dot{y} + w_c x) \cdot \cos\omega_c t + (\dot{x} - w_c y) \cdot \sin\omega_c t \end{cases} \quad (4.54)$$

根据牛顿第二定律可知,太阳轮振动方程为

$$\begin{cases} m_s \ddot{u}_s + c_{us}\dot{u}_s + k_{us}u_s + \sum F_{\text{s}lpk}\sin\varphi_{\text{s}lpk} = 0 \\ m_s \ddot{v}_s + c_{vs}\dot{v}_s + k_{vs}v_s + \sum F_{\text{s}ln}\cos\varphi_{\text{s}ln} = 0 \\ I_s \ddot{\theta}_{\text{ws}} + \sum F_{\text{s}lpk}R_s = T_s \end{cases} \quad (4.55)$$

第 k 个长行星轮振动方程为

$$\begin{cases} m_{\text{l}pk} \ddot{u}_{\text{l}pk} + F_{\text{l}ppk}\sin\varphi_{\text{l}ppk} + F_{\text{r}lpk}\sin\varphi_{\text{r}lpk} - F_{\text{s}lpk}\sin\varphi_{\text{s}lpk} - F_{\text{c}lpku} = 0 \\ m_{\text{l}pk} \ddot{v}_{\text{l}pk} + F_{\text{l}ppk}\cos\varphi_{\text{l}ppk} - F_{\text{r}lpk}\cos\varphi_{\text{r}lpk} - F_{\text{s}lpk}\cos\varphi_{\text{s}lpk} - F_{\text{c}lpkv} = 0 \\ I_{\text{l}pk} \ddot{\theta}_{\text{wl}pk} + F_{\text{l}ppk}r_{\text{l}pk} - F_{\text{r}lpk}r_{\text{l}pk} + F_{\text{s}lpk}r_{\text{l}pk} = 0 \end{cases} \quad (4.56)$$

输入齿圈的振动方程为

$$\begin{cases} m_r \ddot{u}_r + c_{ur}\dot{u}_r + k_{ur}u_r - \sum F_{\text{r}lpk}\sin\varphi_{\text{r}lpk} = 0 \\ m_r \ddot{v}_r + c_{vr}\dot{v}_r + k_{vr}v_r + \sum F_{\text{r}lpk}\cos\varphi_{\text{r}lpk} = 0 \\ I_r \ddot{\theta}_{\text{wr}} + \sum F_{\text{r}lpk}R_r = T \end{cases} \quad (4.57)$$

第 k 个短行星轮振动方程为

$$\begin{cases} m_{pk} \ddot{u}_{pk} + F_{\text{frp}k}\sin\varphi_{\text{frp}k} - F_{\text{l}ppk}\sin\varphi_{\text{l}ppk} + F_{\text{cp}ku} = 0 \\ m_{pk} \ddot{v}_{pk} - F_{\text{frp}k}\cos\varphi_{\text{frp}k} - F_{\text{l}ppk}\cos\varphi_{\text{l}ppk} + F_{\text{cp}kv} = 0 \\ I_{pk} \ddot{\theta}_{\text{wp}k} - F_{\text{frp}k}R_{pk} + F_{\text{l}ppk}R_{pk} = 0 \end{cases} \quad (4.58)$$

浮动齿圈的振动方程为

$$\begin{cases} m_{\text{fr}} \ddot{u}_{\text{fr}} + c_{\text{ufr}}\dot{u}_{\text{fr}} + k_{\text{ufr}}u_{\text{fr}} - \sum F_{\text{frp}k}\sin\varphi_{\text{frp}k} = 0 \\ m_r \ddot{v}_{\text{fr}} + c_{\text{vfr}}\dot{v}_{\text{fr}} + k_{\text{vfr}}v_{\text{fr}} + \sum F_{\text{frp}k}\cos\varphi_{\text{frp}k} = 0 \\ I_{\text{fr}} \ddot{\theta}_{\text{wfr}} + \sum F_{\text{frp}k}R_{\text{fr}} = T_{\text{fr}} \end{cases} \quad (4.59)$$

复合排行星架振动方程为

$$\begin{cases} m_c \ddot{u}_c + \sum F_{\text{cp}ku} + \sum F_{\text{c}lpku} + k_{uc}u_c + c_{uc}\dot{u}_c = 0 \\ m_c \ddot{v}_c + \sum F_{\text{cp}kv} + \sum F_{\text{c}lpku} + k_{vc}v_c + c_{vc}\dot{v}_c = 0 \\ I_c \ddot{\theta}_{\text{wc}} + \sum F_{\text{cp}ku}r_c + \sum F_{\text{c}lpku}r_{\text{l}c} = T_c \end{cases} \quad (4.60)$$

式中：r_c 和 r_{lc} 分别为短行星轮孔和长行星轮孔中心行星架旋转中心的距离。

4.4.2.2 基于分析力学的建模方法

同样地，对于考虑横向弯曲和扭转自由度的复合行星齿轮传动系统，系统总动能 T 为各部件弯曲振动和扭转振动的动能之和：

$$T = \frac{1}{2}I_c(\dot{\theta}_c)^2 + \frac{1}{2}I_s(\dot{\theta}_s)^2 + \frac{1}{2}I_r(\dot{\theta}_r)^2 + \frac{1}{2}I_{fr}(\dot{\theta}_{fr})^2 + \frac{1}{2}\sum_{k=1}^{K}I_{lpk}(\dot{\theta}_{lpk})^2 +$$

$$\frac{1}{2}\sum_{k=1}^{K}I_{pk}(\dot{\theta}_{pk})^2 + \frac{1}{2}m_c \cdot [(\dot{x}_c)^2 + (\dot{y}_c)^2] + \frac{1}{2}m_s \cdot [(\dot{x}_s)^2 + (\dot{y}_s)^2] +$$

$$\frac{1}{2}m_r \cdot [(\dot{x}_r)^2 + (\dot{y}_r)^2] + \frac{1}{2}m_{fr} \cdot [(\dot{x}_{fr})^2 + (\dot{y}_{fr})^2] +$$

$$\frac{1}{2}\sum_{k=1}^{K}m_{lpk} \cdot [(\dot{x}_{lpk})^2 + (\dot{y}_{lpk})^2] + \frac{1}{2}\sum_{k=1}^{K}m_{pk} \cdot [(\dot{x}_{pk})^2 + (\dot{y}_{pk})^2] \quad (4.61)$$

系统的总势能 U 为各部件弯振、扭振的弹性势能以及各啮合副啮合弹性势能之和：

$$U = \frac{1}{2}\sum_{k=1}^{K}k_{slpk} \cdot (\delta_{slpk})^2 + \frac{1}{2}\sum_{k=1}^{K}k_{rlpk} \cdot (\delta_{rlpk})^2 + \frac{1}{2}\sum_{k=1}^{K}k_{frpk} \cdot (\delta_{frpk})^2 +$$

$$\frac{1}{2}\sum_{k=1}^{K}k_{lpkpk} \cdot (\delta_{lpkpk})^2 + \frac{1}{2}k_s \cdot [(x_s)^2 + (y_s)^2] + \frac{1}{2}k_c \cdot [(x_c)^2 + (y_c)^2] +$$

$$\frac{1}{2}k_r \cdot [(x_r)^2 + (y_r)^2] + \frac{1}{2}k_{fr} \cdot [(x_{fr})^2 + (y_{fr})^2] + \frac{1}{2}k_{lpk} \cdot [(x_{lpk})^2 + (y_{lpk})^2] +$$

$$\frac{1}{2}k_{pk} \cdot [(x_{pk})^2 + (y_{pk})^2] + \frac{1}{2}k_{s\theta} \cdot (\theta_s)^2 + \frac{1}{2}k_{r\theta} \cdot (\theta_r)^2 +$$

$$\frac{1}{2}k_{fr\theta} \cdot (\theta_{fr})^2 + \frac{1}{2}k_{c\theta} \cdot (\theta_c)^2 + \frac{1}{2}\sum_{k=1}^{K}k_{lp\theta} \cdot (\theta_{lpk})^2 +$$

$$\frac{1}{2}\sum_{k=1}^{K}k_{pk\theta} \cdot (\theta_{pk})^2 \quad (4.62)$$

由传动系统各构件的动能和势能关系，可得到系统的拉格朗日函数：

$$L = T - U = \frac{1}{2}I_c(\dot{\theta}_c)^2 + \frac{1}{2}I_s(\dot{\theta}_s)^2 + \frac{1}{2}I_r(\dot{\theta}_r)^2 + \frac{1}{2}I_{fr}(\dot{\theta}_{fr})^2 +$$

$$\frac{1}{2}\sum_{k=1}^{K}I_{lpk}(\dot{\theta}_{lpk})^2 + \frac{1}{2}\sum_{k=1}^{K}I_{pk}(\dot{\theta}_{pk})^2 + \frac{1}{2}m_c \cdot [(\dot{x}_c)^2 + (\dot{y}_c)^2]$$

$$+ \frac{1}{2}m_s \cdot [(\dot{x}_s)^2 + (\dot{y}_s)^2] + \frac{1}{2}m_r \cdot [(\dot{x}_r)^2 + (\dot{y}_r)^2] + \frac{1}{2}m_{fr} \cdot [(\dot{x}_{fr})^2 + (\dot{y}_{fr})^2] +$$

$$\frac{1}{2}\sum_{k=1}^{K}m_{lpk} \cdot [(\dot{x}_{lpk})^2 + (\dot{y}_{lpk})^2] + \frac{1}{2}\sum_{k=1}^{K}m_{pk} \cdot [(\dot{x}_{pk})^2 + (\dot{y}_{pk})^2] -$$

$$\frac{1}{2}\sum_{k=1}^{K}k_{slpk} \cdot (\delta_{slpk})^2 - \frac{1}{2}\sum_{k=1}^{K}k_{rlpk} \cdot (\delta_{rlpk})^2 - \frac{1}{2}\sum_{k=1}^{K}k_{frpk} \cdot (\delta_{frpk})^2 -$$

$$\frac{1}{2}\sum_{k=1}^{K}k_{\mathrm{lp}kpk}\cdot(\delta_{\mathrm{lp}kpk})^2 - \frac{1}{2}k_{\mathrm{s}}\cdot[(x_{\mathrm{s}})^2 + (y_{\mathrm{s}})^2] - \frac{1}{2}k_{\mathrm{c}}\cdot[(x_{\mathrm{c}})^2 + (y_{\mathrm{c}})^2] -$$

$$\frac{1}{2}k_{\mathrm{r}}\cdot[(x_{\mathrm{r}})^2 + (y_{\mathrm{r}})^2] - \frac{1}{2}k_{\mathrm{fr}}\cdot[(x_{\mathrm{fr}})^2 + (y_{\mathrm{fr}})^2] -$$

$$\frac{1}{2}k_{\mathrm{clp}_k}\cdot[(\delta_{\mathrm{lp}kcx})^2 + (\delta_{\mathrm{lp}kcy})^2] - \frac{1}{2}k_{\mathrm{cp}k}\cdot[(\delta_{pkcx})^2 + (\delta_{pkcy})^2] -$$

$$\frac{1}{2}k_{\mathrm{s}\theta}\cdot(\theta_{\mathrm{s}})^2 - \frac{1}{2}k_{\mathrm{r}\theta}\cdot(\theta_{\mathrm{r}})^2 - \frac{1}{2}k_{\mathrm{fr}\theta}\cdot(\theta_{\mathrm{fr}})^2 - \frac{1}{2}k_{\mathrm{c}\theta}\cdot(\theta_{\mathrm{c}})^2 -$$

$$\frac{1}{2}\sum_{k=1}^{K}k_{\mathrm{lp}\theta}\cdot(\theta_{\mathrm{lp}k})^2 - \frac{1}{2}\sum_{k=1}^{K}k_{pk\theta}\cdot(\theta_{pk})^2 \qquad (4.63)$$

第二类拉格朗日方程为

$$\frac{\mathrm{d}}{\mathrm{d}t}\left(\frac{\partial L}{\partial \dot{q}_i}\right) - \frac{\partial L}{\partial q_i} = Q_i \qquad (4.64)$$

根据拉格朗日方程对系统各广义位移和速度进行求导,加入阻尼项,最终可得到复合行星齿轮传动弯扭耦合动力学方程为

$$\boldsymbol{M}_g\ddot{\boldsymbol{\delta}}_g + \boldsymbol{C}\dot{\boldsymbol{\delta}}_g + [\boldsymbol{K}_m + \boldsymbol{K}_b]\boldsymbol{\delta}_g = \boldsymbol{T} \qquad (4.65)$$

式中:$\boldsymbol{M}_g$ 是质量矩阵;$\boldsymbol{\delta}_g$ 是位移矩阵;$\boldsymbol{C}$ 是比例阻尼矩阵;$\boldsymbol{K}_m$ 是啮合刚度矩阵;$\boldsymbol{K}_b$ 是支撑刚度矩阵;$\boldsymbol{T}$ 是外加负载矩阵。

$$\boldsymbol{M} = \mathrm{diag}(\boldsymbol{M}_\mathrm{c},\boldsymbol{M}_\mathrm{r},\boldsymbol{M}_\mathrm{s},\boldsymbol{M}_\mathrm{fr},\boldsymbol{M}_{\mathrm{l}1},\cdots,\boldsymbol{M}_{\mathrm{lp}k},\boldsymbol{M}_1,\cdots,\boldsymbol{M}_{pk}) \qquad (4.66)$$

$$\boldsymbol{q} = [u_\mathrm{c},v_\mathrm{c},\theta_\mathrm{c},x_\mathrm{r},y_\mathrm{r},u_\mathrm{r},x_\mathrm{s},y_\mathrm{s},u_\mathrm{s},x_\mathrm{fr},y_\mathrm{fr},u_\mathrm{fr},$$
$$x_{\mathrm{l}1},y_{\mathrm{l}1},u_{\mathrm{l}1},\cdots,x_{\mathrm{lp}k},y_{\mathrm{lp}k},u_{\mathrm{lp}k},x_1,y_1,u_1,\cdots,x_{pk},y_{pk},u_{pk}]^\mathrm{T} \qquad (4.67)$$

啮合刚度矩阵 $\boldsymbol{K}_m$ 可表示为

$$\boldsymbol{K}_m = \begin{bmatrix} \sum \boldsymbol{K}_{\mathrm{c}1}^{\mathrm{lp}k} + \sum \boldsymbol{K}_{\mathrm{c}1}^{pk} & 0 & 0 & 0 & \boldsymbol{K}_{\mathrm{c}2}^{\mathrm{l}1} & \cdots & \boldsymbol{K}_{\mathrm{c}2}^{\mathrm{l}K} & \boldsymbol{K}_{\mathrm{c}2}^{1} & \cdots & \boldsymbol{K}_{\mathrm{c}2}^{K} \\ 0 & \sum \boldsymbol{K}_{\mathrm{r}1}^{\mathrm{lp}k} & 0 & 0 & \boldsymbol{K}_{\mathrm{r}2}^{\mathrm{l}1} & \cdots & \boldsymbol{K}_{\mathrm{r}2}^{\mathrm{l}K} & 0 & \cdots & 0 \\ 0 & 0 & \sum \boldsymbol{K}_{\mathrm{s}1}^{\mathrm{lp}k} & 0 & \boldsymbol{K}_{\mathrm{s}2}^{\mathrm{l}1} & \cdots & \boldsymbol{K}_{\mathrm{s}2}^{\mathrm{l}K} & 0 & \cdots & 0 \\ 0 & 0 & 0 & \sum \boldsymbol{K}_{\mathrm{fr}1}^{pk} & 0 & \cdots & 0 & \boldsymbol{K}_{\mathrm{fr}2}^{1} & \cdots & \boldsymbol{K}_{\mathrm{fr}2}^{K} \\ \boldsymbol{K}_{\mathrm{c}4}^{\mathrm{l}1} & \boldsymbol{K}_{\mathrm{r}4}^{\mathrm{l}1} & \boldsymbol{K}_{\mathrm{s}4}^{\mathrm{l}1} & 0 & \boldsymbol{K}_{\mathrm{pp}1}^{\mathrm{l}1} & \cdots & 0 & \boldsymbol{K}_{\mathrm{pp}2}^{1} & \cdots & 0 \\ \vdots & \vdots & \vdots & \vdots & \vdots & & \vdots & \vdots & & \vdots \\ \boldsymbol{K}_{\mathrm{c}4}^{\mathrm{l}K} & \boldsymbol{K}_{\mathrm{r}4}^{\mathrm{l}K} & \boldsymbol{K}_{\mathrm{s}4}^{\mathrm{l}K} & 0 & 0 & \cdots & \boldsymbol{K}_{\mathrm{pp}1}^{\mathrm{l}K} & 0 & \cdots & \boldsymbol{K}_{\mathrm{pp}2}^{K} \\ \boldsymbol{K}_{\mathrm{c}4}^{1} & 0 & 0 & \boldsymbol{K}_{\mathrm{fr}4}^{1} & \boldsymbol{K}_{\mathrm{pp}2}^{\mathrm{l}1} & \cdots & 0 & \boldsymbol{K}_{\mathrm{pp}1}^{1} & \cdots & 0 \\ \vdots & \vdots & \vdots & \vdots & \vdots & & \vdots & \vdots & & \vdots \\ \boldsymbol{K}_{\mathrm{c}4}^{K} & 0 & 0 & \boldsymbol{K}_{\mathrm{fr}4}^{K} & 0 & \cdots & \boldsymbol{K}_{\mathrm{pp}2}^{\mathrm{l}K} & 0 & \cdots & \boldsymbol{K}_{\mathrm{pp}1}^{K} \end{bmatrix}$$

$$(4.68)$$

其中,关于太阳轮的啮合刚度矩阵

$$k_{s11pk}^{j} = k_{slp}^{j} \begin{bmatrix} \sin\psi_{slpk}^{j}\cos\psi_{slpk}^{j} & \sin^2\psi_{slpk}^{j} & R_s^j\sin\psi_{slpk}^{j} \\ \cos^2\psi_{slpk}^{j} & \sin\psi_{slpk}^{j}\cos\psi_{slpk}^{j} & R_s^j\sin\psi_{slpk}^{j} \\ R_s^j\cos\psi_{slpk}^{j} & R_s^j\sin\psi_{slpk}^{j} & (R_s^j)^2 \end{bmatrix} \quad (4.69)$$

$$k_{s21pk}^{j} = k_{slp}^{j} \begin{bmatrix} -\sin\psi_{slpk}^{j}\cos\psi_{slpk}^{j} & -\sin^2\psi_{slpk}^{j} & R_{lp}^j\sin\psi_{slpk}^{j} \\ -\cos^2\psi_{slpk}^{j} & -\sin\psi_{slpk}^{j}\cos\psi_{slpk}^{j} & R_{lp}^j\sin\psi_{slpk}^{j} \\ -R_s^j\cos\psi_{slpk}^{j} & -R_s^j\sin\psi_{slpk}^{j} & R_s^j R_{lp}^j \end{bmatrix} \quad (4.70)$$

关于长行星轮的啮合刚度矩阵

$$k_{11ppk}^{j} = k_{lpp}^{j} \begin{bmatrix} \sin\psi_{lppk}^{j}\cos\psi_{lppk}^{j} & -\sin\psi_{lppk}^{j}\sin\psi_{slpk}^{j} & R_{lp}^j\sin\psi_{lppk}^{j} \\ \cos^2\psi_{lppk}^{j} & -\sin\psi_{slpk}^{j}\cos\psi_{lppk}^{j} & R_{lp}^j\cos\psi_{lppk}^{j} \\ r_{lpk}^{j}\cos\psi_{lppk}^{j} & -r_{lpk}^{j}\sin\psi_{slpk}^{j} & R_{lp}^j r_{lpk}^{j} \end{bmatrix} \quad (4.71)$$

$$k_{l2ppk}^{j} = k_{lpp}^{j} \begin{bmatrix} -\sin\psi_{lppk}^{j}\cos\psi_{lppk}^{j} & \sin\psi_{lppk}^{j}\sin\psi_{slpk}^{j} & R_p^j\sin\psi_{lppk}^{j} \\ -\cos^2\psi_{lppk}^{j} & \sin\psi_{slpk}^{j}\cos\psi_{lppk}^{j} & R_p^j\cos\psi_{lppk}^{j} \\ -r_{lpk}^{j}\cos\psi_{lppk}^{j} & r_{lpk}^{j}\sin\psi_{slpk}^{j} & R_p^j r_{lpk}^{j} \end{bmatrix} \quad (4.72)$$

$$k_{r11pk}^{j} = k_{rlp}^{j} \begin{bmatrix} \sin\psi_{rlpk}^{j}\cos\psi_{rlpk}^{j} & -\sin^2\psi_{rlpk}^{j} & R_r^j\sin\psi_{rlpk}^{j} \\ \cos^2\psi_{rlpk}^{j} & -\sin\psi_{rlpk}^{j}\cos\psi_{rlpk}^{j} & -R_r^j\cos\psi_{rlpk}^{j} \\ -r_{lpk}^{j}\cos\psi_{rlpk}^{j} & r_{lpk}^{j}\sin\psi_{slpk}^{j} & -R_r^j r_{lpk}^{j} \end{bmatrix} \quad (4.73)$$

$$k_{r21pk}^{j} = k_{rlp}^{j} \begin{bmatrix} -\sin\psi_{rlpk}^{j}\cos\psi_{rlpk}^{j} & \sin^2\psi_{rlpk}^{j} & -R_{lp}^j\sin\psi_{rlpk}^{j} \\ \cos^2\psi_{rlpk}^{j} & -\sin\psi_{rlpk}^{j}\cos\psi_{rlpk}^{j} & R_{lp}^j\cos\psi_{rlpk}^{j} \\ r_{lpk}^{j}\cos\psi_{rlpk}^{j} & -r_{lpk}^{j}\sin\psi_{slpk}^{j} & R_{lp}^j r_{lpk}^{j} \end{bmatrix} \quad (4.74)$$

$$k_{s11pk}^{j} = k_{slp}^{j} \begin{bmatrix} -\sin\psi_{slpk}^{j}\cos\psi_{slpk}^{j} & -\sin^2\psi_{slpk}^{j} & -R_s^j\sin\psi_{slpk}^{j} \\ -\cos^2\psi_{slpk}^{j} & -\sin\psi_{slpk}^{j}\cos\psi_{slpk}^{j} & -R_s^j\cos\psi_{slpk}^{j} \\ r_{lpk}^{j}\cos\psi_{slpk}^{j} & r_{lpk}^{j}\sin\psi_{slpk}^{j} & R_s^j r_{lpk}^{j} \end{bmatrix} \quad (4.75)$$

$$k_{s21pk}^{j} = k_{slp}^{j} \begin{bmatrix} \sin\psi_{slpk}^{j}\cos\psi_{slpk}^{j} & \sin^2\psi_{slpk}^{j} & -R_{lp}^j\sin\psi_{slpk}^{j} \\ \cos^2\psi_{slpk}^{j} & \sin\psi_{slpk}^{j}\cos\psi_{slpk}^{j} & -R_{lp}^j\cos\psi_{slpk}^{j} \\ -r_{lpk}^{j}\cos\psi_{rlpk}^{j} & -r_{lpk}^{j}\sin\psi_{slpk}^{j} & R_{lp}^j r_{lpk}^{j} \end{bmatrix} \quad (4.76)$$

关于输入齿圈的啮合刚度矩阵

$$k_{r11pk}^{j} = k_{rlp}^{j} \begin{bmatrix} -\sin\psi_{rlpk}^{j}\cos\psi_{rlpk}^{j} & \sin^2\psi_{rlpk}^{j} & -R_r^j\sin\psi_{rlpk}^{j} \\ \cos^2\psi_{rlpk}^{j} & -\sin\psi_{rlpk}^{j}\cos\psi_{rlpk}^{j} & R_r^j\cos\psi_{rlpk}^{j} \\ R_r^j\cos\psi_{rlpk}^{j} & -R_r^j\sin\psi_{rlpk}^{j} & (R_r^j)^2 \end{bmatrix} \quad (4.77)$$

$$\pmb{k}_{\mathrm{r2lp}k}^{j}=\pmb{k}_{\mathrm{rlp}}^{j}\begin{bmatrix}\sin\psi_{\mathrm{rlp}k}^{j}\cos\psi_{\mathrm{rlp}k}^{j} & -\sin^{2}\psi_{\mathrm{rlp}k}^{j} & R_{\mathrm{lp}}^{j}\sin\psi_{\mathrm{rlp}k}^{j}\\ -\cos^{2}\psi_{\mathrm{rlp}k}^{j} & \sin\psi_{\mathrm{rlp}k}^{j}\cos\psi_{\mathrm{rlp}k}^{j} & -R_{\mathrm{lp}}^{j}\cos\psi_{\mathrm{rlp}k}^{j}\\ -R_{\mathrm{r}}^{j}\cos\psi_{\mathrm{rlp}k}^{j} & R_{\mathrm{r}}^{j}\sin\psi_{\mathrm{rlp}k}^{j} & R_{\mathrm{r}}^{j}R_{\mathrm{lp}}^{j}\end{bmatrix} \quad (4.78)$$

关于短行星轮的啮合刚度矩阵

$$\pmb{k}_{\mathrm{fr1p}k}^{j}=\pmb{k}_{\mathrm{frp}}^{j}\begin{bmatrix}\sin\psi_{\mathrm{frp}k}^{j}\cos\psi_{\mathrm{frp}k}^{j} & \sin^{2}\psi_{\mathrm{frp}k}^{j} & R_{\mathrm{fr}}^{j}\sin\psi_{\mathrm{frp}k}^{j}\\ -\cos^{2}\psi_{\mathrm{frp}k}^{j} & -\sin\psi_{\mathrm{frp}k}^{j}\cos\psi_{\mathrm{frp}k}^{j} & -R_{\mathrm{fr}}^{j}\cos\psi_{\mathrm{frp}k}^{j}\\ -R_{\mathrm{p}k}^{j}\cos\psi_{\mathrm{frp}k}^{j} & -R_{\mathrm{p}k}^{j}\sin\psi_{\mathrm{rlp}k}^{j} & -R_{\mathrm{p}k}^{j}R_{\mathrm{fr}}^{j}\end{bmatrix} \quad (4.79)$$

$$\pmb{k}_{\mathrm{fr2p}k}^{j}=\pmb{k}_{\mathrm{frp}}^{j}\begin{bmatrix}-\sin\psi_{\mathrm{frp}k}^{j}\cos\psi_{\mathrm{frp}k}^{j} & -\sin^{2}\psi_{\mathrm{frp}k}^{j} & -R_{\mathrm{p}}^{j}\sin\psi_{\mathrm{frp}k}^{j}\\ \cos^{2}\psi_{\mathrm{frp}k}^{j} & \sin\psi_{\mathrm{frp}k}^{j}\cos\psi_{\mathrm{frp}k}^{j} & R_{\mathrm{fr}}^{j}\cos\psi_{\mathrm{frp}k}^{j}\\ R_{\mathrm{p}k}^{j}\cos\psi_{\mathrm{frp}k}^{j} & R_{\mathrm{p}k}^{j}\sin\psi_{\mathrm{rlp}k}^{j} & R_{\mathrm{p}k}^{j}R_{\mathrm{p}}^{j}\end{bmatrix} \quad (4.80)$$

$$\pmb{k}_{\mathrm{lp1p}k}^{j}=\pmb{k}_{\mathrm{lpp}}^{j}\begin{bmatrix}-\sin\psi_{\mathrm{lpp}k}^{j}\cos\psi_{\mathrm{lpp}k}^{j} & \sin\psi_{\mathrm{slp}k}^{j}\sin\psi_{\mathrm{lpp}k}^{j} & -R_{\mathrm{lp}}^{j}\sin\psi_{\mathrm{lpp}k}^{j}\\ -\cos^{2}\psi_{\mathrm{lpp}k}^{j} & \sin\psi_{\mathrm{slp}k}^{j}\cos\psi_{\mathrm{lpp}k}^{j} & -R_{\mathrm{lp}}^{j}\cos\psi_{\mathrm{lpp}k}^{j}\\ R_{\mathrm{p}k}^{j}\cos\psi_{\mathrm{lpp}k}^{j} & -R_{\mathrm{p}k}^{j}\sin\psi_{\mathrm{slp}k}^{j} & R_{\mathrm{p}k}^{j}R_{\mathrm{lp}}^{j}\end{bmatrix} \quad (4.81)$$

$$\pmb{k}_{\mathrm{lp2p}k}^{j}=\pmb{k}_{\mathrm{lpp}}^{j}\begin{bmatrix}\sin\psi_{\mathrm{lpp}k}^{j}\cos\psi_{\mathrm{lpp}k}^{j} & -\sin\psi_{\mathrm{slp}k}^{j}\sin\psi_{\mathrm{lpp}k}^{j} & -R_{\mathrm{lp}}^{j}\sin\psi_{\mathrm{lpp}k}^{j}\\ \cos^{2}\psi_{\mathrm{lpp}k}^{j} & -\sin\psi_{\mathrm{slp}k}^{j}\cos\psi_{\mathrm{lpp}k}^{j} & -R_{\mathrm{p}}^{j}\cos\psi_{\mathrm{lpp}k}^{j}\\ -R_{\mathrm{p}k}^{j}\cos\psi_{\mathrm{lpp}k}^{j} & R_{\mathrm{p}k}^{j}\sin\psi_{\mathrm{slp}k}^{j} & R_{\mathrm{p}k}^{j}R_{\mathrm{p}}^{j}\end{bmatrix} \quad (4.82)$$

关于浮动齿圈的啮合刚度矩阵

$$\pmb{k}_{\mathrm{fr1p}k}^{j}=\pmb{k}_{\mathrm{frp}}^{j}\begin{bmatrix}-\sin\psi_{\mathrm{frp}k}^{j}\cos\psi_{\mathrm{frp}k}^{j} & -\sin^{2}\psi_{\mathrm{frp}k}^{j} & -R_{\mathrm{fr}}^{j}\sin\psi_{\mathrm{frp}k}^{j}\\ \cos^{2}\psi_{\mathrm{frp}k}^{j} & \sin\psi_{\mathrm{frp}k}^{j}\cos\psi_{\mathrm{frp}k}^{j} & R_{\mathrm{fr}}^{j}\cos\psi_{\mathrm{frp}k}^{j}\\ R_{\mathrm{fr}}^{j}\cos\psi_{\mathrm{frp}k}^{j} & R_{\mathrm{fr}}^{j}\sin\psi_{\mathrm{frp}k}^{j} & (R_{\mathrm{fr}}^{j})^{2}\end{bmatrix} \quad (4.83)$$

$$\pmb{k}_{\mathrm{fr2p}k}^{j}=\pmb{k}_{\mathrm{frp}}^{j}\begin{bmatrix}\sin\psi_{\mathrm{frp}k}^{j}\cos\psi_{\mathrm{frp}k}^{j} & \sin^{2}\psi_{\mathrm{frp}k}^{j} & R_{\mathrm{p}}^{j}\sin\psi_{\mathrm{frp}k}^{j}\\ -\cos^{2}\psi_{\mathrm{frp}k}^{j} & -\sin\psi_{\mathrm{frp}k}^{j}\cos\psi_{\mathrm{frp}k}^{j} & -R_{\mathrm{p}}^{j}\cos\psi_{\mathrm{frp}k}^{j}\\ -R_{\mathrm{fr}}^{j}\cos\psi_{\mathrm{frp}k}^{j} & -R_{\mathrm{fr}}^{j}\sin\psi_{\mathrm{frp}k}^{j} & -R_{\mathrm{fr}}^{j}R_{\mathrm{p}}^{j}\end{bmatrix} \quad (4.84)$$

$\pmb{K}_b$ 是支撑刚度矩阵,与系统的支撑轴承刚度有关。

$$\pmb{K}_b = \mathrm{diag}(\pmb{K}_{\mathrm{cb}}, \pmb{K}_{\mathrm{rb}}, \pmb{K}_{\mathrm{sb}}, \pmb{K}_{\mathrm{frb}}, 0, \cdots, 0) \quad (4.85)$$

$$\pmb{K}_{\mathrm{jb}} = \mathrm{diag}(k_{jx}, k_{jy}, k_{jt}r_j), j=c,r,s,fr,l1,\cdots,lK,1,\cdots,K \quad (4.86)$$

行星变速机构系统有阻尼的动力学方程可通过在无阻尼的动力学方程内加入比例阻尼矩阵 $\pmb{C}$ 得到

$$\pmb{C} = \alpha\pmb{M} + \beta\pmb{K} \quad (4.87)$$

其中:α、β 分别为行星齿轮传动系统质量阻尼系数和刚度阻尼系数。

4.5 复合行星传动系统动态响应分析算例

4.5.1 模型描述

以某发动机复合排行星齿轮传动系统为例,如图 4.8 所示,输入齿圈输入,复合排行星架输出,输入齿圈逆时针旋转,3 个行星轮均匀分布在行星架上,传动系统工况参数及材料参数如表 4.3 所列,太阳轮、小齿圈、大齿圈、行星架、长行星轮、短行星轮的结构参数如表 4.4 所列。

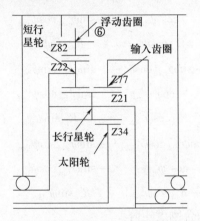

图 4.8 某发动机复合排行星传动系统模型

表 4.3 复合排行星传动系统工况参数及材料参数

符号	名称	数值	单位
T_r	驱动力矩	3212	N·m
T_c	负载扭矩	11562	N·m
E	弹性模量	207.8	GPa
ν	泊松比	0.3	—

表 4.4 复合排单级行星传动系统结构参数

参数	太阳轮	小齿圈	大齿圈	行星架	长行星轮	短行星轮
齿数	32	70	77	—	19	20
分度圆半径/m	0.064	0.140	0.154	—	0.038	0.04
质量/kg	3.0781	8.4022	8.3331	23.0951	1.9435	1.0967

续表

参数	太阳轮	小齿圈	大齿圈	行星架	长行星轮	短行星轮
转动惯量/$(kg \cdot m^2)$	0.0078	0.1901	0.22759	0.2589	0.0019	0.0011
模数/m	0.004					
压力角	25°					
支撑刚度/(N/m)	$k_s = k_r = k_c = k_{p_n} = 1 \times 10^8 \text{N/m}$					

4.5.2 固有特性

从表 4.5 中可以看出,当系统行星轮个数为 3 时,其固有频率一共有 30 阶,系统重根数为 1 个的固有频率有 10 阶,分别为 0Hz、477.094Hz、808.355Hz、1102.661Hz、1392.681Hz、3966.423Hz、4912.940Hz、6294.244Hz、8679.362Hz、46316.189Hz,对应的 10 个系统振动模式为中心构件扭转振动模式,其中心构件的 X、Y 方向的线位移对应的元素为 0,中心构件只产生扭转振动不产生弯曲运动。系统重根数为 2 个的固有频率有 10 阶,分别为 396.371Hz、562.780Hz、649.952Hz、952.362Hz、1202.747Hz、1488.775Hz、4092.258Hz、4206.415Hz、5711.694Hz、8494.140Hz,对应的 10 个系统振动模式为中心构件弯曲振动模式,其中心构件的角位移对应的元素为 0,中心构件只产生弯曲运动不产生扭转振动。当行星轮个数增加为 4 或者 5 个时,除了上述振动模式外,还会出现重根数为 $N-3$(N 为行星轮个数)的情况,其固有频率个数为 3,对应的系统振动模式为行星轮振动模式,中心构件的线位移和角位移对应的元素均为 0,行星轮振型矢量非 0,在此种振型中只有行星轮在运动(此处未做计算)。系统的不同振动模式如图 4.9 所示。固有频率对应的太阳轮输入转速和大齿圈输出转速如表 4.6 所列。

表 4.5 系统 30 阶固有频率/Hz

参数	1 阶	2 阶	3 阶	4 阶	5 阶	6 阶	7 阶	8 阶
ω_n	0	396.4	396.4	477.1	562.8	562.8	650.0	650.0
参数	9 阶	10 阶	11 阶	12 阶	13 阶	14 阶	15 阶	16 阶
ω_n	808.4	953.4	953.4	1102.7	1203.7	1203.7	1392.7	1488.8
参数	17 阶	18 阶	19 阶	20 阶	21 阶	22 阶	23 阶	24 阶
ω_n	1488.7	3966.4	4093.5	4093.3	4206.4	4206.4	4913.9	5711.7
参数	25 阶	26 阶	27 阶	28 阶	29 阶	30 阶		
ω_n	5711.7	6294.2	8494.1	8494.1	8679.4	46316.2		

表4.6 系统30阶振型矢量($\times 10^{-3}$)

参数	1阶	2阶	3阶	4阶	5阶	6阶	7阶	8阶
x_s	0	22	−44	0	−178	226	42	−42
y_s	0	−85	−6	0	−749	−74	223	223
u_s	−74	0	0	−33	0	0	0	0
x_{r1}	0	64	−68	0	−747	−224	−299	−299
y_{r1}	0	−130	−25	0	665	−213	−534	−534
u_{r1}	0	0	0	0	0	0	0	0
x_{r2}	0	−32	−51	0	816	135	50	50
y_{r2}	0	106	22	0	−371	241	−802	−802
u_{r2}	−107	0	0	−77	0	0	0	0
x_c	0	33	−97	0	−36	56	46	46
y_c	0	−190	−6	0	−185	−16	165	165
u_c	−41	0	0	60	0	0	0	0
x_{b1}	0	39	−118	−10	11	71	−23	−23
y_{b1}	0	−125	−11	−74	63	−37	−81	−81
u_{b1}	−37	−24	−33	16	860	−34	−28	−28
x_{b2}	0	82	−80	69	34	−14	470	−470
y_{b2}	0	−206	15	28	−215	−52	151	150
u_{b2}	−37	−48	30	16	−272	250	432	431
x_{b3}	0	−1	−76	−59	−218	6	−46	−46
y_{b3}	0	−203	−31	46	−96	29	422	422
u_{b3}	−37	72	3	16	−588	−216	−156	156
x_{a1}	0	28	−72	54	71	65	247	247
y_{a1}	0	−209	1	16	−136	−20	262	262
u_{a1}	−66	92	−9	−88	−775	26	−173	−173
x_{a2}	0	−6	−94	−41	7	31	437	437
y_{a2}	0	−161	−19	39	−242	−3	−134	−134
u_{a2}	−66	−53	−35	−88	258	−223	558	558
x_{a3}	0	52	−100	−13	−52	62	−1	−1
y_{a3}	0	−155	10	−55	−133	18	−100	−100
u_{a3}	−66	−39	44	−88	517	197	−385	−385
模式	中心扭转	中心平移		中心扭转	中心平移			

续表

参数	9阶	10阶	11阶	12阶	13阶	14阶	15阶	16阶
x_s	0	468	-904	0	-64	126	0	30
y_s	0	570	-1	0	100	73	0	-88
u_s	386	0	0	-122	0	0	-47	0
x_{r1}	0	-62	-110	0	16	16	0	0
y_{r1}	0	167	-188	0	14	-21	0	-9
u_{r1}	0	0	0	0	0	0	0	0
x_{r2}	0	114	-21	0	35	11	0	18
y_{r2}	0	-71	163	0	11	-43	0	-13
u_{r2}	-105	0	0	31	0	0	-14	0
x_c	0	2	52	0	-24	-58	0	-29
y_c	0	-56	46	0	-48	32	0	68
u_c	-18	0	0	-8	0	0	7	0
x_{b1}	132	-463	531	-312	124	346	-33	-8
y_{b1}	215	463	-260	-59	34	54	-31	-32
u_{b1}	-253	-484	368	-77	24	84	7	24
x_{b2}	-120	242	-241	207	-112	216	44	52
y_{b2}	-221	227	-744	-241	150	-243	-13	-71
u_{b2}	-253	250	-586	-77	48	-71	6	-27
x_{b3}	252	-315	-274	105	107	24	-11	12
y_{b3}	7	-266	167	300	297	18	44	-104
u_{b3}	-253	234	219	-77	-73	13	7	3
x_{a1}	213	375	-154	-136	109	97	49	79
y_{a1}	27	-88	50	20	-205	119	-295	-450
u_{a1}	123	282	-103	-106	158	35	136	226
x_{a2}	-130	105	-146	51	-163	-49	231	-54
y_{a2}	171	-302	473	-127	-73	-223	190	-85
u_{a2}	123	-248	366	-106	-48	-188	136	-71
x_{a3}	-83	54	217	85	87	-272	-280	328
y_{a3}	-198	40	255	107	97	75	105	-152
u_{a3}	123	-34	-263	-106	-110	152	136	-156
x_s	0	468	-904	0	-64	126	0	30

续表

参数	9阶	10阶	11阶	12阶	13阶	14阶	15阶	16阶
y_s	0	570	-1	0	100	73	0	-88
u_s	386	0	0	-122	0	0	-47	0
x_{r1}	0	-62	-110	0	16	16	0	0
y_{r1}	0	167	-188	0	14	-21	0	-9
u_{r1}	0	0	0	0	0	0	0	0
x_{r2}	0	114	-21	0	35	11	0	18
y_{r2}	0	-71	163	0	11	-43	0	-13
u_{r2}	105	0	0	31	0	0	-14	0
x_c	0	2	52	0	-24	-58	0	-29
y_c	0	-56	46	0	-48	32	0	68
u_c	-18	0	0	-8	0	0	7	0
x_{b1}	-132	-463	531	-312	124	346	33	-8
y_{b1}	215	463	-260	-59	34	54	-31	-32
u_{b1}	-253	-484	368	-77	24	84	7	24
x_{b2}	-120	242	-241	207	-112	216	44	52
y_{b2}	-221	227	-744	-241	150	-243	-13	-71
u_{b2}	-253	250	-586	-77	48	-71	6	-27
x_{b3}	252	-315	-274	105	107	24	-11	-12
y_{b3}	7	-266	167	300	297	18	44	-104
u_{b3}	-253	234	219	-77	-73	-13	7	3
x_{a1}	213	375	-154	-136	109	97	49	79
y_{a1}	27	-88	50	20	-205	119	-295	-450
u_{a1}	123	282	-103	-106	158	35	136	226
x_{a2}	-130	105	-146	51	-163	-49	231	-54
y_{a2}	171	-302	473	-127	-73	-223	190	-85
u_{a2}	123	-248	366	-106	-48	-188	136	-71
x_{a3}	-83	54	217	85	87	-272	-280	328
y_{a3}	-198	40	255	107	97	75	105	-152
u_{a3}	123	-34	-263	-106	-110	152	136	-156
模式	中心扭转	中心平移	中心平移	中心扭转	中心平移	中心扭转	中心平移

续表

参数	17 阶	18 阶	19 阶	20 阶	21 阶	22 阶	23 阶	24 阶
x_s	62	0	60	-99	-260	592	0	141
y_s	21	0	79	74	306	-15	0	-98
u_s	0	13	0	0	0	0	451	0
x_{r1}	6	0	-39	-177	9	-16	0	-17
y_{r1}	0	0	142	-50	2	-22	0	-5
u_{r1}	0	0	0	0	0	0	0	0
x_{r2}	9	0	-6	-3	43	5	0	55
y_{r2}	13	0	3	-8	43	-89	0	93
u_{r2}	0	3	0	0	0	0	-89	0
x_c	-47	0	-1	-7	-1	9	0	2
y_c	-20	0	5	-2	8	-7	0	2
u_c	0	-48	0	0	0	0	-2	0
x_{b1}	74	108	120	25	-5	-12	-58	9
y_{b1}	21	-351	-524	-109	-67	-78	-80	22
u_{b1}	12	-320	-342	-67	97	150	-26	-50
x_{b2}	47	250	-255	385	74	-197	40	-131
y_{b2}	-22	269	-237	358	30	-85	90	23
u_{b2}	8	-320	219	-337	145	-358	-26	-227
x_{b3}	24	-358	181	609	118	-111	-98	-55
y_{b3}	23	82	-56	-187	-87	79	-10	153
u_{b3}	-20	-320	124	403	-242	208	-26	277
x_{a1}	5	78	82	7	-285	-408	-552	-97
y_{a1}	109	63	32	3	-106	-150	-111	31
u_{a1}	-34	89	28	3	-83	-121	27	115
x_{a2}	261	-93	39	-71	327	-827	372	97
y_{a2}	203	37	-31	57	-272	686	-423	-449
u_{a2}	154	89	-16	29	-118	296	27	518
x_{a3}	214	15	6	15	-123	107	180	-416
y_{a3}	-65	-99	38	98	-719	631	534	-377
u_{a3}	-120	89	-12	-32	201	-175	27	-633
模式	中心平移		中心扭转		中心平移		中心扭转	

续表

参数	25 阶	26 阶	27 阶	28 阶	29 阶	30 阶
x_s	90	0	92	-70	0	0
y_s	111	0	67	129	0	0
u_s	0	422	0	0	-239	133
x_{r1}	3	0	-1	15	0	0
y_{r1}	-14	0	12	-3	0	0
u_{r1}	0	0	0	0	0	0
x_{r2}	-73	0	17	28	0	0
y_{r2}	51	0	-19	18	0	0
u_{r2}	0	93	0	0	20	96
x_c	-2	0	0	0	0	0
y_c	2	0	0	-1	0	0
u_c	0	-56	0	0	5	4
x_{b1}	-90	-33	-212	-186	153	-33
y_{b1}	-106	-118	-227	200	177	35
u_{b1}	237	135	428	375	-317	-51
x_{b2}	-98	119	-296	178	-230	351
y_{b2}	18	30	69	-41	44	210
u_{b2}	-171	135	-418	251	-317	247
x_{b3}	13	-85	2	133	76	1
y_{b3}	-37	88	-7	-436	-221	177
u_{b3}	-66	135	-10	-627	317	-280
x_{a1}	457	257	169	148	-119	-99
y_{a1}	-147	-197	327	287	-218	123
u_{a1}	-541	-560	654	574	-433	105
x_{a2}	73	42	360	-216	248	70
y_{a2}	-338	321	17	-10	6	82
u_{a2}	390	-560	-639	385	-433	-96
x_{a3}	997	-299	-4	-292	-130	112
y_{a3}	90	-124	7	454	212	351
u_{a3}	152	-560	-15	-958	-433	-648
模式	中心平移	中心扭转	中心平移	中心扭转		

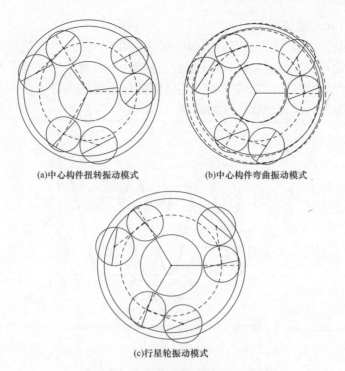

(a)中心构件扭转振动模式 (b)中心构件弯曲振动模式

(c)行星轮振动模式

图 4.9　复合行星轮系振动模式

本节主要研究了行星齿轮传动系统固有频率和振型的特征,研究了固有特性对系统质量的特征灵敏度,研究发现,行星齿轮传动系统的自由振动模态可以分为三种振动模式,扭转振动模式、弯曲振动模式和行星轮振动模式。

4.5.3　均载特性

现以复合行星轮系为研究对象,建立其弯扭耦合动力学模型,并分析了系统在安装误差、偏心误差、支撑刚度、啮合刚度、位置度误差、分度圆跳动等一系列因素作用下的均载系数变化规律,对行星轮系的优化设计具有指导意义。

参考第 3 章均载特性分析内容可知,第 k^i 个太阳轮—行星轮、第 k^i 个行星轮—内齿圈、复合行星传动系统太阳轮—长行星轮—输入齿圈系统和长行星轮—短行星轮—浮动齿圈的均载系数分别表示为

$$\mathrm{LSC}_i^3 = \frac{n \times F_i^3}{\sum_{k=n}^{n} F_i^3} \tag{4.88}$$

式中:i 为复杂行星变速机构啮合副代号。

4.5.3.1　安装误差对均载系数的影响

不同构件存在安装误差时,啮合副的均载系数如图 4.10 所示,各安装误差

幅值均为 $20\mu m$,相位角为0。

对比图(a)~(c)可知,当中心构件存在安装误差时,均载系数呈周期性变化;当行星轮存在安装误差时,均载系数为定值;中心构件的安装误差对均载系数影响较行星轮大;行星轮的安装误差会使此行星轮的啮合力始终大于另外两个行星轮,导致行星轮出现持续的偏载。

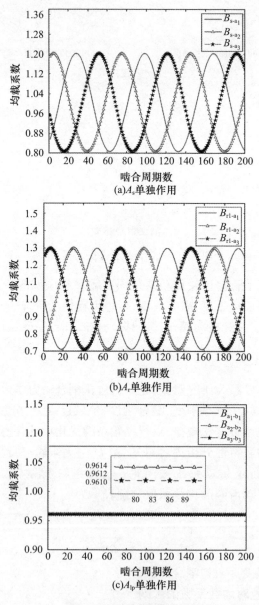

图 4.10 安装误差作用

通过安装误差在啮合线上的投影看出,中心构件安装误差对等效位移的影响项中含有 $\omega_c t$ 时间项,会对啮合副产生均等的周期性影响,而行星轮项对等效位移的影响项中不含时间项,因此均载系数为定值。

4.5.3.2 安装误差相位角对均载系数的影响

1)中心构件的安装误差相位角

太阳轮 s、输入齿圈 r 和浮动齿圈 fr 的安装误差幅值均为 20μm,相位角分别为 0、π/6、π/3、π 时,各啮合副的均载系数如表 4.7 所列。

表 4.7 中心构件的安装误差相位角对均载系数影响

	B_{s-lp}	B_{r-lp}	B_{fr-p}	B_{lp-p}
	$A_s = 20\mu m$			
$\gamma_s = 0$	1.2030	1.2643	1.2017	1.1345
$\gamma_s = \pi/6$	1.2030	1.2643	1.2017	1.1345
$\gamma_s = \pi/3$	1.2030	1.2643	1.2017	1.1345
$\gamma_s = \pi$	1.2030	1.2643	1.2017	1.1345
	$A_r = 20\mu m$			
$\gamma_{r_1} = 0$	1.1066	1.2808	1.2082	1.1921
$\gamma_{r_1} = \pi/6$	1.1066	1.2808	1.2082	1.1921
$\gamma_{r_1} = \pi/3$	1.1066	1.2808	1.2082	1.1921
$\gamma_{r_1} = \pi$	1.1066	1.2808	1.2082	1.1921
	$A_{fr} = 20\mu m$			
$\gamma_{r_2} = 0$	1.1079	1.1255	1.2186	1.1726
$\gamma_{r_2} = \pi/6$	1.1079	1.1255	1.2186	1.1726
$\gamma_{r_2} = \pi/3$	1.1079	1.1255	1.2186	1.1726
$\gamma_{r_2} = \pi$	1.1079	1.1255	1.2186	1.1726

观察表 4.7 可知,中心构件安装误差的相位角对均载系数没有影响,构件的安装误差对其所在啮合副的均载系数影响最大。这是由于中心构件的安装误差会随着其旋转依次作用于各行星轮,因此,其相位角对均载系数没有影响。

2)行星轮的安装误差相位角

由于行星轮安装在行星架上,实际情况中,行星轮安装误差相位角最可能为 0 和 π,因此,针对两组行星轮 lp_k 和 p_k 相啮合的那一对行星轮 lp_1 和 p_1,共有 $P_2^2 = 4$ 组安装误差相位角,找出对均载影响较小的那一组是十分有必要的。太阳轮 s 安装误差幅值 $A_s = 20\mu m$,相位角为 0,行星轮 lp_1 和 p_1 安装误差幅值为 $A_{lp} = A_p = 20\mu m$,4 组相位角所对应的各啮合副的均载系数如图 4.11 所示。

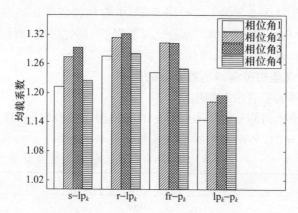

图4.11 行星轮安装误差不同相位角作用下各啮合副的均载系数

图4.11中,相位角1、2、3、4分别表示lp_1和p_1的相位角为0、0,π、0,0、π和π、π。横坐标分别为4个啮合副。从图中可以看出,lp_1和p_1误差相位角均为0或均为π时,均载系数较另外两种情况小,即行星轮的安装误差朝同等方向较二者远离和相互靠近时系统的均载性能较好,对于行星轮安装误差相位角为任意方向时,这里不做讨论。

以上分析为安装误差分布在相啮合的那一对行星轮$lp_1 - p_1$上,当误差分布在不同的行星轮上时,均载系数也会发生变化。安装误差幅值为20μm,相位角为0,分别分布在行星轮对$lp_1 - p_1$、$lp_1 - p_2$、$lp_1 - p_3$上时,各啮合副的均载系数如图4.12所示。

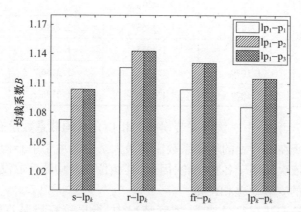

图4.12 行星轮安装误差不同位置作用下各啮合副的均载系数

图4.12可知,安装误差分布在相啮合的行星轮对$lp_1 - p_1$上时,均载系数较小。这是由于当误差分布在相啮合的行星轮对上时,受影响啮合副较少。因此,应尽量避免安装误差分布在相互独立的行星轮对上。

4.5.3.3 偏心误差对均载系数的影响

1)不同构件存在偏心误差

不同构件存在的偏心误差对均载系数的影响如图4.13所示,各偏心误差幅值均为20μm,相位角为0。

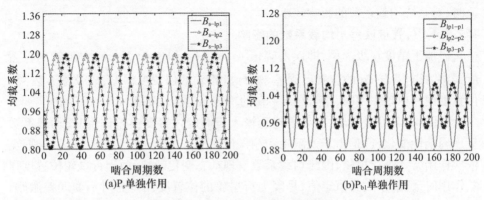

图 4.13 偏心误差对均载系数的影响

对比图(a)和图(b)可知,相比于安装误差,太阳轮 s 存在偏心误差时,均载系数随啮合周期的变化频率更高,这是由于太阳轮的偏心误差投影到啮合线上有 $(\omega_s - \omega_c)t$ 项,使误差激励频率发生了变化。由图(b)可知,行星轮有偏心误差时,均载系数呈周期性变化。

2)偏心误差位置

当多个构件存在偏心误差时,系统具有多个外激励频率。当偏心误差位于不同构件上时,系统的均载系数也会发生变化,以啮合副 $s-lp_k$ 为例,分析偏心误差幅值为20μm,分别位于行星轮 lp_1 和行星轮 p_1 和浮动齿图 fr_2 的均载系数如图4.14所示。

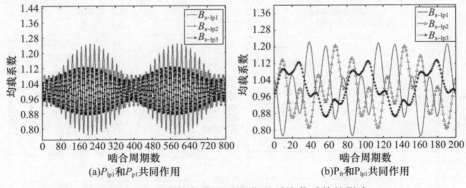

图 4.14 多个构件偏心误差位置对均载系数的影响

由图4.14可知,多个构件存在偏心误差时,系统的振动状态由原来的单周期运动变为多周期运动。偏心误差位于行星轮 lp_1 和行星轮 p_1 上时为系统出现拍振现象,均载系数为 $B_{s-lp} = 1.2491$;当偏心误差位于内齿圈 fr 和行星轮 lp_1 上时为 4 周期运动状态,均载系数为 $B_{s-lp} = 1.2194$,均载性能较前者更好。由此可以得出结论,在偏心误差不可避免的前提下,当其分布在齿数相差较大的构件上时,对系统均载系数的影响较小。

4.5.3.4 位置度误差对均载系数的影响

以加工精度 6 级为例,即误差幅值 A_s、A_{lp}、A_p、和 A_r 为 $25\mu m$,太阳轮的位置度误差、长行星轮 lp 的位置度误差、短行星轮 p 的位置度误差,以及输入齿圈 r 位置度误差单独作用时,啮合副 s - lp_k 的均载系数曲线如图 4.15 所示。

从图 4.15 可以看出,当太阳轮和输入齿圈的位置度误差作用时,均载系数呈现周期性变化,这是由于太阳轮和输入齿圈的位置度误差为时变误差激励,会依次作用于 3 个行星轮,因此均载系数呈现动态变化趋势;而当行星轮位置度误差作用时,均载系数为恒定值,是因为行星轮的位置度误差为时不变误差激励,因此均载系数不发生变化。观察图 4.15(b)可知,误差所在的啮合副均载系数始终大于另外两个啮合副,表明系统出现持续的偏载现象,误差所在的啮合副啮合力大于无误差所在的啮合副。

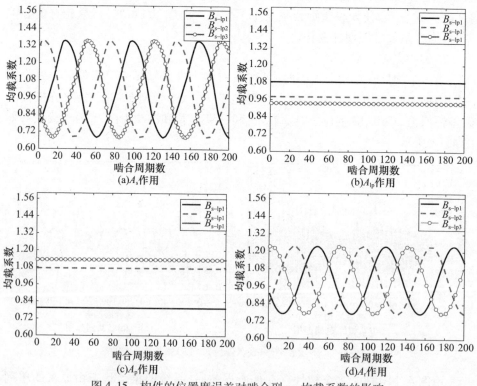

图 4.15 构件的位置度误差对啮合副 sa_k 均载系数的影响

当各构件的位置度误差分别从 $8\mu m$（4级精度）、$16\mu m$（5级精度）、$25\mu m$（6级精度）、$36\mu m$（7级精度）、$45\mu m$（8级精度）变化时，系统的均载系数分别如表4.8所列。

表4.8　各位置度误差作用下系统均载系数表（单位：μm）

误差大小（精度等级）	A_s				A_{lp}			
	$s-p_k$	$r-p_k$	$fr-lp_k$	p_k-lp_k	$s-p_k$	$r-p_k$	$fr-lp_k$	p_k-lp_k
8（4级）	1.1415	1.2523	1.1042	1.1046	1.0682	1.1412	1.1402	1.1407
16（5级）	1.2945	1.5010	1.2084	1.2093	1.1397	1.2825	1.2803	1.2814
25（6级）	1.4641	1.7767	1.3304	1.3338	1.2248	1.4400	1.4470	1.4500
36（7级）	1.6744	2.0787	1.5164	1.5261	1.3278	1.6263	1.6546	1.6582
45（8级）	1.8145	2.3756	1.6405	1.6490	1.4112	1.7768	1.8209	1.8249
误差大小（精度等级）	A_p				A_r			
	$s-p_k$	$r-p_k$	$fr-lp_k$	p_k-lp_k	$s-p_k$	$r-p_k$	$fr-lp_k$	p_k-lp_k
8（4级）	1.0623	1.0267	1.0981	1.0978	1.0739	1.3549	1.0604	1.0606
16（5级）	1.1292	1.2085	1.1869	1.1867	1.1477	1.7023	1.1209	1.1212
25（6级）	1.2054	1.3787	1.2865	1.2854	1.2419	2.0934	1.2066	1.2103
36（7级）	1.2988	1.6157	1.4082	1.4073	1.3283	2.5661	1.2857	1.2899
45（8级）	1.3788	1.9243	1.5045	1.5037	1.3885	2.9303	1.3412	1.3371

表4.8所对应的构件位置度误差作用时，不同啮合副均载系数的变化规律如图4.16所示。

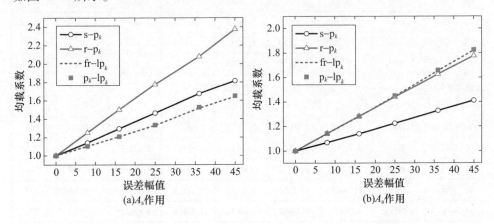

(a) A_s 作用　　　　(b) A_{lp} 作用

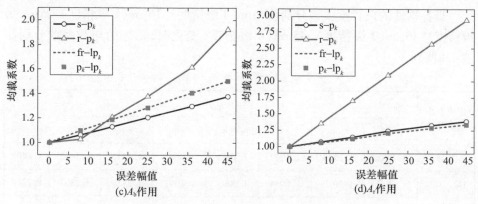

图4.16 各构件位置度误差对各啮合副均载系数的影响

从图 4.16 中可以看出,各啮合副的均载系数随着构件位置度误差幅值的增大而增大,表明位置度误差越大,系统均载性能越差。图中各误差作用下,啮合副 fr-p 和 lp-p 的均载系数相等,是由于行星轮 p 承受的啮合力只有 $F_{\text{lp-p}}$ 和 $F_{\text{fr-p}}$,且二者对行星轮 p 的合力矩为 0,所以两个啮合力大小相等,因此啮合副 fr-p 和 lp-p 均载系数相等。

当太阳轮和内齿圈 r 同时存在间隙浮动,且径向浮动间隙 $j_x = 13\mu m$,$r_{1jx} = 13\mu m$(配合公差为 6 级)时,计算各构件的位置度误差分别从 $8\mu m$(4 级精度)、$16\mu m$(5 级精度)、$25\mu m$(6 级精度)、$36\mu m$(7 级精度)、$45\mu m$(8 级精度)变化,系统的均载系数,如表 4.9 所列。

表 4.9 各位置度误差作用下系统均载系数表(s,$r_{1jx} = 13\mu m$,单位:μm)

误差大小 (精度等级)	A_s				A_{lp}			
	s-p_k	r-p_k	fr-lp_k	p_k-lp_k	s-p_k	r-p_k	fr-lp_k	p_k-lp_k
8(4级)	1.0002	1.0004	1.0001	1.0002	1.0002	1.0026	1.0017	1.0018
16(5级)	1.0001	1.0011	1.0007	1.0007	1.0004	1.0051	1.0030	1.0029
25(6级)	1.0433	1.0053	1.0617	1.0618	1.0225	1.0380	1.0473	1.0476
36(7级)	1.1712	1.0220	1.2290	1.2297	1.1109	1.1863	1.2295	1.2305
45(8级)	1.2801	1.0370	1.3658	1.3684	1.1929	1.3175	1.3867	1.3890
误差大小 (精度等级)	A_p				A_r			
	s-p_k	r-p_k	fr-lp_k	p_k-lp_k	s-p_k	r-p_k	fr-lp_k	p_k-lp_k
8(4级)	1.0002	1.0410	1.0172	1.0173	1.0002	1.0028	1.0018	1.0017
16(5级)	1.0005	1.0820	1.0344	1.0345	1.0002	1.0035	1.0021	1.0020
25(6级)	1.0008	1.1281	1.0538	1.0540	1.0005	1.1122	1.0467	1.0469
36(7级)	1.0011	1.1845	1.0774	1.0777	1.0013	1.4205	1.1746	1.1754
45(8级)	1.0014	1.2307	1.0968	1.0971	1.0010	1.6642	1.2785	1.2797

表 4.9 所对应的当太阳轮 s 和输入齿圈 r 同时存在间隙浮动,各构件位置度误差作用时,不同啮合副均载系数的变化规律如图 4.17 所示。

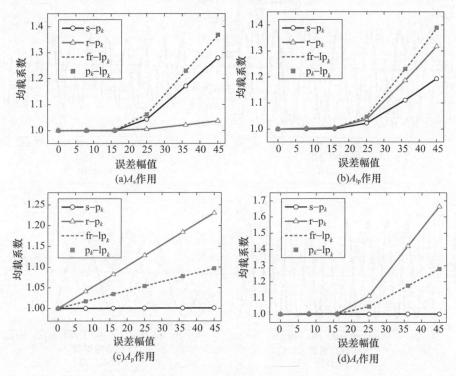

图 4.17 各构件位置度误差对各啮合副均载系数的影响($s, r_{1jx} = 13\mu m$)

对比图 4.16 与图 4.17 可知,当太阳轮 s 和内齿圈 r_1 同时存在间隙浮动时,系统的均载系数降低,系统的均载性能得到明显改善。并且各啮合副的均载系数随着构件位置度误差幅值的增大而增大,表明位置度误差越大,系统均载性能越差。

4.5.3.5 齿轮分度圆跳动对均载系数的影响

以加工精度 6 级为例,即误差幅值 E_s、E_{lp}、E_p 和 E_r 为 $25\mu m$,太阳轮的分度圆跳动误差、长行星轮 lp 的分度圆跳动误差、短行星轮 p 的分度圆跳动误差,以及输入齿圈 r 的分度圆跳动误差单独作用时,啮合副 $s-lp_k$ 的均载系数曲线如图 4.18 所示。

从图 4.18 可以看出,各构件的分度圆跳动误差单独作用时,均载系数均呈现周期性变化,表明分度圆跳动误差为时变误差激励。当分度圆跳动误差作用于中心构件上(图 4.18(a)、(d))时,各行星轮均匀受载,只相隔时间相位关系;当分度圆跳动误差作用于行星轮上(图 4.18(b)、(c))时,误差所在的行星轮受力最大,即图中啮合副 s-lp₁ 的均载系数比另两个啮合副 s-lp₂、s-lp₃ 大。

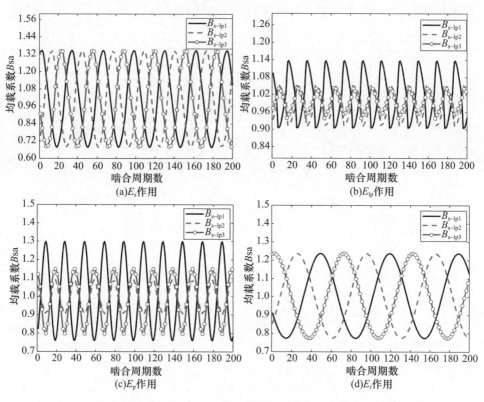

图 4.18 构件的分度圆跳动误差对啮合副 s-lp_k 均载系数的影响

当各构件的分度圆跳动误差分别从 8μm(4 级精度)、16μm(5 级精度)、25μm(6 级精度)、36μm(7 级精度)、45μm(8 级精度)变化时,系统的均载系数分别如表 4.10 所列。

表 4.10 各分度圆跳动误差作用下均载系数表(单位:μm)

误差大小 (精度等级)	E_p				E_{lp}			
	s-p_k	r-p_k	fr-lp_k	p_k-lp_k	s-p_k	r-p_k	fr-lp_k	p_k-lp_k
8(4 级)	1.1406	1.2476	1.1023	1.1027	1.0781	1.1653	1.1624	1.1630
16(5 级)	1.2884	1.4908	1.2046	1.2053	1.1622	1.3306	1.3248	1.3260
25(6 级)	1.4543	1.7554	1.3253	1.3273	1.2595	1.5123	1.5227	1.5259
36(7 级)	1.6596	2.0604	1.5009	1.5121	1.3769	1.7282	1.7602	1.7639
45(8 级)	1.7976	2.3663	1.6280	1.6356	1.4716	1.9068	1.9488	1.9527

续表

误差大小 (精度等级)	E_p				E_r			
	$s-p_k$	$r-p_k$	$fr-lp_k$	p_k-lp_k	$s-p_k$	$r-p_k$	$fr-lp_k$	p_k-lp_k
8(4级)	1.0922	1.3083	1.0584	1.0585	1.0726	1.3524	1.0607	1.0608
16(5级)	1.1843	1.6153	1.1176	1.1177	1.1452	1.6975	1.1214	1.1217
25(6级)	1.2906	1.8716	1.1824	1.1828	1.2364	2.0869	1.2084	1.2102
36(7级)	1.4277	2.5894	1.2857	1.2920	1.3239	2.5520	1.2857	1.2897
45(8级)	1.4986	2.9457	1.3253	1.3298	1.3833	2.8328	1.3424	1.3369

表 4.10 所对应的构件分度圆跳动误差单独作用时,不同啮合副均载系数的变化规律如图 4.19 所示。

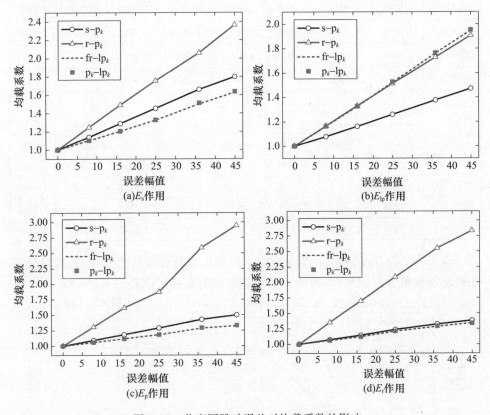

图 4.19 分度圆跳动误差对均载系数的影响

从图 4.19 中可以看出,各啮合副的均载系数随着构件分度圆跳动误差幅值增大而增大,表明分度圆跳动误差越大,系统均载性能越差。图中各误差作用下,啮合副 fr-p 和 lp-p 的均载系数相等,是由于行星轮 p 承受的啮合力只有 $F_{\mathrm{lp-p}}$ 和 $F_{\mathrm{fr-p}}$,且二者对行星轮 p 的合力矩为 0,所以两个啮合力大小相等,因此啮合副 fr-p 和 lp-p 均载系数相等。

当太阳轮和输入齿圈 r 同时存在间隙浮动,且径向浮动间隙为 $jx=13\mu\mathrm{m}$, $r_{1jx}=13\mu\mathrm{m}$(配合公差为 6 级)时,计算各构件的分度圆跳动误差分别从 $8\mu\mathrm{m}$(4 级精度)、$16\mu\mathrm{m}$(5 级精度)、$25\mu\mathrm{m}$(6 级精度)、$36\mu\mathrm{m}$(7 级精度)、$45\mu\mathrm{m}$(8 级精度)变化,系统的均载系数如表 4.11 所列。

表 4.11 各分度圆跳动误差作用下系统均载系数表($s,r_{1jx}=13\mu\mathrm{m}$,单位:$\mu\mathrm{m}$)

误差大小 (精度等级)	E_s				E_{lp}			
	$s-p_k$	$r-p_k$	$fr-lp_k$	p_k-lp_k	$s-p_k$	$r-p_k$	$fr-lp_k$	p_k-lp_k
8(4 级)	1.0001	1.0006	1.0004	1.0004	1.0004	1.0040	1.0024	1.0023
16(5 级)	1.0003	1.0012	1.0008	1.0008	1.0004	1.0048	1.0038	1.0037
25(6 级)	1.0432	1.0055	1.0618	1.0619	1.0534	1.0885	1.1142	1.1164
36(7 级)	1.1708	1.0820	1.2322	1.2331	1.1659	1.2877	1.3308	1.3336
45(8 级)	1.2795	1.1576	1.3770	1.3779	1.2627	1.4630	1.5312	1.5349
误差大小 (精度等级)	E_p				E_r			
	$s-p_k$	$r-p_k$	$fr-lp_k$	p_k-lp_k	$s-p_k$	$r-p_k$	$fr-lp_k$	p_k-lp_k
8(4 级)	1.0001	1.0016	1.0010	1.0009	1.0002	1.0028	1.0018	1.0017
16(5 级)	1.0001	1.0033	1.0019	1.0019	1.0002	1.0035	1.0021	1.0020
25(6 级)	1.0079	1.1774	1.0715	1.0727	1.0057	1.1122	1.0467	1.0469
36(7 级)	1.0551	1.4984	1.2139	1.2153	1.0831	1.4205	1.1746	1.1754
45(8 级)	1.1469	1.7676	1.3246	1.3278	1.1605	1.6642	1.2785	1.2797

表 4.11 所对应的当太阳轮 s 和输入齿圈 r 同时存在间隙浮动,各构件分度圆跳动误差单独作用时,不同啮合副均载系数的变化规律如图 4.20 所示。

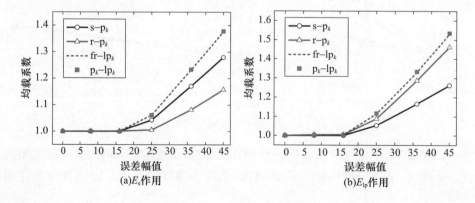

(a)E_s作用 　　(b)E_{lp}作用

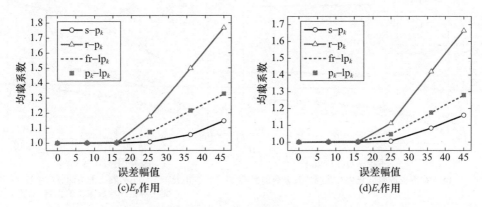

图 4.20 各构件分度圆跳动误差对各啮合副均载系数的影响($s,r_{1jx}=13\mu m$)

对比图 4.19 与图 4.20 可知,当太阳轮 s 和输入齿圈 r 同时存在间隙浮动时,系统的均载系数降低,系统的均载性能得到明显改善。并且各啮合副的均载系数随着构件分度圆跳动误差幅值的增大而增大,表明分度圆跳动误差越大,系统均载性能越差。

4.5.3.6 支撑刚度对均载系数的影响

图 4.21 是复合 3 组行星齿轮系统,太阳轮存在 $25\mu m$ 的位置度误差,系统齿侧间隙为 $20\mu m$,太阳轮输入,大齿圈输出,小齿圈固定,太阳轮输入扭矩 $1000N \cdot m$,输入转速为 $1781.66r/min$,其他构件支撑刚度保持为 $10^9 N/m$ 时,绘制太阳轮、小齿圈和大齿圈支撑刚度分别从 $10^8 N/m$ 变化到 $10^9 N/m$,以及太阳轮、小齿圈和大齿圈支撑刚度同时从 $10^8 N/m$ 变化到 $10^9 N/m$ 时,系统均载系数变化曲线。

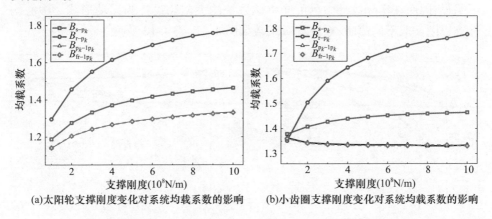

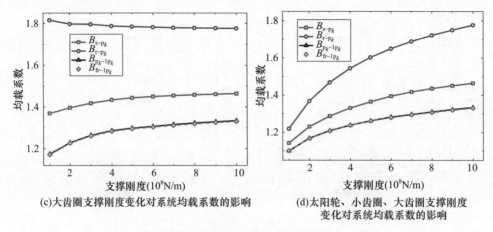

(c)大齿圈支撑刚度变化对系统均载系数的影响　　(d)太阳轮、小齿圈、大齿圈支撑刚度变化对系统均载系数的影响

图4.21　支撑刚度对所有啮合副均载系数影响规律

由图4.21(a)可知,随着太阳轮支撑刚度的增加,系统四个啮合副的均载系数均变大,由图4.21(b)可知,随着小齿圈支撑刚度的增加,系统r_1b_n啮合副的均载系数变化最为明显,其他三个啮合副基本不变或者无明显变化规律,由图4.21(c)可知,随着大齿圈支撑刚度的增加,系统四个啮合副均载系数变化趋势不明显,由图4.21(d)可知,当太阳轮、小齿圈、大齿圈支撑刚度同时增加时,系统四个啮合副的均载系数均变大,其变化趋势同图4.21(a)变化趋势基本一致。通过对比可知四个啮合副的均载系数变化趋势均是在太阳轮支撑刚度发生变化时改变,其随着支撑刚度的增加而增加,而在齿圈支撑刚度变化时,其变化并不明显,且均载系数偏大。故对于该工况下的系统,采取太阳轮浮动或者中心构件全浮动对提高系统的均载性能最有利,即对于该传动系统,太阳轮浮动能够最为有效地改善系统的均载性能,其他构件的浮动对系统均载性能的改善效果不明显,因而在实际设计中尽可能将该系统的太阳轮设计为浮动形式。中心构件支撑刚度取不同值时,系统均载系数如图4.22、表4.12所列。

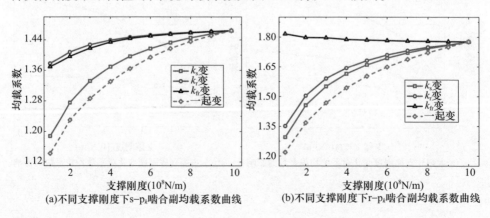

(a)不同支撑刚度下s-p_k啮合副均载系数曲线　　(b)不同支撑刚度下r-p_k啮合副均载系数曲线

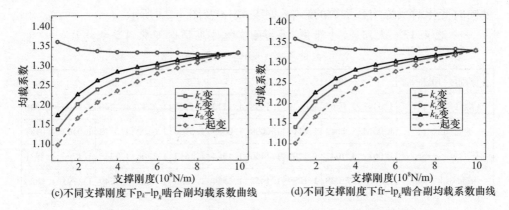

图 4.22 不同构件支撑刚度对单个啮合副均载系数影响规律

表 4.12 系统均载系数随中心构件支撑刚度变化表

构件支撑刚度(10^8N/m)		1	2	3	4	5	6	7	8	9	10
太阳轮变化	啮合副 $s-p_k$	1.188	1.2755	1.3319	1.3698	1.3968	1.417	1.4327	1.4453	1.4555	1.4641
	啮合副 $r-p_k$	1.2952	1.4563	1.5512	1.6146	1.6601	1.6943	1.721	1.7423	1.7585	1.7767
	啮合副 p_k-lp_k	1.1402	1.2042	1.2415	1.2661	1.2836	1.2966	1.309	1.319	1.3272	1.3338
	啮合副 $fr-lp_k$	1.1415	1.205	1.2418	1.2659	1.2830	1.2958	1.306	1.3159	1.324	1.3304
小齿圈变化	啮合副 $s-p_k$	1.3784	1.4080	1.4273	1.4391	1.4469	1.4523	1.4564	1.4595	1.462	1.4641
	啮合副 $r-p_k$	1.3516	1.5044	1.5909	1.6437	1.6817	1.710	1.7318	1.749	1.7601	1.7767
	啮合副 p_k-lp_k	1.363	1.3438	1.339	1.3364	1.3354	1.3349	1.3346	1.3311	1.3309	1.3338
	啮合副 $fr-lp_k$	1.3608	1.3420	1.3364	1.3338	1.3326	1.3318	1.3314	1.3344	1.3342	1.3304
大齿圈变化	啮合副 $s-p_k$	1.3697	1.3966	1.4182	1.4341	1.4437	1.4501	1.4548	1.4585	1.4616	1.4641
	啮合副 $r-p_k$	1.8157	1.7978	1.7965	1.7879	1.785	1.7825	1.7801	1.7789	1.7775	1.7767
	啮合副 p_k-lp_k	1.1751	1.2287	1.2638	1.2862	1.2979	1.3064	1.3155	1.3228	1.3288	1.3338
	啮合副 $fr-lp_k$	1.1725	1.2268	1.2613	1.2830	1.2951	1.3039	1.3116	1.3192	1.3253	1.3304
同时变化	啮合副 $s-p_k$	1.1424	1.23	1.2864	1.3304	1.3646	1.3944	1.4173	1.4357	1.4511	1.4641
	啮合副 $r-p_k$	1.2186	1.3682	1.4684	1.5435	1.6024	1.6490	1.6884	1.7216	1.7499	1.7767
	啮合副 p_k-lp_k	1.1004	1.1681	1.2084	1.2378	1.2613	1.2812	1.2957	1.3090	1.3225	1.3338
	啮合副 $fr-lp_k$	1.1011	1.1671	1.2077	1.2374	1.2604	1.2789	1.2939	1.3062	1.3192	1.3304

对于复合行星轮系,太阳轮的浮动对系统均载性能的改善较为明显,其他中心构件的浮动对系统均载的改善则不明显。实际生产应用中,尽可能地将太阳轮设计为浮动形式。

当太阳轮和输入齿圈 r 同时存在间隙浮动,且径向浮动间隙为 $13\mu m$, $r_{1jx}=13\mu m$(配合公差为 6 级)时,再次计算太阳轮、小齿圈、大齿圈的支撑刚度同时变化对系统均载系数的影响,如表 4.13 及图 4.23 所示。

表 4.13 太阳轮、小齿圈、大齿圈支撑刚度同时变化对系统均载系数的影响($s,r_{1jx}=13\mu m$)

支撑刚度(10^8N/m)	1	2	3	4	5	6	7	8	9	10
啮合副 $s-p_k$	1.0498	1.0767	1.0929	1.1038	1.1113	1.1168	1.1217	1.1266	1.1308	1.1346
啮合副 $r-p_k$	1.0014	1.0043	1.0114	1.0099	1.0085	1.0100	1.0122	1.0142	1.0162	1.0187
啮合副 p_k-lp_k	1.0687	1.1041	1.1299	1.1466	1.1564	1.1642	1.1704	1.1755	1.1796	1.1831
啮合副 $fr-lp_k$	1.0685	1.1039	1.1289	1.1452	1.1554	1.1633	1.1697	1.1749	1.1791	1.1826

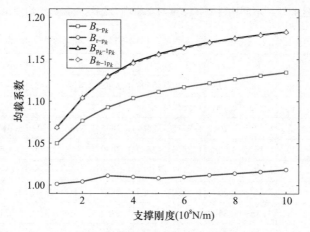

图 4.23 太阳轮、小齿圈、大齿圈支撑刚度变化对系统均载系数的影响($s,r_{1jx}=13\mu m$)

由表 4.13 及图 4.23 可知,随着太阳轮、小齿圈及大齿圈支撑刚度的增加,系统的均载系数会随之增大,但幅度较小。通过对比图 4.21 与图 4.23 可知,当太阳轮 s 和输入齿圈 r 同时存在间隙浮动时,系统的均载系数大幅度降低,系统均载性能得到明显改善。

4.5.4 动态特性

通过建立行星传动系统的弯扭耦合的动力学模型,对行星传动系统旋转构件(太阳轮、长行星轮、短行星轮、行星架)的振动响应进行模拟仿真,行星传动系统的材料参数、工况参数和结构参数如表 4.3 和表 4.4 所示。主要获得在给定工况和设计参数下行星排各部件的横向振动和扭转振动加速度。设定复合排传动系统 2 挡最大扭矩工况下,复合排浮动齿圈通过操纵件与变速机构机箱固定,输入齿圈转速为 500r/min,方向为顺时针(从转子扭矩输入端观测),复合排行星架为输出部件。仿真过程中,采样频率为10kHz,采样时间为0.25s,啮合频率f_m=293.9817Hz,求解方程得到系统旋转部件的振动响应。

1)太阳轮—长行星轮动态啮合力

图4.24为复合排行星传动系统太阳轮与长行星轮之间动态啮合力时域和频谱,从图中可以看出,啮合力所含的主要频率成分中有啮合频率及其倍频,且啮合频率及其倍频$1f_m \sim 4f_m$的幅值较大,由于系统考虑了齿形误差及齿侧间隙等非线性因素,因此系统中也出现其他特殊频率成分。

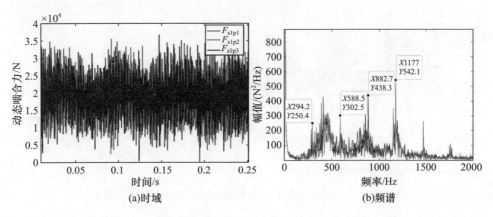

图4.24 复合排太阳轮—长行星轮动态啮合力时域和频谱

2)长行星轮—输入齿圈动态啮合力

图4.25为复合排输入齿圈和长行星轮之间动态啮合力时域和频谱,从图中可以看出,相对太阳轮与长行星轮之间动态啮合力的波峰值3.5×10^4N,输入齿圈与长行星轮之间动态啮合力的波峰值明显更高,在5.0×10^4N附近,而且在啮合频率及其倍频处的幅值较大。

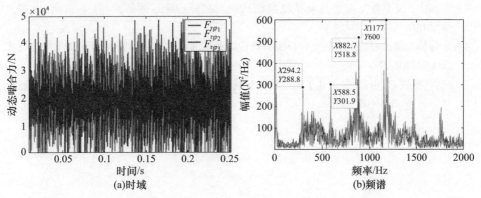

图4.25 复合排长行星轮—输入齿圈动态啮合力时域和频谱

3)长行星轮—短行星轮动态啮合力

图 4.26 为复合排短行星轮和长行星轮之间动态啮合力时域和频谱,从图中可以看出,由于轮齿含有时变啮合刚度、齿形误差、齿侧间隙等非线性因素,啮合力随时间的变化曲线呈现非线性、脉冲状的变化。相对其他齿轮副的啮合力波峰值,短行星轮和长行星轮之间动态啮合力的波峰值较低,在 $1.5×10^4$ N 附近,是输入齿圈与长行星轮之间动态啮合力的波峰值的 1/3。

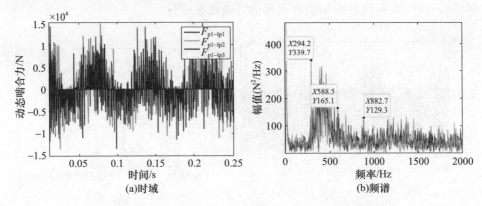

图 4.26　复合排长行星轮—短行星轮动态啮合力时域和频谱

参考文献

[1] 朱伟林,巫世晶,王晓笋,等. 安装误差对变刚度系数的复合行星轮系均载特性的影响分析[J]. 振动与冲击,2016,35(12):77-85.

[2] 吴守军,冯辅周,吴春志,等. 复合行星轮系故障诊断方法研究进展[J]. 机械设计与制造工程,2019,38(12):1910-1920.

[3] 李国彦. 复合行星齿轮传动系统损伤建模与故障诊断技术研究[D]. 济南:山东大学,2017.

[4] 朱伟林. 考虑制造误差的复合行星齿轮传动系统非线性动力学特性研究[D]. 武汉:武汉大学,2017.

[5] 武哲,张强,黄华蒙,等. 基于多尺度排列熵的复合行星齿轮故障诊断研究[J]. 机械设计与制造,2020(09):182-186.

第 5 章　复杂行星变速传动动力学

5.1　引　　言

复杂行星变速传动系统由多个简单行星齿轮传动系统和复合行星齿轮传动系统组合而成,其结构复杂,通常含有多个行星排,工作过程中可实现多挡位变速传动,实现较大的速比范围,从而更好地增强机械传动系统的动力性能。对其进行的动力学分析相比单排单级行星传动系统与复合排行星传动系统也更为复杂。

本章主要以复杂行星齿轮传动系统为研究对象,对复杂行星齿轮传动系统的结构特点与工作应用场合进行介绍,介绍复杂行星排传动系统的结构特点与工作应用场合。以第 3、4 章介绍的单排行星变速系统与复合行星变速系统结构为基础,将行星变速机构第一排、第二排和复合排进行耦合,对行星变速机构的动力学模型进行总装。通过分析所建立的复杂行星变速传动系统动力学模型的固有特性、振动响应时频特性和均载特性,实现对复杂行星变速传动系统的动态响应研究。

5.2　复杂行星排传动结构特点与应用场合

5.2.1　复杂行星排传动结构特点

复杂行星排大多数以复合行星排为基础,串并联其他简单行星排而成。其结构形式多样,相较复合排变速传动系统,可实现更多级的挡位变速,其构造也更为复杂。复合行星排是普通行星排之间或普通行星排与复合行星排之间通过串联组合形成多级行星排结构。

5.2.2　复杂行星变速传动系统应用场合

复杂行星变速传动系统通常能实现多级行星传动,其具有结构紧凑、传动比大等优点,广泛应用于航空航天风力发电、汽车、船舶、盾构机等工业领域。在汽车传动系统设计制造领域,行星排变速机构作为自动变速器的核心构件,是决定自动变速器性能的关键部件。现如今,为改善汽车的节油减排性能及舒适性,越来越多的多挡自动变速器(Automatic Transmission,AT)已相继问世,当前已出现的多挡AT挡位多达8、9与10,它们均由多个行星排及离合器与制动器等换挡接合元件连接组成。

某发动机行星变速传动系统如图5.1所示,在实际工作工况有以下几种情况,如表5.1所列,该复杂行星变速传动系统由1个复合行星排与2个单行星排组合而成,通过结合件的离合,可实现8种不同挡位的变速传动。

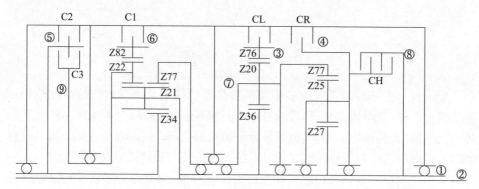

图5.1 某发动机行星变速传动系统示意简图

表5.1 行星变速机构挡位情况

挡位	变速执行元件					
	③	④	⑤	⑥	⑧	⑨
1	•			•		
2	•		•			
3	•					•
4				•	•	
5			•		•	
6				•		•
-1		•		•		
-2		•	•			

5.3 复杂行星变速传动纯扭转动力学模型

某发动机复杂行星变速传动结构如图5.2所示,图中1排行星齿轮传动系统通过齿圈和2排行星架连接,2排行星齿轮传动系统通过输入齿圈和左侧复合行星齿轮传动系统进行连接。通过前面第3章和第4章的介绍,将行星齿轮传动系统连接件(齿圈—行星架)动态响应进行耦合,考虑行星齿轮传动系统各个部件在水平和竖直方向的平移自由度以及绕旋转轴的扭转自由度,采用集总参数质量模型对行星变速机构的动力学模型进行总装。

第5章 复杂行星变速传动动力学

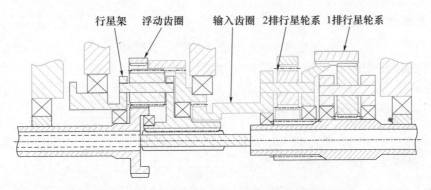

图 5.2 某发动机复杂行星变速传动结构简图

1) 变速机构输入端第 1、2 排耦合系统动力学模型

基于集中参数法分别建立第 1 排、第 2 排行星轮,太阳轮等系统部件的纯扭转动力学模型。

第 1 排行星传动纯扭转动力学模型如图 5.3 所示,中心构件(行星架、内齿圈、太阳轮)均视为由扭转弹簧与机架相连接,若各构件只考虑纯扭转自由度,传动系统的广义位移向量为

$$\boldsymbol{q} = [\theta_s, \theta_c, \theta_r, \theta_{p1}, \cdots, \theta_{pn}]^T, k = 1, 2, \cdots, n \tag{5.1}$$

式中:$\theta_j (j = c, r, s, p1, p2, \cdots, pn)$ 分别为行星架、内齿圈、太阳轮和第 k 个行星轮的扭转方向位移。考虑纯扭转自由度的单排单级行星传动系统的自由度为 $(3+n)$。根据系统中各构件受力关系,采用集中参数法建立单排单级行星传动系统的太阳轮、行星轮,行星架和内齿圈的振动微分方程组动力学微分方程如下。

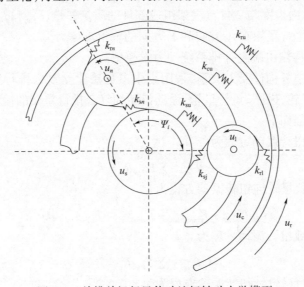

图 5.3 单排单级行星传动纯扭转动力学模型

行星架纯扭转振动微分方程为

$$I_{ce}\ddot{\theta}_c + k_{c\theta}\theta_c + c_{c\theta}\dot{\theta}_c - \sum F_{spk}R_{bs} - \sum F_{rpk}R_{br} = T_c \tag{5.2}$$

内齿圈纯扭转振动微分方程为

$$I_r\ddot{\theta}_r + k_{r\theta}\theta_r + c_{r\theta}\dot{\theta}_r + \sum F_{rpk}R_{br} = T_r \tag{5.3}$$

太阳轮纯扭转振动微分方程为

$$I_s\ddot{\theta}_s + k_{s\theta}\theta_s + c_{s\theta}\dot{\theta}_s + \sum F_{spk}R_{bs} = T_s \tag{5.4}$$

行星轮纯扭转振动微分方程为

$$I_{pk}\ddot{\theta}_{pk} + F_{spk}R_{bp} - F_{rpk}R_{bp} = 0 \tag{5.5}$$

式中:I_s、I_r和I_{pk}分别为太阳轮、内齿圈和第k个行星轮的转动惯量;$k_{s\theta}$、$k_{r\theta}$和$k_{c\theta}$分别为太阳轮、内齿圈和行星架的扭转刚度,单位为 N·m/rad;$c_{s\theta}$、$c_{r\theta}$和$c_{c\theta}$分别为太阳轮、内齿圈和行星架的扭转阻尼,单位为 N·m·s/rad;R_{bs}、R_{bp}和R_{br}分别为太阳轮、行星轮和内齿圈的基圆半径;T_s、T_r、T_c分别为太阳轮、内齿圈和行星轮的扭矩;I_{ce}为行星架包含行星轮时的当量转动惯量,可表示为

$$I_{ce} = I_c + kI_{pk} \tag{5.6}$$

式中:I_c为行星架的转动惯量;k为行星轮个数。

2 排行星齿轮传动系统结构与 1 排一致,纯扭转动力学方程一致,此处不再赘述。为了实现 1、2 排行星齿轮传动系统耦合,对第 1 排内齿圈与 2 排行星架组成的部件进行受力分析,其纯扭转($q_r^1 = \theta_{zrc}$)运动学方程为

$$I_{rc}^1\ddot{\theta}_{zr}^1 = -\sum_{k=1}^{4}F_{rpk}^1R_{br}^1 + \sum_{k=1}^{4}R_{c2}(f_{ybk}^2\cos\varphi_k^2 - f_{xbk}^2\sin\varphi_k^2) - M_{\theta zo} \tag{5.7}$$

式中:I_{rc}^1为 1 排内齿圈与 2 排行星架组成部件的质量矢量;f_{xbk}^2和f_{ybk}^2分别为 2 排行星架与第 k 个行星轮在 X 方向和 Y 方向的轴承支撑力。

2)变速机构输出端复合排系统动力学模型

根据系统中各构件受力关系,采用集中参数法建立复合排行星传动系统的太阳轮、长行星轮、齿圈、短行星轮、浮动齿圈和复合排行星架的振动微分方程组动力学微分方程如下。

太阳轮纯扭转振动方程为

$$I_s\ddot{\theta}_{ws} + \sum F_{slpk}R_s = T_s \tag{5.8}$$

第 k 个长行星轮纯扭转振动方程为

$$I_{lpk}\ddot{\theta}_{wlpk} + F_{lppk}r_{lpk} - F_{rlpk}r_{lpk} + F_{slpk}r_{lpk} = 0 \tag{5.9}$$

输入齿圈纯扭转振动方程为

$$I_r\ddot{\theta}_{wr} + \sum F_{rlpk}R_r = T \tag{5.10}$$

第 k 个短行星轮纯扭转振动方程为

$$I_{pk}\ddot{\theta}_{wpk} - F_{frpk}R_{pk} + F_{lppk}R_{pk} = 0 \tag{5.11}$$

浮动齿圈纯扭转振动方程为

$$I_{fr}\ddot{\theta}_{wfr} + \sum F_{frpk}R_{fr} = T_{fr} \tag{5.12}$$

复合排行星架纯扭转振动方程

$$I_c\ddot{\theta}_{wc} + \sum F_{cpku}r_c + \sum F_{clpku}r_{lc} + k_{ct}\theta_{wc}r_c + c_{ct}\dot{\theta}_{wc}r_c = T_c \tag{5.13}$$

式中:r_c 和 r_{lc} 分别为短行星轮孔和长行星轮孔中心行星架旋转中心的距离。

为了实现左侧复合行星齿轮传动系统和 1、2 排行星齿轮传动系统动力学耦合建模,对输入齿圈和 2 排行星架进行受力分析,其纯扭动力学方程为

$$I_{rc}^3\ddot{\theta}_{zr}^3 = -\sum_{k=1}^{3} F_{rlpk}^3 R_{br}^3 + M_{\theta zo} \tag{5.14}$$

式中:$\boldsymbol{F}_o = \{M_{\theta zo}\}^T$,为复合排输入齿圈输入载荷向量,且满足

$$M_{\theta zo} = k_{\theta z}^{c2r3}(\theta_{rc}^1 - \theta_{zr}^3) + c_{\theta z}^{C3}(\dot{\theta}_{rc}^1 - \dot{\theta}_{zr}^3) \tag{5.15}$$

式中:$k_{\theta z}^{c2r3}$ 为行星变速机构输入端第 1 排内齿圈、2 排行星架组成的部件与输出端复合排输入齿圈之间的耦合刚度向量;$c_{\theta z}^{c2r3}$ 为行星变速机构输入端第 1 排内齿圈、2 排行星架组成的部件与输出端复合排输入齿圈之间的耦合阻尼向量。此外,R_{br}^3 为复合排输入齿圈基圆半径。

5.4 复杂行星变速传动弯扭耦合动力学模型

1)变速机构输入端第 1、2 排耦合系统动力学模型

基于集中参数法分别建立第 1 排、第 2 排和复合排行星轮、太阳轮等系统部件的弯扭耦合动力学模型。

假设第 k 个行星轮距 X 轴的角位置为

$$\varphi_k = \varphi_1 + (k-1)\frac{2\pi}{n} = \omega_c t + (k-1)\frac{2\pi}{n} \tag{5.16}$$

式中:φ_1 为第 1 个行星轮距 X 轴的角位置;ω_c 为行星架转速;n 为行星轮个数。

在该动力学模型中,齿轮副间啮合通过一个线性弹簧表示(包括内齿圈与行星轮啮合 k_{rpk}、行星轮与太阳轮啮合 k_{spk}),可由式(5.33)获得。行星排所有元件均由轴承元件支撑,支撑刚度为

$$\boldsymbol{k}_j = \mathrm{diag}(k_{jx}, k_{jy}, k_{j\theta}) \tag{5.17}$$

式中:k_{jx}、k_{jy} 和 $k_{j\theta}$ 分别表示为轴承元件在 X 方向、Y 方向和 θ 方向的支撑刚度。

若各旋转构件考虑弯曲和扭转自由度,传动系统的广义位移向量为

$$\boldsymbol{q} = [x_s, y_s, \theta_s, x_c, y_c, \theta_c, x_{pk}, y_{pk}, \theta_{pk}, x_r, y_r, \theta_r]^T, k = 1, 2, \cdots, n \tag{5.18}$$

式中:x_s、y_s、θ_s 为太阳轮 3 个方向自由度;x_c、y_c、θ_c 为行星架 3 个方向自由度;x_{pk}、

y_{pk}、θ_{pk} 为第 k 个行星轮 3 个方向自由度;x_r、y_r、θ_r 为内齿圈 3 个方向自由度。

根据系统中各构件受力关系,太阳轮、行星轮、行星架和内齿圈的弯扭耦合振动微分方程组如下。

对于太阳轮,其动力学方程为

$$\begin{cases} m_s(\ddot{x}_s - 2\Omega_c\dot{y}_s - \Omega_c^2 x_s) + \sum F_{spk}\cos\psi_{spk} + k_{sx}x_s + c_{sx}\dot{x}_s = 0 \\ m_s(\ddot{y}_s + 2\Omega_c\dot{x}_s - \Omega_c^2 y_s) + \sum F_{spk}\sin\psi_{spk} + k_{sx}y_s + c_{sx}\dot{y}_s = 0 \\ (I_s/R_{bs})\ddot{\theta}_s + \sum F_{spk} + k_{s\theta}\theta + c_{s\theta}\dot{\theta} = T_s/R_{bs} \end{cases} \quad (5.19)$$

式中:m_s 和 I_s 为太阳轮的质量和转动惯量;Ω_c 为行星架的名义角速度(rad/s);R_{bs} 为太阳轮基圆半径;F_{spk} 为太阳轮与第 k 个行星轮之间的动态载荷,可由式(3.10)获得。

对于行星架,其动力学方程为

$$\begin{cases} m_c(\ddot{x}_c - 2\Omega_c\dot{y}_c - \Omega_c^2 x_c) - \sum F_{cpkx} + k_{cx}x_c + c_{cx}\dot{x}_c = 0 \\ m_c(\ddot{y}_c + 2\Omega_c\dot{x}_c - \Omega_c^2 y_c) - \sum F_{cpky} + k_{cy}y_c + c_{cy}\dot{y}_c = 0 \\ I_c\ddot{\theta}_c + \sum R_{ck}F_{cpkx}\sin\varphi_k - \sum R_{ck}F_{cpky}\cos\varphi_k + k_{c\theta}\theta_c + c_{c\theta}\dot{\theta}_c = T_c \end{cases} \quad (5.20)$$

式中:m_c 和 I_c 为行星架质量和转动惯量;F_{cpkx} 和 F_{cpky} 为行星架与第 k 个行星轮沿 x 和 y 向的轴承支撑反力,可表示为

$$\begin{cases} F_{cpkx} = k_{pkx}(x_{pk} - x_c) + c_{pkx}(\dot{x}_{pk} - \dot{x}_c) \\ F_{cpky} = k_{pky}(y_{pk} - y_c) + c_{pky}(\dot{y}_{pk} - \dot{y}_c) \end{cases} \quad (5.21)$$

式中:k_{pkx} 和 c_{pkx} 分别代表行星架对第 k 个行星轮沿 x 向的轴承支撑刚度和阻尼;k_{pky} 和 c_{pky} 分别代表行星架对第 k 个行星轮沿 y 向的轴承支撑刚度和阻尼。

对于第 k 个行星轮,其动力学方程为

$$\begin{cases} m_{pk}(\ddot{x}_{pk} - 2\Omega_c\dot{y}_{pk} - \Omega_c^2 x_{pk}) + F_{cpkx} - F_{spk}\cos\psi_{spk} + F_{rpk}\cos\psi_{rpk} = 0 \\ m_{pk}(\ddot{y}_{pk} + 2\Omega_c\dot{x}_{pk} - \Omega_c^2 y_{pk}) + F_{cpky} - F_{spk}\sin\psi_{spk} - F_{rpk}\sin\psi_{rpk} = 0 \\ (I_{pk}/R_{bp})\ddot{\theta}_{pk} + F_{spk} - F_{rpk} = 0 \end{cases} \quad (5.22)$$

式中:m_{pk} 和 I_{pk} 为第 k 个行星轮的质量和转动惯量;F_{cpkx} 和 F_{cpky} 是行星架与第 k 个行星轮沿 x 和 y 向的轴承支撑反力,可表示为

$$\begin{cases} F_{cpkx} = k_{pkx}(x_{pk} - x_c) + c_{pkx}(\dot{x}_{pk} - \dot{x}_c) \\ F_{cpky} = k_{pky}(y_{pk} - y_c) + c_{pky}(\dot{y}_{pk} - \dot{y}_c) \end{cases} \quad (5.23)$$

对于内齿圈,其动力学方程为

$$\begin{cases} m_r(\ddot{x}_r - 2\Omega_c\dot{y}_r - \Omega_c^2 x_r) - \sum F_{rpk}\cos\psi_{rpk} + k_{rx}x + c_{rx}\dot{x} = 0 \\ m_r(\ddot{y}_r + 2\Omega_c\dot{x}_r - \Omega_c^2 y_r) + \sum F_{rpk}\sin\psi_{rpk} + k_{ry}y + c_{ry}\dot{y} = 0 \\ (I_r/R_{br})\ddot{\theta}_r + \sum F_{rpk} + k_{ry}\theta + c_{ry}\dot{\theta} = T_r/R_{br} \end{cases} \quad (5.24)$$

式中：m_r 和 I_r 为内齿圈的质量和转动惯量；R_r 为内齿圈基圆半径；F_{rpk} 为内齿圈与第 k 个行星轮之间的动态载荷，可由式(3.10)获得。对于第 1 排和第 2 排，其余部件的平移—扭转动力学方程建模，参考第 3 章建模内容。

为了实现 1 排行星齿轮传动系统和 2 排行星齿轮传动系统动力学耦合建模，对于第 1 排内齿圈与 2 排行星架组成的部件，进行受力分析，得到其弯扭耦合（$\boldsymbol{q}_r^1 = [x_{rc}^1, y_{rc}^1, \theta_{zrc}^1]$）动力学方程为：

$$m_{rc}^1 \ddot{x}_{rc}^1 = f_x^{b4} + f_x^{b5} - f_x^{b6} + \sum_{k=1}^{4} F_{rpk}^1 \cos\psi_{rpk}^1 + \sum_{k=1}^{4} f_{xbk}^2 - f_{xo} \quad (5.25)$$

$$m_{rc}^1 \ddot{y}_{rc}^1 = f_y^{b4} + f_y^{b5} - f_y^{b6} - \sum_{k=1}^{4} F_{rpk}^1 \sin\psi_{rpk}^1 + \sum_{k=1}^{4} f_{ybk}^2 - f_{yo} \quad (5.26)$$

$$I_{rc}^1 \ddot{\theta}_{zr}^1 = -\sum_{k=1}^{4} F_{rpk}^1 R_{br}^1 + \sum_{k=1}^{4} R_{c2}(f_{ybk}^2 \cos\varphi_k^2 - f_{xbk}^2 \sin\varphi_k^2) - M_{\theta zo} \quad (5.27)$$

式中：f_{xbk}^2 和 f_{ybk}^2 分别为 2 排行星架与第 k 个行星轮在 x 方向和 y 方向的轴承支撑力，即

$$f_{xbk}^2 = k_{bxp}^2 (x_{pk}^2 - x_{rc}^1) + c_{bxp}^2 (\dot{x}_{pk}^2 - \dot{x}_{rc}^1) \quad (5.28)$$

$$f_{ybk}^2 = k_{byp}^2 (y_{pk}^2 - y_{rc}^1) + c_{byp}^2 (\dot{y}_{pk}^2 - \dot{y}_{rc}^1) \quad (5.29)$$

式中：k_{bxp}^2 和 k_{byp}^2 为行星轮轴承在 X 向和 Y 向支撑刚度；c_{bxp}^2 和 c_{byp}^2 为行星轮轴承在 X 向和 Y 向支撑阻尼。

2) 变速机构输出端复合排系统动力学模型

根据牛顿第二定律可知，太阳轮动力学方程为

$$\begin{cases} m_s \ddot{u}_s + c_{us} \dot{u}_s + k_{us} u_s + \sum F_{slpk} \sin\varphi_{slpk} = 0 \\ m_s \ddot{v}_s + c_{vs} \dot{v}_s + k_{vs} v_s + \sum F_{sln} \cos\varphi_{sln} = 0 \\ I_s \ddot{\theta}_{ws} + \sum F_{slpk} R_s = T_s \end{cases} \quad (5.30)$$

第 k 个长行星轮动力学方程为

$$\begin{cases} m_{lpk} \ddot{u}_{lpk} + F_{lppk} \sin\varphi_{lppk} + F_{rlpk} \sin\varphi_{rlpk} - F_{slpk} \sin\varphi_{slpk} - F_{clpku} = 0 \\ m_{lpk} \ddot{v}_{lpk} + F_{lppk} \cos\varphi_{lppk} - F_{rlpk} \cos\varphi_{rlpk} - F_{slpk} \cos\varphi_{slpk} - F_{clpkv} = 0 \\ I_{lpk} \ddot{\theta}_{wlpk} + F_{lppk} r_{lpk} - F_{rlpk} r_{lpk} + F_{slpk} r_{lpk} = 0 \end{cases} \quad (5.31)$$

输入齿圈的动力学方程为

$$\begin{cases} m_r \ddot{u}_r + c_{ur} \dot{u}_r + k_{ur} u_r - \sum F_{rlpk} \sin\varphi_{rlpk} = 0 \\ m_r \ddot{v}_r + c_{vr} \dot{v}_r + k_{vr} v_r + \sum F_{rlpk} \cos\varphi_{rlpk} = 0 \\ I_r \ddot{\theta}_{wr} + \sum F_{rlpk} R_r = T \end{cases} \quad (5.32)$$

第 k 个短行星轮动力学方程为

$$\begin{cases} m_{\mathrm{p}k}\ddot{u}_{\mathrm{p}k} + F_{\mathrm{frp}k}\sin\varphi_{\mathrm{frp}k} - F_{\mathrm{lpp}k}\sin\varphi_{\mathrm{lpp}k} + F_{\mathrm{cp}ku} = 0 \\ m_{\mathrm{p}k}\ddot{v}_{\mathrm{p}k} - F_{\mathrm{frp}k}\cos\varphi_{\mathrm{frp}k} - F_{\mathrm{lpp}k}\cos\varphi_{\mathrm{lpp}k} + F_{\mathrm{cp}kv} = 0 \\ I_{\mathrm{p}k}\ddot{\theta}_{\mathrm{wp}k} - F_{\mathrm{frp}k}R_{\mathrm{p}k} + F_{\mathrm{lpp}k}R_{\mathrm{p}k} = 0 \end{cases} \quad (5.33)$$

浮动齿圈的动力学方程为

$$\begin{cases} m_{\mathrm{fr}}\ddot{u}_{\mathrm{fr}} + c_{\mathrm{ufr}}\dot{u}_{\mathrm{fr}} + k_{\mathrm{ufr}}u_{\mathrm{fr}} - \sum F_{\mathrm{frp}k}\sin\varphi_{\mathrm{frp}k} = 0 \\ m_{\mathrm{r}}\ddot{v}_{\mathrm{fr}} + c_{\mathrm{vfr}}\dot{v}_{\mathrm{fr}} + k_{\mathrm{vfr}}v_{\mathrm{fr}} + \sum F_{\mathrm{frp}k}\cos\varphi_{\mathrm{frp}k} = 0 \\ I_{\mathrm{fr}}\ddot{\theta}_{\mathrm{wfr}} + \sum F_{\mathrm{frp}k}R_{\mathrm{fr}} = T_{\mathrm{fr}} \end{cases} \quad (5.34)$$

复合排行星架动力学方程

$$\begin{cases} m_{\mathrm{c}}\ddot{u}_{\mathrm{c}} + \sum F_{\mathrm{cp}ku} + \sum F_{\mathrm{clp}ku} + k_{\mathrm{uc}}u_{\mathrm{c}} + c_{\mathrm{uc}}\dot{u}_{\mathrm{c}} = 0 \\ m_{\mathrm{c}}\ddot{v}_{\mathrm{c}} + \sum F_{\mathrm{cp}kv} + \sum F_{\mathrm{clp}ku} + k_{\mathrm{vc}}v_{\mathrm{c}} + c_{\mathrm{vc}}\dot{v}_{\mathrm{c}} = 0 \\ I_{\mathrm{c}}\ddot{\theta}_{\mathrm{wc}} + \sum F_{\mathrm{cp}ku}r_{\mathrm{c}} + \sum F_{\mathrm{clp}ku}r_{\mathrm{lc}} = T_{\mathrm{c}} \end{cases} \quad (5.35)$$

式中：r_{c} 和 r_{lc} 分别为短行星轮孔和长行星轮孔中心行星架旋转中心的距离。

相同的，为了实现 1、2 排行星齿轮传动系统和左侧复合行星齿轮传动系统动力学耦合建模，对复合排输入齿圈受力分析，其弯扭耦合（$\boldsymbol{q}_{\mathrm{r}}^3 = [x_{\mathrm{r}}^3, y_{\mathrm{r}}^3, \theta_{\mathrm{zr}}^3]$）动力学方程为

$$m_{\mathrm{r}}^3\ddot{x}_{\mathrm{r}}^3 = -f_x^{b7} + \sum_{k=1}^{3}F_{\mathrm{rlp}k}^3\cos\psi_{\mathrm{rp}k}^3 + f_{xo} \quad (5.36)$$

$$m_{\mathrm{r}}^3\ddot{y}_{\mathrm{rc}}^3 = -f_y^{b7} - \sum_{k=1}^{3}F_{\mathrm{rlp}k}^3\sin\psi_{\mathrm{rp}k}^3 + f_{yo} \quad (5.37)$$

$$I_{\mathrm{rc}}^3\ddot{\theta}_{\mathrm{zr}}^3 = -\sum_{k=1}^{3}F_{\mathrm{rlp}k}^3R_{\mathrm{br}}^3 + M_{\theta zo} \quad (5.38)$$

$\boldsymbol{F}_o = \{f_{xo}, f_{yo}, M_{\theta zo}\}^{\mathrm{T}}$，为复合排输入齿圈输入载荷向量，且满足：

$$f_{xo} = k_x^{c2r3}(x_{\mathrm{rc}}^1 - x_{\mathrm{r}}^3) + c_x^{c2r3}(\dot{x}_{\mathrm{rc}}^1 - \dot{x}_{\mathrm{r}}^3) \quad (5.39)$$

$$f_{yo} = k_y^{c2r3}(y_{\mathrm{rc}}^1 - y_{\mathrm{r}}^3) + c_y^{c2r3}(\dot{y}_{\mathrm{rc}}^1 - \dot{y}_{\mathrm{r}}^3) \quad (5.40)$$

$$M_{\theta zo} = k_{\theta z}^{c2r3}(\theta_{\mathrm{rc}}^1 - \theta_z^3) + c_{\theta z}^{C3}(\dot{\theta}_{\mathrm{rc}}^1 - \dot{\theta}_{\mathrm{zr}}^3) \quad (5.41)$$

$\boldsymbol{K}^{\mathrm{C2R3}} = [k_x^{c2r3}, k_y^{c2r3}, k_{\theta z}^{c2r3}]$，为行星变速机构输入端第 1 排内齿圈与 2 排行星架组成的部件与输出端复合排输入齿圈之间的耦合刚度向量；$\boldsymbol{C}^{\mathrm{C2R3}} = [c_x^{c2r3}, c_y^{c2r3}, c_{\theta z}^{c2r3}]$，为行星变速机构输入端第 1 排内齿圈与 2 排行星架组成的部件与输出端复合排输入齿圈之间的耦合阻尼向量。此外，R_{br}^3 为复合排输入齿圈基圆半径。

对于复合排第 k 个长行星轮、第 k 个短行星轮等其他部件动力学建模，参考第 4 章建模内容。

5.5　复杂行星变速传动算例

5.5.1　模型描述

某5F2R三排复杂行星变速机构由输入1(第一排太阳轮或行星架)、输出2(第三排行星架)及三个行星排组成(图5.4),各级通过一体化的第一排内齿圈、第二排行星架、第三排太阳轮耦合起来,轮齿均为直齿轮,5个离合器不同的开闭组合(表5.2)实现了变速机构的5个前进挡、2个倒挡和空挡。

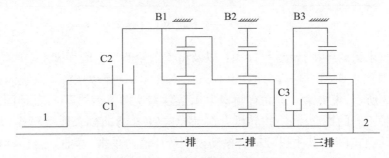

图5.4　行星变速机构结构简图

表5.2　行星变速机构各挡位操纵元件及传动比

挡位	操纵元件	传动比
1	B2,B3,C1	8.073
2	B2,B3,C2	4.278
3	B3,C1,C2	2.667
4	B2,C2,C3	1.604
5	C1,C2,C3	1.0
R1	B1,B3,C1	−6.281
R2	B1,C1,C3	−2.355
空挡	B3	

5.5.2　固有特性

对某复杂行星变速机构的固有特性问题,建立行星变速机构的等效集中质量动力学模型,以1挡和R1挡为例,分别计算并提取行星轮系在特定挡位下的系统固有频率,并提取其在三种振动模式的振型(图5.5)。分析各排啮合刚度时系统固有频率之间的关系,进而通过改变啮合刚度避免可能存在的工作行为。

1)1挡

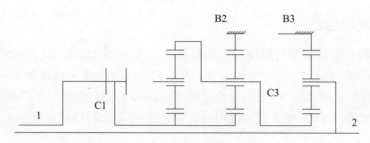

图 5.5　行星变速机构 1 挡简图

通过求得的各排行星轮与齿圈,以及将太阳轮的啮合刚度 k_{rn}^i、k_{sn}^i 取均值,再将耦合项代入式(3.73)中,计算得到系统固有频率与振型坐标,系统固有频率如表 5.3 所示,表中第一阶固有频率为 0,表示系统刚体运动(G),其他固有频率属于三种不同的振动模式:扭转耦合振动模式(R)、弯曲耦合振动模式(T)和行星轮振动模式(P),其中扭转耦合振动模式特征值为单根,弯曲耦合振动模式特征值为二重根,行星轮振动模式特征值可能为单根或三重根。

表 5.3　1、2 挡系统固有频率

$m=1$		$m=2$		$m=3$
0G	2539.4R	252.9T	6811.4T	1873.2P
428.16R	3042.9R	367.2T	7047.3T	6770.1P
527.68R	6263.6P	426.8T	7228.8T	9503.0P
687.64R	6721.7R	506.5T	8636.0T	
998.69R	6939.2P	612.2T	9098.9T	
1153.6R	7107.0R	668.6T	9628.0T	
1678.9P	7690.6R	764.0T		
1682.6R	8162.8P	973.0T		
1685.0R	8730.1P	1097.8T		
1793.7P	8828.9R	1823.0T		
1846.7R	9006.5R	1890.9T		
1906.2R	9745.0R	1922.2T		

注:T 代表弯曲耦合振动模式(重根为 2);R 代表扭转耦合振动模式(重根为 1);P 代表行星轮模式(重根为 $N-3$,其中 N 为行星轮个数)。

在扭转耦合振动模式中,各级中心构件均只发生扭转振动,行星轮既有扭转振动,又有弯曲振动,各级行星轮中行星轮振动均相同。在行星轮振动模式中,只有其中一级的行星轮出现振动,其他构件(包括行星轮振动产生级的中心构件)均不发生振动,且振型坐标中各分量代数和为零。同时,当行星轮振动模式出现在第一、二级时,即重根 $m=1$ 时,相对两行星轮振动状况(方向和大小)相同,相邻两行星轮振动量相同,但振动方向相反,而当行星轮振动模式出现在第三级时,即到重根 $m=3$ 时,各行星轮振动情况不相同。在弯曲耦合振动模式中,各级中心构件均只有弯曲振动,同一级行星轮振型坐标代数和仍为零。

三种典型振动模式振型如图 5.6 ~ 图 5.12 所示,图中横坐标 i 分别对应 q^i 中第 i 个自由度:

$$q^i = (\underbrace{x_c^i, y_c^i, u_c^i}_{\text{行星架}c}, \underbrace{x_r^i, y_r^i, u_r^i}_{\text{内齿圈}}, \underbrace{x_s^i, y_s^i, u_s^i}_{\text{太阳轮}}, \underbrace{\zeta_1^i, \eta_1^i, u_1^i}_{\text{第1个行星轮}}, \cdots, \underbrace{\zeta_{N_i}^i, \eta_{N_i}^i, u_{N_i}^i}_{\text{第}N\text{个行星轮}}) \quad (5.42)$$

图 5.6 为固有频率 $\omega_n = 428.16\text{Hz}$(一重根)时,扭转耦合振动模式下的振型。

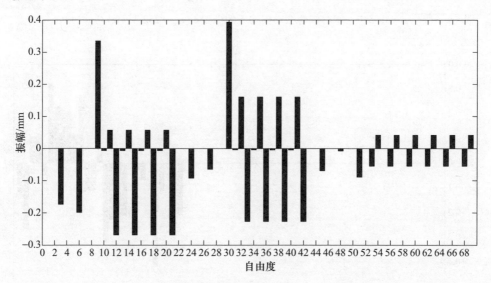

图 5.6 扭转耦合振动模式下的振型($\omega_n = 428.16\text{Hz}$)

图 5.7 ~ 图 5.8 为固有频率 $\omega_n = 252.92\text{Hz}$(二重根)时,弯曲耦合振动模式下的振型。

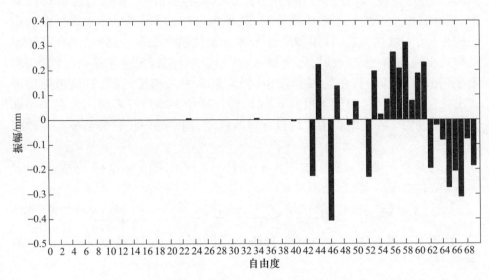

图 5.7 平移耦合振动模式下的振型 1($\omega_n = 252.92\text{Hz}$)

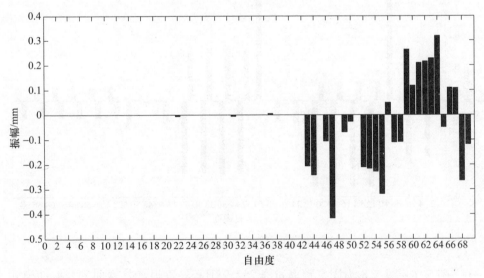

图 5.8 平移耦合振动模式下的振型 2($\omega_n = 252.92\text{Hz}$)

图 5.9 为固有频率 $\omega_n = 1678.92\text{Hz}$(一重根)时,行星轮振动模式下的振型(行星轮振动出现在第二级)。

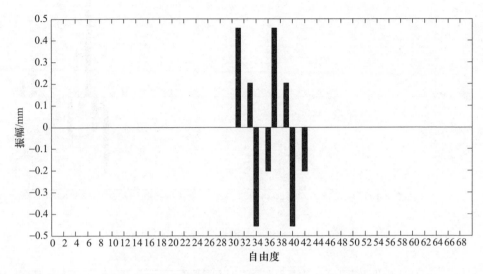

图 5.9　行星轮振动模式下的振型($\omega_n = 1678.92\text{Hz}$)

图 5.10 ~ 图 5.12 为固有频率 $\omega_n = 1873.21\text{Hz}$(三重根)时,行星轮振动模式下的振型(行星轮振动出现在第三级)。

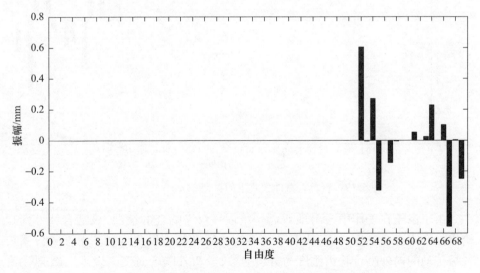

图 5.10　行星轮振动模式下的振型 1($\omega_n = 1873.21\text{Hz}$)

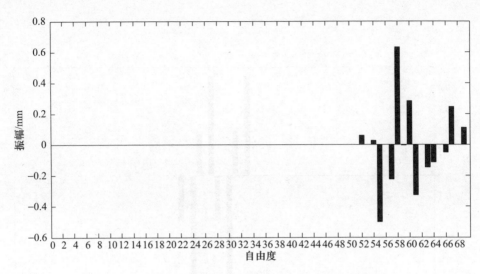

图 5.11　行星轮振动模式下的振型 2（$\omega_n = 1873.21\,\text{Hz}$）

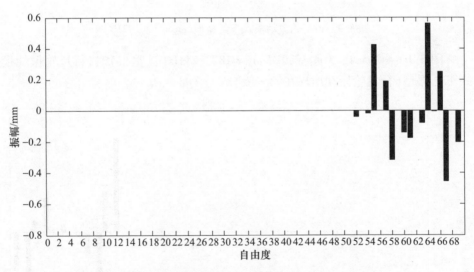

图 5.12　行星轮振动模式下的振型 3（$\omega_n = 1873.21\,\text{Hz}$）

由于齿轮在工作中会出现双齿—单齿—双齿啮合的情况,该啮合特性使得轮齿啮合刚度会发生时变,从而导致系统的固有频率发生变化。下面将以系统各级传动的内外啮合轮齿刚度为分析参数,分析外啮合时变刚度 K_{sp}、K_{rp} 对固有特性的影响。根据内外啮合时变刚度 K_{sp}、K_{rp} 可能的变化范围,在该范围内改变各排的外啮合刚度 K_{sp}、K_{rp} 的等效啮合刚度值,则系统的固有频率会相应发生变化,为了研究各个啮合刚度对系统固有特性的影响,在研究过程中,在保持其余啮合刚度值不变的情况下,只改变所分析的啮合刚度。

图 5.13 所示为在保持系统其他参数不变的情况下,只改变第一级太阳轮与行星轮的啮合刚度 K_{sp1},系统固有频率随 K_{sp1} 的变化情况。图 5.14 所示为在保持系统其他参数不变的情况下,只改变第一级行星轮与齿圈的啮合刚度 K_{rp1},系统固有频率随 K_{rp1} 的变化情况。图 5.13 ~ 图 5.14 中斜率的大小表示了系统固有频率对对应分析啮合刚度的灵敏程度。

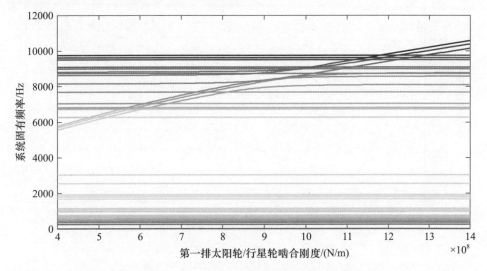

图 5.13　系统固有频率随 K_{sp1} 的变化情况

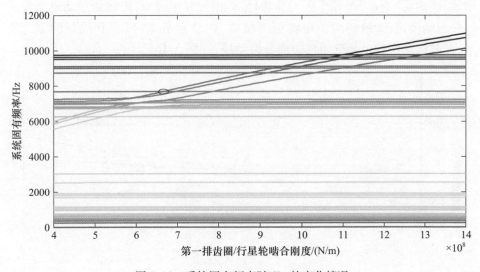

图 5.14　系统固有频率随 K_{rp1} 的变化情况

图 5.14 中的"交点"为模态跃迁拐点,即在此处对应的系统某阶次系统固有频率急剧变化。经总结分析所求得的结果,共发现两类拐点。

第一类拐点如图5.15中椭圆区域的局部放大图所示。在图中可以看出，随着啮合刚度的微小变动，两条具有相同振动模式的固有频率轨迹迅速靠近，接近重合，然后又迅速分离，即出现模态跃迁现象。这表明其"交点"附近为系统参数啮合刚度的敏感点。

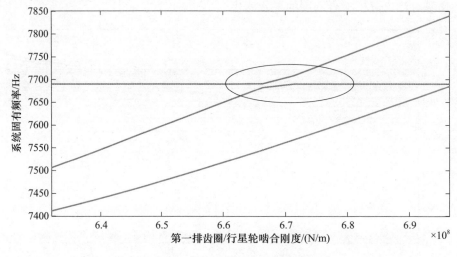

图5.15　第一类拐点处局部放大图

另一类"交点"为：①弯曲耦合振动模式的两条重合轨迹，随着啮合刚度的增加，轨迹在"交点"处发生分叉，同时振动模式发生改变，由弯曲振动模式变为扭转振动模式；②最初两条扭转振动轨迹，在B点处重合，合并成新的重合轨迹，此时振动模式也转变为弯曲耦合振动模式（图5.16）。

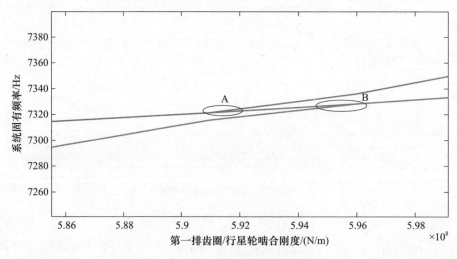

图5.16　第二类拐点处局部放大图

当一排太阳轮/行星轮、齿圈/太阳轮啮合刚度 K_{sp1}、K_{rp1} 在 $4 \times 10^8 \sim 6 \times 10^8 \mathrm{N/m}$ 范围内变动时，系统中阶频率（5500～6500Hz）变化得最为显著，其他阶次固有频率几乎保持不变，且当 K_{sp1}、K_{rp1} 位于 $6 \times 10^8 \mathrm{N/m}$ 处附近时，跃迁点密集，为系统啮合刚度的敏感点，即在此啮合刚度附近，细微啮合刚度的改变既会造成系统固有频率以及振型的重大改变。当一排太阳轮/行星轮、齿圈/太阳轮啮合刚度 K_{sp1}、K_{rp1} 在 $6 \times 10^8 \sim 11 \times 10^8 \mathrm{N/m}$ 范围内变动时，中、高阶系统固有频率（6500～10000Hz）变化最为明显，随着啮合刚度升高而线性递增，系统其余阶次的固有频率几乎没有发生改变，且当 K_{sp1} 位于 $10 \times 10^8 \sim 12 \times 10^8 \mathrm{N/m}$ 处附近、K_{rp1} 位于 $9 \times 10^8 \sim 11 \times 10^8 \mathrm{N/m}$ 处附近时，跃迁点密集，为系统啮合刚度的敏感点。当一排太阳轮/行星轮、齿圈/太阳轮啮合刚度在 $11 \times 10^8 \mathrm{N/m}$ 以上变动时，系统最高的三阶固有频率急剧变化，并随着啮合刚度的增大而增大，变化区间为 8000～12000Hz，其余阶次的系统固有频率（小于 10000Hz）几乎保持不变。

图 5.17 所示为在保持系统其他参数不变的情况下，只改变第二级太阳轮与行星轮的啮合刚度 K_{sp2}，系统固有频率随 K_{sp2} 的变化情况。图 5.18 所示为在保持系统其他参数不变的情况下，只改变第一级行星轮与齿圈的啮合刚度 K_{rp2}，系统固有频率随 K_{rp2} 的变化的情况。图 5.17～图 5.18 中斜率的大小表示了系统固有频率对对应分析啮合刚度的灵敏程度。

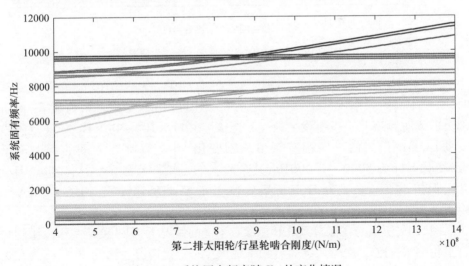

图 5.17　系统固有频率随 K_{sp2} 的变化情况

第二排太阳轮与齿圈啮合刚度 K_{sp2} 在 $4 \times 10^8 \sim 6 \times 10^8 \mathrm{N/m}$ 范围内变动时，系统中阶频率（5500～7000Hz）变化得最为显著，此间的固有频率随着 K_{rp2} 增加而增加,中高阶固有频率(8500~9500Hz)缓慢上升,其余阶次的固有频率几乎没有发生改变。当K_{sp2}在6×10^8~8×10^8N/m范围内变动时,系统中阶与中高阶(7500~8000Hz,9000~10000Hz)固有频率随着K_{sp2}增加而线性增加,其余阶次的系统固有频率(小于10000Hz)几乎保持不变。当K_{sp2}在10×10^8~14×10^8N/m范围内变动时,系统最高的三阶固有频率急剧变化,并随着啮合刚度的增大而增大,变化区间为(8000~12000Hz),其余阶次的系统固有频率(小于10000Hz)几乎保持不变。系统跃迁点密集处位于7×10^8N/m与8×10^8N/m附近。

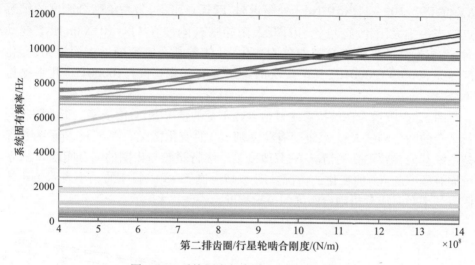

图5.18 系统固有频率随K_{rp2}的变化情况

第二排齿圈与行星轮啮合刚度K_{rp2}在4×10^8~8×10^8N/m范围内变动时,系统中高阶频率(5500~7000Hz,7500~10000Hz)变化得最为显著,低阶部分的固有频率几乎没有发生改变。当K_{rp2}在11×10^8~14×10^8N/m范围内变动时,系统最高的三阶固有频率急剧变化,并随着啮合刚度的增大而增大,变化区间为8000~12000Hz,其余阶次的系统固有频率(小于10000Hz)几乎保持不变。系统跃迁点密集处位于8.5×10^8N/m与10.5×10^8N/m附近。

图5.19所示为在保持系统其他参数不变的情况下,只改变第二级太阳轮与行星轮的啮合刚度K_{sp3},系统固有频率随K_{sp3}的变化情况。图5.20所示为在保持系统其他参数不变的情况下,只改变第一级行星轮与齿圈的啮合刚度K_{rp3},系统固有频率随K_{rp3}的变化情况。图5.19~图5.20中斜率的大小表示了系统固有频率对对应分析啮合刚度的灵敏程度。

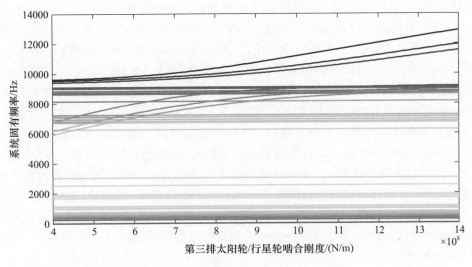

图 5.19　系统固有频率随 K_{sp3} 的变化情况

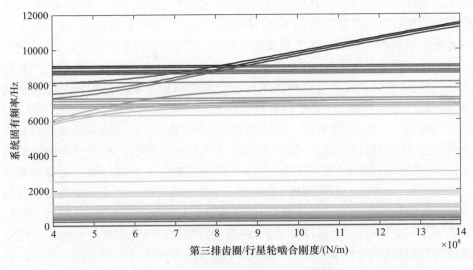

图 5.20　系统固有频率随 K_{rp3} 的变化情况

第三排太阳轮与行星轮啮合刚度 K_{sp3} 在 $4\times10^8\sim8\times10^8\,\text{N/m}$ 范围内变动时,系统中阶频率(6000~8000Hz)变化得最为显著,此间的固有频率随着 K_{sp3} 增加而增加,中高阶固有频率(8500~9500Hz)上升,高阶固有频率(9500~10000Hz)缓慢上升,其余阶次的固有频率几乎没有发生改变。当 K_{sp3} 在 $8\times10^8\sim14\times10^8\,\text{N/m}$ 范围内变动时,系统最高的三阶固有频率急剧变化,并随着啮合刚度的增大而增大,变化区间为 10000~13000Hz,其余阶次的系统固有频率(小于

10000Hz)几乎保持不变。系统跃迁点密集处位于6×10^8N/m附近。

第三排齿圈与行星轮啮合刚度K_{rp3}在给定范围内($4 \times 10^8 \sim 8 \times 10^8$N/m)变动时,系统中高阶频率(6000~7000Hz,7500~8000Hz)随着啮合刚度的增大稳定上升,其余阶次的固有频率几乎没有发生改变,当K_{rp3}在$8 \times 10^8 \sim 14 \times 10^8$N/m范围内变动时,系统最高的三阶固有频率急剧变化,并随着啮合刚度的增大而增大,变化区间为10000~13000Hz,其余阶次的系统固有频率(小于10000Hz)几乎保持不变。系统跃迁点密集处位于6×10^8N/m与8×10^8N/m附近。

综上可以发现,由于啮合刚度具有时变的特性,使得系统固有频率发生了变化。当系统处于1、2挡时,在内外啮合时变刚度K_{spn}、K_{rpn}的可能的变化范围内,在太阳轮/齿圈与行星轮啮合刚度K_{spn}、K_{rpn}的变化过程中,受其影响的固有频率阶次逐渐增大,且在一定的变化区间内,只影响特定阶次的固有频率,其对固有频率的影响趋势为正向,即当前啮合刚度对应的受影响阶次下的固有频率都会随着刚度增加而增大。系统固有频率有在拐点之外几乎保持定值的系统固有频率值,因此,当变速机构处于1挡、2挡时,啮合刚度的改变并不会对全局所有阶次的固有频率造成影响,即啮合刚度的改变只能改变系统中的几阶固有频率,而除影响阶次以外的其他阶次的系统固有频率大多处于一个恒定值,并不受系统啮合刚度的影响,如图5.20中直线部分所示,直线部分为系统常有频率,即使在直线某个点即使发生变化,即此阶系统固有频率增加,也迅速会有低阶的固有频率迅速升高,直线上的固有频率在不同啮合刚度取值下都保持相同。即啮合刚度K_{sp}、K_{rp}取值改变时,只能影响系统中固有频率中的几阶固有频率(一般为3阶),且随着K_{sp}、K_{rp}的增加,影响的阶次阶数也增加。若激励频率落在此固有频率值附近,很难通过改变啮合刚度来避免系统共振。在啮合刚度可能的取值范围内,对低阶固有频率(<4000Hz)基本无任何影响。每个啮合刚度都对应着自己的敏感值,即在这个取值附近,系统会因为此参数的微小变化而使其固有特性发生重大变化,因此,为了系统稳定,应尽量避免此啮合刚度值落在敏感值附近。系统处于1、2挡时,改变各排太阳轮/齿圈与行星轮的啮合刚度只能相应地改变系统高阶固有频率,且刚度值越大,整体中高阶固有频率较低啮合刚度要大。低于4000Hz的系统固有频率在啮合刚度取值内,不会变化。3000~5500Hz为系统的安全区间,当激励频率落在此区间内时,系统不会发生共振。综合以上的定性分析与定量分析结果可知,时变啮合刚度主要影响系统的高阶和中阶部分的固有频率,而固有频率的变化也将导致其对应的振型发生改变,由此改变了系统的振动情况。

2)R1挡

由于行星变速机构处于第R1挡时,如图5.21所示,三排行星轮都参与了工作。

第 5 章 复杂行星变速传动动力学

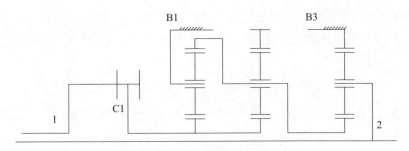

图 5.21 行星变速机构 R1 挡简图

通过对有限元法求得的各排行星轮与齿圈、太阳轮的啮合刚度 k_{rn}^{i}、k_{sn}^{i} 取均值,再将耦合项带入式(4.9)中,计算得到系统固有频率与振型坐标,系统固有频率如表 5.4 所示,表中第一阶固有频率为 0 表示系统刚体运动(G),其他固有频率分属于三种不同的振动模式:扭转耦合振动模式(R)、弯曲耦合振动模式(T)和行星轮振动模式(P),其中扭转耦合振动模式特征值为单根,弯曲耦合振动模式特征值为二重根,行星轮振动模式特征值可能为单根可能为三重根。

表 5.4 R1 挡系统固有频率

$m=1$		$m=2$		$m=3$
0G	2587.5R	252.9T	6811.4T	1873.2P
277.2R	3042.9R	367.2T	7047.3T	6770.1P
471.7R	6263.6P	426.8T	7228.8T	9503.0P
637.6R	6719.9R	506.5T	8636.0T	
825.4R	6939.2P	612.2T	9098.9T	
1113.5R	7107.4R	668.6T	9628.0T	
1678.9P	7690.6R	765.0T		
1682.4R	8162.8P	973.1T		
1776.6R	8730.1P	1097.8T		
1793.7P	8856.9R	1823.0T		
1865.3R	9003.4R	1890.9T		
2269.0R	9745.0R	1922.2T		

在扭转耦合振动模式中,各级中心构件均只发生扭转振动,行星轮既有扭转振动,又有弯曲振动,各级行星轮中行星轮振动均相同。在行星轮振动模式中,只有其中一级的行星轮出现振动,其他构件(包括行星轮振动产生级的中心构件)均不发生振动,且振型坐标中各分量代数和为零。同时,当行星轮振动模式出现在第一、二级时,即重根 $m=1$ 时,相对两行星轮振动状况(方向和大小)相同,相邻两行星轮振动量相同,但振动方向相反,而当行星轮振动模式出现在第三级时,即到重根 $m=3$ 时,各行星轮振动情况不相同。在弯曲耦合振动模式

中,各级中心构件均只有弯曲振动,同一级行星轮振型坐标代数和仍为零。

三种典型振动模式振型如图 5.22~图 5.28 所示,图中横坐标 i 分别对应 q^i 中第 i 个自由度:

$$q^i = (\underbrace{x_c^i, y_c^i, u_c^i}_{\text{行星架}c}, \underbrace{x_r^i, y_r^i, u_r^i}_{\text{内齿圈}}, \underbrace{x_s^i, y_s^i, u_s^i}_{\text{太阳轮}}, \underbrace{\zeta_1^i, \eta_1^i, u_1^i}_{\text{第1个行星轮}}, \cdots, \underbrace{\zeta_{N_i}^i, \eta_{N_i}^i, u_{N_i}^i}_{\text{第}N\text{个行星轮}}) \qquad (5.43)$$

图 5.22 为固有频率 $\omega_n = 277.2\text{Hz}$(一重根)时,扭转耦合振动模式下的振型。

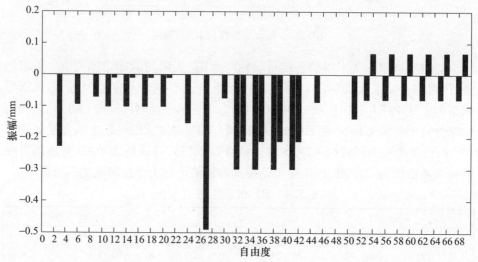

图 5.22 扭转耦合振动模式下的振型($\omega_n = 277.2\text{Hz}$)

图 5.23、图 5.24 为固有频率 $\omega_n = 252.9\text{Hz}$(二重根)时,弯曲耦合振动模式下的振型。

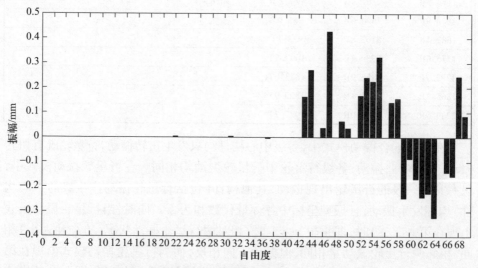

图 5.23 弯曲耦合振动模式下的振型 1($\omega_n = 252.9\text{Hz}$)

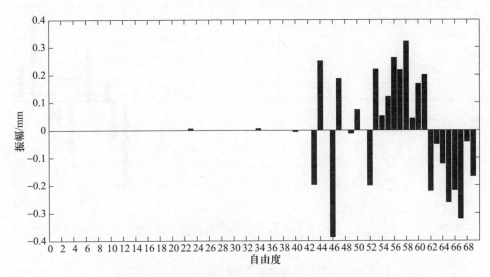

图 5.24 弯曲耦合振动模式下的振型 2($\omega_n = 252.9$Hz)

图 5.25 为固有频率 $\omega_n = 1678.9$Hz(一重根)时,行星轮振动模式下的振型(行星轮振动出现在第二级)。

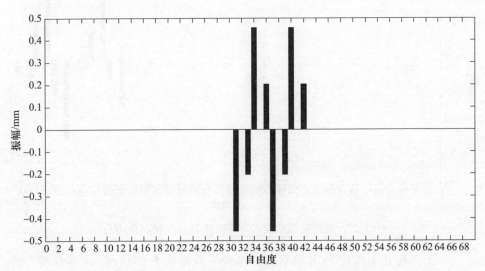

图 5.25 行星轮振动模式下的振型($\omega_n = 1678.9$Hz)

图 5.26 ~ 图 5.28 为固有频率 $\omega_n = 1873.21$Hz(三重根)时,行星轮振动模式下的振型(行星轮振动出现在第三级)。

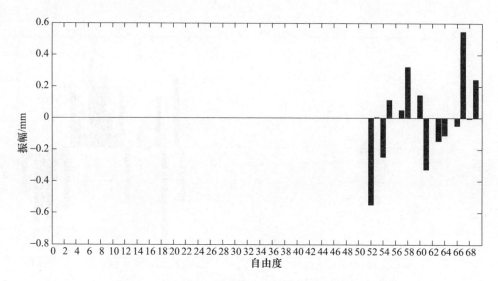

图 5.26　行星轮振动模式下的振型 1($\omega_n = 1873.21\mathrm{Hz}$)

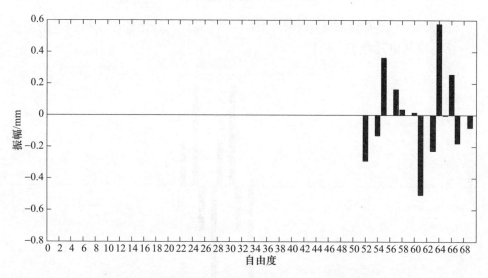

图 5.27　行星轮振动模式下的振型 2($\omega_n = 1873.21\mathrm{Hz}$)

由于齿轮在工作中会出现双齿—单齿—双齿啮合的情况,该啮合特性使得轮齿啮合刚度会发生时变,从而导致系统的固有频率发生变化。下面将以系统 R1 档各级传动的内外啮合轮齿刚度为分析参数,分析外啮合时变刚度 K_{sp}、K_{rp} 对固有特性的影响。根据内外啮合时变刚度 K_{sp}、K_{rp} 可能的变化范围,在该范围内改变各排的外啮合刚度 K_{sp}、K_{rp} 的等效啮合刚度值,则系统的固有频率相对应的会发生变化,为了研究各个啮合刚度对系统固有特性的影响,在研究过程中,在保持其余啮合刚度值不变的情况下,只改变所分析的啮合刚度。

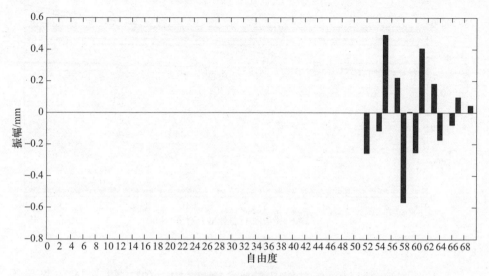

图 5.28　行星轮振动模式下的振型 3($\omega_n = 1873.21\,\text{Hz}$)

图 5.29 所示为在保持系统其他参数不变的情况下,只改变第一级太阳轮与行星轮的啮合刚度 K_{sp1},系统固有频率随 K_{sp1} 的变化而变化的情况。图 5.30 所示为在保持系统其他参数不变的情况下,只改变第一级行星轮与齿圈的啮合刚度 K_{rp1},系统固有频率随 K_{rp1} 的变化而变化的情况。图 5.29~图 5.30 中斜率的大小表示系统固有频率对所分析啮合刚度的灵敏程度。

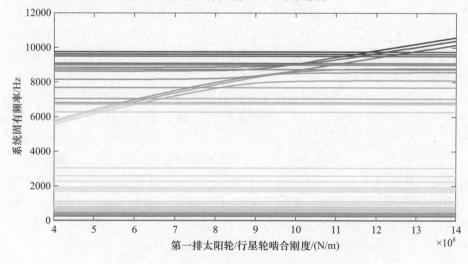

图 5.29　系统固有频率随 K_{sp1} 变化而变化情况

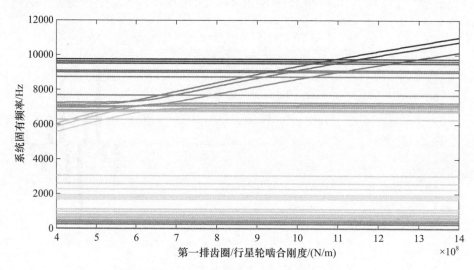

图 5.30　系统固有频率随 K_{rp1} 变化而变化情况

一排太阳轮/行星轮、齿圈/太阳轮啮合刚度在 $4×10^8 \sim 6×10^8$ N/m 范围内变动时，系统中阶频率 6500~7000Hz 变化得最为显著，其他阶次固有频率几乎保持不变；一排太阳轮/行星轮、太阳轮/行星轮、行星轮/齿圈啮合刚度 K_{sp1}、K_{rp1} 在 $6×10^8 \sim 11×10^8$ N/m 范围内变动时，中高阶系统固有频率(6500~10000Hz)变化最为明显，随着啮合刚度升高而线性递增，系统其余阶次的固有频率几乎没有发生改变。当第一排太阳轮/行星轮、行星轮/齿圈啮合刚度 K_{sp1}、K_{rp1} 在 $11×10^8$ N/m 以上变动时，系统最高的三阶固有频率急剧变化，并随着啮合刚度的增大而增大，变化区间为 8000~12000Hz，其余阶次的系统固有频率(小于10000Hz)几乎保持不变。K_{sp1}、K_{rp1} 在 $6×10^8$ N/m 与 $10×10^8 \sim 11×10^8$ N/m 附近时，在密集拐点处，啮合刚度附近，细微的啮合刚度 K_{sp1}、K_{rp1} 的改变即会造成系统固有频率以及振型的重大改变。

由图 5.30 可知，系统固有频率存在直线部分，其规律与 1 挡分析时一致，在 K_{sp1}、K_{sp2} 的正常取值范围内，低阶系统固有频率不会随 K_{sp1}、K_{sp2} 的变化而变化。

图 5.31 所示为在保持系统其他参数不变的情况下，只改变第一级太阳轮与行星轮的啮合刚度 K_{sp2}，系统固有频率随 K_{sp2} 的变化而变化的情况。图 5.32 所示为在保持系统其他参数不变的情况下，只改变第一级行星轮与齿圈的啮合刚度 K_{rp2}，系统固有频率随 K_{rp2} 的变化而变化的情况。图 5.31~图 5.32 中斜率的大小表示了系统固有频率对所分析啮合刚度的灵敏程度。

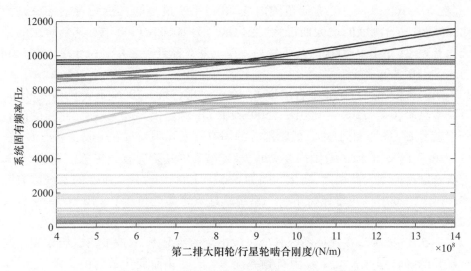

图 5.31　系统固有频率随 K_{sp2} 变化而变化情况

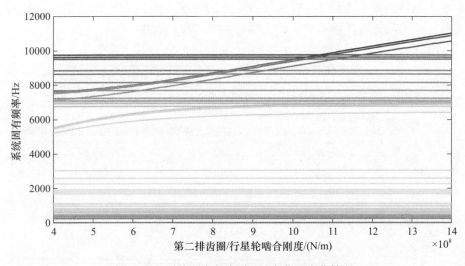

图 5.32　系统固有频率随 K_{rp2} 变化而变化情况

图 5.31 所示,第二排太阳轮与行星轮啮合刚度 K_{sp2} 在 $4\times10^8 \sim 6\times10^8\,\mathrm{N/m}$ 范围内变动时,系统中阶频率(5500～7000 Hz)变化得最为显著,此间的固有频率随着 K_{rp2} 增加而增加,中高阶固有频率(8500～9500 Hz)缓慢上升,其余阶次的固有频率几乎没有发生改变。当 K_{sp2} 在 $6\times10^8 \sim 10\times10^8\,\mathrm{N/m}$ 范围内变动时,系统中阶与中高阶(7500～8000 Hz,9000～10000 Hz)固有频率随着 K_{sp2} 增加而线性增加,其余阶次的系统固有频率(小于 10000 Hz)几乎保持不变。当

K_{sp2}在$10\times10^8\sim14\times10^8$N/m范围内变动时,系统最高的三阶固有频率急剧变化,并随着啮合刚度的增大而增大,变化区间为8000~12000Hz,其余阶次的系统固有频率(小于10000Hz)几乎保持不变。系统跃迁点密集处位于7×10^8N/m与8.5×10^8N/m附近。

第二排齿圈与行星轮啮合刚度K_{rp2}在$4\times10^8\sim11\times10^8$N/m范围内变动时,系统中高阶频率(5500~7000Hz,7500~10000Hz)变化得最为显著,此间的固有频率随着K_{rp2}的增加而增加,低阶部分的固有频率几乎没有发生改变。当K_{rp2}在$11\times10^8\sim14\times10^8$N/m范围内变动时,系统最高的三阶固有频率急剧变化,并随着啮合刚度的增大而增大,变化区间为8000~12000Hz,其余阶次的系统固有频率(小于10000Hz)几乎保持不变。系统跃迁点密集处位于9×10^8N/m与11×10^8N/m附近。

图 5.33 所示为在保持系统其他参数不变的情况下,只改变第二级太阳轮与行星轮的啮合刚度K_{sp3},系统固有频率随K_{sp3}的变化而变化的情况。图 5.34 所示为在保持系统其他参数不变的情况下,只改变第一级行星轮与齿圈的啮合刚度K_{rp3},系统固有频率随K_{rp3}的变化而变化的情况。图 5.33~图 5.34 中斜率的大小表示了系统固有频率对所分析啮合刚度的灵敏程度。

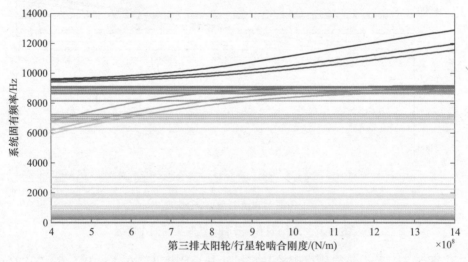

图 5.33 系统固有频率随K_{sp3}变化而变化情况

第三排太阳轮与行星轮啮合刚度K_{sp3}在$4\times10^8\sim8\times10^8$N/m范围内变动时,系统中阶频率(6000~8000Hz)变化得最为显著,此间的固有频率随着K_{sp3}增加而增加,高阶固有频率(9500~10000Hz)缓慢上升,其余阶次的固有频率几乎没有发生改变。当K_{sp3}在$8\times10^8\sim14\times10^8$N/m范围内变动时,系统最高的三阶固有频率急剧变化,并随着啮合刚度的增大而增大,变化区间为10000~13000Hz,

其余阶次的系统固有频率(小于10000Hz)几乎保持不变。系统跃迁点密集处位于 $5 \times 10^8 \sim 6 \times 10^8 \text{N/m}$ 附近。

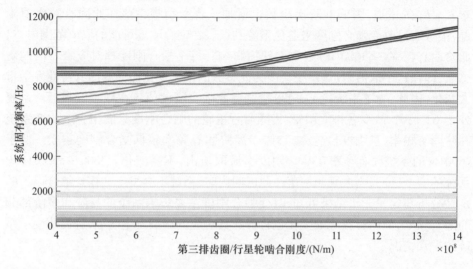

图 5.34　系统固有频率随 K_{rp3} 变化而变化情况

第三排齿圈与行星轮啮合刚度 K_{rp3} 在给定范围内($4 \times 10^8 \sim 9 \times 10^8 \text{N/m}$)变动时，系统中阶频率(6000~7000Hz)随着啮合刚度的增大稳定上升，上升速率随着 K_{rp3} 的增加而逐渐放缓，中高阶系统固有频率(7500~8000Hz)随着 K_{rp3} 的增加而逐渐上升，上升速率随着 K_{rp3} 的增加而逐渐增加，其余阶次的固有频率几乎没有发生改变。当 K_{rp3} 在 $8 \times 10^8 \sim 14 \times 10^8 \text{N/m}$ 范围内变动时，系统最高的三阶固有频率急剧变化，并随着啮合刚度的增大而增大，变化区间为10000~13000Hz，其余阶次的系统固有频率(小于10000Hz)几乎保持不变。系统跃迁点密集处位于 $6 \times 10^8 \text{N/m}$ 与 $8 \times 10^8 \text{N/m}$ 附近。

综上所述，由于啮合刚度具有时变的特性，使得系统固有频率发生了变化。当系统处于 R1 挡时，在内外啮合时变刚度 K_{spn}、K_{rpn} 的可能的变化范围内，当太阳轮/齿圈与行星轮啮合刚度 K_{spn}、K_{rpn} 的发生变化时，受其影响的固有频率阶次逐渐增大，且啮合刚度在一定的变化区间内，只影响特定阶次的固有频率，且影响趋势为正向，即当前啮合刚度对应的受影响阶次下的固有频率都会随着刚度增加而增大。系统固有频率有在拐点之外几乎保持定值的系统固有频率值，因此，当变速机构处于 R1 挡时，啮合刚度的改变并不会对全局所有阶次的固有频率造成影响，即固有频率的改变只能改变系统中的几阶固有频率，而除影响阶次以外的其他阶次的系统固有频率大多处于一个恒定值，并不受系统啮合刚度的影响，如图中直线部分所示，图中直线部分为系统常有频率，即使在直线上的某个点发生变化，即此阶系统固有频率增加，也迅速会有低阶的固有频率迅速升高,直线上的固有频率在不同啮合刚度取值下都保持相同。即啮合刚度 K_{sp}、K_{rp} 取值改变时,只能影响系统中固有频率中的几阶固有频率(一般为 3 阶),且随着 K_{sp}、K_{rp} 的增加,影响的阶次阶数也增加。若激励频率落在此固有频率值附近,很难通过改变啮合刚度来避免系统共振。在啮合刚度可能的取值范围内,对低阶固有频率(<3600Hz)基本无任何影响。每个啮合刚度都对应着自己的敏感值,即在这个取值附近,系统会因为此参数的微小变化而使其固有特性发生重大变化,因此,为了系统稳定,应尽量避免此啮合刚度值落在敏感值附近。系统处于 R1 挡时,改变各排太阳轮/齿圈与行星轮的啮合刚度只能相应地改变系统高阶固有频率,且刚度值越大,整体中高阶固有频率较低啮合刚度越大。低于 3600Hz 的系统固有频率在啮合刚度增城取值内,不会变化。3600~5500Hz 为系统的安全区间,当激励频率落在此区间内时,系统不会发生共振。综合以上的定性分析与定量分析结果可知,时变啮合刚度主要影响系统的高阶和中阶部分的固有频率,而固有频率的变化也将导致其对应的振型发生改变,进而改变了系统的振动情况。

5.5.3 均载特性

参考第 3 章均载特性分析内容可知,第 k^j 个太阳轮—行星轮、第 k^j 个行星轮—内齿圈、复合行星传动系统太阳轮—长行星轮—输入齿圈系统和长行星轮—短行星轮—浮动齿圈的均载系数分别表示为

$$\mathrm{LSC}_i^j = \frac{n \times F_i^j}{\sum_{k=n}^{n} F_i^j} \tag{5.44}$$

式中:i 为复杂行星变速机构啮合副代号。

根据式(5.44),行星变速机构各啮合副均载系数如图 5.35 所示,选取 2 排行星齿轮传动系统均载系数展示,太阳轮—行星轮啮合副和行星轮—内齿圈啮合副的均载系数均在 0.2~1.9 振荡,由于行星轮个数的不同产生的相位差和齿轮副时变啮合刚度等原因使各太阳轮—行星轮和行星轮—内齿圈啮合副在每一时刻均受载不均匀。

取每对变速机构啮合副的均载系数最大值如表 5.5 所示,在 4 对太阳轮—行星轮啮合副中,第 4 对太阳轮和行星轮的均载系数最大,为 1.3426,第 3 对行星轮和内齿圈的均载系数最大,为 1.6。行星轮—内齿圈啮合副的均载系数最大值明显地太阳轮—行星轮啮合副的均载系数最大值大。行星传动系统在实际工作过程中当其均载系数数值越小,则表示其均载性能越好,反之,数值越大则各行星轮之间的不均载现象越严重。

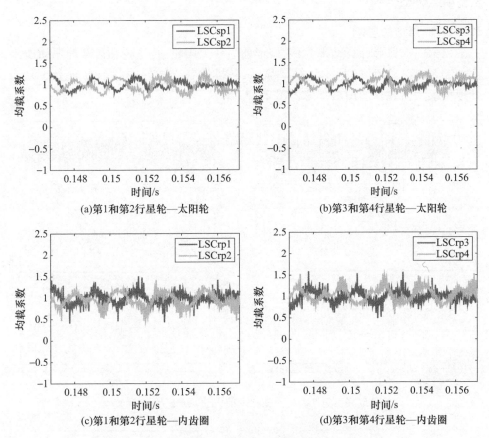

图 5.35 各啮合副均载系数

表 5.5 每对行星齿轮啮合副均载系数最大值

第 2 排			
太阳轮—行星轮		行星轮—内齿圈	
啮合副	均载系数	啮合副	均载系数
LSC_{sp1}^2	1.2503	LSC_{rp1}^2	1.5146
LSC_{sp2}^2	1.2788	LSC_{rp2}^2	1.4169
LSC_{sp3}^2	1.2282	LSC_{rp3}^2	1.5936
LSC_{sp4}^2	1.3426	LSC_{rp4}^2	1.5352

5.5.4 动态特性

5.5.4.1 修形的影响

以第一挡修形计算结果为例,修形前后各太阳轮、行星轮和齿圈的振动加速度如图 5.36 ~ 图 5.43 所示。结果显示:各排的各个构件的各个方向上的振动加速度最大值在修形前后都降低了 2 ~ 3 倍。

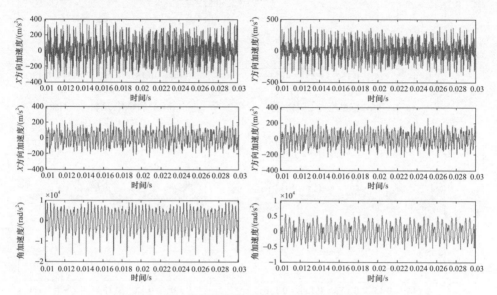

图 5.36　第二排行星架修形前(上)后(下)的加速度

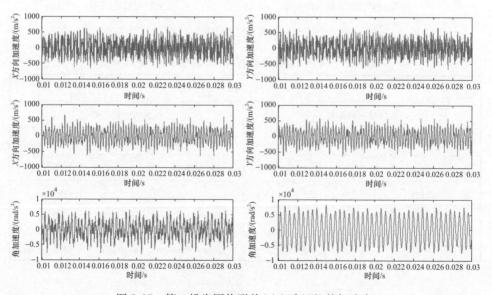

图 5.37　第二排齿圈修形前(上)后(下)的加速度

第 5 章 复杂行星变速传动动力学

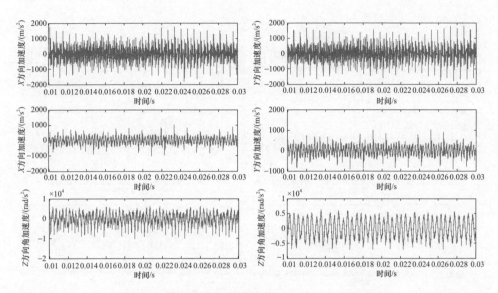

图 5.38 第二排太阳轮修形前(上)后(下)的加速度

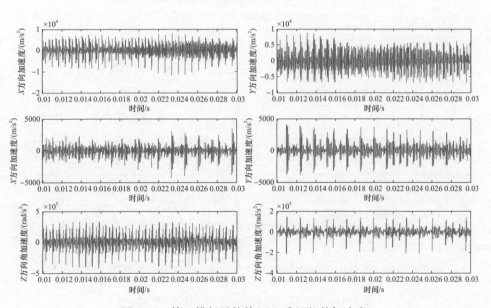

图 5.39 第二排行星轮前(上)后(下)的加速度

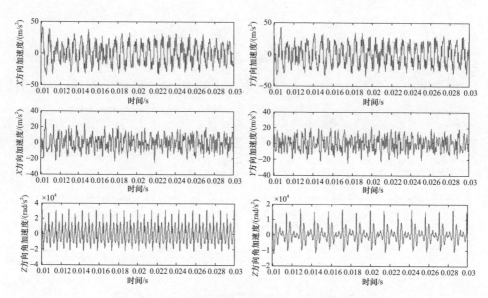

图 5.40 第三排行星架修形前(上)后(下)的加速度

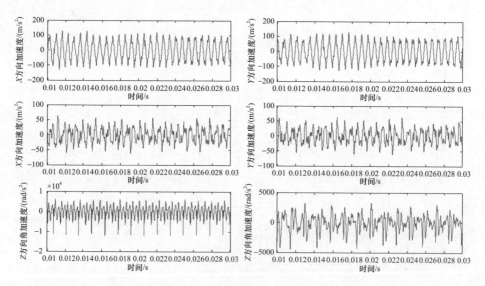

图 5.41 第三排齿圈修形前(上)后(下)的加速度

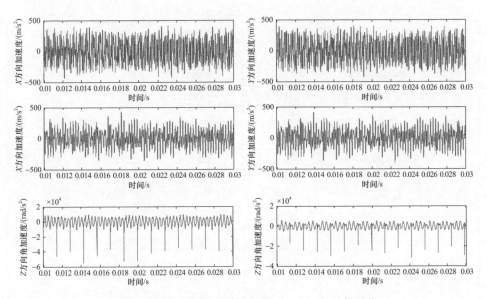

图 5.42 第三排太阳轮修形前(上)后(下)的加速度

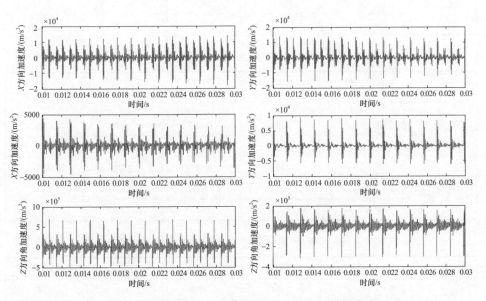

图 5.43 第三排行星轮修形前(上)后(下)的加速度

各排的各个构件在修形前后的振动加速度 RMS、峰峰值、峭度值如表 5.6~表 5.11 所列。结果显示:振动加速度有效值和峰峰值降低了 2~3 倍,故齿廓修形有效地降低了线外啮合造成的啮入啮出冲击。

表5.6 第二排行星轮系各构件的振动加速度 RMS 值

		太阳轮	行星轮	齿圈	行星架
修形前	X 方向/(m/s²)	434.0	2650	265.2	157.0
	Y 方向/(m/s²)	427.1	2660	271.4	157.1
	Z 方向/(rad/s²)	2716.4	110830	2836.4	51700
修形后	X 方向/(m/s²)	213.8	873	229.6	93.0
	Y 方向/(m/s²)	212.6	909	230.0	92.9
	Z 方向/(rad/s²)	2955.3	37404	4284.2	3682.7

表5.7 第三排行星轮系各构件的振动加速度 RMS 值

		太阳轮	行星轮	齿圈	行星架
修形前	X 方向/(m/s²)	188.5	3520	66.7	18.0
	Y 方向/(m/s²)	188.5	3130	70.0	18.0
	Z 方向/(rad/s²)	5235.3	127460	2867.4	11045
修形后	X 方向/(m/s²)	139.8	1020	25.9	9.7
	Y 方向/(m/s²)	138.7	1428	27.4	9.5
	Z 方向/(rad/s²)	2766.9	51414	1477.6	4721.9

表5.8 第二排行星轮系各构件的振动加速度峰峰值

		太阳轮	行星轮	齿圈	行星架
修形前	X 方向/(m/s²)	4027	19770	2207	1474
	Y 方向/(m/s²)	3598	21710	1960	1271
	Z 方向/(rad/s²)	31728	769050	14539	57318
修形后	X 方向/(m/s²)	2182	8080	1596	852
	Y 方向/(m/s²)	1924	13960	1296	834
	Z 方向/(rad/s²)	26238	371170	15790	33222

表5.9 第三排行星轮系各构件的振动加速度峰峰值

		太阳轮	行星轮	齿圈	行星架
修形前	X 方向/(m/s²)	1434	32500	424	124
	Y 方向/(m/s²)	1485	33700	460	152
	Z 方向/(rad/s²)	64348	1186300	19690	56273
修形后	X 方向/(m/s²)	1082	10810	171	93
	Y 方向/(m/s²)	929	23410	180	74
	Z 方向/(rad/s²)	57954	514010	10596	34054

表 5.10　第二排行星轮系各构件的振动加速度峭度值

		太阳轮	行星轮	齿圈	行星架
修形前	X 方向/(m/s²)	3.90	2.99	2.50	3.00
	Y 方向/(m/s²)	3.81	2.97	2.50	2.77
	Z 方向/(rad/s²)	8.61	4.72	2.47	3.40
修形后	X 方向/(m/s²)	3.12	5.31	2.44	2.78
	Y 方向/(m/s²)	3.02	7.37	2.36	2.78
	Z 方向/(rad/s²)	2.46	8.15	1.73	3.74

表 5.11　第三排行星轮系各构件的振动加速度峭度值

		太阳轮	行星轮	齿圈	行星架
修形前	X 方向/(m/s²)	2.30	7.17	2.16	2.87
	Y 方向/(m/s²)	2.26	8.18	2.56	3.55
	Z 方向/(rad/s²)	7.71	7.36	3.49	2.61
修形后	X 方向/(m/s²)	2.81	8.71	2.67	3.68
	Y 方向/(m/s²)	2.72	13.56	2.90	2.86
	Z 方向/(rad/s²)	10.67	11.10	3.46	4.13

5.5.4.2　偏心误差对系统振动的影响分析

选择行星变速机构第一挡进行分析,仿真计算时取首排有安装制造误差的第一个行星轮进行分析。安装制造误差引起传动误差改变,从而影响系统振动,这种影响可通过轮齿修形等手段降低。仿真分析时选择首排第一个行星轮振动特性进行分析。

当偏心误差为 $0\mu m$ 时,行星轮#1 的 x 方向和 y 方向振动加速度如图 5.44、图 5.45 所示。

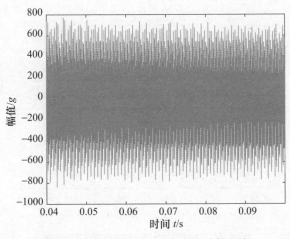

图 5.44　行星轮#1 的 X 方向振动加速度

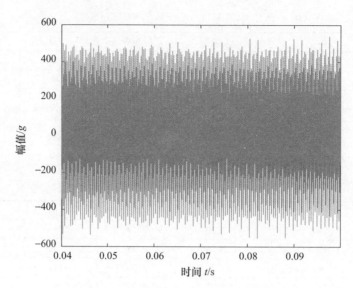

图 5.45　行星轮#1 的 Y 方向振动加速度

当偏心误差为 0μm 时,行星轮#1 的 X 方向振动加速度 RMS 值为 334.7g,Y 方向振动加速度 RMS 值为 247.3g。

当偏心误差为 30μm 时,行星轮#1 的 X 方向和 Y 方向振动加速度如图 5.46～图 5.47 所示。

当偏心误差为 30μm 时,行星轮#1 的 X 方向振动加速度 RMS 值为 356.94g,Y 方向振动加速度 RMS 值为 265.3g(表 5.12)。

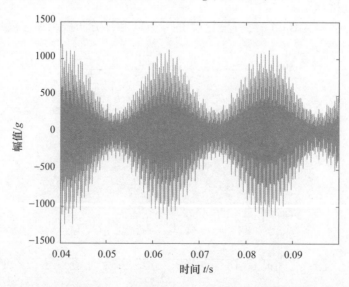

图 5.46　行星轮#1 的 X 方向振动加速度

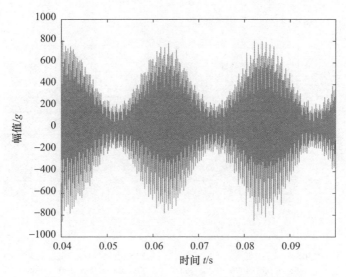

图 5.47　行星轮#1 的 Y 方向振动加速度

表 5.12　行星轮#1 X、Y 方向振动加速度 RMS 值

	误差量值 0μm	误差量值 30μm	影响率
X 方向加速度/g	334.67	356.94	6.7%
Y 方向加速度/g	247.26	265.3	7%

当偏心误差为 0μm 时,齿圈的 X 方向和 Y 方向振动加速度如图 5.48～图 5.49 所示。

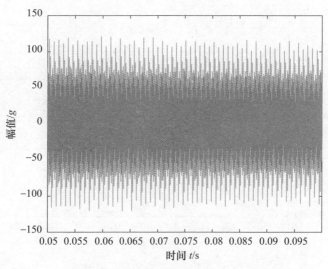

图 5.48　齿圈的 X 方向振动加速度

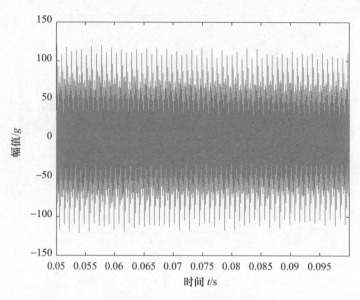

图 5.49 齿圈的 Y 方向振动加速度

当偏心误差为 $0\mu m$ 时,齿圈的 X 方向振动加速度 RMS 值为 $51.0g$,y 方向振动加速度 RMS 值为 $50.95g$。

当偏心误差为 $30\mu m$ 时,齿圈的 X 方向和 Y 方向振动加速度如图 5.50~图 5.51 所示。

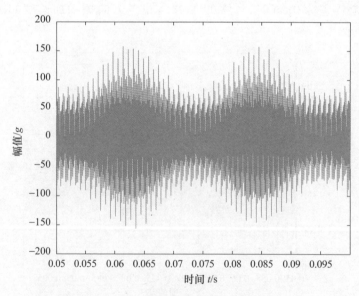

图 5.50 齿圈的 X 方向振动加速度

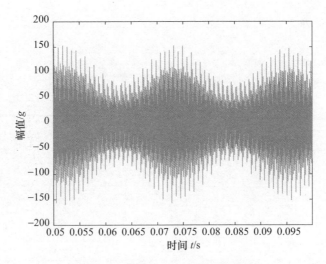

图 5.51 齿圈的 Y 方向振动加速度

当偏心误差为 $35\mu m$ 时,齿圈的 X 方向振动加速度 RMS 值为 $53.8g$,Y 方向振动加速度 RMS 值为 $54.3g$(表 5.13)。

表 5.13 齿圈 X 和 Y 方向振动加速度 RMS 值

	误差量值 $0\mu m$	误差量值 $35\mu m$	影响率
X 方向加速度/g	51.0	53.8	6.5%
Y 方向加速度/g	50.95	54.3	6.5%

5.5.4.3 行星架孔位置误差对系统振动的影响分析

行星架孔位置误差为 $0\mu m$ 时,行星轮#1 的 X 和 Y 方向振动加速度如图 5.52~图 5.53 所示。

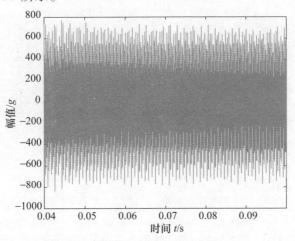

图 5.52 行星轮#1 的 X 方向振动加速度

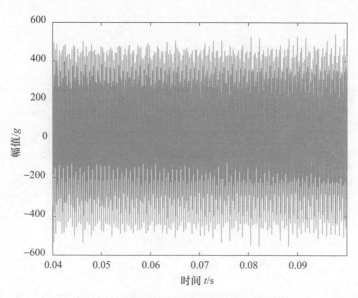

图 5.53 行星轮#1 的 Y 方向振动加速度

当行星架孔位置误差为 0μm 时,行星轮#1 的 X 方向振动加速度 RMS 值为 334.67g,Y 方向振动加速度 RMS 值为 247.26g。

当行星架孔位置误差为 35μm 时,行星轮#1 的 X 和 Y 方向振动加速度如图 5.54、图 5.55 所示。

当行星架孔位置误差为 35μm 时,行星轮#1 的 X 方向振动加速度 RMS 值为 350.64g,Y 方向振动加速度 RMS 值为 259.63g(表 5.14)。

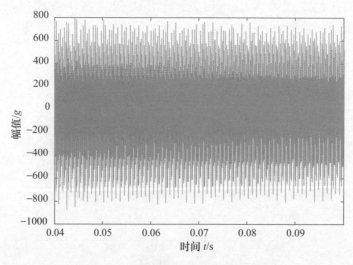

图 5.54 行星轮#1 的 X 方向振动加速度

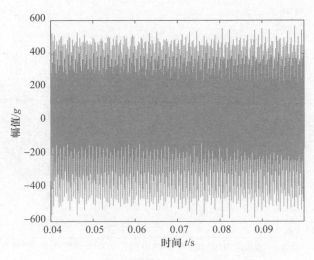

图 5.55 行星轮#1 的 Y 方向振动加速度

表 5.14 行星轮#1 X 和 Y 方向振动加速度 RMS 值

	误差量值 0μm	误差量值 35μm	影响率
X 方向加速度/g	334.67	350.64	5%
Y 方向加速度/g	247.26	259.63	5%

当行星架孔位置误差为 0μm 时,齿圈的 X 方向和 Y 方向振动加速度如图 5.56~图 5.57 所示。

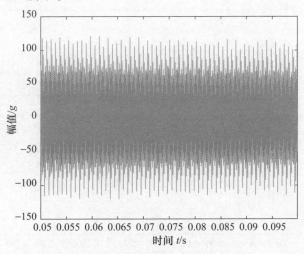

图 5.56 齿圈的 X 方向振动加速度

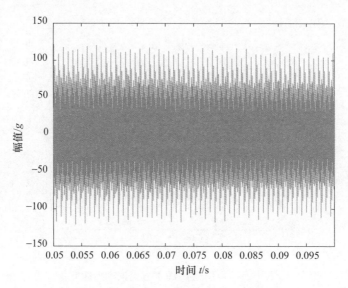

图 5.57　齿圈的 Y 方向振动加速度

当行星架孔位置误差为 $0\mu m$ 时,齿圈的 X 方向振动加速度 RMS 值为 51.0g,Y 方向振动加速度 RMS 值为 50.95g。

当行星架孔位置误差为 $35\mu m$ 时,齿圈的 X 和 Y 方向振动加速度如图 5.58～图 5.59 所示。

当行星架孔位置误差为 $35\mu m$ 时,齿圈的 X 方向振动加速度 RMS 值为 52.5g,Y 方向振动加速度 RMS 值为 49.5g(表 5.15)。

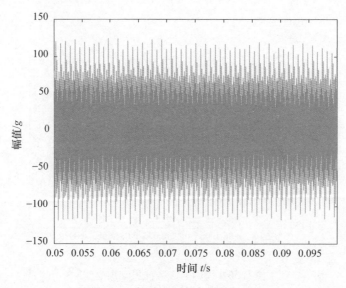

图 5.58　齿圈的 X 方向振动加速度

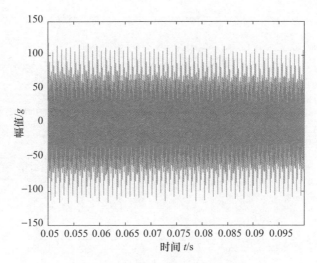

图 5.59　齿圈的 Y 方向振动加速度

表 5.15　齿圈 X 和 Y 方向振动加速度 RMS 值

	误差量值 0μm	误差量值 35μm	影响率
X 方向加速度/g	51	52.5	3%
Y 方向加速度/g	50.95	49.5	3%

5.5.4.4　齿形误差对系统振动的影响分析

齿形误差为 0μm 时,行星轮#1 的 X 和 Y 方向振动加速度如图 5.60、图 5.61 所示。

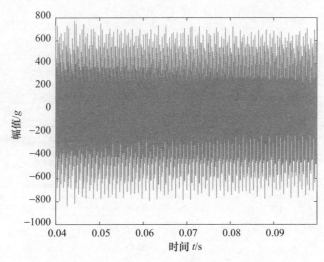

图 5.60　行星轮#1 的 X 方向振动加速度

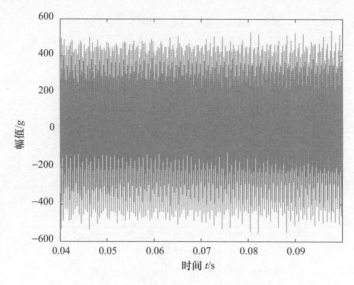

图 5.61 行星轮#1 的 Y 方向振动加速度

当齿形误差为 $0\mu m$ 时,行星轮#1 的 X 方向振动加速度 RMS 值为 $334.67g$,Y 方向振动加速度 RMS 值为 $247.26g$。

齿形误差为 $30\mu m$ 时,行星轮#1 的 X 和 Y 方向振动加速度如图 5.62~图 5.63 所示。

当齿形误差为 $30\mu m$ 时,行星轮#1 的 X 方向振动加速度 RMS 值为 $354.41g$,Y 方向振动加速度 RMS 值为 $263.56g$(表 5.16)。

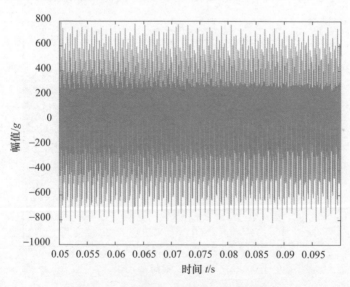

图 5.62 行星轮#1 的 X 方向振动加速度

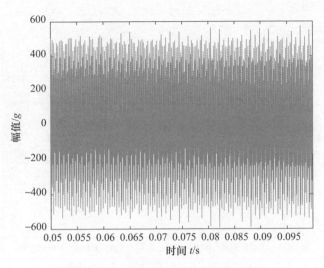

图 5.63　行星轮#1 的 Y 方向振动加速度

表 5.16　行星轮#1 X 和 Y 方向振动加速度 RMS 值

	误差量值 0μm	误差量值 30μm	影响率
X 方向加速度/g	334.67	354.41	6%
Y 方向加速度/g	247.26	263.56	6.6%

当齿形误差为 0μm 时,齿圈的 X 和 Y 方向振动加速度如图 5.64～图 5.65 所示。

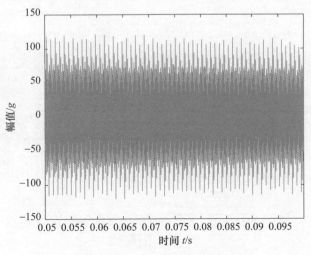

图 5.64　齿圈的 X 方向振动加速度

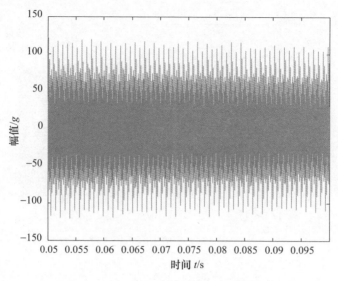

图 5.65 齿圈的 Y 方向振动加速度

当齿形误差为 $0\mu m$ 时,齿圈的 X 方向振动加速度 RMS 值为 $51.0g$,Y 方向振动加速度 RMS 值为 $50.95g$。

齿形误差为 $30\mu m$ 时,齿圈的 X 和 Y 方向振动加速度如图 5.66~图 5.67 所示。

当齿形误差为 $35\mu m$ 时,齿圈的 X 方向振动加速度 RMS 值为 $53.0g$,Y 方向振动加速度 RMS 值为 $49.0g$(表 5.17)。

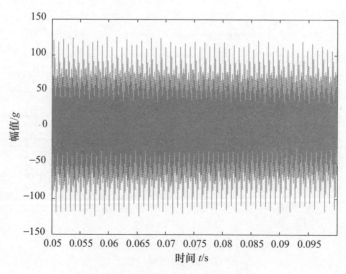

图 5.66 齿圈的 X 方向振动加速度

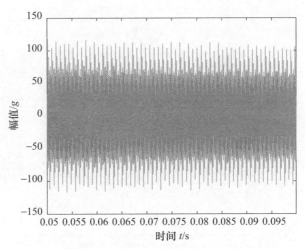

图 5.67 齿圈的 Y 方向振动加速度

表 5.17 齿圈 X 和 Y 方向振动加速度 RMS 误差值

	误差量值 0μm	误差量值 35μm	影响率
X 方向加速度/g	51.0	53.0	4%
Y 方向加速度/g	50.95	49.0	4%

5.5.4.5 不对中误差对系统振动的影响分析

当不对中误差为 0μm 时,行星轮#1 的 X 方向和 Y 方向振动加速度如图 5.68~图 5.69 所示。

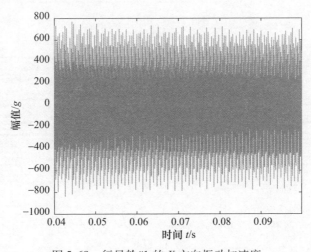

图 5.68 行星轮#1 的 X 方向振动加速度

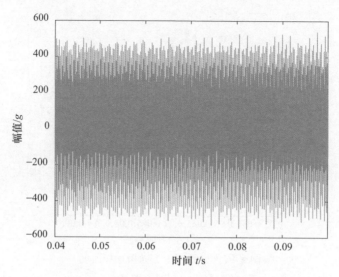

图5.69 行星轮#1的Y方向振动加速度

当不对中误差为$0\mu m$时,行星轮#1的X方向振动加速度RMS值为$334.67g$,Y方向振动加速度RMS值为$247.26g$(表5.18)。

当不对中误差为$36\mu m$时,行星轮#1的X方向和Y方向振动加速度如图5.70、图5.71所示。

当不对中误差为$36\mu m$时,行星轮#1的X方向振动加速度RMS值为$347.49g$,Y方向振动加速度RMS值为$257.2g$(表5.18)。

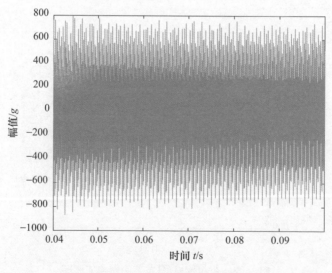

图5.70 行星轮#1的X方向振动加速度

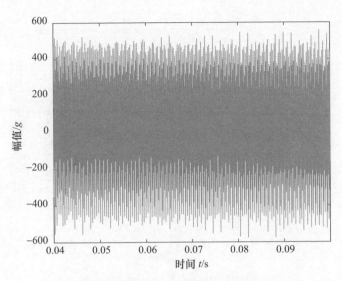

图 5.71 行星轮#1 的 Y 方向振动加速度

表 5.18 行星轮#1 X 和 Y 方向振动加速度 RMS 误差值

	误差量值 0 μm	误差量值 36 μm	影响率
X 方向加速度/g	334.67	347.49	5%
Y 方向加速度/g	247.26	257.2	5%

当不对中误差为 0 μm 时,齿圈的 X 方向和 Y 方向振动加速度如图 5.72、图 5.73 所示。

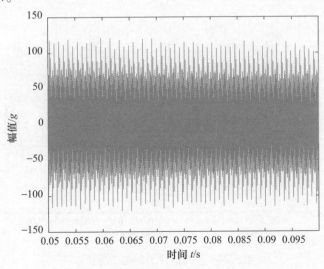

图 5.72 齿圈的 X 方向振动加速度

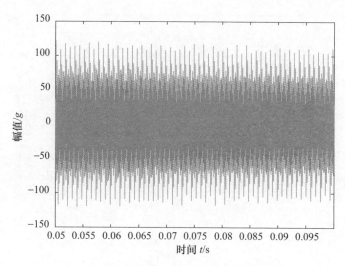

图 5.73 齿圈的 Y 方向振动加速度

当不对中误差为 $0\mu m$ 时,齿圈的 X 方向振动加速度 RMS 值为 $51.0g$,Y 方向振动加速度 RMS 值为 $50.95g$(表 5.19)。

当不对中误差为 $35\mu m$ 时,齿圈的 X 方向和 Y 方向振动加速度如图 5.74~图 5.75 所示。

当不对中误差为 $36\mu m$ 时,齿圈的 X 方向振动加速度 RMS 值为 $52.5g$,Y 方向振动加速度 RMS 值为 $49.5g$(表 5.19)。

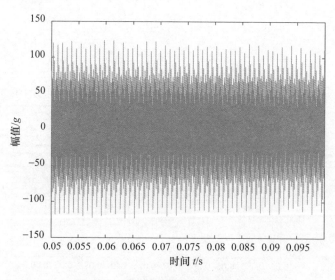

图 5.74 齿圈的 X 方向振动加速度

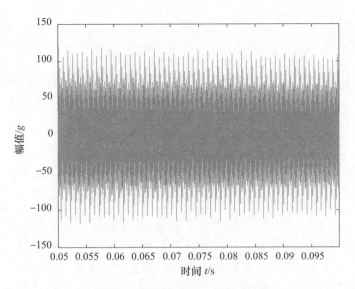

图 5.75 齿圈的 Y 方向振动加速度

表 5.19 齿圈 X 和 Y 方向振动加速度 RMS 误差值

	误差量值 0μm	误差量值 35μm	影响率
X 方向加速度/g	51.0	52.5	3%
Y 方向加速度/g	50.95	49.5	3%

参考文献

[1] 李强军. 重型汽车变速器直齿行星副变速器动力学研究[D]. 重庆:重庆大学,2012.

[2] 田苗苗. 兆瓦级风力发电机齿轮传动系统在变风载下的动力学特性研究[D]. 重庆:重庆大学,2010.

[3] 沉成功. 航空封闭差动星传动刚柔耦合动力学及均载特性研究[D]. 湘潭:湘潭大学,2020.

[4] 朱伟林. 考虑制造误差的复合行星齿轮传动系统非线性动力学特性研究[D]. 武汉:武汉大学,2017.

[5] 曹正. 旋转轴线误差的齿轮动力学建模与行星轮系动态特性分析研究[D]. 重庆:重庆大学,2017.

[6] 陈再刚,邵毅敏. 行星轮系齿轮啮合非线性激励建模和振动特征研究[J]. 机械工程学报,2015,51(07):23.

第6章 行星传动动力学优化设计

6.1 引 言

与其他传动装置相比,行星齿轮传动装置最突出的优势在于能够利用多个行星轮来承担载荷,将功率分散到各个部分,使得运转更加平稳可靠。此外,太阳轮、行星轮和内齿圈构成了共轴线式的传动布局,同时合理利用了内、外啮合齿轮副原理。因此,使得行星齿轮传动的结构显得非常紧凑,且兼具轻量化和重载的特点。但是,实际中由于齿轮、轴承和箱体会存在一些不可避免的装配误差和加工误差等因素的影响,会造成各个行星轮间不均载的现象发生,具体表现为只有某一个行星轮分担载荷,而其他行星轮则被闲置从而起不到传递动力的作用。这就是有些行星轮在工作中产生异常或出现事故的原因。

为更好地研究行星齿轮传动载荷分配的均匀性,本章综合考虑了轴承支撑刚度、支撑阻尼、齿侧间隙、系统负载扭矩、太阳轮与行星轮变位系数等因素对均载特性的影响,利用多目标遗传优化算法,给出单排行星齿轮传动系统最优参数匹配。

6.2 基于相位调谐理论的行星齿轮传动分析

相位调谐理论阐述了行星传动的基本参数与动态特性之间的映射关系。"基本参数"指中心构件齿数以及行星轮的个数,"动态响应"是指由啮频激励激起的响应。相位调谐即通过改变基本参数实现啮频激励相位的调整,从而使构件的受力状况发生变化,达到改变系统动力学特性的目的。

将周期性变化的动态啮合力用傅里叶级数展开,得到啮合力的各阶谐波分量与模态啮合力的函数表达式,将得到的动态啮合力的各阶谐波分量进一步展开、化简,得到动态啮合力各阶谐波分量与各设计参数之间的映射关系,利用相位协调因子 k ($k = \mathrm{mod}(lz_s/N)$,其中:mod 表示取余,l 表示谐波次数,z_s 表示太阳轮齿数,N 表示行星轮个数)对各个行星排中心构件的受力特征进行分析,得各行星排中心构件的振动状态,选择适当参数减小或消除某种振动模式下的某阶谐波动态啮合力。

6.2.1 行星传动动态啮合力与行星轮系基本参数映射关系分析

如图 6.1 为直齿行星传动模型,图中的坐标系固定在行星架上,并以行星架的理想角速度绕其轴心匀速转动,坐标原点位于行星架的轴心通过第 1 个与第 k 个行星轮轴心的理想位置,两坐标轴之间的夹角 $\psi_i = 2\pi(i-1)/N, (k=1,2,\cdots,K)$,$F$ 为太阳轮与第 i 个行星轮之间的动态啮合力。s、c、r 分别表示太阳轮、行星架和齿圈。

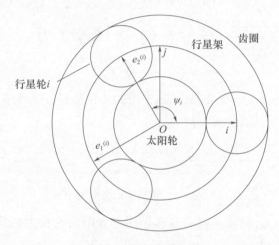

图 6.1　直齿行星传动模型

第 k 个行星轮与太阳轮之间的动态啮合力可表示为

$$\boldsymbol{F}_i = F_{i1}\boldsymbol{e}_1^{(i)} + F_{i2}\boldsymbol{e}_2^{(i)} \tag{6.1}$$

式中:$\boldsymbol{e}_1^{(i)}$、$\boldsymbol{e}_2^{(i)}$ 为坐标系 $Oe_1^{(i)}Oe_2^{(i)}$ 两坐标轴方向的单位矢量;F_{i1}、F_{i2} 为啮合力 $\boldsymbol{F}_i$ 在两坐标轴方向的分量。

由于齿轮的啮合刚度是周期性变化的,齿轮的制造误差也是周期性变化的。将 F_{i1}、F_{i2} 展开成傅里叶级数可表达为

$$F_{i1} = \sum_{l=0}^{\infty} \{a_i^l \sin[l(\omega_m t + \phi_i)] + b_i^l \cos[l(\omega_m t + \phi_i)]\} \tag{6.2}$$

$$F_{i2} = \sum_{l=0}^{\infty} \{c_i^l \sin[l(\omega_m t + \phi_i)] + d_i^l \cos[l(\omega_m t + \phi_i)]\} \tag{6.3}$$

式中:ω_m 为啮合频率;l 为谐波次数;a_i^l、b_i^l、c_i^l、d_i^l 为傅里叶系数;φ_i 为第 i 对中心轮和行星轮副与第 1 对轮副之间的相对啮合相位,假设太阳轮不动,则当行星轮#1 由其初始位置到达行星轮 i 的位置时,它绕太阳轮转过的角度为 ψ_i,即 $\psi_i/(2\pi/z_s)$ 个齿距角,由于行星轮每转过一个齿距角即完成一个完整的啮合周期,所以在此过程中共完成了 $\psi_i/(2\pi/z_s)$ 个啮合过程。对于以啮频的刚度函

数而言,每个啮合过程意味着刚度函数经过一个周期,相位的变化为2π,假设行星轮#1初始啮合相位为0,则第i个行星轮处的啮合相位应为:ϕ_i。

啮合力F_i在行星架坐标系Oxy的两坐标轴方向的分量F_{ix}、F_{iy}和F_{i1}、F_{i2}之间有如下关系

$$\begin{bmatrix} F_{ix} \\ F_{iy} \end{bmatrix} = \begin{bmatrix} \cos\psi_i & \sin\psi_i \\ -\sin\psi_i & \cos\psi_i \end{bmatrix} \begin{bmatrix} F_{i1} \\ F_{i2} \end{bmatrix} \qquad (6.4)$$

N个行星轮作用于太阳轮上的合力F_{sun}及合力矩T_{sun}分别为

$$F_{sun} = F_x i + F_y j = \sum_{i=1}^{N} [F_{ix} i + F_{ij} j] \qquad (6.5)$$

$$T_{sun} = r_s \sum_{i=1}^{N} F_{n2} \qquad (6.6)$$

式中:i、j分别为坐标系Oxy两坐标轴方向的单位矢量;r_s为太阳轮的节圆半径。以F_{sun}的分量F_x、F_y做进一步分析:

$$F_x = \sum_{i=1}^{N} F_{ix} = \sum_{i=1}^{N} [\cos\psi_i F_{i1} + \sin\psi_i F_{i2}] = \sum_{l=0}^{\infty} F_x^l \qquad (6.7)$$

$$F_y = \sum_{i=1}^{N} F_{iy} = \sum_{i=1}^{N} [-\sin\psi_i F_{i1} + \cos\psi_i F_{i2}] = \sum_{l=0}^{\infty} F_y^l \qquad (6.8)$$

式中:F_x^l、F_y^l为所有行星轮在x、y方向作用于太阳轮的合力的第l阶谐波分量,其表达式可写为

$$F_x^l = \sum_{i=1}^{N} [\underline{a_i^l \cos\psi_i \sin(l\omega_m t + lz_s\psi_i)} + b_i^l \cos\psi_i \cos(l\omega_m t + lz_s\psi_i) + c_i^l \sin\psi_i \sin(l\omega_m t + lz_s\psi_i) + d_i^l \sin\psi_i \cos(l\omega_m t + lz_s\psi_i)] \qquad (6.9)$$

$$F_y^l = \sum_{i=1}^{N} [-a_i^l \sin\psi_i \sin(l\omega_m t + lz_s\psi_i) - b_i^l \sin\psi_i \cos(l\omega_m t + lz_s\psi_i) + c_i^l \cos\psi_i \sin(l\omega_m t + lz_s\psi_i) + d_i^l \cos\psi_i \cos(l\omega_m t + lz_s\psi_i)] \qquad (6.10)$$

F_x^l、F_y^l的表达式中共包含四项,后面将会证明当式中的参数取某些值时,这些项将为0,以I表示F_x^l的第一项,并以此为例来进行证明。利用三角变换可得到其表达式为

$$I = \sum_{i=1}^{N} a_i^l [\cos\psi_i \cos lz_s\psi_i \sin l\omega_m t + \cos\psi_i \sin lz_s\psi_i \cos l\omega_m t]$$

$$= \frac{1}{2} \sum_{i=1}^{N} a_i^l \{[\cos(\psi_i(lz_s + 1)) + \cos(\psi_i(lz_s - 1))]\sin l\omega_m t + [\sin(\psi_i(lz_s + 1)) + \sin(\psi_i(lz_s - 1))]\cos l\omega_m t\} \qquad (6.11)$$

式中:其他和I相对应的部分也可展开为同样的形式。以上的推导过程适用于任何行星轮安装方式的传动系统。对于均布安装方式,有

$$\psi_i = 2\pi(i-1)/N \tag{6.12}$$

由于均布方式的对称结构，不同的行星轮与太阳轮之间的啮合力的傅里叶系数 a_i^l、b_i^l、c_i^l、d_i^l 均相等。令 $a_i^l = a^l$，同时将式(6.12)代入式(6.11)，经整理后可得

$$I = \frac{1}{2}a^l \sum_{i=1}^{N} \left\{ \cos\left[\frac{2\pi(i-1)(lz_s+1)}{N}\right] + \cos\left[\frac{2\pi(i-1)(lz_s-1)}{N}\right] \right\} \sin l\omega_m t +$$

$$\left\{ \sin\left[\frac{2\pi(i-1)(lz_s+1)}{N}\right] + \sin\left[\frac{2\pi(i-1)(lz_s-1)}{N}\right] \right\} \cos l\omega_m t \tag{6.13}$$

定义相位调谐因子

$$k = \mathrm{mod}\left(\frac{lz_s}{N}\right) \tag{6.14}$$

$\mathrm{mod}(a/b)$ 代表 a 被 b 除得到的余数，将 k 代入，经整理可得

$$I = \frac{1}{2}a^l \sum_{i=1}^{N} \left\{ \cos\left[\frac{2\pi(i-1)(k+1)}{N}\right] + \cos\left[\frac{2\pi(i-1)(k-1)}{N}\right] \right\} \sin l\omega_m t +$$

$$\left\{ \sin\left[\frac{2\pi(i-1)(k+1)}{N}\right] + \sin\left[\frac{2\pi(i-1)(k-1)}{N}\right] \right\} \cos l\omega_m t \tag{6.15}$$

由此可得由 m 数值决定的恒等式

$$\begin{cases} \sum_{i=1}^{N} \cos\left[\frac{2\pi(i-1)m}{N}\right] = \begin{cases} 0, m/N \neq \mathrm{integer} \\ N \end{cases} \\ \sum_{i=1}^{N} \sin\left[\frac{2\pi(i-1)m}{N}\right] = 0 \end{cases} \tag{6.16}$$

根据式(6.16)可知，当 $k \neq 1$ 或 $N-1$ 时，式中 I 所代表的部分将变为 0。同时，式(6.9)中其他和 I 相对应的部分也为 0，则作用在太阳轮上的合力的第 l 阶谐波分量为零。当 $k=1$ 或 $N-1$ 时，式(6.15)中的 I 所代表的部分不为 0，则作用在太阳轮上的合力的第 l 阶谐波分量不为 0。

作用在太阳轮上的各路啮合力的合力矩为

$$T_{\mathrm{sun}} = r_s \sum_{i=1}^{N} F_{i2} \tag{6.17}$$

根据式(6.6)可得

$$T_{\mathrm{sun}} = r_{\mathrm{sun}} \sum_{i=1}^{N} \sum_{l=0}^{\infty} \left\{ c_i^l \sin[l(\omega_m t + \phi_i)] + d_i^l \sin[l(\omega_m t + \phi_i)] \right\} = \sum_{l=0}^{\infty} T^l \tag{6.18}$$

$$T^l = r_{\mathrm{sun}} \sum_{i=1}^{N} \left[c_i^l \sin[l(\omega_m t + \psi_i z_s)] + d_i^l \sin[l(\omega_m t + \psi_i z_s)] \right] \tag{6.19}$$

T^l 为作用在太阳轮的合力矩的第 l 阶分量，式(6.19)同样适用于任何行星轮安装方式的系统。对于均布安装方式，将式(6.12)代入式(6.19)可得

$$T^l/r_{\text{sun}} = \sum_{i=1}^{N}\left\{\left[c_i^l\cos\left[\frac{2\pi(i-1)lz_s}{N}\right] - d_i^l\sin\left[\frac{2\pi(i-1)lz_s}{N}\right]\right]\sin l\omega_m t + \right.$$

$$\left.\left[c_i^l\sin\left[\frac{2\pi(i-1)lz_s}{N}\right] - d_i^l\cos\left[\frac{2\pi(i-1)lz_s}{N}\right]\right]\cos l\omega_m t\right\} \quad (6.20)$$

令 $c_i^l = c^l, d_i^l = d^l$，应用式(6.19)和式(6.20)可得

$$T^l/r_{\text{sun}} = \left\{c^l\sum_{i=1}^{N}\cos\left[\frac{2\pi(i-1)k}{N}\right] - d^l\sum_{i=1}^{N}\sin\left[\frac{2\pi(i-1)k}{N}\right]\right\}\sin l\omega_m t +$$

$$\left\{c^l\sum_{i=1}^{N}\sin\left[\frac{2\pi(i-1)k}{N}\right] - d^l\sum_{i=1}^{N}\cos\left[\frac{2\pi(i-1)k}{N}\right]\right\}\cos l\omega_m t \quad (6.21)$$

同样根据所得到的结论，可知当 $k \neq 0$ 时，作用于太阳轮上的合力矩的第 l 阶谐波分量为 0。当 $k = 0$ 时，作用在太阳轮上的合力矩的第 l 阶谐波分量不为 0。

此上是以太阳轮为例进行的受力情况获得其谐波阶数的对应关系。若为内齿圈和行星架为研究对象可以得出同样的结论。如果作用在太阳轮上的合力的第 l 阶谐波分量为零，则意味着太阳轮在该阶谐波处不存在径向的弯曲振动响应、相应的内齿圈、行星架也都不存在径向的弯曲振动响应。同样如此，若作用在太阳轮上的合力矩的第 l 阶谐波分量为零，则中心构件也不会存在扭转振动响应。

总结以上推导过程中的结果，得到如表 6.1 所列的结论。

表 6.1 行星轮均布安装方式的相位调谐规律

相位协调因子 $k = \mathrm{mod}(lz_s/N)$	中心构件受力特征	中心构件的振动状态
0	$F^l = 0, T^l \neq 0$	激起扭转振动，抑制弯曲振动
$1, N-1$	$F^l \neq 0, T^l = 0$	激起弯曲振动，抑制扭转振动
$2, 3, \cdots, N-2$	$F^l = 0, T^l = 0$	抑制扭转振动和弯曲振动

需要说明的是，若从固有特性角度考虑，3 行星传动仅存在扭转振动模式和弯曲振动模式，只有当行星轮的个数 $N > 3$ 时，三种振动模式才能全部出现。若从受迫振动响应角度考虑，3 行星传动的啮频激励的各阶谐波不会激起行星轮振动模式，只有当行星轮的个数 $N > 3$ 时，才能激起三种振动模式的响应。因此，固有特性上的振动模式与受迫振动响应的三种振动模式受行星轮个数的影响的变化规律是相同的，从一定程度上也反映了二者之间的对应关系。

6.2.2 模态啮合力分析

根据振动理论，驱动力大小与其对应位置处模态正则特征向量的乘积定义

为模态力[3],模态力代表驱动力对模态激发的贡献,当模态力为 0 时,驱动力将不会激发该阶模态,从而能够有效解决共振问题。

行星齿轮传动存在三种自由振动模式,而啮合激励也存在与之对应的三种激振方式,因而传动系统会出现三种振动模式以及由此导致的三种共振失效模式,扭转共振失效模式、弯曲共振失效模式和行星轮共振失效模式,即激励频率的某阶谐波分量与系统某阶固有频率接近时,由于模态力为零,共振失效,即不会引发系统此阶固有频率下的系统共振。

根据分析所得,将中心轮动态啮合力与行星轮系基本参数映射关系为基础,来研究中心轮在不同自由振动模式(扭转振动模式,弯曲振动模式,行星轮振动模式)下中心轮所受的模态啮合力。

为方便分析,将动态啮合力以向量的方式表示为

$$f(x,t) = [f_c(x,t), f_r(x,t), f_s(x,t), f_{p1}(x,t), \cdots, f_{pN}(x,t)]^T \quad (6.22)$$

式中

$$f_h(x,t) = [f_{hx}(x,t), f_{hy}(x,t), f_{hu}(x,t)]^T \quad h = c,r,s \quad (6.23)$$

中心构件动态啮合力 $f_{jx}(x,t)$、$f_{jy}(x,t)$、$f_{ju}(x,t)$ 傅里叶展开表示式如 6.2.1 节中的 F_x、F_y、T。

行星轮所受动态啮合力为太阳轮—行星轮啮合与齿圈—行星轮啮合的动态啮合力矢量和,随时间呈周期性变化,将其展开为傅里叶级数表达形式可表示为

$$f_i(x,t) = \sum_{l=0}^{\infty} f_i^l(x,t) = \sum_{l=0}^{\infty} \underbrace{\{e_i^l \sin[l(\omega_m t - \gamma_{sn})] + f_i^l \cos[l(\omega_m t - \gamma_{sn})]\}}_{\text{sun-planet mesh}} +$$

$$\sum_{l=0}^{\infty} \underbrace{\{g_i^l \sin[l(\omega_m t - \gamma_{sn})] + h_i^l \cos[l(\omega_m t - \gamma_{sn})]\}}_{\text{ring-planet mesh}} \quad (6.24)$$

其中:γ_{sn} 和 γ_{rn} 为行星轮 n 相对于太阳轮—行星轮#1、齿圈—行星轮#1 啮合的相位滞后。可表示为

$$\gamma_{sn} = -\psi_n z_s, \quad \gamma_{rn} = \psi_n z_r \quad (6.25)$$

系统模态啮合力由中心轮模态啮合力 Q_h 与行星轮模态啮合力 Q_i 构成,其表示式为

$$\hat{Q}_r = \hat{Q}_h + \hat{Q}_i = \boldsymbol{\varphi}_h^T f_h(x,t) + \boldsymbol{\varphi}_i^T f_i(x,t) = \sum_{l=0}^{\infty} \hat{Q}_r^l \quad h = c,s,r \quad i = 1,2,\cdots,N$$

$$(6.26)$$

式中:$\boldsymbol{\varphi}_h$ 为自由状态下系统中心轮某阶次的振型,$\boldsymbol{\varphi}_h = [\varphi_c, \varphi_r, \varphi_s]$;$\boldsymbol{\varphi}_i$ 为自由状态下系统行星轮某阶次的振型,$\boldsymbol{\varphi}_i = [\varphi_1, \varphi_2, \cdots, \varphi_N]$。

系统模态啮合力的 l 阶谐波分量 $\hat{Q}^l$ 可表示为

$$\hat{Q}_r^l = \hat{Q}_h^l + \hat{Q}_i^l = \boldsymbol{\varphi}_h^T f_h^l(x,t) + \boldsymbol{\varphi}_i^T f_i^l(x,t) \quad h = c,s,r \quad i = 1,2,\cdots,N \quad (6.27)$$

6.2.2.1 扭转振动模式模态啮合力分析

根据固有特性分析结果,扭转振动模式固有频率和振型有如下特点:
(1)固有频率为单值解;
(2)中心轮(齿圈、行星架、太阳轮)的振型满足

$$\boldsymbol{\varphi}_h = [0, 0, u_h]^T, h = c, r, s \tag{6.28}$$

(3)各个行星轮的振型满足: $\varphi_1 = \varphi_2 = \cdots = \varphi_N = [\zeta_1, \eta_1, u_1]$。

即在扭转振动模式下,中心轮无弯曲方向的振动,只存在扭转方向的振动,且各个行星轮振型相同。

模态啮合力第 l 阶谐波分量由中心构件的模态啮合力第 l 阶谐波分量 I 与行星轮的模态啮合力 II 的第 l 阶谐波分量组成,其表达式为

$$\hat{Q}_r^l = \hat{Q}_h^l + \hat{Q}_n^l = \underbrace{\sum_h^{c,r,s} u_h f_{cu}^l(x,t)}_{\text{I}} + \underbrace{\varphi_1 \sum_{n=1}^N f_n^l(x,t)}_{\text{II}} \tag{6.29}$$

由于扭转振动模式振动特点,中心轮无弯曲方向的位移,其模态啮合力为扭转方向的位移与扭转方向啮合力的乘积。$f_{cu}^l(x,t)$ 对应 T_h^l:

$$\hat{Q}_n^l = \sum_h^{c,r,s} u_h T_h^l \tag{6.30}$$

T_h^l 为 T 按傅里叶形式展开成各阶谐波分量,当 $k \neq 0$ 时,中心轮上的模态啮合力的第 l 阶谐波分量为0。当 $k = 0$ 时,中心轮上的模态啮合力的第 l 阶谐波分量不为0。

根据扭转振动模式行星轮振动特点,行星轮第 l 阶模态啮合力可表示为

$$\hat{Q}_n^l = \varphi_1 \sum_{n=1}^N \{ e_n^l \sin[l(\omega_m t + \psi_n z_s)] + f_n^l \cos[l(\omega_m t + \psi_n z_s)] + g_n^l \sin[l(\omega_m t - \psi_n z_r)] + h_n^l \cos[l(\omega_m t - \psi_n z_r)] \} \tag{6.31}$$

由于均布方式的对称结构,不同的行星轮与太阳轮之间的啮合力的傅里叶系数 a_n^l、b_n^l、c_n^l、d_n^l 均相等。令: $a_n^l = a^l$、$b_n^l = b^l$、$c_n^l = c^l$、$d_n^l = d^l$,将 $\hat{Q}_n^l$ 展开表示为

$$\hat{Q}_n^l = \varphi_1 \sum_{i=1}^N \{ e^l [\sin l\omega_m t \cos l\psi_n z_s + \cos l\omega_m t \sin l\psi_n z_s] +$$
$$f^l [\cos l\omega_m t \cos l\psi_n z_s - \sin l\omega_m t \sin l\psi_n z_s] +$$
$$g^l [\sin l\omega_m t \cos l\psi_n z_r - \cos l\omega_m t \sin l\psi_n z_r] +$$
$$h^l [\cos l\omega_m t \cos l\psi_n z_r + \sin l\omega_m t \sin l\psi_n z_r] \} \tag{6.32}$$

对于周向均布行星轮系, $\psi_n = 2\pi(n-1)/N$,将 ψ_n 代入式(6.32)中,采用上面推导方法相同的相位调谐因子:

$$\begin{cases} k_l = \mathrm{mod}(lz_s/N) & 0 \leq k_l \leq N-1 \\ k'_l = \mathrm{mod}(lz_r/N) & 0 \leq k'_l \leq N-1 \end{cases} \tag{6.33}$$

式(6.32)可写为

$$\hat{Q}_n^l = \varphi_1 \sum_{n=1}^{N} \left\{ e^l \left[\sin l\omega_m t \frac{\cos 2\pi(n-1)k_l}{N} + \cos l\omega_m t \frac{\sin 2\pi(n-1)k_l}{N} \right] + \right.$$
$$f^l \left[\cos l\omega_m t \frac{\cos 2\pi(n-1)k_l}{N} - \sin l\omega_m t \frac{\sin 2\pi(n-1)k_l}{N} \right] +$$
$$g^l \left[\sin l\omega_m t \frac{\cos 2\pi(n-1)k'_l}{N} - \cos l\omega_m t \frac{\sin 2\pi(n-1)k'_l}{N} \right] +$$
$$\left. h^l \left[\cos l\omega_m t \frac{\cos 2\pi(n-1)k'_l}{N} + \sin l\omega_m t \frac{\sin 2\pi(n-1)k'_l}{N} \right] \right\}$$
(6.34)

由此可得由 m 数值决定的恒等式

$$\begin{cases} \sum_{i=1}^{N} \cos\left[\frac{2\pi(i-1)m}{N}\right] = \begin{cases} 0, m/N \neq \text{integer} \\ N \end{cases} \\ \sum_{i=1}^{N} \sin\left[\frac{2\pi(i-1)m}{N}\right] = 0 \end{cases} \quad (6.35)$$

根据式(6.34)可知,当 $k_l \neq 0, k_l' \neq 0$ 时,行星轮第 l 阶模态啮合力为 0。

根据行星轮装配条件可知,当 $k_l = 0$ 时,$k_l' = 0$,即,在扭转振动模式下,系统构件所受模态啮合力以及系统激发状态如表 6.2 所列。

表 6.2 系统构件所受模态啮齿力以及系统激发状态

$k_l = \text{mod}(lz_s/N)$	中心构件 模态啮合力	行星轮 模态啮合力	系统模态激发状态
$k_l = 0$	$Q_h \neq 0$	$Q_n \neq 0$	扭转振动模态
$k_l \neq 0$	$Q_h = 0$	$Q_n = 0$	中心轮、行星轮动态啮合力模态贡献相互 抵消,扭转振动模态被抑制,扭转共振失效

当 $k_l = \text{mod}(lz_s/N) = 0$ 时,与激励频率的 l 倍频接近的系统固有频率 ω_n 为扭转振动模式时($l\omega \approx \omega_n$),将会激起扭转振动模态的共振。当 $k_l = \text{mod}(lz_s/N) \neq 0$ 时,系统模态力的 l 阶谐波分量为零,因此,当激励频率的 l 倍频与扭转振动模式的固有频率 ω_n 接近时($l\omega \approx \omega_n$),模态贡献相互抵消,扭转振动模态被抑制,不会激起此频率下的系统弯曲共振。

如:假设系统激励频率 $\omega_n = 200$Hz,与其 4 倍频($l=4$)接近的系统固有频率为 $\omega_m = 797$Hz,振动模式为扭转振动模式,此时若 $k_l = \text{mod}(lz_s/N) = 0(l=4)$,则激励频率会激起系统 ω_m 处扭转共振,若 $k_l = \text{mod}(lz_s/N) \neq 0(l=4)$,激励频率的第 4 阶谐波分量对系统模态贡献相互抵消,可以避免该模态共振的激发,共振被抑制。

6.2.2.2 弯曲振动模式模态啮合力分析

弯曲振动模态固有频率和振型有如下特点：
(1) 固有频率为二重解。
(2) 两个振型 $\boldsymbol{\varphi}_n$、$\overline{\boldsymbol{\varphi}}_n$ 相互正交。
(3) 中心轮(齿圈、行星架、太阳轮)的振型满足

$$\begin{cases} \boldsymbol{\varphi}_h = [x_h, y_h, 0]^T, h = c, r, s \\ \overline{\boldsymbol{\varphi}}_h = [-y_h, x_h, 0]^T, h = c, r, s \end{cases} \quad (6.36)$$

(4) 在振型 $\boldsymbol{\varphi}_n$、$\overline{\boldsymbol{\varphi}}_n$ 中，第 m 个行星轮的振型与第 1 个行星轮的振动关系满足如下关系：

$$\begin{bmatrix} \varphi_m \\ \overline{\varphi}_m \end{bmatrix} = \begin{bmatrix} \cos\psi_m \boldsymbol{I} & \sin\psi_m \boldsymbol{I} \\ -\sin\psi_m \boldsymbol{I} & \cos\psi_m \boldsymbol{I} \end{bmatrix} \begin{bmatrix} \varphi_1 \\ \overline{\varphi}_1 \end{bmatrix}, m = 2, 3, \cdots, N \quad (6.37)$$

式中：$\boldsymbol{I}$ 为 3×3 的单位矩阵；$\psi_m = 2\pi(m-1)/N$。

因此相互正交的两个振型为

$$\boldsymbol{\varphi}_n = \begin{Bmatrix} \varphi_c \\ \varphi_r \\ \varphi_s \\ (\cos\psi_1 \varphi_1 + \sin\psi_1 \overline{\varphi}_1) \\ \vdots \\ (\cos\psi_N \varphi_1 + \sin\psi_N \overline{\varphi}_1) \end{Bmatrix}, \overline{\boldsymbol{\varphi}}_n = \begin{Bmatrix} \overline{\varphi}_c \\ \overline{\varphi}_r \\ \overline{\varphi}_s \\ (-\sin\psi_1 \varphi_1 + \cos\psi_1 \overline{\varphi}_1) \\ \vdots \\ (-\sin\psi_N \varphi_1 + \cos\psi_N \overline{\varphi}_1) \end{Bmatrix} \quad (6.38)$$

模态啮合力第 l 阶谐波分量由中心构件的模态啮合力第 l 阶谐波分量Ⅰ与行星轮的模态啮合力Ⅱ的第 l 阶谐波分量组成，其表达式为

$$\hat{Q}_r^l = \hat{Q}_h^l + \hat{Q}_n^l = \underbrace{\sum_h^{c,r,s} x_h f_{xh}^l(x,t)}_{\text{I}} + \underbrace{\sum_h^{c,r,s} y_h f_{yh}^l(x,t)}_{\text{I}} + \underbrace{\sum_{n=1}^N \varphi_n f_n^l(x,t)}_{\text{II}} \quad (6.39)$$

由于弯曲振动模式的振动特点，中心轮无扭转方向的位移，其模态啮合力为弯曲方向的位移与弯曲方向啮合力的乘积。$f_{xh}^l(x,t)$ 对应 6.2.1 节的 $f_{yh}^l(x,t)$ 对应 6.1.1 节的 F_{yh}^l，中心轮上的模态啮合力可表示为

$$\hat{Q}_h^l = \sum_h^{c,r,s} x_h F_{xh}^l + \sum_h^{c,r,s} y_h F_{yh}^l \quad (6.40)$$

F_{xh}^l、F_{yh}^l 按傅里叶形式展开成各阶谐波分量如 6.2.1 节分析所示，当 $k=1$ 或 $N-1$ 时，作用在太阳轮上的合力的第 l 阶谐波分量为零。当 $k=1$ 或 $N-1$ 时，作用在太阳轮上的合力的第 l 阶谐波分量不为 0。

根据弯曲振动模式行星轮振动特点，行星轮模态啮合力可表示为

$$\hat{Q}_n^l = \varphi_1 \sum_{n=1}^N \{\underbrace{e_n^l \cos\psi_i \sin[l(\omega_m t + \psi_n z_s)]}_{\text{I}} + \underbrace{f_n^l \cos\psi_n \cos[l(\omega_m t + \psi_n z_s)]}_{\text{II}} +$$

$$g_n^l\cos\psi_n\sin[l(\omega_m t-\psi_n z_s)]\underbrace{}_{\text{III}}+h_n^l\cos\psi_n\cos[l(\omega_m t-\psi_n z_s)]\underbrace{}_{\text{IV}}\}\pm$$

$$\bar{\varphi}_1\sum_{n=1}^{N}\{e_n^l\sin\psi_n\sin[l(\omega_m t+\psi_n z_r)]\underbrace{}_{\text{V}}+f_n^l\sin\psi_n\cos[l(\omega_m t+\psi_n z_r)]\underbrace{}_{\text{VI}}+$$

$$g_n^l\sin\psi_n\sin[l(\omega_m t-\psi_n z_s)]\underbrace{}_{\text{VII}}+h_n^l\sin\psi_n\cos[l(\omega_m t-\psi_n z_s)]\underbrace{}_{\text{VIII}}\} \quad (6.41)$$

将式(6.39)中 I 项展开：

$$I=\varphi_1 e_n^l\sum_{n=1}^{N}\{\cos\psi_n\cos\psi_n z_s\sin\omega_m t+\cos\psi_n\sin\psi_n z_s\cos\omega_m t\}$$

$$=\frac{\varphi_1 e_n^l}{2}\sin\omega_m t\sum_{n=1}^{N}\{\cos[lz_s+1]\psi_n+\cos[lz_s-1]\psi_n\}+$$

$$\frac{\varphi_1 e_n^l}{2}\cos\omega_m t\sum_{n=1}^{N}\{\sin[lz_s+1]\psi_i+\sin[lz_s-1]\psi_n\} \quad (6.42)$$

对于周向均布行星轮系，$\psi_n=2\pi(n-1)/N$，将 ψ_n 代入，采用与 6.2.1 节推导方法相同的相位调谐因子：

$$k_l=\mathrm{mod}(lz_s/N)\ 0\leqslant k_l\leqslant N-1 \quad (6.43)$$

式(6.40)可写为

$$I=\frac{\varphi_1 e_n^l}{2}\sin\omega_m t\sum_{n=1}^{N}\left\{\cos\left[(k_l+1)\frac{2\pi(n-1)}{N}\right]+\cos\left[(k_l-1)\frac{2\pi(n-1)}{N}\right]\right\}+$$

$$\frac{\varphi_1 e_n^l}{2}\cos\omega_m t\sum_{n=1}^{N}\left\{\sin\left[(k_l+1)\frac{2\pi(n-1)}{N}\right]+\sin\left[(k_l-1)\frac{2\pi(n-1)}{N}\right]\right\}$$

$$(6.44)$$

由此可得由 m 数值决定的恒等式

$$\begin{cases}\sum_{n=1}^{N}\cos\left[\dfrac{2\pi(n-1)m}{N}\right]=\begin{cases}0,m/N\neq\mathrm{integer}\\ N\end{cases}\\ \sum_{n=1}^{N}\sin\left[\dfrac{2\pi(n-1)m}{N}\right]=0\end{cases} \quad (6.45)$$

根据式可知，当 $k_l\neq 1$ 或 $N-1$（$k_l=\mathrm{mod}(lz_s/N)$）时，式(6.41)中 I 所代表的部分将变为 0。当 $k_l=1$ 或 $N-1$ 时，式(6.39)中的 I 所代表的部分不为 0，与 I 相同，当 $k_l=1$ 或 $N-1$，$k_l=\mathrm{mod}(lz_s/N)$ 时，II、III、IV 对应部分为 0。根据行星轮装配条件：

$$(z_r+z_s)/N=\mathrm{integer} \quad (6.46)$$

可得

$$k_l=N-k_l' \quad (6.47)$$

当 $k_l=1$ 时，$k_l'=N-1$；当 $k_l'=N-1$ 时，$k_l=1$。因此，当 I 部分分量为 0 时，即 $k_l=1$ 或 $N-1$ 时，II、III、IV、V、VI、VII、VIII 对应部分都为 0，即作用在行星

轮上的模态啮合力第 l 阶谐波分量为 0,行星轮动态啮合力模态贡献相互抵消。当 $k=1$ 或 $N-1$ 时, Ⅰ 部分分量非 0, Ⅱ、Ⅲ、Ⅳ、Ⅴ、Ⅵ、Ⅶ、Ⅷ 对应部分也不为 0,即作用在行星轮上的模态啮合力第 l 阶谐波分量不为零。

根据以上分析,行星轮系中在弯曲振动模式下,系统构件所受模态啮合力以及系统激发状态如表 6.3 所列。

表 6.3　弯曲振动模式系统模态啮合力相位调谐规律

$k_l = \mathrm{mod}(lz_s/N)$	中心构件模态啮合力	行星轮模态啮合力	系统模态激发状态
$k_l = 1, N-1$	$Q_h \neq 0$	$Q_n \neq 0$	弯曲振动模态
$k_l \neq 1, N-1$	$Q_h = 0$	$Q_n = 0$	中心轮、行星轮动态啮合力模态贡献相互抵消,弯曲振动模式被抑制,弯曲共振失效

当 $k_l = \mathrm{mod}(lz_s/N) = 1, N-1$,与激励频率的 l 倍频接近的系统固有频率 ω_n 为弯曲振动模态时 ($l\omega \approx \omega_n$),将会激起弯曲振动模态的共振。当 $k_l = \mathrm{mod}(lz_s/N) \neq 0$ 时,系统 l 阶模态力为零,因此,当激励频率的 l 倍频与弯曲振动模式的固有频率 ω_n 接近时 ($l\omega \approx \omega_n$),弯曲振动模态被抑制,不会激起此频率下的系统弯曲共振。

如:假设系统激励频率 $\omega_n = 200 \mathrm{Hz}$,与其 4 倍频 ($l=4$) 接近的系统固有频率为 $\omega_m = 737 \mathrm{Hz}$,振动模式为弯曲振动模式,此时若 $k_l = \mathrm{mod}(lz_s/N) = 1, N-1(l=4)$,则激励频率会激起系统 ω_m 处弯曲共振,若 $k_l = \mathrm{mod}(lz_s/N) \neq 1, N-1(l=4)$,激励频率的第 4 阶谐波分量对系统模态贡献相互抵消,可以避免该模态共振的激发,共振被抑制。

6.2.2.3　行星轮振动模式模态啮合力分析

行星轮振动模态固有频率与振型有如下特点:

(1) 固有频率的重值解数为 $N-3(N>3)$,且固有频率大小不受行星轮个数影响。

(2) 中心轮(齿圈、行星架、太阳轮)的振型满足

$$\boldsymbol{\varphi}_h = [0,0,0]^\mathrm{T}, h = c, r, s \tag{6.48}$$

行星轮振型为第一个(或任意一个)行星轮变形数量积,第 m 个行星轮的振型为 $p_i = w_i p_1$,w_i 为标量 ($w_i = 1$)。

综上所述,行星轮振动模式振型可表示为

$$\boldsymbol{\varphi}_i = [0,0,0,p_1,w_2 p_1,\cdots,w_N p_1]^\mathrm{T}$$

行星轮振型需满足

$$\begin{cases} \sum_{n=1}^{N} w_n \sin\psi_n = 0 \\ \sum_{n=1}^{N} w_n \cos\psi_n = 0 \\ \sum_{n=1}^{N} w_n = 0 \end{cases} \tag{6.49}$$

根据式(6.46),可得以下表达式

$$Aw = 0 \tag{6.50}$$

其中:A 为 $3 \times N$ 的矩阵,w 为 N 行矩阵:

$$A = \begin{pmatrix} 1 & 1 & \cdots & 1 & \cdots & 1 \\ \sin\psi_1 & \sin\psi_2 & \cdots & \sin\psi_n & \cdots & \sin\psi_N \\ \cos\psi_1 & \cos\psi_2 & \cdots & \cos\psi_n & \cdots & \cos\psi_N \end{pmatrix} \tag{6.51}$$

$$w = [w_1, w_2, \cdots, w_n, \cdots, w_N]^T$$

模态啮合力由中心构件的模态啮合力与行星轮的模态啮合力组成,由于中心轮各个方向位移为 0,其模态啮合力也为 0,以此,系统模态啮合力可表达式为

$$Q_r = Q_h + Q_n = 0 + p_1 \sum_{n=1}^{N} w_n f_n(x,t) \tag{6.52}$$

根据 w 的性质,关于 w 的 $N-3$ 个线性无关解可表示为

$$w^{2s-1} = \begin{Bmatrix} \cos(s+1)\psi_1 \\ \cos(s+1)\psi_2 \\ \vdots \\ \cos(s+1)\psi_N \end{Bmatrix}, w^{2s} = \begin{Bmatrix} \sin(s+1)\psi_1 \\ \sin(s+1)\psi_2 \\ \vdots \\ \sin(s+1)\psi_N \end{Bmatrix} \tag{6.53}$$

其中

$$s = \begin{cases} 1, 2, \cdots, (N-3)/2, N \text{ 为奇数} \\ 1, 2, \cdots, N/2 - 1, N \text{ 为偶数} \end{cases} \tag{6.54}$$

w 的通解可表示为正交基向量的线性组合

$$w = \sum_s \left[\lambda_s \begin{Bmatrix} \cos(s+1)\psi_1 \\ \cos(s+1)\psi_2 \\ \vdots \\ \cos(s+1)\psi_N \end{Bmatrix} + \mu_s \begin{Bmatrix} \sin(s+1)\psi_1 \\ \sin(s+1)\psi_2 \\ \vdots \\ \sin(s+1)\psi_N \end{Bmatrix} \right] \tag{6.55}$$

$$w_n = \sum_s [\lambda_s \cos(s+1)\psi_n + \mu_s \cos(s+1)\psi_n]$$

式中:λ_s, μ_s 为任意整数。

将式(6.55)代入式(6.53)中,可得系统所受模态力为
$$\hat{Q}_r^l = \hat{Q}_h^l + \hat{Q}_n^l = \hat{Q}_n^l$$

$$\hat{Q}_n^l = \sum_{n=1}^{N} [\underbrace{\lambda_s e^l \cos(s+1)\psi_n \sin l(\omega_m t + \psi_n z_s)f}_{\text{I}} + \underbrace{\lambda_s f^l \cos(s+1)\psi_n \cos l(\omega_m t + \psi_n z_s)}_{\text{II}} +$$

$$\underbrace{\mu_s e^l \sin(s+1)\psi_n \sin l(\omega_m t + \psi_n z_s)}_{\text{III}} + \underbrace{\mu_s f^l \sin(s+1)\psi_n \sin l(\omega_m t + \psi_n z_s)}_{\text{IV}} +$$

$$\underbrace{\lambda_s g^l \cos(s+1)\psi_n \sin l(\omega_m t - \psi_n z_r)}_{\text{V}} + \underbrace{\lambda_s h^l \cos(s+1)\psi_n \cos l(\omega_m t - \psi_n z_r)}_{\text{VI}} +$$

$$\underbrace{\mu_s g^l \sin(s+1)\psi_n \sin l(\omega_m t - \psi_n z_r)}_{\text{VII}} + \underbrace{\mu_s h^l \sin(s+1)\psi_n \cos l(\omega_m t - \psi_n z_r)}_{\text{VIII}}]$$

(6.56)

为方便分析,取式中 I 来分析, I 可展开为:

$$I = \lambda_s e^l \sum_{n=1}^{N} \{\cos(s+1)\psi_n \cos lz_s \psi_n \sin l\omega t + \cos(s+1)\psi_n \sin lz_s \psi_n \cos l\omega t\}$$

$$= \frac{\lambda_s e^l}{2} \sin l\omega t \sum_{n=1}^{N} \{\cos[lz_s + (s+1)]\psi_n + \cos[lz_s - (s+1)]\psi_n\} +$$

$$\frac{\lambda_s e^l}{2} \cos l\omega t \sum_{n=1}^{N} \{\sin[lz_s + (s+1)]\psi_n + \sin[lz_s - (s+1)]\psi_n\} \quad (6.57)$$

对于周向均布行星轮系,$\psi_n = 2\pi(n-1)/N$,将 ψ_n 代入式(6.57)中,采用与 6.2.1 节推导方法相同的相位调谐因子

$$\begin{cases} k_l = \mathrm{mod}(lz_s/N), 0 \le k_l \le N-1 \\ k'_l = \mathrm{mod}(lz_r/N), 0 \le k'_l \le N-1 \end{cases} \quad (6.58)$$

式(6.57)可写为

$$I = \frac{\lambda_s e^l}{2} \sin l\omega t \sum_{n=1}^{N} \left\{ \cos\left[(k_l + s + 1)\frac{2\pi(n-1)}{N}\right] + \cos\left[(k_l - s - 1)\frac{2\pi(n-1)}{N}\right] \right\} +$$

$$\frac{\lambda_s e^l}{2} \cos l\omega t \sum_{n=1}^{N} \left\{ \sin\left[(k_l + s + 1)\frac{2\pi(n-1)}{N}\right] + \sin\left[(k_l - s - 1)\frac{2\pi(n-1)}{N}\right] \right\}$$

(6.59)

由此可得,由 m 数值决定的恒等式

$$\begin{cases} \sum_{i=1}^{N} \cos\left[\frac{2\pi(i-1)m}{N}\right] = \begin{cases} 0, m/N \ne \mathrm{integer} \\ N \end{cases} \\ \sum_{i=1}^{N} \sin\left[\frac{2\pi(i-1)m}{N}\right] = 0 \end{cases} \quad (6.60)$$

根据式(6.60)可知,当 N 为奇数时,对于每个 $s(s=1,2\cdots(N-3)/2)$,满足 $k_l + s + 1 \ne 0$、$k_l - s - 1 \ne 0$ 时,$I = 0$;当 N 为偶数时,对于每个 $s(s=1,2,\cdots,N/2-1)$,满足 $k_l + s + 1 \ne 0$、$k_l - s - 1 \ne 0$ 时,$I = 0$。

因 k_l 的变化区间为 $0,1,\cdots,N-1$,对于任意 N,当 $k_l=0,1,N-1$ 时,$I=0$。

同理,当 $k_l=0,1,N-1$ 时,Ⅱ、Ⅲ、Ⅳ、Ⅴ、Ⅵ、Ⅶ、Ⅷ对应部分也为 0,即作用在行星轮上的模态啮合力第 l 阶谐波分量为 0,即行星轮动态啮合力模态贡献相互抵消,当激励频率的 l 倍频与系统行星轮振动模式的固有频率接近时,不会激发此阶固有频率下的系统共振。$k_l \ne 0,1,N-1$ 时,Ⅰ部分分量不为 0,Ⅱ、Ⅲ、Ⅳ、Ⅴ、Ⅵ、Ⅶ、Ⅷ对应部分也非 0,即作用在行星轮上的模态啮合力第 l 阶谐波分量不为零,即行星轮动态啮合力模态贡献不能相互抵消,当激励频率的 l 倍频与系统行星轮振动模式的固有频率接近时,会激发此阶固有频率下的系统共振。

根据以上分析,行星轮系中在弯曲振动模式下,系统构件所受模态啮合力以及系统激发状态如表 6.4 所列。

表 6.4 行星轮振动模式系统模态啮合力相位调谐规律

$k_l = \mod(lz_s/N)$	中心构件 模态啮合力	行星轮 模态啮合力	系统模态激发状态
$k_l \ne 0,1,N-1$	$Q_h \ne 0$	$Q_n \ne 0$	行星轮振动模态被激发
$k_l = 0,1,N-1$	$Q_h = 0$	$Q_n = 0$	中心轮、行星轮动态啮合力模态贡献相互抵消,弯曲振动模式被抑制,行星轮共振失效

当 $k_l = \mod(lz_s/N) \ne 0,1,N-1$,与激励频率的 l 倍频接近的系统固有频率 ω_n 为弯曲振动模式时 $(l\omega \approx \omega_n)$,将会激起行星轮振动模态的共振。当 $k_l = \mod(lz_s/N) \ne 0$ 时,系统模态力的 l 阶谐波分量为零,因此当激励频率的 l 倍频与行星轮振动模式的固有频率 ω_n 接近时 $(l\omega \approx \omega_n)$,模态贡献相互抵消,行星轮振动模态被抑制,不会激起此频率下的系统弯曲共振。

假设系统激励频率 $\omega_n = 200\mathrm{Hz}$,与其 4 倍频 $(l=4)$ 接近的系统固有频率为 $\omega_m = 797\mathrm{Hz}$,振动模式为行星轮振动模式,此时,若 $k_l = \mod(lz_s/N) \ne 0,1,N-1$ $(l=4)$,则激励频率会激起系统 ω_m 处行星轮振动模式共振,若 $k_l = \mod(lz_s/N) = 0,1,N-1(l=4)$,激励频率的第 4 阶谐波分量对系统模态贡献相互抵消,可以避免该模态共振的激发,共振被抑制。

6.2.3 行星变速机构相位调谐分析

6.2.1 节分析了行星传动动态啮合力与行星轮系基本参数(太阳轮齿数、齿圈齿数、行星轮个数)映射关系分析,根据行星变速机构各排基本参数,可得到行星变速机构各排在动态啮合力的各阶谐波作用下的动力学特性。

表6.5 行星变速机构各排基本参数

齿数	第1排		
	r	s	p
	73	31	21
行星轮个数	4		

行星变速机构某单排单级基本参数如表6.5所列。取动态啮合力的前4阶谐波力量来分析,行星轮系各阶谐波力量下(取前4阶)的相位协调因子 k_l 如表6.6所列。

表6.6 各阶谐波分量下的相位协调因子

基本参数	$k_l = \mathrm{mod}(lz_s/N)$			
	$l=1$	$l=2$	$l=3$	$l=4$
$N=4, z_s=31,$ $z_p=21, z_r=73$	3	2	1	0

根据分析可知,行星轮在动态啮合力各阶谐波分量(取前4阶)的作用下,振动状态如表6.7所列。

表6.7 行星轮相位调谐规律

相位协调因子 $k_l = \mathrm{mod}(lz_s/N)$	对应啮合力谐波分量阶次	中心构件受力特征	中心构件的振动状态
0	4	$F^l=0, T^l \neq 0$	激起扭转振动,抑制弯曲振动
$1, N-1$	1,3	$F^l \neq 0, T^l = 0$	激起弯曲振动,抑制扭转振动
$2,3,\cdots,N-2$	2	$F^l=0, T^l=0$	抑制扭转振动和弯曲振动

在动态啮合力的第4阶谐波分量的作用下,中心构件受力状态如图6.2所示,此时中心构件激起扭转振动,抑制弯曲振动,振动方式为扭转振动模式。

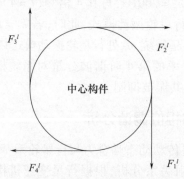

图6.2 动态啮合力的第4阶谐波分量的作用下中心构件受力状态

在动态啮合力的第 1、3 阶谐波分量的作用下,第一排中心构件受力状态如图 6.3 所示,此时中心构件激起弯曲振动,抑制扭转振动,振动方式为弯曲振动模式。

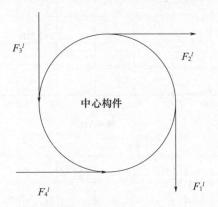

图 6.3　动态啮合力的第 1、3 阶谐波分量的作用下第一排中心构件受力状态

在动态啮合力的第 2 阶谐波分量的作用下,中心构件受力状态如图 6.4 所示,此时中心构件弯曲振动,扭转振动均被抑制,振动方式为行星轮振动模式。

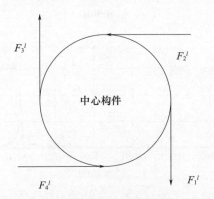

图 6.4　动态啮合力的第 2 阶谐波分量的作用下中心构件受力状态

行星轮系在动态啮合力各阶谐波分量作用下,表现出三种典型的振动模式。如果不考虑非线性因素的影响,那么三种不同形式的振动的叠加即为系统的合成振动,因此中心构件和行星轮沿三个自由度方向均存在振动。

当太阳轮作为输入,行星架作为输出,输入转速为工作转速 2380rpm 时,各中心构件的频域响应如图 6.5~图 6.7 所示。

由图 6.5 可看出,激励频率的 1、3 阶谐波激起第一排行星架 X 和 Y 方向的振动位移,此谐波下行星架扭转方向的振动位移被抑制,激励频率的 4 阶谐波激起行星架扭转方向的振动位移,行星架 X 和 Y 方向的振动位移被抑制,在激励频率的 2 阶谐波处,行星架扭转方向、弯曲方向的振动位移均被抑制。

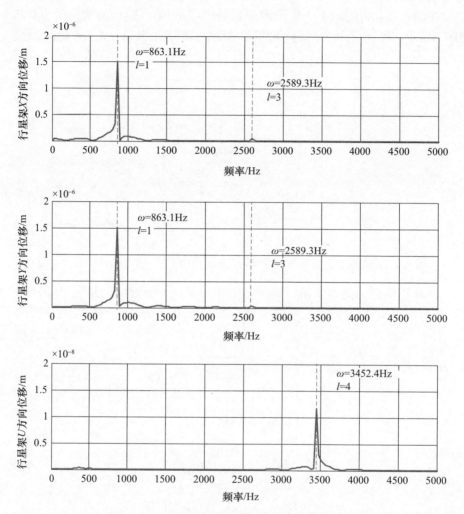

图 6.5　行星架各个方向振动位移的频域响应

由图 6.6 可看出,激励频率的 1、3 阶谐波激起齿圈 X 和 Y 方向的振动位移,此谐波下齿圈扭转方向的振动位移被抑制,激励频率的 4 阶谐波激起齿圈扭转方向的振动位移,齿圈 X 和 Y 方向的振动位移被抑制,在激励频率的 2 阶谐波处,齿圈扭转方向、弯曲方向的振动位移均被抑制。

由图 6.7 可看出,激励频率的 1、3 阶谐波激起太阳轮 X 和 Y 方向的振动位移,此谐波下太阳轮扭转方向的振动位移被抑制,在激励频率的 4 阶谐波激起太阳轮扭转方向的振动位移,太阳轮 X 和 Y 方向的振动位移被抑制,在激励频率的 2 阶谐波处,太阳轮扭转方向、弯曲方向的位移均被抑制。

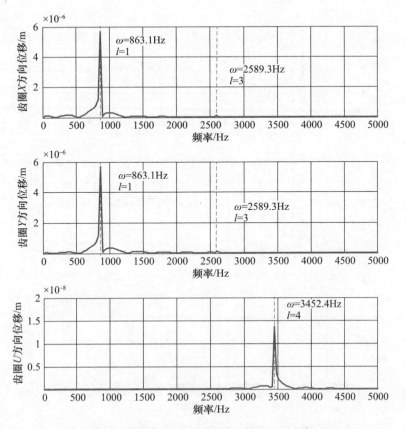

图 6.6　齿圈各个方向振动位移的频域响应

综上所述,第一排中心构件 X 和 Y 方向的振动位移在激励频率的 1、3 阶谐波处被激起,并在激励频率的 2、4 阶谐波处被激起,第一排中心构件扭转 u 方向的振动位移在激励频率的 4 阶谐波处被激起,并在激励频率的 1、2、3 阶谐波处被抑制。以上仿真所得结果与表 6.6 所列的某单排单级行星轮相位调谐规律相符合。

1) 某单排单级行星齿轮系统共振失效分析

行星齿轮传动存在三种自由振动模式,而啮合激励也存在与之对应的三种激振方式,因而传动系统会出现三种振动模式,即扭转共振失效模式、弯曲共振失效模式和行星轮共振失效模式。当激励频率或其倍频与系统某阶固有频率接近时,由于模态力为零,共振失效,即不会引发系统此阶固有频率下的系统共振[4]。根据 6.2.2 节模态啮合力分析结果,该排行星轮在激励下各模态形式被抑制情况如表 6.8 所列。

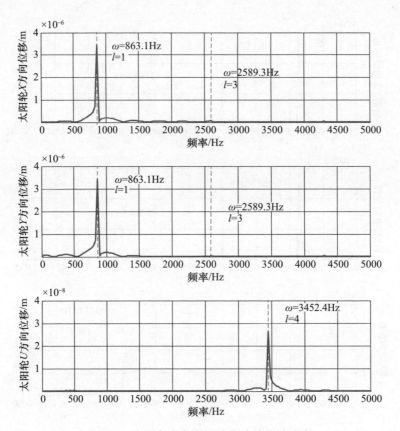

图6.7 齿圈各个方向振动位移的频域响应

表6.8 该排行星轮在激励下各模态形式被抑制情况

模态抑制情况	自由振动模式		
	扭转振动模式	弯曲振动模式	行星轮振动模式
$k_l = \mod(lz_s/N)$	$k_l \neq 0$	$k_l \neq 1, N-1$	$k_l = 0, 1, N-1$
与固有频率接近的谐波阶次 l	1,2,3	2,4	1,3,4

对该排行星轮系进行固有特性分析,并取系统中最小的扭转振动模式固有频率、弯曲振动模式固有频率、行星轮振动模式固有频率来分析在不同啮合刚度激励下的响应共振,其中:扭转振动模式固有频率464.9Hz、弯曲振动模式固有频率419.0Hz、行星轮振动模式固有频率1793.7Hz。

2)扭转振动模式共振分析

共振只能发生在激励频率 ω_m 与系统固有频率接近时($\omega_m \approx \omega_n$),或者激励频率 ω_m 的第 l 阶谐波分量与系统固有频率接近时($l\omega_m \approx \omega_n, l=1,2,\cdots$)。

对于扭转振动模式固有频率 $\omega_m = 464.9$Hz,可能激起此阶次系统共振的潜

在啮合频率为 $\omega_m = 464.9\text{Hz} = \omega_n$，$\omega_m \approx 232.5\text{Hz} = \omega_n/2$，$\omega_m \approx 155.0\text{Hz} = \omega_n/3$ 和 $\omega_m \approx 116.2\text{Hz} = \omega_n/4$。

根据表 6.8 所示的该排行星轮系相位调谐规律，当 $k_l = \text{mod}(lz_s/N) \neq 0$ 时，即 $l = 1, 2, 3$，激励的第 1、2、3 倍频与固有频率 $\omega_m = 464.9\text{Hz}$ 接近时，不会激发固有频率 $\omega_m = 464.9\text{Hz}$ 时扭转振动模式的共振，当 $\omega_m \approx 464.9\text{Hz} = \omega_n$，$\omega_m \approx 232.5\text{Hz} = \omega_n/2$，$\omega_m \approx 155.0\text{Hz} = \omega_n/3$ 时，$\omega_m = 464.9\text{Hz}$ 处共振被抑制。只有当 $k_l = \text{mod}(lz_s/N) = 0$ 时，即 $l = 4$ 时，激励频率的第 4 倍频与固有频率 $\omega_m = 464.9\text{Hz}$ 接近时（$\omega_m \approx 116.2\text{Hz} = \omega_n/4$），扭转振动模式才会被激发，此时中心轮处扭转方向有较大振动位移，此时中心轮的弯曲振动被抑制，弯曲方向的振动位移较小。

如图 6.8 所示为转速从 150～3000rpm 时，啮合频率与太阳轮—行星轮啮合力响应的峰值关系曲线，竖线部分为 l 阶倍频（$l = 1, 2, 3, 4$）与固有频率 $\omega_m = 464.9\text{Hz}$ 接近的潜在共振频率。从图 6.8 中可看出，激励频率的 4 倍频与固有频率 $\omega_m = 464.9\text{Hz}$ 接近时（$\omega_m \approx 116.2\text{Hz} = \omega_n/4$），扭转振动模式共振才会被激发，其余共振的潜在啮合频率均未引起系统共振，与理论分析一致。

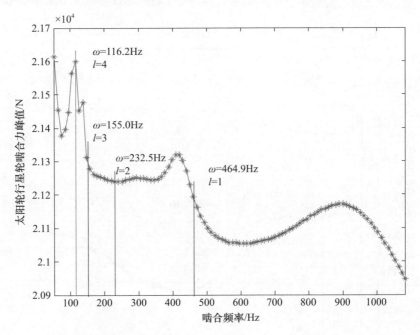

图 6.8　啮合频率与太阳轮—行星轮啮合力响应的峰值关系曲线

3）弯曲振动模式共振

对于弯曲振动模式固有频率 419.0Hz，可能激起此阶次系统共振的潜在啮

合频率为 $\omega_m \approx 419.0\text{Hz} = \omega_n$,$\omega_m \approx 209.5\text{Hz} = \omega_n/2$,$\omega_m \approx 139.7\text{Hz} = \omega_n/3$ 和 $\omega_m \approx 104.8\text{Hz} = \omega_n/4$。

根据表 6.8 所示的该排行星轮系相位调谐规律,当 $k_l = \text{mod}(lz_s/N) \neq 1, N-1$ 时,即 $l = 2, 4$,激励的第 2、4 阶倍频与固有频率 $\omega_m = 419.0\text{Hz}$ 接近时,不会激发固有频率 $\omega_m = 419.0\text{Hz}$ 时弯曲振动模式的共振,即当 $\omega_m \approx 209.5\text{Hz} = \omega_n/2$,$\omega_m \approx 104.8\text{Hz} = \omega_n/4$ 时,$\omega_m = 419.0\text{Hz}$ 处共振被抑制。只有当 $k_l = \text{mod}(lz_s/N) = 1, N-1$,即 $l = 1, 3$ 时,激励频率的第 1、3 倍频与固有频率 $\omega_m = 419.0\text{Hz}$ 接近时($\omega_m \approx 419.0\text{Hz} = \omega_n$,$\omega_m \approx 139.7\text{Hz} = \omega_n/3$),弯曲振动模式才会被激发,此时中心轮处弯曲方向有较大振动位移,此时中心轮的扭转振动被抑制,扭转方向的振动位移较小。

如图 6.9 所示为转速从 150~3000rpm 时,啮合频率与太阳轮–行星轮啮合力响应的峰值关系曲线,竖线部分为 l 阶倍频($l = 1, 2, 3, 4$)与固有频率 $\omega_m = 419.0\text{Hz}$ 接近的潜在共振频率,从图中可看出。激励频率的 1、3 倍频与固有频率 $\omega_m = 419.0\text{Hz}$ 接近时($\omega_m \approx 419.0\text{Hz} = \omega_n$,$\omega_m \approx 139.7\text{Hz} = \omega_n/3$),弯曲振动模式共振才会被激发,其余共振的潜在啮合频率均未引起系统共振,与理论分析一致。

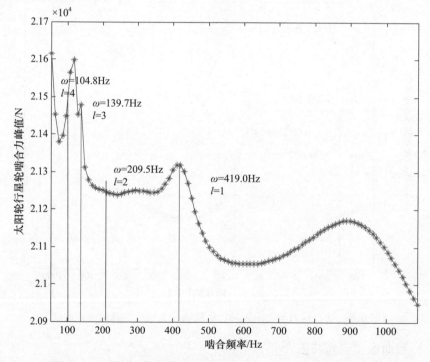

图 6.9　啮合频率与太阳轮–行星轮啮合力响应的峰值关系曲线

4) 行星轮振动模式共振

对于行星轮振动模式固有频率 1793.7Hz，可能激起此阶次系统共振的潜在啮合频率为 $\omega_m \approx 1793.7\text{Hz} = \omega_n$，$\omega_m \approx 896.9\text{Hz} = \omega_n/2$，$\omega_m \approx 597.9\text{Hz} = \omega_n/3$ 和 $\omega_m \approx 448.4\text{Hz} = \omega_n/4$。

根据表6.8所示的该排行星轮系相位调谐规律，当 $k_l = \mathrm{mod}(lz_s/N) = 0,1,N-1$ 时，即 $l=1,3,4$，激励的第1、3、4倍频与固有频率 $\omega_m = 1793.7\text{Hz}$ 接近时，不会激发固有频率 $\omega_m = 1793.7\text{Hz}$ 时行星轮振动模式的共振，即当 $\omega_m = 1793.7\text{Hz} = \omega_n$，$\omega_m \approx 597.9\text{Hz} = \omega_n/3$，$\omega_m \approx 448.4\text{Hz} = \omega_n/4$ 时，$\omega_n = 1793.7\text{Hz}$ 处行星共振被抑制。只有当 $k_l = \mathrm{mod}(lz_s/N) \neq 0,1,N-1$ 时，即 $l=2$ 时，激励频率的第2阶谐波分量与自由振动模式为行星轮振动模式时的固有频率 $\omega_n = 1793.7\text{Hz}$ 接近时（$\omega_m \approx 896.9\text{Hz} = \omega_n/2$），固有频率为 1793.7Hz 处的行星轮振动模式才会被激发，啮合力峰值较大。

如图 6.10 所示为转速从 150~3000rpm 时，啮合频率与太阳轮-行星轮啮合力响应的峰值关系曲线，竖线部分为 l 阶倍频（$l=1,2,3,4$）与固有频率 $\omega_m = 1793.7\text{Hz}$ 接近的潜在共振频率。从图中可看出，激励频率的2倍频与固有频率 $\omega_m = 464.9\text{Hz}$ 接近时（$\omega_m \approx 896.9\text{Hz} = \omega_n/2$），行星轮振动模式共振才会被激发，其余共振的潜在啮合频率均未引起系统共振，与理论分析一致。

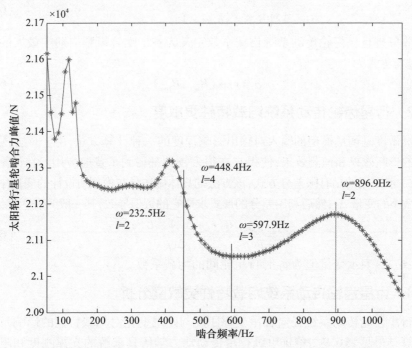

图 6.10　啮合频率与太阳轮-行星轮啮合力响应的峰值关系曲线

6.3 行星齿轮传动系统均载特性及灵敏度分析

6.3.1 行星齿轮传动系统均载系数

各行星轮间载荷分配的均匀性是发挥行星齿轮传动系统优点的重要前提。所谓行星轮间的均载,就是指通过中心轮传递的作用力分担到每一个行星轮上是相等的。s、c、r、p$i(i=1,2,\cdots,n)$分别表示太阳轮,行星架,齿圈和行星轮i。系统每一齿频周期内的每个行星齿轮内、外啮合的均载系数为b_{rpiN}、b_{spiN}:

$$\begin{cases} b_{spiN} = \dfrac{3[F_{spi}(t)]_{max}}{\sum_1^3 [F_{spi}(t)]_{max}} \\ b_{rpiN} = \dfrac{3[F_{rpi}(t)]_{max}}{\sum_1^3 [F_{rpi}(t)]_{max}} \end{cases} \quad (6.61)$$

$$t \in [(N-1)T, NT]$$

式中:$F_{spi}(t)$为太阳轮与第i个行星轮的动态啮合力,$F_{rpi}(t)$为内齿圈与第i个行星轮的动态啮合力。

则定义系统整个运行周期内的内外啮合均载系数为B_{rpn}、B_{spn}:

$$\begin{cases} B_{spn} = |b_{spiN} - 1|_{max} + 1 \\ B_{rpn} = |b_{rpiN} - 1|_{max} + 1 \end{cases} \quad (6.62)$$

故单排行星齿轮传动系统均载系数定义为各个啮合齿频周期中最大的均载系数,表达式为

$$B = \max(B_{spn}, B_{rpn}) \quad (6.63)$$

6.3.2 行星齿轮传动系统均载特性灵敏度

灵敏度是衡量模型的输入对输出影响程度的一种计算方法,由于该方法具有良好的诊断效果和预测效果,使得它在很多领域都得到了普遍应用。在计算灵敏度时,一般采用的是有限差分方式,该方法的具体做法是在模型所设计的变量中选取一个微小的变量Δe,然后利用差分的形式求取它的近似导数,其一般的表达式为

$$S_{Gj} = \frac{\partial G}{\partial e_j} = \frac{G(e_j + \Delta e_j) - G(e_j)}{\Delta e_j} \quad (6.64)$$

其中:$G(e_j)$表示变量值为e_j时行星轮间的均载系数。

6.3.3 行星齿轮传动系统均载特性灵敏度分析

行星齿轮传动系统径向轴承支撑刚度与阻尼变化对均载特性的影响及灵敏度计算结果见表6.9。单排单级行星传动动力学仿真求解的支撑刚度和阻尼分别为$1 \times 10^8 \text{N/m}$、$1500 \text{N} \cdot \text{m/rad}$。支撑刚度以$0.1 \times 10^8 \text{N/m}$的梯度变化,系统

均载系数浮动范围为 1.863~1.545。支撑阻尼以 100N·m/rad 的梯度变化,系统均载系数波动范围为 2.028~1.637。

表 6.9　径向轴承支撑刚度与阻尼变化对均载特性的影响及灵敏度计算结果

支撑刚度/(N/m)	系统均载系数	灵敏度	支撑阻尼 N·m/rad	系统均载系数	灵敏度
0.7×10^8	1.863	—	1200	2.028	—
0.8×10^8	1.787	0.286	1300	1.986	0.249
0.9×10^8	1.693	0.421	1400	1.719	1.748
1×10^8	1.697	0.021	1500	1.697	0.179
1.1×10^8	1.624	0.431	1600	1.675	0.194
1.2×10^8	1.591	0.224	1700	1.655	0.191
1.3×10^8	1.545	0.347	1800	1.637	0.185

将表 6.9 中的系统均载系数、灵敏度计算结果用图直观表示,如图 6.11 所示。支撑刚度由 $0.9 \times 10^8 \text{N/m}$ 变化为 $1 \times 10^8 \text{N/m}$ 时,系统均载特性灵敏度降低至最小值 0.021。支撑阻尼在 1200Nm/rad、1300Nm/rad、1400Nm/rad 之间波动时,均载特性灵敏度最为显著,约为 1.748。

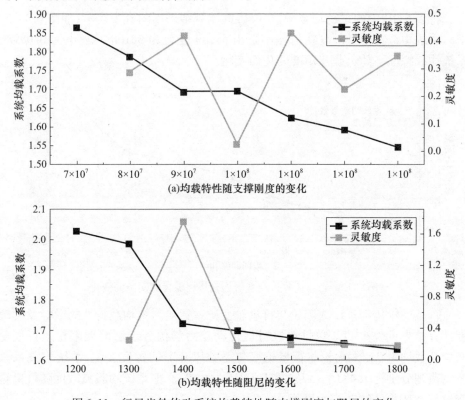

图 6.11　行星齿轮传动系统均载特性随支撑刚度与阻尼的变化

行星齿轮传动系统齿侧间隙与系统负载扭矩变化对系统均载特性的影响及灵敏度计算结果见表 6.10。单排单级行星传动动力学仿真求解的齿侧间隙和系统负载扭矩分别为 50μm、-12372N·m。齿侧间隙以 1μm 的梯度变化,系统均载系数波动范围为 1.682~1.725。系统负载扭矩以 100N·m 的梯度变化,系统均载系数几乎没有变化。

表 6.10 齿侧间隙与系统负载扭矩变化对系统均载特性的影响及灵敏度计算结果

齿侧间隙/μm	系统均载系数	灵敏度	系统负载扭矩/(N·m)	系统均载系数
47	1.682	—	-12072	1.7
48	1.685	0.0838	-12172	1.7
49	1.689	0.1139	-12272	1.7
50	1.697	0.232	-12372	1.7
51	1.704	0.206	-12472	1.7
52	1.707	0.0898	-12572	1.7
53	1.725	0.5483	-12672	1.7

将表 6.10 中的系统均载系数、灵敏度计算结果用图直观表示,如图 6.12 所示。系统均载特性灵敏度在齿侧间隙由 51μm 变化为 52μm 时最小为 0.0898。系统均载特性不随负载扭矩的变化而变化。

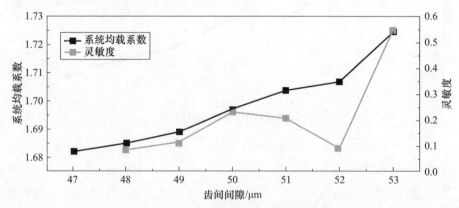

图 6.12 行星齿轮传动系统均载特性随齿侧间隙的变化

行星齿轮传动系统太阳轮与行星轮变位系数对系统均载特性的影响及灵敏度计算结果见表 6.11。单排单级行星传动动力学仿真求解的太阳轮与行星轮变位系数均为 0。太阳轮与行星轮变位系数以 0.1 的梯度变化,系统均载系数波动范围分别为 1.481~1.764 和 0.0815~0.482。但系统均载灵敏度随行星轮变位系数变化的波动较为显著。

表 6.11　太阳轮与行星轮变位系数对系统均载特性的影响及灵敏度计算结果

太阳轮变位系数	系统均载系数	灵敏度	行星轮变位系数	系统均载系数	灵敏度
−0.3	1.481	—	−0.3	1.702	—
−0.2	1.539	0.1175	−0.2	1.664	0.067
−0.1	1.682	0.1858	−0.1	1.437	0.273
0	1.839	0.0933	0	1.349	0.061
0.1	1.685	0.0837	0.1	1.999	0.482
0.2	1.598	0.0516	0.2	1.836	0.0815
0.3	1.764	0.2078	0.3	2.149	0.341

将表 6.11 中的系统均载系数、灵敏度计算结果用图直观表示,如图 6.13 所示。降低至最小为太阳轮变位系数由 0.1 变化为 0.2 时,0.0516 在行星轮变位系数为 0 时,灵敏度最小为 0.061。

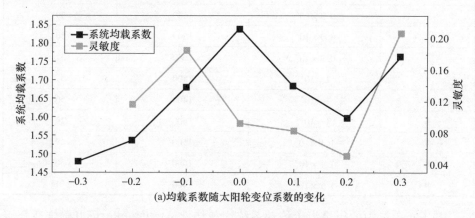

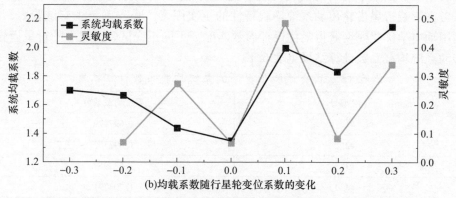

图 6.13　行星齿轮传动系统均载系数随太阳轮与行星轮变位系数的变化

6.4　行星齿轮传动系统传动动力学优化模型

6.4.1　正交试验设计

正交试验设计是一种研究多因素试验的重要数理方法,也是对试验因素做合理、有效的安排,最大限度地减少试验误差,使之达到高效、快捷、经济的目的。此法是利用一套规格的表格,对多因素、多目标、多因素间存在相互作用而具有随机误差的试验,并利用普通的统计分析方法来分析实验结果。在分析不同参数对行星齿轮传动系统传动灵敏度的影响时,参数之间有无交互作用,均可利用此设计方法,从而获得最优设计参数匹配。正交试验表见表 6.12。

表 6.12　正交试验表

序号	影响因素		
	支撑刚度/(N/m)	支撑阻尼/(N·m/rad)	齿侧间隙/μm
1	0.9×10^8	1400	49
2	0.9×10^8	1500	50
3	0.9×10^8	1600	51
4	1×10^8	1500	51
5	1×10^8	1400	50
6	1×10^8	1600	49
7	1.1×10^8	1500	49
8	1.1×10^8	1600	50
9	1.1×10^8	1400	51

基于 6.3 节中的行星齿轮传动系统均载特性灵敏度分析,可以确定适合用来考虑影响行星齿轮传动系统均载特性的主次因素。首先确定正交试验表,并利用动力学优化模型获得最优设计参数匹配。不同正交试验工况下的行星齿轮传动系统均载系数计算结果见表 6.13。

表 6.13　正交试验工况下的系统均载系数计算结果

工况编号	系统均载系数
#1	1.697879
#2	1.692760
#3	1.689052
#4	1.703791

续表

工况编号	系统均载系数
#5	1.718629
#6	1.668121
#7	1.623996
#8	1.607261
#9	1.641017

不同正交试验工况条件下的系统均载系数变化如图 6.14 所示。分析发现，在工况#8 条件下的均载系数最小，工况#7、#9、#6 条件次之。故试验因素的主次顺序依次为#8、#7、#9、#6、#3、#2、#1、#4、#5。

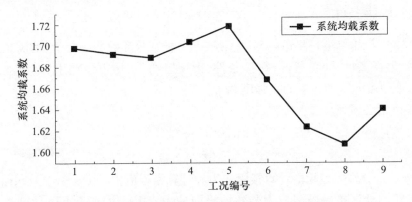

图 6.14　正交试验工况下的系统均载系数变化

6.4.2　匹配优化参数

对单排单级行星齿轮传动系统进行参数优化的本质是：寻求一组合适的参数来很好地兼顾传动系统均载特性、传递效率、安全性。行星传动设计参数主要包括：模数 m；太阳轮、行星轮、内齿圈齿数 z_s、z_p、z_r；压力角 α；齿顶高系数 h_a^*、顶隙系数 c^*；太阳轮内径 D_{is}、行星轮内径 D_{ip}、内齿圈外径 D_{or}；太阳轮齿宽 W_s、行星轮齿宽 W_p；太阳轮变位系数 X_s、行星轮变位系数 X_p、内齿圈变位系数 X_r；太阳轮质量 m_s、行星轮质量 m_p、内齿圈质量 m_r、行星架质量 m_c；太阳轮转动惯量 I_s、行星轮转动惯量 I_p、内齿圈转动惯量 I_r、行星架转动惯量 I_c。

上述结构设计参数的改变会影响行星齿轮传动系统的结构尺寸，故本节所选用的匹配优化设计参数不涉及行星齿轮传动系统结构参数，只考虑工况、装配等参数对系统均载特性的影响规律。模型优化参数见表 6.14。

表6.14 单排单级行星齿轮传动系统优化参数

参数	范围/μm	备注
齿侧游隙	(236,370)	双侧

6.4.3 优化目标

选择单排单级行星齿轮传动系统均载特性、机构传递效率为优化目标,揭示匹配优化参数的优化效果。

$$\begin{cases} f_1(x) = \min(B) \\ f_2(x) = \max(\eta) \end{cases} \quad (6.65)$$

式中:B 为行星齿轮传动系统的均载系数;η 为传动效率。

6.4.4 约束条件

本节中单排单级行星齿轮传动系统齿数、模数等参数为一定值,均满足传动比条件、装配条件、同心条件、邻接条件、齿顶厚约束、压力角约束、重合度约束等[10],唯一需要特别注意的是强度约束。

各齿轮必须满足强度校核条件

$$\begin{cases} [\sigma_{HG}]/\sigma_H \leqslant S_{Hmin} \\ [\sigma_{FG}]/\sigma_F \leqslant S_{Fmin} \end{cases} \quad (6.66)$$

式中:σ_H、σ_F 分别为齿轮的计算接触应力和计算齿根应力,MPa;$[\sigma_{HG}]$、$[\sigma_{FG}]$ 分别为齿轮的计算接触极限应力与弯曲极限应力,MPa,由式(6.67)计算;S_{Hmin}、S_{Fmin} 为接触强度与弯曲强度的最小安全系数,分别取1.2、1.6。

$$\begin{cases} [\sigma_{HG}] = \sigma_{Hlim} Z_{NT} Z_{LVR} Z_W Z_x \\ [\sigma_{FG}] = \sigma_{Flim} Y_{ST} Y_{NT} Y_{\delta relT} Y_{RrelT} Y_x \end{cases} \quad (6.67)$$

式中:σ_{Hlim}、σ_{Flim} 分别为试验齿轮的接触疲劳、弯曲疲劳极限应力;Z_{NT} 为接触强度的寿命系数;Z_{LVR} 为考虑润滑油、齿轮转速和齿面表面粗糙度的系数;Z_W 为齿面硬化系数;Y_{ST} 为试验齿轮的应力修正系数;Y_{NT} 为弯曲强度的寿命系数;$Y_{\delta relT}$ 为相对齿根圆角敏感系数;Y_{RrelT} 为相对齿根表面状况系数;Z_x、Y_x 分别为接触强度、弯曲强度的尺寸系数。

6.5 基于正交试验设计的多目标遗传优化算法

基于行星变速机构多点柔性支撑构件弯扭耦合激励动力学模型,研究行星齿轮传动系统冲击动载、轴承座和传动轴弹性变形、转轴时变不平衡力、行星传动系统设计参数、结构参数、偏心误差、装配误差等因素对支撑构件动载载荷及振动特性的影响,探明其变化规律,为多点柔性支撑构件动载抑制提供指导。采用多目标优化算法提出行星变速机构高速旋转多点柔性支撑构件动态特性匹配优化设计方法。

6.5.1 多目标遗传优化算法

根据目前流行的优化方法,结合行星变速机构动力学模型及优化目标,选择 NSGA-Ⅱ(Non dominated sorting genetic algorithm-Ⅱ)多目标遗传算法,这种算法降低了非劣排序遗传算法的复杂性,具有运行速度快、解集收敛性好的优点。

NSGA-Ⅱ是在第一代非支配排序遗传算法的基础上改进而来的,其改进主要针对三个方面:

(1) 提出了快速非支配排序算法,一方面降低了计算的复杂度,另一方面它将父代种群跟子代种群进行合并,使得下一代的种群从双倍的空间中进行选取,从而保留了最为优秀的所有个体。

(2) 引进精英策略,保证某些优良的种群个体在进化过程中不会被丢弃,从而提高了优化结果的精度。

(3) 采用拥挤度和拥挤度比较算子,不但克服了 NSGA 中需要人为指定共享参数的缺陷,而且将其作为种群中个体间的比较标准,使得准 Pareto 域中的个体能均匀地扩展到整个 Pareto 域,保证了种群的多样性。

1. 算法流程

NSGA-Ⅱ算法是第二代进化多目标优化算法的典型代表,它在 NSGA 的基础上提出快速非支配排序法,降低了计算的复杂度;引入精英策略,扩大了采样空间;采用拥挤度比较算子,保证了种群的多样性[11-12]。它具有全局搜索性能强、收敛速度快、运算效率高等优点,在工程优化问题中已得到广泛的应用。NSGA-Ⅱ算法求解流程如图 6.15 所示。

2. 快速非支配排序算法

多目标优化问题的关键在于求取 Pareto 最优解集。NSGA-Ⅱ快速非支配排序是依据个体的非劣解水平对种群 M 进行分层得到 F_i,作用是使得解靠近 pareto 最优解。这是一个循环的适应值分级过程,首先找出群体中的非支配解集,记为 F_1,将其所有个体赋予非支配序 $i_{rank}=1$(其中 i_{rank} 是个体 i 的非支配序值),并从整个群体 M 中除去,然后继续找出余下群体中的非支配解集,记为 F_2,F_2 中的个体被赋予 $i_{rank}=2$,如此进行下去,直到整个种群被分层,F_i 层中的非支配序值相同。

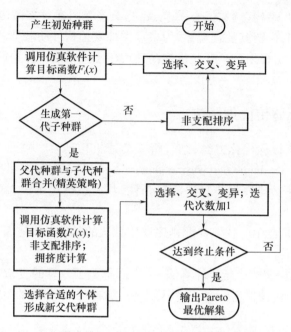

图 6.15 NSGA-Ⅱ算法求解流程

3. 个体拥挤距离

在同一层 F_k 中需要进行选择性排序,按照个体拥挤距离大小排序。个体拥挤距离是 F_k 上与 i 相邻的个体 $i+1$ 和 $i-1$ 之间的距离,其计算步骤为:

(1) 对同层的个体距离初始化,令 $L[i]_d = 0$(表示任意个体 i 的拥挤距离)。

(2) 对同层的个体按照第 m 个目标函数值升序排列。

(3) 对于处在排序边缘上的个体要给予其选择优势。

(4) 对于排序中间的个体,求拥挤距离

$$L[i]_d = L[i]_d + \frac{L[i+1]_m - L[i-1]_m}{f_m^{\max} - f_m^{\min}} \tag{6.68}$$

式中:$L[i+1]_m$ 为第 $i+1$ 个体的第 m 目标函数值;$f_m^{\max}$、$f_m^{\min}$ 分别为集合中第 m 目标函数的最大值和最小值。

(5) 对于不同的目标函数,重复 (2)~(4) 的步骤,得到个体 i 的拥挤距离 $L[i]_d$,优先选择拥挤距离较大的个体,可以使计算结果在目标空间均匀地分布,维持群体的多样性。

4. 精英策略选择算法

保持父代中优良个体直接进入子代,防止 Pareto 最优解丢失。选择指标对父代 C_i 和子代 D_i 合成的种群 R_i 进行优选,组成新父代 C_{i+1}。

先淘汰父代中方案检验标志不可行的方案,接着按照非支配序值 i_{rank} 从低到高将整层种群依次放入 C_{i+1}，直到放入某一层 F_k 超过 N 的限制，最后，依据拥挤距离大小填充 C_{i+1}，直到种群数量为 N。

5. 选择、交叉和变异

竞标赛法是选择操作的一种常用方法，二进制竞标赛用的最多。假设种群规模为 N，该法的步骤为：

(1) 从这 N 个个体中随机选择 $k(k<n)$，k 的取值小，效率就高（节省运行时间），但不宜太小，一般取为 $n/2$（取整）。二进制即取 2。

(2) 根据每个个体的适应度值，选择其中适应度值最好的个体进入下一代种群。

(3) 重复 (1) ~ (2) 步，有新的 N 个个体。

模拟二进制交叉

$$\begin{cases} x_{1j}(t) = 0.5 \times [(1+r_j)x_{1j}(t) + (1-r_j)x_{2j}(t)] \\ x_{2j}(t) = 0.5 \times [(1-r_j)x_{1j}(t) + (1+r_j)x_{2j}(t)] \end{cases} \quad (6.69)$$

其中

$$r_j = \begin{cases} (2u_j)^{1/(\eta+1)}, & u_j < 0.5 \\ \left[\dfrac{1}{2(1-u_j)^{1/(\eta+1)}}\right], & 其他 \end{cases} \quad (6.70)$$

多项式变异

$$x_{1j}(t) = x_{1j}(t) + \Delta j \quad (6.71)$$

其中

$$\Delta j = \begin{cases} (2u_j)^{1/(\eta+1)} - 1, & u_j < 0.5 \\ [1 - 2(1-u_j)^{1/(\eta+1)}], & 其他 \end{cases}, 且\ 0 \leq u_j \leq 1 \quad (6.72)$$

6.5.2 基于组合赋权的 Pareto 选优

最终的参数确定需要设计人员从最优解集中选择一组符合实际要求的最优参数组合。由于解集中的备选方案较多，仅通过主观赋权进行选优，难以很好地兼顾各目标的性能，故采用一种最小二乘意义下基于主观权重和客观权重的组合赋权法，进行 Pareto 选优。其具体步骤如下：

(1) 对具有 n 个方案、m 个评价指标的方案集进行标准化数据处理，得到决策矩阵 $\mathbf{Z} = (z_{ij})_{n \times m}$。

(2) 利用基于主观偏好的层次分析法确定各指标的主观权重 $\mathbf{u} = (u_1, u_2, \cdots, u_m)^T$。

(3) 利用基于客观数据信息的熵权法确定客观权重 $\mathbf{v} = (v_1, v_2, \cdots, v_m)^T$。

(4) 采用如下最小二乘法优化组合模型求出组合权重 $\mathbf{w} = (w_1, w_2, \cdots, w_m)^T$。

$$\min \sum_{i=1}^{n}\sum_{j=1}^{m}\{[(w_j-u_j)z_{ij}]^2+[(w_j-v_j)z_{ij}]^2\},$$

$$\text{s.t.} \sum_{j=1}^{m} w_j = 1, w_j \geqslant 0, (j=1,2,\cdots,m) \tag{6.73}$$

(5)计算出每个方案的综合评价值 y_i,综合评价值最高的为最优方案。综合评价值为

$$y_i = \sum_{j=1}^{m} w_j z_{ij}, i = 1,2,\cdots,n \tag{6.74}$$

6.5.3 选优结果与分析

采用 NSGA-II 算法,以外啮合均载系数、内啮合均载系数及行星架振动加速度为优化目标,对行星排的齿侧间隙、支撑刚度、支撑阻尼参数进行优化设计,选取种群数量为 50,迭代 20 次,得到 Pareto 最优解集,根据均载系数、振动加速度最小的原则,选取最优解 A,如图 6.16 所示。比较优化前后的变化。对应的优化参数见表 6.15。

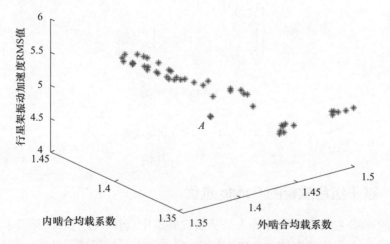

图 6.16 NSGA-II 多目标优化帕雷托前沿面

表 6.15 最优解 A 优化参数取值

参数	取值范围	初始值	A
太阳轮行星轮齿侧间隙/μm	(20,100)	50	24.79
行星轮内齿圈齿侧间隙/μm	(20,100)	50	30.35
支撑刚度/(N/m)	$(1\times10^7, 1\times10^9)$	5×10^7	1×10^9
支撑阻尼/(Ns/m)	(1000,10000)	1500	9742.5

太阳轮—行星轮和行星轮—内齿圈的均载系数优化前后的对比如图 6.17 所示。分析发现,优化前太阳轮—行星轮的最大均载系数为 1.6280,优化后的最大均载系数为 1.4009,降低了 13.9%;优化前行星轮—内齿圈的最大均载系数为 1.8610,优化后的最大均载系数为 1.4404,降低了 22.6%;反映出经优化后行星齿轮传动系统的均载特性得到明显改善。

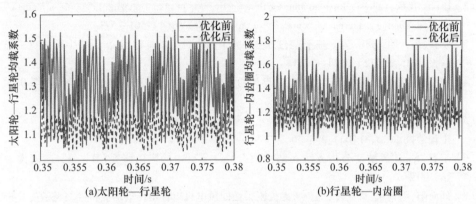

图 6.17 优化前后均载系数对比

行星架振动加速度优化前后的对比如图 6.18 所示。分析发现,优化前行星架的振动加速度最大值接近 $15m/s^2$,RMS 值为 $6.8981m/s^2$,优化后行星架振动加速度最大值小于 $10m/s^2$,RMS 值为 $4.7655m/s^2$,降低了 30.9%。

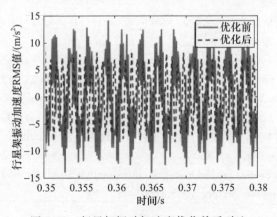

图 6.18 行星架振动加速度优化前后对比

表 6.16 优化目标值

优化目标	优化前	优化后
太阳轮行星轮均载系数	1.6280	1.4009
行星轮内齿圈均载系数	1.8610	1.4404
行星架振动加速度 RMS 值/(m/s^2)	6.8981	4.7655

参考文献

[1] 王世宇. 基于相位调谐的直齿行星齿轮传动动力学理论与实验研究[D]. 天津:天津大学,2005.

[2] Parker R G. A physical explanation for the effectiveness of planet phasing to suppress planetary gear vibration[J]. Journal of Sound & Vibration,2000,236(4):561-573.

[3] 李鑫,杨开明,朱煜,等. 基于模态力约束的平面电机振动抑制研究[J]. 中国电机工程学报,2015,35(12):3124-3131.

[4] 程前. 基于神经网络动态特性正向设计的齿轮箱振动噪声控制研究[D]. 重庆:重庆大学,2018.

[5] 巫世晶,彭则明,王晓笋,等. 啮合误差对复合行星轮系动态均载特性的影响[J]. 机械工程学报,2015,51(03):29-36.

[6] 李睿. Sobol'灵敏度分析方法在结构动态特性分析中的应用研究[D]. 长沙:湖南大学,2003.

[7] 刘向阳,周建星,章翔峰,等. 考虑齿圈柔性的风电机组行星传动均载特性与灵敏度分析[J]. 太阳能学报,2021,42(07):340-349.

[8] 周云山,贾杰锋. 基于正交试验设计和多目标遗传算法的HEV参数优化[J]. 汽车安全与节能学报,2014,5(4):324-330.

[9] 曾三友,魏巍,康立山,等. 基于正交设计的多目标演化算法[J]. 计算机学报,2005,(07):1153-1162.

[10] 王攀攀. 基于低耗非对称齿轮的NGWN(Ⅱ)型行星传动效率与承载能力研究[D]. 重庆:重庆大学,2017.

[11] Deb K,Pratap A,Agarwal S,et al. A fast and elitist multiobjective genetic algorithm:NSGA-II[J]. IEEE Transactions on Evolutionary Computation,2002,6(2):182-197.

[12] Dias A H F,De Vasconcelos J A. Multiobjective genetic algorithms applied to solve optimization problems[J]. IEEE Transactions on Magnetics,2002,38(2):1133-1136.

[13] 毛定祥. 一种最小二乘意义下主客观评价一致的组合评价方法[J]. 中国管理科学,2002(05):96-98.

[14] Ding S,Shi Z. Studies on incidence pattern recognition based on information entropy[J]. Journal of Information Science,2005,31(6):497-502.

第 7 章　行星齿轮传动动态特性测试与模型修正

7.1　引　　言

本书第 2 章对行星齿轮传动系统动力学参数及内部激励来源进行了详细分析,并在第 3、4 章分别建立了单排单级、复合行星齿轮传动系统动力学模型,研究了多种内部激励与振动特性、均载特性的影响规律。在此基础上,于第 6 章研究了行星传动系统优化设计方法。本章将基于单排行星传动系统,研究行星齿轮传动系统振动特性及均载特性测试与验证方法。

7.2　行星齿轮传动振动测试

行星齿轮传动系统各零部件的结构及相互连接关系构成了一个复杂的弹性机械系统。行星齿轮箱不仅零部件较多,而且自身激励源复杂,同时受到外部载荷作用,使整个齿轮箱容易引起振动耦合。因此有必要对齿轮箱各个零部件进行模态测试。本章主要介绍行星齿轮传动振动模态试验和振动加速度试验的相关原理、数据处理方法等,并搭建试验系统,通过实例分析验证行星齿轮传动动态特性。

7.2.1　行星齿轮传动振动模态试验

7.2.1.1　试验目的
通过试验模态分析获取行星齿轮传动系统模态参数,验证行星齿轮传动系统动力学建模合理性与正确性。

7.2.1.2　试验原理及方法
模态是结构系统的固有振动特性。对于行星齿轮传动这类多自由度复杂机械系统而言,往往具有多个模态。每一个模态均具有特定的固有频率、阻尼比和模态振型等模态参数。在工程领域中,这些模态参数可以通过数值模态分析、试验模态分析和运行模态分析获取,可为振动溯源、减振降噪、结构优化等提供经验和理论指导。本节针对数值模态分析,介绍其试验原理、方法及模态参数获取。

1. 模态测试原理

1)系统频率响应函数

在工程领域,试验模态分析是获取被测系统传递函数、频响函数以及单位脉冲响应的有效途径,被广泛应用于系统的模态参数识别。这三种函数在数学上是等价的,也是可以互相交换的。其中,频响函数在系统传递特性、振动工程中的应用最为普遍。

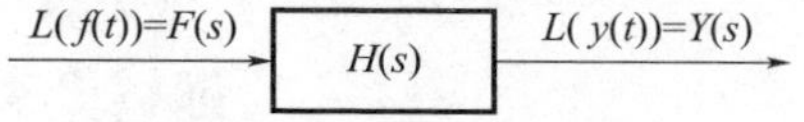

图7.1 传递函数框图

频响函数是指系统对单位脉冲输入的响应。以单自由度黏性阻尼系统为例,设其在任意激励$f(t)$作用下所产生的振动响应为$y(t)$,则运动微分方程可表示为

$$m\frac{d^2y(t)}{dT^2} + c\frac{dy(t)}{dt} + ky(t) = f(t) \quad (7.1)$$

式中:m、c、k分别为系统的质量、阻尼和刚度系数。

对其两端进行拉氏变换,即得

$$(ms^2 + cs + k)Y(s) = F(s) \quad (7.2)$$

其传递函数为

$$H(s) = \frac{Y(s)}{F(s)} = \frac{1}{ms^2 + cs + k} \quad (7.3)$$

令$s = j\omega$,即可得到系统的频响函数:

$$\begin{aligned}H(j\omega) &= \frac{Y(j\omega)}{F(j\omega)} = \frac{1}{k - m\omega^2 + jc\omega} \\ &= \frac{1}{k}\left[\frac{1-\lambda^2}{(1-\lambda^2)^2 + (2\xi\lambda)^2} + j\frac{-2\xi\lambda}{(1-\lambda^2)^2 + (2\xi\lambda)^2}\right]\end{aligned} \quad (7.4)$$

式中:

$$\lambda = \frac{\omega}{\omega_r}, \xi = \frac{c}{2m\omega_r}, \omega_r = \sqrt{\frac{k}{m}} \quad (7.5)$$

式中:λ、ξ、ω_r分别为系统的频率比、阻尼比和固有频率,固有频率ω_r仅与系统的质量m和刚度k有关。

定义速度频率响应函数

$$H_v(\omega) = H(\omega) = \frac{1}{k - m\omega^2 + jc\omega} \quad (7.6)$$

定义加速度频率响应函数

$$H_a(\omega) = \dot{H}_v(\omega) = \frac{-\omega^2}{k - m\omega^2 + jc\omega} \quad (7.7)$$

可见,系统的频响函数含有系统质量m、刚度k和阻尼c,完整地包含了系统的信息,故常通过激振测试获取系统传递函数,通过模态参数识别和分析求取系统频响函数和模态参数。

2) 模态参数识别方法

常见模态参数识别方法可分为频域模态参数识别法和时域模态参数识别法。其中,频域模态参数识别法包括最小二乘导纳圆拟合法、差分法、非线性加权最小二乘法、直接偏导数法、Levy 法(多模态)、多项式拟合法和分区模态综合法等;时域模态参数识别方法包括随机减量法、ITD 法、最小二乘复指数法(LSCE)和 ARMA 时序分析法等。

本章主要以导纳圆拟合法为例。圆拟合是一种单自由度方法,用频域中的模态模型对系统极点和复模态(或实模态)向量进行局部估计。该方法的依据是:单自由度系统的速度频响函数(速度对力)在奈奎斯特图上呈现一个近似圆。对位移频响函数引入结构阻尼系数 η,其与刚度 k 成正比,$\eta = gk$(g 为结构损耗因子):

$$H(\omega) = \frac{1}{k}\left[\frac{1-\omega^2}{(1-\omega^2)^2 + g^2} + j\frac{-g}{(1-\omega^2)^2 + g^2}\right] \qquad (7.8)$$

式中:实部 $H^R(\omega)$、虚部 $H^I(\omega)$ 分别为

$$\begin{cases} H^R(\omega) = \frac{1}{k}\frac{1-\omega^2}{(1-\omega^2)^2 + g^2} \\ H^I(\omega) = \frac{1}{k}j\frac{-g}{(1-\omega^2)^2 + g^2} \end{cases} \qquad (7.9)$$

可得,实部 $H^R(\omega)$、虚部 $H^I(\omega)$ 存在以下关系:

$$H^R(\omega) + \left[H^I(\omega) + \frac{1}{2gk}\right]^2 = \left(\frac{1}{2gk}\right)^2 \qquad (7.10)$$

因此,对于任一频率 ω 的频率响应函数,都可以得到其实部 $H^R(\omega)$ 和虚部 $H^I(\omega)$。如图 7.2 所示,在奈奎斯特图中,得到复平面上的一条矢量,ω 从 $0 \sim \infty$ 的矢端轨迹为一个近似圆。

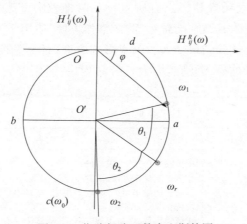

图 7.2　位移频响函数奈奎斯特图

阻尼固有频率 ω_r 可以看成复平面上的数据点之间角度变化率最大点的对应频率,也可看成是相位角与圆心相位角最接近的数据点对应的频率。

阻尼比 ξ 估计如下:

$$\xi_r = \frac{\omega_2 - \omega_1}{\omega_r[\tan(\theta_1/2) + \tan(\theta_2/2)]} \tag{7.11}$$

式中:ω_1、ω_2 分别为在固有频率 ω_r 两侧的两个频率点;θ_1、θ_2 分别为频率点 ω_1 和 ω_2 的半径与固有频率 ω_r 半径之间的夹角。

2. 试验模态分析流程

试验模态分析大致分为 5 步:预试验分析(不必须)、建立模态模型、数据采集、参数识别和结果验证。具体说明如下。

1) 预试验分析

在模态试验中,根据被测结构的试验模型确定自由度,选择参考点位置等至关重要。因此,预试验分析要求实验人员根据经验或仿真结果,确定上述关键参数,以此提高测量数据的质量,节省试验时间,大幅度提高试验效率。

然而,在绝大多数情况下,并没有可用的计算模型或者类似的试验结果来指导正式试验。因此,预试验分析不是必需的。

2) 建立模态模型

(1) 确定被测结构的边界条件。通常,边界条件包括约束边界和自由边界。二者的区别在于自由边界除了弹性模态之外还存在刚体模态,而约束边界只有弹性模态。到底采取何种边界条件取决于试验目的。

(2) 标识出测试所使用的总体坐标系。在地面或待测结构上用胶带或记号笔标识出坐标系各个方向,以防各个测点因坐标方向出错导致模态振型不正确。

(3) 确定激励方式。在模态试验中,常见激励方式包括分锤击法和激振器法。两种方式的适应场景和特点有所差异。两种激励方式的差异如表 7.1 所列。其中,锤击法因为其激励能量小,测试操作方便,适用于中小型线性结构,但由于采用人工激励,试验结果受人为因素影响严重;而激振器法需要大型激振设备,可获取多种激励信号,激励能力大且分布均匀,适用于大型复杂结构。根据激振设备原理差异,又可分析机械式激振法、电磁式激振法、电液式激振法等。

表 7.1 常见激励方式及特点

激励方式	适用对象	特点
锤击法	中小型线性结构(部件级)	①试验系统简单,成本低; ②携带与操作方便,试验速度快、周期短; ③激励能量小,且分布较为集中,容易出现"近点过载,远点欠载"现象; ④信噪比低,容易出现"连击",测试精度不高

续表

激励方式	适用对象	特点
激振器法	大型复杂结构	①价格昂贵,试验费用高且周期长; ②难于安装,操作复杂,且对试验结果存在附加影响; ③激励能量大,且分布更均匀; ④支持多种激励信号生成,可控性好。如正弦信号、猝发正弦信号、周期性正弦快速扫频信号、步进正弦信号等

(4)确定传感器选型及安装方式。由于模态测试的激励力通常不会特别大,因此,模态传感器的灵敏度通常比较高。而传感器安装方式一般以测量误差最小为原则。

(5)确定测量自由度。根据测试需求,确定测点数目和方向,并在结构相应测量位置做标识。测量自由度应合理分布,使得能唯一地描述所有关心的模态振型。

(6)生成几何模型。根据确定的测量自由度生成几何模型:常用线框模型表示(指通过节点和连杆来表示被测物的几何形状和连接关系,忽略了具体的材料属性和细节)非实体模型仅用测点来表示,用于表征模型动画,通过后续的振型动画,可以确定各阶模态的节点位置。

(7)连接数据采集系统、校准测量系统。按照设备操作规范,检查试验系统各设备和传感器是否正常工作,采集数据是否正确。对于需要标定校准的仪器设备,还需要进行校准测试。

3) 数据采集

数据采集又分为预采集和正式采集。预采集是为了确定合理的参数,包括采样频率、采集仪量程设置、采样时长等。如采用锤击法,需要确定激励点;如采用激振器法,需要确定激励信号、试件安装等。另一方面还需要对数据进行检查,包括线性检查、FRF 和相干检查、互易性检查等。确定了这些参数,并且也进行了相应的检查之后,便可进行正式采集。正式采集完一组数据后,应立即从时域和频域检查测量数据,以防止某些测点测量数据出现问题。如果某些测点数据存在问题,应立即重测这些测点。分批测量时还应检查各批数据的一致性。

4) 参数识别

参数识别即是对测量的数据进行模态分析,从测量数据中提取模态参数:固有频率、阻尼和模态振型。模态分析主要分两个步骤:第一步确定系统极点(频率和阻尼),第二步计算模态振型。

5) 结果验证

依据工程经验、数学工具对模态分析结果的正确性进行检验。

7.2.1.3 振动模态试验介绍

1. 行星架振动模态试验系统

基于某 6 档行星变速传动齿轮箱的 1 排行星架,建立图 7.3 所示的行星架振动模态试验测量分析系统,该系统主要由如下部分组成。

(1)测试对象:某 6 档行星变速传动齿轮箱的 1 排行星架。
(2)实验激振部分:力锤。
(3)响应采集部分:加速度传感器和 LMS 动态数据采集系统。
(4)模态分析处理部分:计算机和 LMS 模态分析软件。

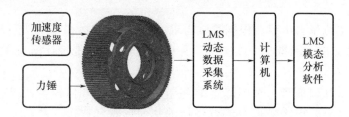

图 7.3　行星架振动模态试验测量分析系统

2. 测点布置、试验工况及数据采集说明

如图 7.4 所示,该行星架上共布置 40 个测点。其中 8 个测点均布在轴承座孔端面;16 个测点对称均布在行星架两端面处;16 个测点对称均布在内毂两端面;锤击点在图 7.4 指示处,锤击方向分别为轴向和径向。测点布置实物图如图 7.5 所示。额外说明的是,实际测试过程中考虑到传感器数量限制,40 个测点的响应分多次采集。

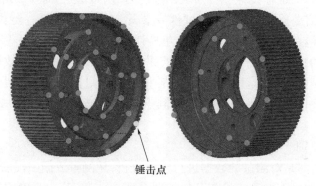

图 7.4　行星架测点布置示意图

行星架通过悬吊方式自然悬挂,然后通过力锤敲击锤击点,采集振动数据,通过 LMS 模态分析软件获取测试模态振型及固有频率等模态参数。

第 7 章 ▶ 行星齿轮传动动态特性测试与模型修正

图 7.5 行星架测点布置实物图

7.2.1.4 数据处理结果及模型验证

为了验证模态试验的正确性，建立行星架有限元模型，进行固有模态分析。表 7.2 对比了第 1～20 阶固有频率的测试结果与仿真结果。可以发现，测试固有频率与仿真固有频率误差均小于 4%。

表 7.2 行星架固有频率测试结果与仿真结果

阶次	仿真频率/Hz	测试频率/Hz	误差/%	阶次	仿真频率/Hz	测试频率/Hz	误差/%
1	632.43	656.02	3.73	11	2198.40	2184.98	0.61
2	706.37	718.45	1.71	12	2331.90	2343.30	0.49
3	1102.50	1100.31	0.20	13	2356.10	2343.30	0.54
4	1107.10	1100.31	0.61	14	2398.80	2421.60	0.95
5	1478.10	1464.15	0.94	15	2542.30	2569.16	1.06
6	1684.30	1686.14	0.11	16	2546.10	2569.16	0.91
7	2021.10	1993.77	1.35	17	2870.70	2867.49	0.11
8	2058.20	2077.19	0.92	18	2882.70	2867.49	0.53
9	2061.30	2077.19	0.77	19	2934.60	2904.20	1.04
10	2197.10	2184.98	0.55	20	2939.40	2904.20	1.20

图 7.6 对比了行星架的第 1、5、11、12、20 阶仿真模态振型与测试模态振型。可以发现，第 1、5 和 20 阶模态同时沿轴向和径向振动，呈扭转状，最大变形为 40.7003 μm；第 11 阶和 12 阶模态主要沿径向振动，形变较小，其中第 12 阶模态呈喇叭状，最大变形为 11.2562 μm。

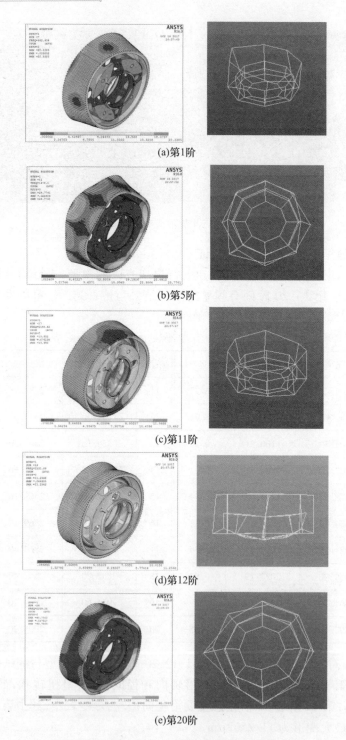

图 7.6 行星架仿真模态振型与测试模态振型对比

7.2.2 行星齿轮传动振动加速度试验

7.2.2.1 试验目的

行星齿轮传动系统振动测试试验目的如下：

(1)选定行星齿轮传动系统振动测试规范,获取行星齿轮传动系统模态、内部及外部振动信号；

(2)分析对比行星齿轮传动系统动态响应特性与振动测试分析结果,验证行星齿轮传动系统动力学建模合理性与正确性。

7.2.2.2 试验原理及数据处理方法

机械振动是物体在其平衡位置附近的周期性往复运动,而振动监测是当前掌握设备运行健康状态的关键手段之一。本节行星齿轮传动振动测试,主要介绍其试验测试方法及原理、常见振动传感器分类及工作原理、模态参数获取等。

1. 常见的振动测试方法及原理

在工程振动测试领域中,振动测试手段与方法多种多样,按各种参数的测量方法及测量过程的物理性质来分,可以分为电测法、机械法和光学法,其原理和特点如表 7.3 所示。其中,电测法是因其具有安装方便、灵敏度高、频率范围宽等优势,已成为目前应用最广泛的振动测试方法。

表 7.3 振动测量方法、原理及特点

激励方式	原理	特点
电测法	利用压电效应、电磁感应等原理,将被测对象的振动信号(位移、速度、加速度等)转换成电信号(电压、电流、电荷等),经电子线路放大后显示和记录	①安装方便、灵敏度高；②频率范围及动态、线性范围宽；③便于分析和遥测；④易受电磁场干扰
机械法	利用杠杆放大等原理,将工程振动的参量转换成机械信号,再经机械系统放大后,进行测量、记录	①抗干扰能力强；②频率范围及动态、线性范围窄；③存在附加干扰,测试精度较低,因此适用于低频大振幅振动及扭振的测量
光学法	利用光杠杆原理、光波干涉原理,激光多普勒效应等原理,将工程振动的参量转换为光学信号,经光学系统放大后显示和记录	①不受电磁场干扰,适于对质量小及不易安装传感器的试件做非接触测量；②测量精度高,在精密测量和传感器、测振仪标定中用得较多

2. 常见振动传感器分类及工作原理

根据工作原理不同,常见振动传感器可分为电涡流式振动传感器、电感式振动传感器、电容式振动传感器、压电式振动传感器和电阻应变式振动传感器。

1)电涡流式振动传感器

电涡流式振动传感器是以电涡流效应为工作原理的非接触式振动传感器。

电涡流式振动传感器是通过传感器的端部和被测物体之间的间隔上的变化，来测量物体振动参数的，常用于振动位移的测量。

2) 电感式振动传感器

电感式振动传感器是根据电磁感应原理设计的一种振动传感器，其内部设置有磁铁和导磁体，能将机械振动参数转化为电参量信号，常用于振动速度、加速度等数据的测量。

3) 电容式振动传感器

电容式振动传感器是通过间隙或公共面积的变化来形成可变电容，通过测量电容进而获得机械振动参数。电容式振动传感器分为两种：可变间隙型和可变公共面积型。前者可用于测量线性振动位移，后者可用于测量扭转振动的角位移。

4) 压电式振动传感器

压电式振动传感器利用晶体的压电效应测量振动。当被测物体的振动对压电振动传感器施加压力时，晶体元件会产生相应的电荷，通过电荷的多少来计算振动参数。压电式振动传感器可为压电式加速度传感器、压电式力传感器和阻抗头。

5) 电阻应变式振动传感器

电阻应变式振动传感器通过电阻的变化计算被测物体的机械振动参数。电阻应变式振动传感器有多种实现方式，可应用于各种传感元件，其中电阻应变是最常见的一种。

3. 振动测试流程

尽管采集振动参数的传感器、采集装置等硬件设备多种多样，组成的测试系统的复杂程度也有所差别，但是它们的试验流程都基本相同。一般情况下，振动测试步骤包含测试准备、拾振、数据处理及分析。

1) 测试准备

在开始振动测试前，试验人员须预先确定试验对象、清楚测试目的、拟定测试内容和测试记录表、搭建测试系统等准备工作。其中，搭建测试系统需要根据测试内容和相关技术指标要求，选择适宜的测量传感器、采集设备等。此外，还需考虑测试工况、测点布置、传感器安装方式等，这对提高测试效率、保证数据品质等至关重要。

2) 拾振

拾振通常包含预采集和正式采集两个步骤。顾名思义，预采集即是在振动测试准备工作后，随机挑选一组工况，检查采集数据是否正确、测点布置是否合理等。确认无误后，便可按照测试记录表规定的测试内容以此采集振动数据。

3) 数据处理及分析

振动数据拾振完成后，还需对拾取的振动数据进行相应的处理，获取感兴趣的试验结果，评估测试是否满足要求。

4. 行星齿轮传动系统振动加速度信号分析常用方法

行星齿轮传动系统具有部件多、结构复杂、传输功率大等特点,导致其监测振动信号存在噪声污染严重、故障特征模糊等问题。对于行星齿轮传动系统振动加速度信号分析,现有比较成熟的方法包括时域同步平均、包络解调等。

1) 时域同步平均

时域同步平均(Time-domain synchronous averaging, TSA)是利用旋转机械故障冲击周期性及白噪不相干性等特性,对监测信号进行降噪处理的常用方法。设采样振动信号为 $y(k\Delta t)$,记作 $y(k)$,$k = 0,1,2,\cdots,N-1$,其中 Δt 为采样时间间隔,N 为采样点数。若 $y(k)$ 由周期为 N_T(N_T 为一个时间周期内的采样点数)的特征信号 $s(k)$ 和白噪声 $n(k)$ 组成,即

$$y(k) = s(k) + n(k) \tag{7.12}$$

将那么将 $y(k)$ 以整数周期 zN_T、(z 为正整数)的数据长度进行分段,总共分成 P 段,其中第 $p(p=0,1,\cdots,P-1)$ 段信号表示为

$$y_p(k') = y_p(k' + pzN_T) = s(k') + n(k' + pzN_T) \tag{7.13}$$

式中: $k' = 1,2,\cdots,zN_T$。将 P 段信号相加,鉴于白噪声的不相干特性,可以得到

$$\sum_{p=0}^{P-1} y_p(k') = Ps(k') + \sqrt{P}n(k') \tag{7.14}$$

则输出信号为

$$y'(k') = \frac{1}{P}\sum_{p=0}^{P-1} y_p(k') = s(k') + \frac{1}{\sqrt{P}}n(k') \tag{7.15}$$

由此可见,输出信号 $y'(k')$ 中的白噪声是原来信号 $y(k)$ 中白噪声的 $1/P^{0.5}$ 倍,信噪比(SNR)则提高到了 P 倍,且分段数 P 越大,SNR 越高,这就是传统 TSA 降噪的基本原理。

需要注意的是,时域同步平均对周期分段的准确性要求较为苛刻。因此,在实际使用中,还需要同步采集键相脉冲信号(最常见的是增量式编码器采集的转速信息),为信号分段提供精确的指导。此时,时域同步平均的实现流程如图 7.7 所示。

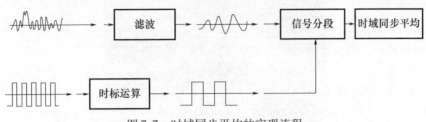

图 7.7　时域同步平均的实现流程

2) 包络解调

行星齿轮传动系统关键部件的局部故障引起的冲击信号往往会激起高频固

有频率,在频谱上表现为出现共振带,即低频故障特征作为某高频载波的边频出现。因此,对于这种出现调制现象的故障信号,往往需要通过包络解调进行分析诊断。包络解调又称包络检波,适用于普通调幅信号的解调。对于采集到的振动信号 $y(t)$,其希尔伯特变换公式为

$$\hat{y}(t) = \frac{1}{\pi}\int_{-\infty}^{+\infty}\frac{y(t)}{t-\tau}\mathrm{d}\tau \qquad (7.16)$$

信号 $y(t)$ 的解析信号可以表示为

$$y(t) = y(t) + j\hat{y}(t) \qquad (7.17)$$

进一步地,对解析信号求模可以得到信号 $y(t)$ 的包络信号:

$$h(t) = \sqrt{y^2(t) + \hat{y}^2(t)} \qquad (7.18)$$

最后,对包络信号进行快速傅里叶变换(FFT)分析,便可获得解调后的低频故障特征。

7.2.2.3 振动加速度试验介绍

1. 单排单级行星齿轮传动振动试验

1)测试目的及试验对象

为了验证前述行星齿轮传动系统动力学模型的正确性,本节采用"背靠背"对称形式布置的行星齿轮传动系统进行振动测试。如图7.8所示,该试验台架由两套相同设计的行星轮齿轮箱#1 和#2(合纵重工 – N1E428C2C – f0 – 6.3)、两个西门子电机(UD 1111/1393042 – 001 – 2)以及一个控制柜组成。电机与行星齿轮箱#1、行星齿轮箱#1 与行星齿轮箱#2 之间采用齿式联轴器连接。西门子电机额定功率为15kW,额定转速为1460rpm。左侧电机为主动电机,左侧行星齿轮箱为轮齿故障实验齿轮箱,右侧电机施加与转速方向相反的负载扭矩,通过控制柜控制主动电机的输入转速以及负载电机的负载扭矩。该行星齿轮故障实验台可实现轮齿裂纹、点蚀、剥落、磨损、断齿等典型齿轮故障形式的模拟研究。齿轮箱中行星齿轮传动系统结构简图如图7.9所示。

图7.8 "背靠背"行星齿轮故障模拟试验台

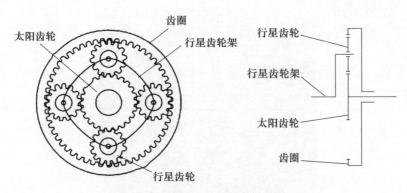

图 7.9　行星齿轮传动系统结构简图

行星齿轮设计参数如表 7.4 所列。根据主动电机输出转频 f,可计算行星齿轮传动系统特征频率,如表 7.5 所列,其中,f_m 为齿轮箱#1 的啮合频率,f_c 为齿轮箱#1 行星架的转频,f_p 为齿轮箱#1 行星轮的转频,f_{ds} 为齿轮箱#2 太阳轮的转频,f_{dp} 为齿轮箱#2 行星轮的转频,f_{dr} 为齿轮箱#2 齿圈的转频。

表 7.4　行星齿轮设计参数

参数	太阳轮	行星轮	内齿圈
齿数	16	33	84
模数/mm	4	4	4
压力角/(°)	20	20	20
螺旋角/(°)	0	0	0
变位系数	+0.658	+0.323	+0.2
齿顶高系数	1	1	1
公法线长度/mm	32.218	55.871	—
全齿高/mm	8.576	8.576	8.77
齿轮厚度/mm	70	70	70
行星轮个数	—	4	—

表 7.5　行星齿轮传动系统特征频率

f_m	f_c	f_p	f_{ds}	f_{dp}	f_{dr}
13.44f	0.16f	0.2473f	3.36f	0.4073f	0.64f

如图 7.10 所示,在行星轮轮齿齿根部危险截面(30°切线法确定)位置处采用钼丝线切割法加工植入齿根裂纹故障。

图7.10 行星轮轮齿齿根裂纹故障实物图

2)测点布置、试验工况及数据采集说明

如图7.11所示,行星齿轮箱试验台共布置5个振动测点,分别为:测点1位于电机与机架连接位置处;测点2位于与太阳轮相连的行星齿轮箱高速轴轴承座上;测点3位于行星齿轮箱(故障)与机架连接位置处;测点4位于行星齿轮箱内齿圈上;测点5位于与行星架相连的行星齿轮箱低速轴轴承座上。5个振动测点处的传感器均垂直于基座竖直方向安装,传感器采用ICP加速度传感器,振动信号采集装置采用LMS数据采集系统,采样频率设置为20480Hz。主动电机输出转速为400rpm,负载电机扭矩为40N·m。

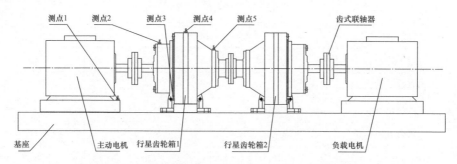

图7.11 行星齿轮箱试验台测点布置示意图

3)数据处理结果及模型验证

图7.12和图7.13分别展示了振动测点4采集信号未经过时域同步平均处理和经过20次时域同步平均处理后的振动信号时域波形及其对应频谱。对比时域波形可以发现,时域平均处理前,振动信号波形中的冲击被噪声淹没,难以辨识。在频谱中虽然能观测到啮合频率89.6Hz及其倍频,但其他干扰频率幅值水平也较高;而经过时域同步平均处理后,冲击得到了一定程度的恢复。在频谱中,干扰频率得到了充分抑制,啮合频率及其2倍频和3倍频清晰可见。

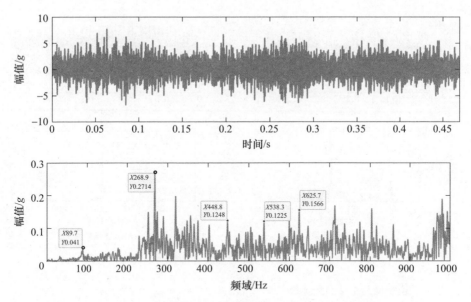

图 7.12　时域同步平均处理前测点 4 的时域波形及频谱

图 7.14 对比了测点 4 经过 20 次时频同步平均处理的试验结果与仿真结果的波形与频谱。从波形上看,仿真结果包含啮合频率 89.6Hz 及其 3 倍频、5 倍频;而试验分析的频谱也可以观察啮合频率 89.6Hz 及其 3 倍频,且最大频率均出现在 3 倍频处,说明理论建模与仿真结果正确。

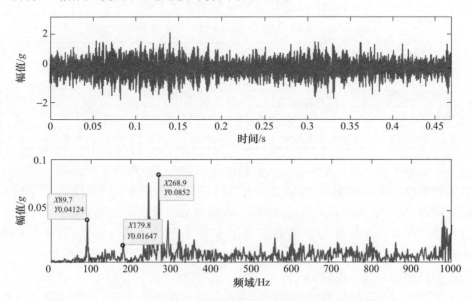

图 7.13　经过 20 次时域同步平均处理后测点 4 的时域波形及频谱

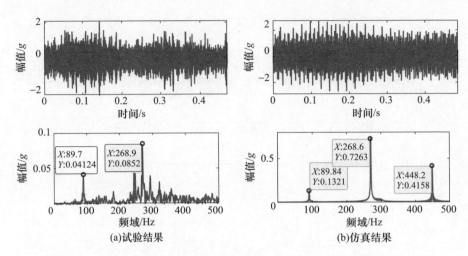

图 7.14　测点 4 经过 20 次时频同步平均处理的试验结果与仿真结果对比

2. 行星变速机构振动试验

1）测试目的及要求

测试行星变速机构输入输出振动加速度，验证技术指标"变速机构输入输出振动加速度仿真分析与试验偏差≤20%"。

上台架前必须检查行星变速机构各操纵油路是否达到密封性要求，在加载试验前必须先进行空损试验，试转前应检查液压操纵系统和润滑系统是否达到要求。表 7.6 所列为各挡位传动比及操纵润滑系统要求。

表 7.6　各挡位传动比及操纵润滑系统要求

档位	1 挡	2 挡	3 挡	4 挡	5 挡	倒 1 挡	倒 2 挡	空挡
充油操纵元件	B2B3C1	B2B3C2	B3C1C2	B2C2C3	C1C2C3	B1B3C1	B1C1C3	B3
操纵油压/MPa	2.2±0.1	2.2±0.1	2.2±0.1	2.2±0.1	2.2±0.1	2.2±0.1	2.2±0.1	2.2±0.1
润滑油压/MPa	左右侧各需流量至少 $Q=20$L/min，润滑压力大于 0.25MPa。							
传动比	8.073	4.278	2.667	1.604	1	−6.281	−2.355	—

在试验中要严格遵循确定的试验程序和选定的试验规范要求，试验过程中，被试件不应出现异样响声、震动和撞击，试验用 10W 传动油，采用规格为 20μm 的滤清器，试验前清洗滤清器，并根据油液的清洁程度决定是否需要换油；试验过程中要注意滤清器，若滤清器被堵，无法正常工作，需要停止试验，分解变速机构；试验时最高油温不得超过 110℃。换挡方式：切断动力后手动换挡。

2）试验方案及原理说明

NC004 行星变速机构出厂验收试验采取输入端做输入，另一端做输出的方案，这样既简化了试验系统和试验程序，同时也可以达到要求的试验目的。试验时用自己设计的试验箱,采用与其在综合传动装置中工作时同样的支撑定位方式、操纵压力和润滑方式。

试验时用 NC004 综合传动装置的变速操纵阀来操纵行星变速机构换挡。

变速机构输入输出振动加速度试验测试在中国兵器集团第二〇一研究所 30 传动实验室进行,试验台主要由调速电机、增速箱、测功机、转速转矩传感器和试验包箱实现运转与加载,专用采集系统完成加速度数据采集,液压泵站为试验系统提供润滑油液。

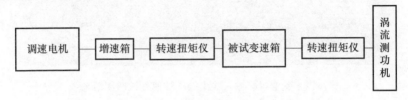

图 7.15　变速机构输入输出振动加速度试验台组成图

3)试验台架布置及试验测试工况

试验台架布置如图 7.16 所示。

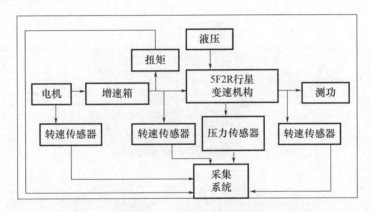

图 7.16　试验台架布置图

变速机构输入输出振动加速度试验测试系统布置如图 7.17 所示。在满足试验大纲要求下,允许部分试验在其他台架进行。

(1)变速机构输入输出振动加速度试验测点布置。

变速机构输入输出振动加速度试验测试与输入输出振动分析相关测点布置方案,如图 7.18 所示。选择测点 5、6、7、8,对输入输出的试验振动加速度进行分析。其中测点 7、8 测得的为输入端振动加速度,测点 5、6 测得的为输出端振动加速度。图中测点 5、7 位于正上方,三向传感器 Y 方向测得轴向振动加速度,Z 方向测得水平振动加速度,X 方向测得垂直振动加速度。

图 7.17　变速机构输入输出振动加速度试验测试系统

综合传动箱振动测试测点布置方案,如图 7.18 所示。使用三向传感器,共计 10 个测点,30 个通道。

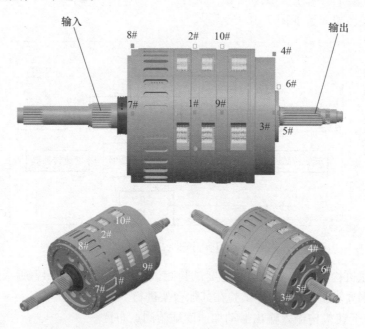

图 7.18　变速机构振动测试测点布置示意图

(2)试验测试工况

行星共 6 个挡位,1~5 挡及倒 1 挡。3 种转速,1500r/min、2500r/min、3000r/min,3 种输入扭矩,共计 54 种工况。

行星变速机构振动测试理论工况,如表 7.7 所示。

表7.7 行星变速机构振动测试理论工况

1~5挡、倒1挡	输入转速/(r/min)		1500	2500	3000
	输入扭矩/(N·m)	空载	—	—	—
		50%	2100	1437	1332
		100%	2850	2850	2662

由于测试过程中,转速达到理论值后,扭矩与理论值有差异,行星变速机构振动测试实际工况,如表7.8所列。

表7.8 行星变速机构振动测试实际测试工况表

序号	工况名称	序号	工况名称
1	1挡_1500rpm_0Nm	31	4挡_1500rpm_0Nm
2	1挡_1500rpm_580Nm	32	4挡_1500rpm_2113Nm
3	1挡_1500rpm_1000Nm	33	4挡_1500rpm_2874Nm
4	1挡_2000rpm_0Nm	34	4挡_2000rpm_0Nm
5	1挡_2500rpm_0Nm	35	4挡_2500rpm_0Nm
6	1挡_2500rpm_583Nm	36	4挡_2500rpm_1413Nm
7	1挡_2500rpm_1093Nm	37	4挡_2500rpm_2850Nm
8	1挡_3000rpm_0Nm	38	4挡_3000rpm_0Nm
9	1挡_3000rpm_567Nm	39	4挡_3000rpm_1375Nm
10	1挡_3000rpm_1095Nm	40	4挡_3000rpm_2450Nm
11	2挡_1500rpm_0Nm	41	5挡_1500rpm_0Nm
12	2挡_1500rpm_1081Nm	42	5挡_1500rpm_2305Nm
13	2挡_1500rpm_2050Nm	43	5挡_1500rpm_2915Nm
14	2挡_2000rpm_0Nm	44	5挡_2000rpm_0Nm
15	2挡_2500rpm_0Nm	45	5挡_2500rpm_0Nm
16	2挡_2500rpm_924Nm	46	5挡_2500rpm_1448Nm
17	2挡_2500rpm_1447Nm	47	5挡_2500rpm_2855Nm
18	2挡_3000rpm_0Nm	48	5挡_3000rpm_0Nm
19	2挡_3000rpm_660Nm	49	5挡_3000rpm_1330Nm
20	2挡_3000rpm_1442Nm	50	5挡_3000rpm_2680Nm
21	3挡_1500rpm_0Nm	51	6挡_1500rpm_0Nm
22	3挡_1500rpm_2175Nm	52	6挡_1500rpm_868Nm
23	3挡_1500rpm_2902Nm	53	6挡_1500rpm_1403Nm
24	3挡_2000rpm_0Nm	54	6挡_2000rpm_0Nm
25	3挡_2500rpm_0Nm	55	6挡_2500rpm_0Nm

续表

序号	工况名称	序号	工况名称
26	3挡_2500rpm_1422Nm	56	6挡_2500rpm_850Nm
27	3挡_2500rpm_2819Nm	57	6挡_2500rpm_1404Nm
28	3挡_3000rpm_0Nm	58	6挡_3000rpm_0Nm
29	3挡_3000rpm_1320Nm	59	6挡_3000rpm_894Nm
30	3挡_3000rpm_2665Nm	60	6挡_3000rpm_1403Nm

4)仿真模型与实验分析数据对比

根据第五章建立的行星变速机构弯扭耦合动力学模型,采用龙格库塔法,求解行星变速机构的动力学响应,可获得太阳轮、每个行星轮和齿圈平动加速度、位移、速度和转动加速度、位移、速度的幅值 A、频率 f 和相位 φ 信息。针对该行星变速机构的典型工况1挡转速1500r/min和扭矩1093N·m条件下输入输出构件的运动状态进行分析。

(1)振动时域仿真与试验对比。

行星变速机构在典型工况下输入 x、y 方向加速度时域图如图7.19和图7.20所示。

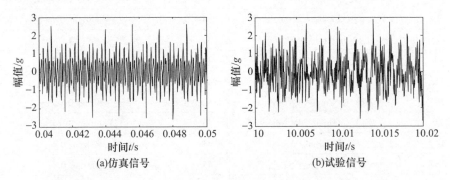

图7.19 输入构件 x 方向振动加速度时域波形仿真与试验信号对比

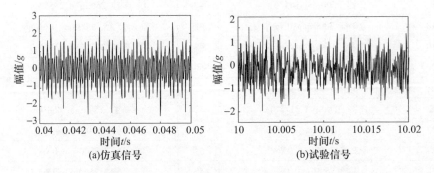

图7.20 输入构件 y 方向振动加速度时域波形仿真与试验信号对比

仿真结果显示,1挡时输入构件X方向仿真分析振动加速度RMS值为0.6522g,试验测得输入构件X方向振动加速度RMS值为0.6762g,试验测试值与理论分析值相差3.68%。

1挡输入构件仿真分析获得的Y方向振动加速度的RMS值为0.6727g,试验获得Y方向振动加速度的RMS值为0.6553g。仿真分析值与试验测试值相差-2.59%。

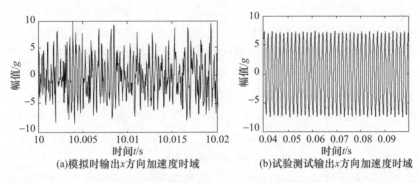

图7.21 模拟和测试输出x方向加速度时域

仿真结果显示,一挡输出构件仿真分析获得的x方向加速度的RMS值为2.099g,试验测得x方向加速度的RMS值为1.84g。仿真分析值与试验测试值相差-12.3%。

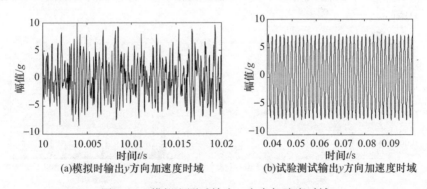

图7.22 模拟和测试输出y方向加速度时域

1挡输出构件仿真分析获得的y方向加速度的RMS值为2.108g,试验测试y方向加速度的RMS值为2.439g。仿真分析值与试验测试值相差13.6%。

对于输入构件,仿真分析获得x方向和y方向加速度的RMS值相差-3.09%,试验测试值x方向和y方向加速度的RMS值相差3.14%。结果表明,输入构件x和y方向振动加速度的RMS值相差较小。

对于输入端与输出端加速度的RMS值,输出构件x方向上试验测试值是输入构件的 2.72 倍,输出构件 y 方向上试验测试值是输入构件的 3.72 倍。结果表明,出输出端 RMS 值远大于输入端。

(2)振动频域仿真与试验对比。

在一挡转速 1500r/min 和扭矩 1093N/m 工况下输入构件 x 方向仿真分析与试验测得加速度频域如图 7.23 所示。通过一挡输入构件 x 方向加速度频域理论分析与试验分析比较,可得各阶频率幅值对比结果。

仿真分析获得的输入构件 x 方向的第一个波峰频率值为 622.6Hz,经试验测得的第一个波峰频率为 627.7Hz,对比表 7.5 中一挡关键构件的频率,可以得出第一个波峰为第二排行星排太阳轮与行星轮啮频。仿真值第二个波峰为 1233Hz,振动测试频域值的第二个波峰为 1222Hz,第二排行星排太阳轮与行星轮啮频的 2 倍频频率为 1238.8Hz,与第二个波峰吻合。

对比其余波峰值,其第 3~6 个波峰均对应于第二排行星排太阳轮与行星轮啮频的倍频处,分别对应着 3 倍频、6 倍频。一挡输入构件 y 方向上的频域值与 x 方向上类似,其仿真及测试获得的振动波峰峰值均一致。

通过对输入构件 x 方向的频域仿真分析与测试分析的比较,得出其频域值仿真与测试结果一致,其频域的波峰的峰值主要为第二排行星排太阳轮与行星轮的啮频及倍频处,此处为产生的振动值最大。

一挡输出构件在典型工况下 x 方向模拟输入与试验测试加速度频域如图 7.23 所示。一挡输出构件 x 方向加速度频域理论分析与试验对比结果如表 7.10 所示。

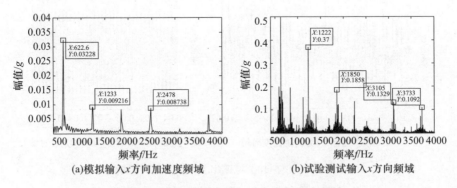

图 7.23 模拟和测试输入 x 方向加速度频域

表 7.9 输入构件 x 方向加速度频域模拟与试验对比

仿真分析	试验分析	误差率
频率/Hz	频率/Hz	百分比/%
622.6	627.7	10.5

续表

频率/Hz	频率/Hz	百分比/%
1233	1222	6.76
1855	1842	2.57
2478	2453	15.4
3101	3097	0.613
3723	3733	3.99

仿真分析获得的输出构件 x 方向的第一个波峰频率值为 562.4Hz，经试验测得的第一个波峰频率为 561.5Hz，对比表 7.5 中一挡关键构件的频率，可以得出第一个波峰为第三排行星排太阳轮与行星轮 2 倍频，2 倍频的理论频率为 560.2Hz。仿真分析第二个波峰为 842.4Hz，振动测试频域值的第二个波峰为 843.3Hz，第三排行星排太阳轮与行星轮啮频的 3 倍频频率为 840.3Hz，与第二个波峰吻合。

对比其余波峰值，其第 3～10 个波峰均对应于三排行星排太阳轮与行星轮啮频的倍频处，分别对应着 4 倍频、11 倍频。一挡输出构件 y 方向上的频域值与 x 方向上类似，仿真及测试获得的振动波峰峰值均一致。

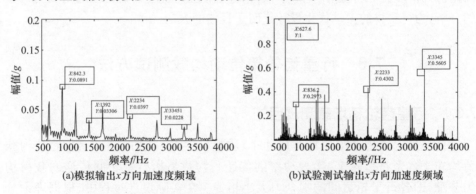

(a) 模拟输出 x 方向加速度频域　　(b) 试验测试输出 x 方向加速度频域

图 7.24　模拟和测试输出 x 方向加速度频域

表 7.10　输入构件 y 方向加速度频域理论与试验对比

理论分析	试验分析	误差率
频率/Hz	频率/Hz	百分比/%
562.4	561.5	17.38
842.4	842.3	0.9229
1115	1111	6.901
1400	1392	12.94

续表

频率/Hz	频率/Hz	百分比/%
1675	1672	8.731
1942	1941	0.9099
2227	2234	10.52
2517	2515	3.819
2793	2783	1.327
3064	3064	7.048

输入构件 x 方向的频域仿真分析与测试对比分析结果显示，其频域值仿真与测试结果一致，频域的波峰的峰值主要为第二排行星排太阳轮与行星轮的啮频及倍频处，此处为产生的振动值最大。输出构件 x 方向的频域仿真分析与测试结果对比分析显示，其频域的波峰值主要为第三排行星排太阳与行星轮的啮频及倍频处。

输出及输出端频域值结果显示，在一挡下，振动的最大值为第二排及第三排行星轮与太阳轮的啮频及倍频处，对于此问题可以采用太阳轮行星轮修型、提高齿轮加工精度，减少传递误差等手段降低其振动。通过振动特性的仿真与试验的分析，为行星排的振动优化设计指明了具体的方向。

7.3 行星齿轮箱传动均载测试方法

7.3.1 行星齿轮箱均载测试目的

行星齿轮箱传动结构具有尺寸小、质量轻、承载能力高的优势，此结构载荷均布于各个行星轮上，实现功率的传递。均载是指星轮间传递的载荷均匀分配，即各行星轮之间的啮合力大小相等。在实际设计过程中，根据理论分析，采用多个行星轮实现齿轮箱的功率分流，理论上每个行星轮应该传递的载荷为 $1/n_p$（n_p 为行星轮个数），如果行星齿轮传动系统完全均载，则行星齿轮传动系统的承载能力应该和行星轮的个数 n_p 成正比，但是在实际使用过程中，由于在制造过程和安装过程中会产生不可避免的误差、发生在载荷作用下产生的弹性变形，以及摩擦力和惯性力等因素的影响，行星传动过程中并不是均载的，而且承载能力和行星轮的个数 n_p 也不成正比。这就导致在行星传动过程中各行星轮之间的啮合力出现偏差的情况，根据3.5.4节的定义，均载系数分为外啮合均载系数和内啮合均载系数。第 k 个行星轮—内齿圈的均载系数为 LSC_{rpk}，第 k 个太阳轮—行星轮均载系数为 LSC_{spk}，将一段时间内行星传动系统的 max

(LSC_{rpk})和 $\max(LSC_{spk})$作为该时间段系统的外啮合均载系数和内啮合均载系数,并取外、内啮合均载系数二者之中的较大值作为整个行星传动系统的均载系数。此外,齿向载荷分布系数 K_β 是沿齿宽方向的最大载荷与其平均载荷之比,为考虑载荷沿齿宽方向分布不均的影响系数。影响齿向载荷分布系数的因素很多,包括齿轮及箱体的加工及安装误差,齿轮、轴及轴承座的刚度,轴承间隙及变形,磨合效果,热膨胀及热变形等。均载测试的重要目的在于获取齿轮真实应力状态,从而计算出均载系数和齿向载荷分布系数,从而为行星齿轮设计提供指导作用。

7.3.2 应变测试原理

7.3.2.1 电阻应变片工作原理

电阻应变片工作原理示意图如图 7.25 所示。由材料力学可知,在弹性范围内,金属丝受力时,沿轴线伸长,沿径向缩短,那么轴向应变和径向应变的关系可以表示为

$$\frac{\mathrm{d}r}{r} = -\mu \frac{\mathrm{d}l}{l} \rightarrow \varepsilon_y = -\mu \varepsilon_x \tag{7.19}$$

则可得

$$\frac{\mathrm{d}R}{R} = \frac{\mathrm{d}l}{l} - \frac{\mathrm{d}A}{A} + \frac{\mathrm{d}\rho}{\rho} = \left[(1+2\mu) + \frac{\mathrm{d}\rho/\rho}{\varepsilon_x}\right]\varepsilon_x \approx (1+2\mu)\varepsilon_x \tag{7.20}$$

式中:$1+2\mu = K$ 为形变效应部分,由电阻丝的几何尺寸改变而引起;$\dfrac{\mathrm{d}\rho/\rho}{\varepsilon_x}$ 为压阻效应部分,由电阻丝的电阻率随应变的改变引起;对大多数金属电阻丝来说为常数,可以忽略。

$$\frac{\mathrm{d}R}{R} \propto \varepsilon_x \rightarrow \frac{\mathrm{d}R}{R} = K\varepsilon_x = K\frac{\mathrm{d}l}{l} \tag{7.21}$$

式中:K 为电阻应变片灵敏度,对一般金属丝:$K = 1.7 \sim 3.6$,常用 $K = 2$。

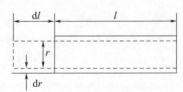

图 7.25 电阻应变片原理示意图

7.3.2.2 电阻应变片的测量电路

如图 7.26 所示,电路由 4 个桥臂 R_1、R_2、R_3 和 R_4,以及一个供桥电源 E 组成。其中,e 为电桥输出电压。

被测量无变化时,电桥平衡,输出为零;被测量发生变化时,测量电桥平衡被

破坏,有电压输出。平衡条件:$e=0$。

$$R_1R_4 = R_2R_3 \tag{7.22}$$

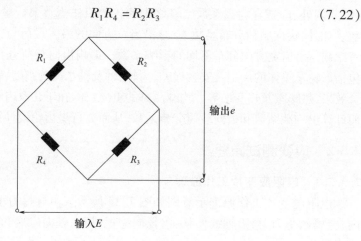

图 7.26 惠更斯电路示意图

如果平衡被破坏,就会产生与电阻变化相对应的输出电压。根据所接应变片数量的差别,分为以下几种。

(1)1/4 桥:如图 7.27 所示,将这个电路中的 R_1 用应变片相连,有应变产生时,记应变片电阻的变化量为 ΔR,则输出电压 e 的表达式

$$e = \frac{1}{4} \cdot \frac{\Delta R}{R} \cdot E = \frac{1}{4} \cdot K \cdot \varepsilon \cdot E \tag{7.23}$$

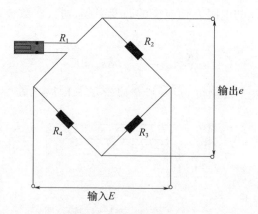

图 7.27 1/4 桥应变片法

(2)全桥:如图 7.28 所示,在电桥中联入了四枚应变片。四应变片法是桥路的四边全部联入应变片,在一般的应变测量中不经常使用,但常用于应变片式的变换器中。当四条边上的应变片的电阻分别引起如 $R_1 + \Delta R_1, R_2 + \Delta R_2, R_3 + \Delta R_3, R_4 + \Delta R_4$ 的变化时

第 7 章 ▶ 行星齿轮传动动态特性测试与模型修正

$$e = \frac{1}{4}\left(\frac{\Delta R_1}{R_1} - \frac{\Delta R_2}{R_2} + \frac{\Delta R_3}{R_3} - \frac{\Delta R_4}{R_4}\right)E \tag{7.24}$$

若四枚应变片完全相同,比例常数为 K,且应变分别为 ε_1、ε_2、ε_3、ε_4,则式(7.24)可变为

$$e = \frac{1}{4}K(\varepsilon_1 - \varepsilon_2 + \varepsilon_3 - \varepsilon_4)E \tag{7.25}$$

也就是说,应变测量时,邻臂上的应变相减,对臂上的应变相加。

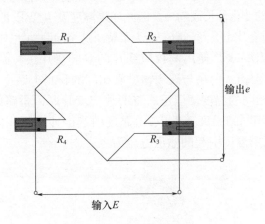

图 7.28 全桥应变片法

(3) 半桥:如图 7.29 所示,在电桥中联入了两枚应变片,共有两种联入方法,即半桥邻边法(a)和半桥对边法(b)。四条边中有两条边的电阻发生变化,根据上面的四应变片法的输出电压可得,联入方式如图 7.29(a)所示时

$$e = \frac{1}{4}\left(\frac{\Delta R_1}{R_1} - \frac{\Delta R_2}{R_2}\right)E = \frac{1}{4}K(\varepsilon_1 - \varepsilon_2)E \tag{7.26}$$

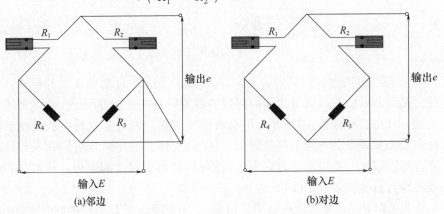

图 7.29 半桥

联入方式如图7.29(b)所示时

$$e = \frac{1}{4}\left(\frac{\Delta R_1}{R_1} + \frac{\Delta R_3}{R_3}\right)E = \frac{1}{4}K(\varepsilon_1 + \varepsilon_3)E \tag{7.27}$$

说当联入两枚应变片时,根据联入方式的不同,两枚应变片上产生的应变或加或减。

7.3.2.3 温度补偿原理

高温或低温的应变测量时,温度对应变产生影响。被测定物都有自己的热膨胀系数,随着温度的变化伸长或缩短。因此如果温度发生变化,即使不施加外力,贴在被测定物上的应变片也会测到应变。为了解决这个问题,可以应用温度补偿法。

(1)动态模拟法:这是使用两枚应变片的双应变片法。如图7.30所示,在被测物上贴上应变片(A),在与被测物材质相同的材料上贴上应变片(B),并将其置于与被测物相同的温度环境里。将两枚应变片联入桥路的相邻边,这样因为(A)、(B)处于相同的温度条件下,由温度引起的伸缩量相同,即由温度引起的应变相同,所以由温度引起的输出电压为零。

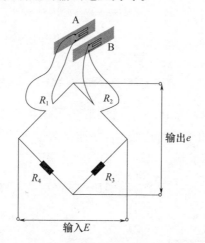

图7.30 动态模拟法示意图

(2)自我温度补偿法:从理论上讲,动态模拟法是最理想的温度补偿法。但是存在粘贴两枚应变所费劳力和被测物的放置场所的选择等问题。为了解决这个问题,可以使用可进行温度补偿的自我温度补偿应变片。这种方法根据被测物材料热膨胀系数的不同来调节应变片敏感栅,因此使用适合被测物材料的应变片就可以仅用一枚应变片对应变进行测量,且不受温度的影响。日本共和的应变片即有自我温度补偿的功能。

自我温度补偿应变片原理如图7.31所示,在热膨胀系数为β_s的被测物表面贴上敏感栅热膨胀系数为β_g的应变片。则温度每变化1℃,其所表现出来的应变ε_T为

$$\varepsilon_T = \frac{\alpha}{K_s} + (\beta_s - \beta_g) \tag{7.28}$$

式中:α 为电阻元件的温度系数;K_s 为由敏感栅材料决定的应变片常数;β_s、β_g 分别为由各自材料决定的被测物与敏感栅的热膨胀系数,这三项均为定值,则通过调整 α 就可以使由温度引起的应变为零。此时

$$\alpha = -K_s(\beta_s - \beta_g) \tag{7.29}$$

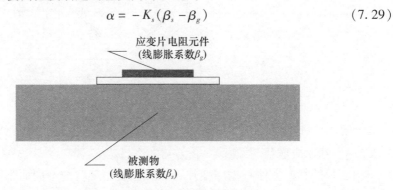

图 7.31　自我温度补偿片原理示意图

(3) 导线的温度补偿:使用导线进行温度补偿可以减小应变片所受的温度影响。但是从应变片到测量仪之间的导线也会受到温度的影响,这个问题并没有解决。如图 7.32 所示,单片双线的连接方式将导线的电阻全部串联入了应变片中。导线较短时不会有太大的问题,但如果导线较长就会产生影响。导线所使用的铜的电阻温度系数 $3.93 \times 10^{-6}/℃$。当使用 $0.3 mm^2$、电阻值 $0.0628\Omega/m$ 的导线 10m(来回 20m)时,温度上升 1℃。所产生的输出电压换算成应变,大约为 $20 \times 10^{-6} m\varepsilon (20\mu\varepsilon)$。

为了减小导线的影响,可以使用三线连接法。如图 7.33 所示,在应变片导线的一根上再连上一根导线,用 3 根导线使桥路变长。这种连接方式与双线式不同的地方是导线的电阻分别由电桥的相邻两边所分担。图 7.33 中,导线电阻 r_1 串联入了应变片电阻 R_g,r_2 串联入了 R_2,r_3 成为电桥的输出端。

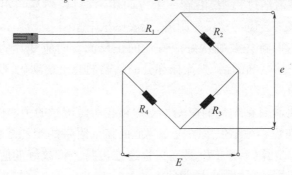

图 7.32　单片双线接法示意图

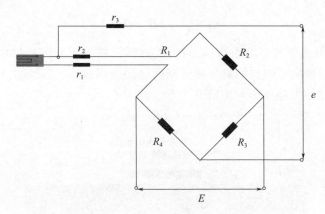

图 7.33　单片三线连接法示意图

7.3.2.4　粘贴应变片

应变片的粘贴方法根据应变片、粘贴剂、使用环境的不同而不同。这里以常温室内测量为例。其步骤大致如下所述。

(1)选择应变片:根据被测物与目的选择应变片的种类及长度。选择合适的应变片之后,应对待用的应变片进行外观检查和阻值测量。外观检查可凭肉眼或借助放大镜进行,目的在于观察敏感栅有无锈斑、缺陷,是否排列整齐,基底和覆盖层有无损坏,引线是否完好。阻值测量目的在于检查敏感栅是否有断路、短路,并进行阻值分选,对于共用温度补偿的一组应变片,阻值相差不得超过 $\pm 0.5\Omega$。同一次测量的应变片灵敏系数必须相同。

(2)除锈,保护膜:将应变片所要粘贴的部位(范围要大于应变片的面积)用砂布(#200~#300)打磨,直到除去涂漆、锈迹及镀金等。

(3)确定粘贴位置:在需要测量应变的位置沿着应变的方向做好记号。使用 4H 以上的硬质铅笔或划线器,注意,在使用划线器时不要留下深的刻痕。

(4)对粘贴面的脱脂和清洁:用工业用薄纸蘸丙酮溶液对要粘贴应变片部位进行清洁。在清洁过程中,沿着一个方向用力擦拭,然后再沿着相同方向擦拭。如果来回擦拭会使污物反复附着,无法擦拭干净。

(5)涂粘贴剂:首先要确认好应变片的正反面。向应变片的背面滴一滴粘贴剂。如果涂抹粘贴剂的话,先涂抹部分的粘贴剂会出现硬化,使粘性下降。因此不推荐涂抹的方式。

(6)粘贴:将滴有粘贴剂的应变片立即粘在所做记号的中心位置。

(7)加压:在置于粘贴位置的应变片上面盖上附带的聚乙烯树脂片,并在上面用手指加压。步骤(5)~(7)要连贯快速地进行。将放好的应变片取下调整位置,重新粘贴时会使粘性极大地下降。

(8)检查:加压一分钟左右,取下聚乙烯树脂片,确认是否已粘贴牢固。这样整个粘贴过程结束。为了达到更好的效果,最好将应变片放置60min左右,等粘贴剂完全硬化后再使用。

粘贴剂初步固化后,即可进行焊接连接导线,常温静态测量可使用双芯多股铜质塑料线作导线,动态测量应使用三芯或四芯屏蔽电缆作为导线。应变片与导线间的连接通过接线端子焊接,焊点应确保无虚焊。导线最好与试件绑扎固定,导线两端应根据测点的编号做好标记。

贴片质量检查包括外观检查、电阻和绝缘电阻检查。外观检查主要观察贴片方位是否正确、应变片有无损伤、粘贴是否牢固和有无气泡等。测量电阻值可以检查有无断路、短路。绝缘电阻是最重要的受检指标。绝缘好坏取决于应变片的基底,粘贴不良或固化不充分的应变片往往绝缘电阻低。

应变片受潮会降低绝缘电阻和黏结强度,严重时会使敏感栅锈蚀;酸、碱及油类浸入甚至会改变基底和黏结剂的物理性能。因此,为了防止大气中游离水分和雨水、露水的浸入,在特殊环境下防止酸、碱、油等杂质侵入,对已充分干燥、固化,并已焊好导线的应变片,应立即涂上防护层。常用室温防护剂有:凡士林、蜂蜡、石蜡、炮油和松香混合物、环氧树脂等。

7.3.3 均载测试流程及数据计算方法

7.3.3.1 测试步骤

(1)根据测试记录表,确认基本工况及测试通道对应表。

(2)利用matlab读取测试的csv文件,绘制应变(应力)时域图,检查各通道的信号有效性,并绘制同一齿向位置,相邻轮齿的时域图,根据峰值的出现顺序,确认行星轮的正转与反转(相对于齿圈的测点方向:逆时针)。如果信号受到噪声干扰,设置带通滤波对信号进行滤波处理,将应变转换成应力再绘制各通道时域图。

(3)绘制同一测点的时域叠加图,看数据是否异常。

(4)根据时域图,确认峰值个数,根据采样点数,确定搜索步长。

(5)对有效通道,提取负峰值和峰值(峰值从第3个开始提取,如果进行滤波,第一个峰值会受影响)。

(6)计算峰峰值峰值减后值并输出,检查各个峰峰值是否正常(如果有异常,可通过改变搜索步长等消除;或者增加峰值个数,后期进行筛选,大于某个值才有效),再次输出检查。

(7)对各组测点的数据进行调整(行号调整,使得第一行对应第一个行星轮,第二行对应第二个行星轮)。

(8)对缺失的齿向应力数据进行弥补(均值)。

(9)根据某组测点的C通道数据最大值,判定为行星轮#1,其余依次命名,调整行位置,得到应力矩阵。

(10)行星轮在某测点的应力相加,某测点处行星轮的应力值除以它们的均值,得到某测点处各个行星轮的均载系数,某行星轮的均载系数为各个测点处某行星轮的均载系数的均值。轮系的均载系数为各工况的均载系数最大值。

(11)计算齿向载荷分配系数:某行星轮在某测点处齿向方向应力最大值除以均值。

(12)齿根应力图的绘制,并保存图片。如果应力图图形中间大两边小,则说明该图是有效的。如果应力图中间出现明显波动表明有问题,解决办法为重新检查数据,选择通道。

7.3.3.2 增速齿轮箱均载性能测试案例

增速齿轮箱均载性能测试的目的是增速箱台架试验各种工况下一级内齿圈齿根处的应变分析和计算,获得行星传动各工况下的外啮合均载系数和齿向分配系数,为改善增速箱的均载性能提供理论分析依据和数据支撑。

1)实验系统

应变测量系统由内齿圈、应变片、动态应变仪和计算机组成,如图7.34所示,应变仪采集内齿圈齿根应变信号,并通过接口将信息存储在计算机上。

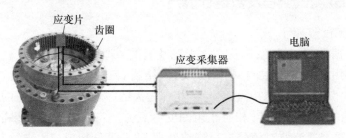

图7.34 实验系统

2)应变片布置

为了获取有效而又准确的齿根应变信号,将测点均匀布置在内齿圈上,应变片的位置应该尽量靠近齿根处且不影响啮合,保证试验过程中各应变片正常工作。

增速齿轮箱由四行星齿轮传动系统传动,按照基本均布原则,在内齿圈上每隔90°布置一组测点。如果行星轮传动系统齿轮啮合重合度远大于1,表明轮齿啮合时大部分时间段都是两齿同时承担载荷,因此每组测点分别布置在连续的2个轮齿齿根处,保证可同时测得4个行星轮所在内齿圈轮齿的齿根应变。

增速齿轮箱的一级内齿圈共有93个齿、4个行星轮。定义内齿圈上安装孔位置所对应的齿为第一齿;齿数序号沿着逆时针方向依次递增,从1递增至93。按照基本布置原则,内齿圈周向每间隔90°布置一组应变片,共计4组,如图 7.35 所示。4 组应变片分布在内齿圈的 8 个齿根部位,齿序分别为 93、1、23、24、46、47、69、70,这 4 组应变片标号分别记为第 1 组、第 2 组、第 4 组、第 3 组。

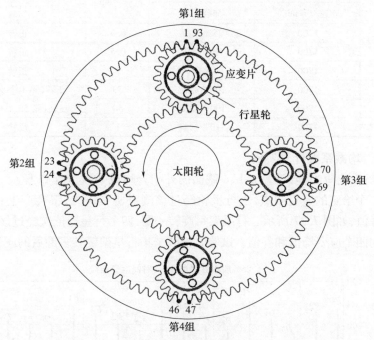

图 7.35　应变片周向布置

每组应变片布置在连续的 2 个轮齿齿根处,每个轮齿齿根处沿齿宽方向上均匀布置 3 个应变片,如图 7.36 所示,与内齿圈端面距离分别为 7.5cm、20.5cm、33.5cm,分别标记为 a、b、c。为方便记述,按组号—组内齿号—截面号简记某个特定测点,例如,对于第 47 个齿 b 截面的测点可记作 4 - 2 - b。

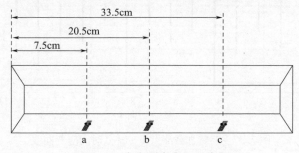

图 7.36　齿向测点布置示意图

3) 实验工况

齿轮箱达到 1700r/min 并实现热平衡后,按 25% 载荷、50% 载荷、75% 载荷、

100%载荷、110%载荷加载,如表7.11所示。

表7.11 增速箱试验工况表

编号	转速试验条件与参数		试验时间/h	备注
	转速/(r/min)	加载状态		
1	1700	25%载荷	0.5	正转
2	1700	50%载荷	0.5	正转
3	1700	75%载荷	1	正转
4	1700	100%载荷	50	正转(第1个小时内)
5	1700	100%载荷	50	反转(第50个小时内)
6	1700	110%加载	1	反转

7.3.3.3 均载系数计算实例

以25%载荷为例,计算a、b、c截面的外啮合均载系数过程如下。

对一个给定的应变测点,当行星轮经过该测点所在齿时,将会产生一个应变谷值和峰值,如图7.37所示。行星架每旋转一圈,四个行星轮依次经过该测点,得到连续的四个应变峰值和谷值。试验时连续采集行星架旋转多圈后的应变信号。

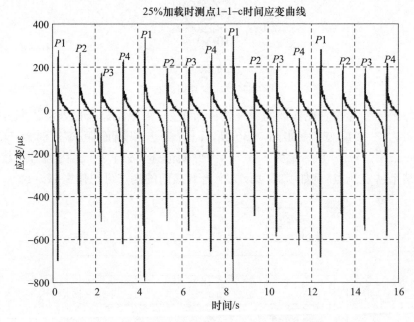

图7.37 25%加载测点1-1-c时间应变曲线

行星架每旋转一圈,行星轮就回到初始测点位置。如表7.12所列,行星轮经过同一测点时产生的应变幅值存在微小变化,说明测取的应变信号存在着随行星架转动而变化的误差。在计算过程中,将多圈后测取的应变峰值或谷值取

第7章 ▶ 行星齿轮传动动态特性测试与模型修正

平均值,从而得到每个行星轮在该工况下通过该测点的平均应变峰值或谷值,以此来消除随行星架转动带来的误差。

同一截面处的8个应变测点测取的连续时间应变值可简化成4×8矩阵,矩阵的每一行代表四个行星轮在相应测点时同时产生的应变谷值(或峰值),每一列代表四个行星轮依次经过同一测点时的应变谷值(或峰值),矩阵形式为

$$\begin{bmatrix} \varepsilon_{p1}^{11} & \varepsilon_{p1}^{12} & \varepsilon_{p1}^{21} & \varepsilon_{p1}^{22} & \varepsilon_{p1}^{31} & \varepsilon_{p1}^{32} & \varepsilon_{p1}^{41} & \varepsilon_{p1}^{42} \\ \varepsilon_{p2}^{11} & \varepsilon_{p2}^{12} & \varepsilon_{p2}^{21} & \varepsilon_{p2}^{22} & \varepsilon_{p2}^{31} & \varepsilon_{p2}^{32} & \varepsilon_{p2}^{41} & \varepsilon_{p2}^{42} \\ \varepsilon_{p3}^{11} & \varepsilon_{p3}^{12} & \varepsilon_{p3}^{21} & \varepsilon_{p3}^{22} & \varepsilon_{p3}^{31} & \varepsilon_{p3}^{32} & \varepsilon_{p3}^{41} & \varepsilon_{p3}^{42} \\ \varepsilon_{p4}^{11} & \varepsilon_{p4}^{12} & \varepsilon_{p4}^{21} & \varepsilon_{p4}^{22} & \varepsilon_{p4}^{31} & \varepsilon_{p4}^{32} & \varepsilon_{p4}^{41} & \varepsilon_{p4}^{42} \end{bmatrix} \tag{7.30}$$

通过某一测点处测取的连续的应变谷值(或峰值)计算均载系数,若按定义1(应变平均值)为

$$L_{p_i}^{jk} = \frac{\varepsilon_{p_i}^{jk}}{\frac{1}{4}\sum_{i=1}^{4}\varepsilon_{p_i}^{jk}} \tag{7.31}$$

若按定义2(应变最小值)为

$$L_{p_i}^{jk} = \frac{\varepsilon_{p_i}^{jk}}{\min(\varepsilon_{p_i}^{jk})} \quad i=1,2,3,4 \tag{7.32}$$

然后对每一组的两个测点计算出来的均载系数做平均

$$L_{pi}^{j} = \frac{1}{2}\sum_{i=1}^{2}L_{pi}^{jk} \tag{7.33}$$

这样就可以产生4×4矩阵

$$\begin{bmatrix} L_{p1}^{1} & L_{p1}^{2} & L_{p1}^{3} & L_{p1}^{4} \\ L_{p2}^{1} & L_{p2}^{2} & L_{p2}^{3} & L_{p2}^{4} \\ L_{p3}^{1} & L_{p3}^{2} & L_{p3}^{3} & L_{p3}^{4} \\ L_{p4}^{1} & L_{p4}^{2} & L_{p4}^{3} & L_{p4}^{4} \end{bmatrix} \tag{7.34}$$

在实际计算过程中,用应变峰值减谷值来代替式(7.33)和式(7.34)中的ε_{pi}^{jk},即

$$\varepsilon_{pi}^{'jk} = \gamma_{pi}^{jk} - \varepsilon_{pi}^{jk} \tag{7.35}$$

对所有的应变测点产生的均载系数取平均值,将得到最终的均载系数

$$L'_{pi} = \frac{1}{4}\sum_{j=1}^{4}L_{pi}^{j} \tag{7.36}$$

25%载荷工况下各行星轮在a、b、c三个截面的均载系数如表7.12所列。表7.12显示,在25%载荷工况下:

(1) #1轮在a、b两截面的均载系数都大于其他轮,在a截面处的均载系数

达到了 1.25(按第二种定义为 1.49),但在 c 截面处均载系数只有 0.79。#3 轮的均载系数在 c 截面处最大,达到 1.22。

(2)四个行星轮在 b 截面处的载荷分配相对均匀,最大仅为 1.05,但在 a、c 截面处均载系数相差较大,表明 a、c 截面处偏载严重。

(3)#4 和#2 轮在三个截面处均载系数接近,#1 轮和#3 轮在三截面处均载系数相差较大,表明这两个轮沿齿宽方向承载不均。

表 7.12　25% 载荷工况,各行星轮在 a、b、c 截面处的均载系数

截面 行星轮 p	定义 1			定义 2		
	a	b	c	a	b	c
#1	1.25	1.05	0.79	1.49	1.10	1.00
#2	0.92	0.98	1.01	1.11	1.03	1.27
#3	0.83	0.96	1.22	1.00	1.00	1.54
#4	0.99	1.01	0.98	1.19	1.05	1.23

7.3.3.4　齿向分配系数 $K_{H\beta}$ 和 $K_{F\beta}$ 的计算实例

25% 载荷工况下,同一组测点(测点 1-1-a,1-1-b,1-1-c)齿根应变时间历程细化图如图 7.38 所示。可知这三个测点 1-1-a,1-1-b,1-1-c 几乎同时达到应变谷值和峰值;测点 1-1-a 最小应变为 $-173\mu\varepsilon$,测点 1-1-b 最小应变约为 $-463\mu\varepsilon$,测点 1-1-c 最小应变约为 $-554\mu\varepsilon$;测点 1-1-a 最大应变在 $21\mu\varepsilon$ 左右,测点 1-1-b 最大应变为 $164\mu\varepsilon$ 左右,测点 1-1-c 最大应变为 $318\mu\varepsilon$ 左右。四个测点在达到应变峰值后下降的过程中都出现了波动。

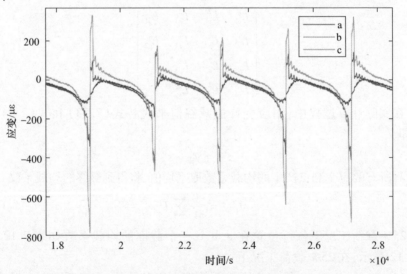

图 7.38　1-1 处测点 a、b、c 三处截面的应变

$K_{H\beta}$ 的计算是根据应变测点的峰峰值(峰值减谷值)大小,连续的 8 圈齿根应变曲线可以简化为 4×24 矩阵。

$$\begin{bmatrix} \varepsilon_{p1}^{11} & \varepsilon_{p1}^{12} & \cdots & \varepsilon_{p1}^{16} & \cdots & \varepsilon_{p1}^{41} & \varepsilon_{p1}^{42} & \cdots & \varepsilon_{p1}^{46} \\ \varepsilon_{p2}^{11} & \varepsilon_{p2}^{12} & \cdots & \varepsilon_{p2}^{16} & \cdots & \varepsilon_{p2}^{41} & \varepsilon_{p2}^{42} & \cdots & \varepsilon_{p2}^{46} \\ \varepsilon_{p3}^{11} & \varepsilon_{p3}^{12} & \cdots & \varepsilon_{p3}^{16} & \cdots & \varepsilon_{p3}^{41} & \varepsilon_{p3}^{42} & \cdots & \varepsilon_{p3}^{46} \\ \varepsilon_{p4}^{11} & \varepsilon_{p4}^{12} & \cdots & \varepsilon_{p4}^{16} & \cdots & \varepsilon_{p4}^{41} & \varepsilon_{p4}^{42} & \cdots & \varepsilon_{p4}^{46} \end{bmatrix} \tag{7.37}$$

对相邻两个齿相同截面下的应变峰值做平均

$$\varepsilon_{pn}^{jk} = \frac{1}{2}(\varepsilon_{pn}^{jk} + \varepsilon_{pn}^{j(k+3)}) \tag{7.38}$$

得到 4×12 矩阵

$$\begin{bmatrix} \varepsilon_{p1}^{11} & \varepsilon_{p1}^{12} & \varepsilon_{p1}^{13} & \cdots & \varepsilon_{p1}^{41} & \varepsilon_{p1}^{42} & \varepsilon_{p1}^{43} \\ \varepsilon_{p2}^{11} & \varepsilon_{p2}^{12} & \varepsilon_{p2}^{13} & \cdots & \varepsilon_{p2}^{41} & \varepsilon_{p2}^{42} & \varepsilon_{p2}^{43} \\ \varepsilon_{p3}^{11} & \varepsilon_{p3}^{12} & \varepsilon_{p3}^{13} & \cdots & \varepsilon_{p3}^{41} & \varepsilon_{p3}^{42} & \varepsilon_{p3}^{43} \\ \varepsilon_{p4}^{11} & \varepsilon_{p4}^{12} & \varepsilon_{p4}^{13} & \cdots & \varepsilon_{p4}^{41} & \varepsilon_{p4}^{42} & \varepsilon_{p4}^{43} \end{bmatrix} \tag{7.39}$$

根据

$$[K_{F\beta}]_{pn}^{j} = \frac{\max(\varepsilon_{pn}^{j})}{\frac{1}{3}\sum_{j=1}^{3}\varepsilon_{pn}^{j}} \tag{7.40}$$

式中:$K_{F\beta}$ 为各组测点下行星轮 P_n 的弯曲齿向载荷分配系数。

得到不同行星轮在不同组测点下的齿向载荷分配系数

$$\begin{bmatrix} [K_{F\beta}]_{p1}^{1} & [K_{F\beta}]_{p1}^{2} & [K_{F\beta}]_{p1}^{3} & [K_{F\beta}]_{p1}^{4} \\ [K_{F\beta}]_{p2}^{1} & [K_{F\beta}]_{p2}^{2} & [K_{F\beta}]_{p2}^{3} & [K_{F\beta}]_{p2}^{4} \\ [K_{F\beta}]_{p3}^{1} & [K_{F\beta}]_{p3}^{2} & [K_{F\beta}]_{p3}^{3} & [K_{F\beta}]_{p3}^{4} \\ [K_{F\beta}]_{p4}^{1} & [K_{F\beta}]_{p4}^{2} & [K_{F\beta}]_{p4}^{3} & [K_{F\beta}]_{p4}^{4} \end{bmatrix} \tag{7.41}$$

接触的齿向载荷分配系数 $K_{H\beta}$ 是根据 ISO 6336 标准计算的:

$$K_{H\beta} = K_{F\beta}^{\frac{1}{N_F}} \tag{7.42}$$

$$N_F = \frac{1}{1 + \frac{h}{b} + \left(\frac{h}{b}\right)^2} \tag{7.43}$$

式中:h 为齿高;b 为齿宽。

25% 载荷工况下各行星轮在不同组测点下的齿向分配系数如表 7.13、

表 7.14 所示,25% 载荷工况下,

(1) #1 轮在第二组测点下的齿向分配系数都大于其他轮,在第二组测点下的齿向分配系数 $K_{F\beta}$ 达到了 1.7751,但在第四组测点下的齿向分配系数只有 1.2885。#2 轮的齿向分配系数在第三组测点下最大,达到 1.7471。

(2) 四个行星轮在第三组和第四组测点下的齿向分配系数较小,最大仅为 1.3959,但在第一组和第二组测点下的齿向分配系数很大。

(3) #4 和 #2 轮在各组测点下的齿向分配系数接近,表明这两个轮沿齿宽方向承载相似。

表 7.13 弯曲的齿向载荷分布系数 $K_{F\beta}$

行星轮 p	第一组	第二组	第三组	第四组
#1	1.5291	1.7751	1.3684	1.2885
#2	1.7471	1.6844	1.1948	1.2965
#3	1.5119	1.4979	1.1840	1.2824
#4	1.2895	1.6957	1.2274	1.3959

表 7.14 接触的齿向载荷分布系数 $K_{H\beta}$

行星轮 p	第一组	第二组	第三组	第四组
#1	1.3967	1.6214	1.2500	1.1769
#2	1.5958	1.5386	1.0913	1.1843
#3	1.3810	1.3682	1.0815	1.1714
#4	1.1779	1.5489	1.211	1.2751

7.4 行星齿轮传动动力学模型修正

为了使动力学模型仿真结果与试验测量结果保持一致,需要对动力学模型参数进行修正,常采用的方法有梯度下降法、牛顿法、共轭梯度法以及模式搜索法等最优化方法。其中,模式搜索法因其不需要目标函数导数的特点被广泛应用于动力学模型修正。

7.4.1 模式搜索法

模式搜索法,又称 Hooke-Jeeves 算法,是一种直接搜索的算法,根据方法本身特点,也称为步长加速法。它并不依赖导数,因此可以使用直接搜索来解决目标函数不可微分,甚至不连续的问题。需要给定一个初始点。模式搜索法具有

结构简单、求解精度高、局部搜索能力强等特点，MATLAB 提供了三种直接搜索算法，称为广义模式搜索（GPS）法、生成集搜索（GSS）法和网络自适应搜索（MADS）法。它们的不同之处在于用于搜索的方向向量不同。

模式搜索法是对当前搜索点按固定模式和步长 Δ_k 探索移动，以寻求可行下降方向（非最速下降方向）的直接搜索法。迭代过程只要找到相对于当前点的改善点，则步长递增，并从该点开始进入下一次迭代；否则步长递减，在当前点继续搜索。

所谓模式搜索，包含了两种移动过程，探测移动和模式移动。探测移动表示沿着相应维度的坐标轴的移动，探测使函数值下降的方向，而模式移动表示两个相邻的探测点连线方向的移动，最终给出最值点。

模式搜索法思想与梯度法一样，都是寻找函数变大或变小的方向，如求解函数最大值问题，不能直接求出某一点的梯度时，可以退而求其次，找出一个与梯度方向大致相同的向量，沿着这个向量方向运动不断变化调整，"方向大致相同"用几何语言描述是：选择的方向与梯度方向夹角在 $0°\sim 90°$。方向从线性空间的角度来说是一个向量，由于线性空间中任何一个向量都可以用基线性表示，等值线所在的定义域是一个线性完备空间，可以用线性空间的基表示函数变化的方向，以求函数最小值为例，模式搜索法算法可以这样表述：

（1）给定初始点 $x^1 \in R^n$，初始步长 δ，加速因子 $\alpha \geqslant 1$，缩减率 $\beta \in (0,1)$，精度 $\varepsilon > 0$。令 $y^1 = x^1, k=1, j=1$。

（2）轴向搜索：

如果 $f(y^j + \delta e_j) < f(y^j)$，则令 $y^{j+1} = y^j + \delta e_j$，转（3）；

如果 $f(y^j - \delta e_j) < f(y^j)$，则令 $y^{j+1} = y^j - \delta e_j$，转（3）；

否则，令 $y^{j+1} = y^j$。

（3）若 $j < n$，则令 $j:=j+1$，转（2）。

如果 $f(y^{n+1}) < f(x^k)$，转（4）；否则，转（5）。

（4）模式搜索：令 $x^{k+1} = y^{n+1}, y^1 = x^{k+1} + \alpha(x^{k+1} - x^k)$。

（5）如果 $\delta \leqslant \varepsilon$，停止，得到点 $x^{(k)}$；否则，令 $\delta := \beta\delta, y^1 = x^k, x^{k+1} = x^k$。令 $k:=k+1, j=1$，转（2）。

MATLAB 提供了三种直接搜索算法，称为广义模式搜索（GPS）法、生成集搜索（GSS）法和网络自适应搜索（MADS）法。它们的不同之处在于用于搜索的方向向量不同。

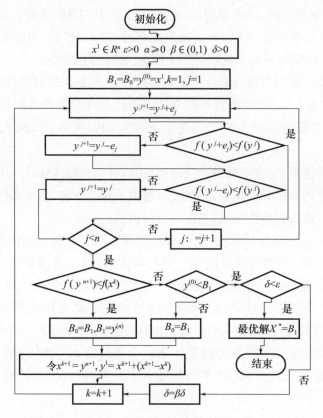

图 7.39 模式搜索法解算流程

7.4.2 动力学模型参数修正的目标函数

行星传动动力学模型仿真结果的准确性直接影响其动力学性能分析结果的可信性,而动力学性能分析结果是否可信直接取决于所建立的动力学模型的准确程度。在建模过程中,由于模型的简化、参数测量误差等因素的影响,所建立的行星传动动力学模型与实际行星传动系统之间必然存在一定的差异,为了缩小这种差异,需要对所构建的行星传动动力学模型的参数进行修正,从而提高其动力学性能分析结果的准确度。

针对修正问题的无约束性和非线性,采用模式搜索法进行参数修正的迭代计算。通过构建行星传动动力学模型参数修正的目标函数表达式,对动力学模型中的相关参数进行修正。在行星传动系统中,振动加速度功率谱密度曲线不仅反映了振动能量的总体大小,而且还还反映了信号的频率成分中各频率成分所对应的振动能量的相对大小,因此,基于振动加速度的时域与功率谱密度构造参数修正的多目标函数:

第 7 章 ▶ 行星齿轮传动动态特性测试与模型修正

$$f = e_1 \times \frac{\sqrt{D(a)}\sqrt{D(b)}}{\text{Cov}(a,b)} + e_2 \times \frac{\sqrt{D(c)}\sqrt{D(d)}}{\text{Cov}(c,d)} \quad (7.44)$$

式中：a 和 b 分别是仿真结果与实测结果的功率谱密度；$D(s)$ 和 $D(a)$ 分别是其所对应的方差；$\text{Cov}(a,b)$ 是仿真结果与实测结果的协方差；c 和 d 分别是仿真结果与实测结果的时域幅值；$D(c)$ 和 $D(d)$ 分别是其所对应的方差；$\text{Cov}(a,b)$ 是仿真结果与实测结果时域幅值的协方差；e_1 与 e_2 为比例系数；f 取值范围为 $[1, +h]$，目标函数值越接近 1，则表示仿真结果与实测结果越接近。

7.4.3 基于模式搜索法的单排行星传动动力学模型参数修正算例

在对第 3 章所述的单排单级行星传动系统的振动测试试验中，采样频率为 20480Hz，所采集到的某一工况下行星架振动加速度试验信号的时域曲线如图 7.40 所示，与其相同工况下的行星架振动加速度仿真结果如图 7.41 所示。

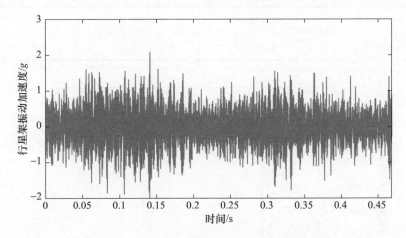

图 7.40 行星架振动加速度实验信号的时域曲线

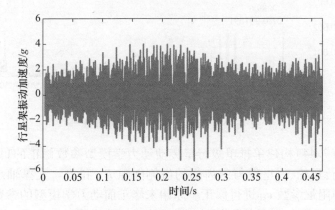

图 7.41 行星架振动加速度仿真结果

此工况下行星排的啮合频率为 89.6Hz,实测信号的行星架振动加速度幅值波动范围在 $-2\sim 2g$,仿真结果的振动加速度幅值为 $-4\sim 4g$。仿真信号与实测信号存在一定的误差。计算所得实测与仿真结果的统计特征值如表 7.15 所列,仿真结果的均方根值与实测结果的误差值达到 78.93%,存在较大误差。说明所构建的行星传动动力学模型的仿真结果不够精确。对两者进行频谱分析,得到实测结果与仿真结果的功率谱密度曲线如图 7.42、图 7.43 所示。在 $0\sim 1000$Hz 频率区间,实测结果中存在行星排啮合频率 89.6Hz 及其倍频,且峰值较高,振动能量较大;而在仿真结果中,啮合频率的峰值较小,在 $600\sim 900$Hz 存在较大峰值点,峰值最大点对应的为啮合频率 89.6Hz 的 8 倍频。由此分析可得仿真结果的振动能量在频率上的分布与实测结果存在较大差异。

表 7.15 修正前仿真结果与实验结果统计特征值对比

统计特征值	仿真结果	实测结果	误差
均方根值	0.8449m/s²	0.4722m/s²	78.93%

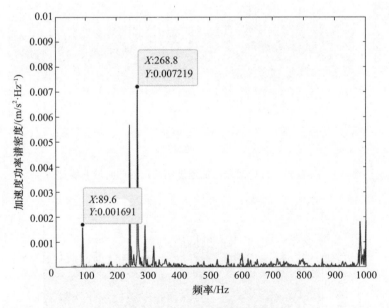

图 7.42 实测结果功率谱密度曲线

根据式(7.44)构建单排单级行星传动动力学模型参数修正的目标函数,选取太阳轮与行星轮、行星轮与内齿圈的齿侧间隙 B_{L1} 和 B_{L2},支撑轴承的支撑刚度 k_{b0} 和支撑阻尼参数 c_{b0} 进行修正。原始未修正前动力学模型的参数初始值如表 7.16 所列。

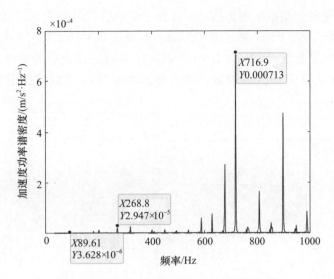

图 7.43　修正前仿真结果功率谱密度曲线

表 7.16　模型修正前相关参数的初始值

B_{L1}/mm	B_{L2}/mm	k_{b0}/(N/m)	c_{b0}/(Ns/m)
0.05	0.05	5×10^7	1500

利用 MATLAB 中自带的模式搜索法求解器对目标函数进行求解，所要修正的参数的边界条件与设计参数保持一致。由此可得单排单级行星传动动力学模型参数修正的数学模型如下。

求目标函数 f 的最小值，其中边界条件为 $B_{L1}(L)<B_{L1}<B_{L1}(U)$，$B_{L2}(L)<B_{L2}<B_{L2}(U)$，$k_{b0}(L)<k_{b0}<k_{b0}(U)$，$c_{b0}(L)<c_{b0}<c_{b0}(U)$。其中，修正参数 L 和 U 分别代表参数取值的下限和上限，其与动力学模型参数设计的区间相同。

在 MATLAB 中求解器的优化参数设置最大迭代次数为 100 次，初始步长、加速因子和迭代终止步长保持求解器默认设置。经过 51 次迭代和 233 次目标函数计算，目标函数收敛。得到参数的最优解如表 7.17 所示。

表 7.17　模型修正后相关参数的最优解值

B_{L1}/mm	B_{L2}/mm	k_{b0}/(N/m)	c_{b0}/(Ns/m)
0.04917	0.04025	3.3223	1628

将修正后的参数代入单排单级行星传动动力学模型，得到修正参数后的动力学响应，仿真后的行星架振动加速度时域波形如图 7.44 所示，修正后的仿真结果与实验结果的统计特征值对比如表 7.18 所示。修正后的仿真信号的行星架振动加速度时域的幅值波动范围减小，在区间 $-2.5\sim2.5g$ 间波动，与实测结

果的振动加速度波动范围更为接近。且修正后仿真信号的均方根值与实测信号之间误差降低了 52.95%,修正效果显著。对修正后的仿真信号进行频谱分析,得到功率谱密度曲线,如图 7.45 所示,其修正参数前存在的异常峰值点幅值有所降低,由此说明模式搜索法对该单排单级行星传动动力学模型的参数修正有效。

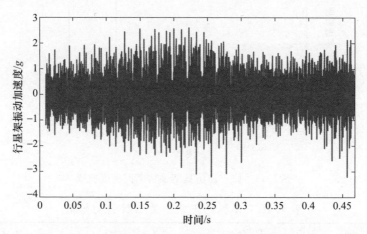

图 7.44 修正后仿真信号的行星架振动加速度时域

表 7.18 修正后仿真结果与实验结果统计特征值对比

统计特征值	仿真结果	实测结果	误差
均方根值/(m/s^2)	0.5949	0.4722	25.98%

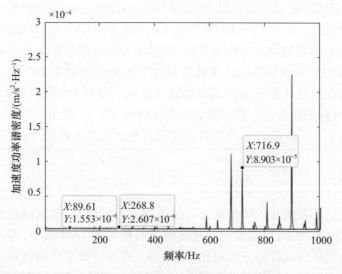

图 7.45 修正后仿真信号的功率谱密度曲线

参考文献

[1] 张强,李洪武,程燕,等. 基于试验测试的履带车辆行星变速机构振动特性分析[J]. 兵工学报,2019,40(06):1137-1145.

[2] 张强,许晋,李洪武,等. 多排耦合变速机构振动特性建模与试验[J]. 振动、测试与诊断,2021,41(02):242-248,408.

[3] 邵毅敏,鲜敏. 三维机械差动压电式加速度传感器设计研究[J]. 传感器与微系统,2013,32(10):54-56,64.

[4] Zeng Q, Feng G, Shao Y, et al. An accurate instantaneous angular speed estimation method based on a dual detector setup[J]. Mechanical Systems and Signal Processing, 2020, 140:106674.

[5] 孙利明. 振动测试技术[M]. 北京:中国建筑工业出版社,2017.

[6] 时献江,王桂荣,司俊山. 机械故障诊断及典型案例解析[M]. 北京:化学工业出版社,2017.

[7] 冯志鹏,褚福磊,左明健. 行星齿轮箱振动故障诊断方法[M]. 北京:科学出版社,2015.

[8] 张珂铭. 齿面剥落行星轮系故障激励与动态响应特性研究[D]. 重庆:重庆大学,2018.

[9] 史志礼. 基于局部特征优化的齿轮箱振动噪声控制方法研究[D]. 重庆:重庆大学,2015.

[10] 尚珍. 高可靠性行星齿轮传动设计技术及均载研究[D]. 北京:机械科学研究总院,2009.

[11] 刘鸿文. 材料力学[M]. 北京:高等教育出版社,2004.

[12] 秦树人. 机械工程测试原理与技术[M]. 重庆:重庆大学出版社,2002.

[13] 王辉. 基于应变式三轴加速度传感器的智能轴承设计与实验研究[D]. 重庆:重庆大学,2012.

[14] 王化祥,张淑英. 传感器原理及应用[M]. 2版. 天津:天津大学出版社,1999.

[15] 肖铁英,袁盛治,陆卫杰. 行星齿轮机构均载系数的计算方法[J]. 东北重型机械学院学报,1992,(04):290-295.

[16] Ligata H, Kahraman A, Singh A. An experimental investigation of the influence of manufacturing errors on the planetary gear stresses and planet load sharing[J]. American Society of Mechanical Engineers,2008,130(4):041701.

[17] 叶维军. 基于交替式生物进化论规则的齿轮早期故障诊断方法研究[D]. 重庆:重庆大学,2015.

[18] 王钦龙,王红岩,芮强. 基于近似模型和模式搜索法的履带车辆多体动力学模型参数修正研究[J]. 科学技术与工程,2016,16(33):46-53.

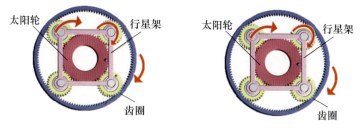

(a) 太阳轮固定，齿圈主动，行星架从动　(b) 太阳轮固定，齿圈从动，行星架主动

图 3.2　齿圈固定工作状态示意图

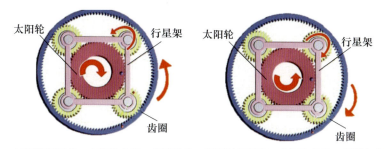

(a) 行星架固定，太阳轮主动，齿圈从动　(b) 行星架固定，太阳轮从动，齿圈主动

图 3.4　行星架固定工作状态示意图

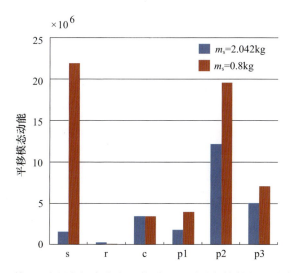

图 3.15　第 10 阶固有频率在太阳轮质量不同时各构件的平移模态动能

彩 1

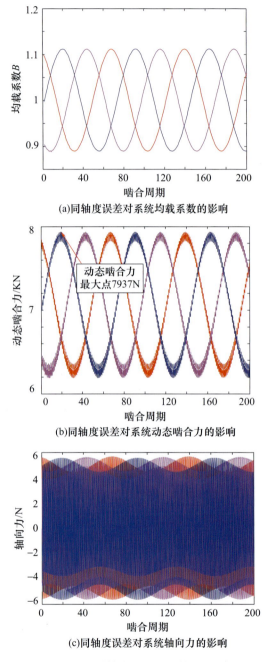

(a)同轴度误差对系统均载系数的影响

(b)同轴度误差对系统动态啮合力的影响

(c)同轴度误差对系统轴向力的影响

图 3.40 同轴度误差对系统的影响

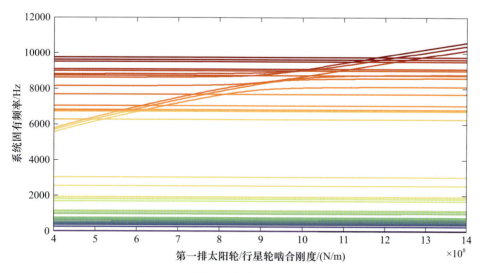

图 5.13 系统固有频率随 K_{sp1} 的变化情况

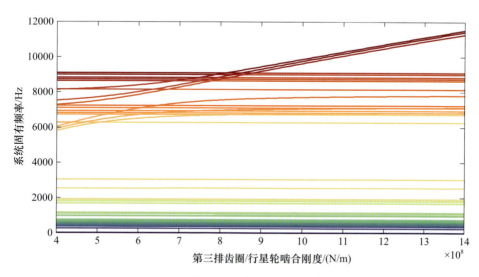

图 5.20 系统固有频率随 K_{rp3} 的变化情况

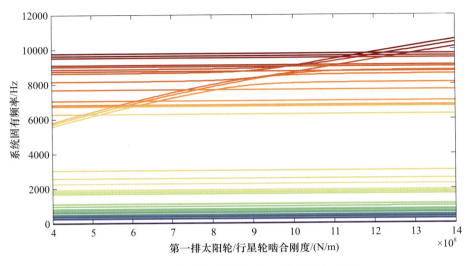

图 5.29　系统固有频率随 K_{sp1} 变化而变化情况

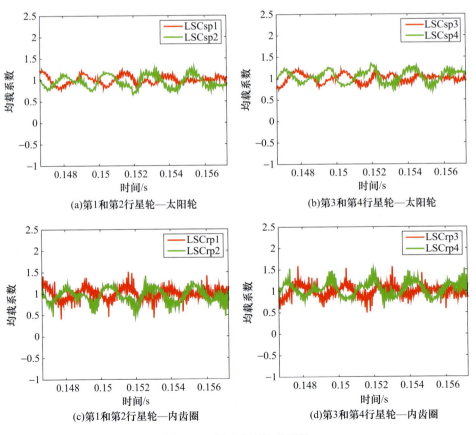

图 5.35　圈啮合副均载系数